UG NX软件技术与应用

主　编：季有昌　李兴凯　李东卫
副主编：李　娜　杜俊贤
主　审：侯玉叶

北京理工大学出版社
BEIJING INSTITUTE OF TECHNOLOGY PRESS

内 容 简 介

本书以 UG NX 12.0 为平台，以项目为引领，任务为主线，循序渐进地讲解了二维草图绘制、实体建模实例、曲面建模实例、产品装配实例、工程图设计实例 5 个项目。每个项目都有明确的学习目标。

本书选用载体均为经典案例及企业典型产品，本书编写时注重学做一体，讲练结合，每个任务均以如何解决生产中的实际问题为主线，通过知识链接（本任务涉及的关键知识点）、任务实施过程（案例的详细创建步骤）、任务拓展实例（拓展案例的创建步骤）、任务加强练习（巩固知识点的实例）、思考与练习（对本任务知识点反思与练习）等过程，将本任务中的案例讲解形成一个完整的闭环。一个项目中的所有任务讲解完毕后，融入岗课赛证案例及一项目一名企的介绍，在传授知识的同时，提升读者对中国品牌的了解和敬仰。

本书适合作为高职高专机械设计与制造、机械制造及其自动化、数控技术、模具设计与制造、机电一体化等专业的教材，也可以作为工科类应用型本科的教材，还可以作为工程技术人员和高等院校学生自学参考书。

版权专有　侵权必究

图书在版编目（CIP）数据

UG NX 软件技术与应用 / 季有昌，李兴凯，李东卫主编. -- 北京：北京理工大学出版社，2022.11

ISBN 978-7-5763-1791-6

Ⅰ. ①U… Ⅱ. ①季…②李…③李… Ⅲ. ①计算机辅助设计—应用软件 Ⅳ. ①TP391.72

中国版本图书馆 CIP 数据核字（2022）第 201752 号

出版发行 / 北京理工大学出版社有限责任公司
社　　址 / 北京市海淀区中关村南大街 5 号
邮　　编 / 100081
电　　话 / (010) 68914775（总编室）
(010) 82562903（教材售后服务热线）
(010) 68944723（其他图书服务热线）
网　　址 / http://www.bitpress.com.cn
经　　销 / 全国各地新华书店
印　　刷 / 北京广达印刷有限公司
开　　本 / 787 毫米 × 1092 毫米　1/16
印　　张 / 17.25
字　　数 / 447 千字
版　　次 / 2022 年 11 月第 1 版　2022 年 11 月第 1 次印刷
定　　价 / 86.00 元

责任编辑 / 王玲玲
文案编辑 / 王玲玲
责任校对 / 刘亚男
责任印制 / 李志强

图书出现印装质量问题，请拨打售后服务热线，本社负责调换

前　言

Unigraphics（简称 UG）是西门子公司的一套集 CAD/CAM/CAE 于一体的软件系统，提供了集产品设计、工程与制造于一体的解决方案。它的功能覆盖了从概念设计到产品生产的整个过程，并且广泛运用在汽车、航天、模具加工及设计、医疗器械行业和家用电器等方面。它提供了强大的实体建模技术及高效率的曲面建构能力，能够完成复杂零件的造型设计。

本书从“中国智造”——制造业的数字化、智能化需求出发，以主流的 UG NX 12.0 为平台，以项目式案例为载体，按照企业产品数字化设计与制造的一般流程，从 UG NX 软件基本功能、二维草图绘制、实体建模、曲面建模、产品装配、工程图设计到典型产品实例，由浅入深、循序渐进地讲解了 UG NX 12.0 和常用模块的命令、操作方法及技巧。本书具有案例丰富、理论讲解详细、内容翔实、实例经典、实用性强、适用范围广、便于学习和接受等特点，以培养高素质、创新型、复合型、发展型技术技能人才为目标，做到了理实一体，边讲边练，小贴士总结与提醒，契合学生认知，突出了职业教育的特点。

本书与同类教材相比，具有以下特色：

（1）内容选取上突出了“易懂、典型、实用、贴近生产”等原则，精心挑选了生产中的典型产品和比赛中的典型案例，组成了全书的主要内容。

（2）以知识链接 + 实例的形式组建教材内容，前面的知识点在后续的实例中均有应用和体现，以实例讲解命令的方式，将命令有机融入案例中，避免了传统的讲命令和讲实例相脱节的现象，有助于提升读者的学习兴趣，利于命令的贯穿和知识的理解。

（3）讲解实例和命令时，对于部分命令的使用技巧，以“小贴士”的方式总结和提醒，加强读者对命令的理解和应用。

（4）书中融入岗课赛证案例，案例符合岗位能力的提升需求，满足读者对于技术技能大赛与本门课关系的理解和把握，便于读者知晓 UG NX 软件与技术技能大赛的关系，以及其在支撑各类比赛中起到的巨大作用。此外，融入“1 + X”职业技能等级标准，便于读者了解“1 + X”的考核内容，便于读者学习相应的“1 + X”职业技能等级标准。

（5）一项目一名企的介绍，方便读者了解中国制造的发展，培养学生对劳模精神、劳动精神、工匠精神的理解和感悟，培养学生一丝不苟、精益求精的工匠精神，培养学生的质量意识、安全意识。

本书开发过程中贯彻落实了党的二十大精神和《中华人民共和国职业教育法》的要求，本着立德树人、技能强国、人才强国的开发理念，由行业龙头企业工程师和具有多年职业教育教学经验的教师组成开发团队，开发时将新技术、新工艺、新理念有机融入了教材建设的全过程。同时，在每个项目中融入中国共产党人的精神谱系，如载人航天精神、企业家精神、工匠精神等，在项目总结中嵌入知名企业、大国工匠、全国劳模等典型事迹，使读者在获取知识、提升技能的同时，铸就良好的道德情操，树立正确的价值观。

本书由具有多年企业工作经验和教学工作经验的专业教师合作编写，并且由具有多年企业工作经验的产品研发工程师审核和提供案例。以项目为引领，任务为驱动的教学模式，贯彻“教学做一体”的课程建设思路，充分体现了“以学生为主体”的教学理念，使学生由浅入深，充分学习 UG 软件的基本功能、二维草图绘制、实体建模、曲面建模、产品装配、工程图设计等。本书中的每个项目都配有考核习题，使读者更好地掌握和巩固知识。本书建议学时为 64 ~ 100 学时。

本书由山东科技职业学院季有昌、李兴凯和李东卫担任主编，山东海事职业学院李娜、烟台汽车工程职业学院杜俊贤担任副主编。本书共分 5 个项目，其中，项目 1 任务 1 由李兴凯编写，项目 1 任务 2 和任务 3、项目 2、项目 4 任务 1 及任务 2 由季有昌编写，项目 3 和项目 4 任务 3 由李东卫编写，项目 5 任务 1 由李娜编写，项目 5 任务 2 由杜俊贤编写，全书由季有昌负责统稿和校对，由山东理工职业学院侯玉叶教授主审。在编写过程中，本书参阅了同类教材和部分网络资源，得到了学校、企业的大力支持，还得到了其他院校教师的大力支持，书中部分案例来自山推工程机械股份有限公司的工程师们，在此一并表示衷心的感谢。

本书配备电子课件、教学视频、素材文件等，有需要的读者可登录理工智荟样书系统 http://www.huiwei51.com/注册后下载，或扫描书后二维码获取下载链接。

由于编者水平有限，书中难免有不当之处，恳请读者批评指正。

编　者

目 录

项目5　工程图设计实例 ······ 225

参考文献 ······ 268

学习笔记

项目1　二维草图绘制

课程思政案例1

项目描述

草图即二维图形，而点、直线、平面等是最基本的二维图形，又是构成物体表面的最基本的几何元素。点动成线，线动成面，机械零件就是由最基本的点、线、面等构成的。

草图与曲线功能相似，也是一个用来构建二维曲线轮廓的工具，其最大的特点是绘制二维图时只需先绘制出一个大致的轮廓，然后通过约束条件来精确定义图形。当约束条件改变时，轮廓曲线也自动发生改变，因而使用草图功能可以快捷、完整地表达设计者的意图。草图是UG NX软件中建立参数化模型的一个重要工具。

本项目将介绍如何创建草图与草图对象、约束草图对象、草图操作以及管理与编辑草图等方面的内容。

学习目标

1. 能根据个人需求调整草图环境，熟练使用创建草图的步骤。
2. 能区分内部草图和外部草图，并且两者之间熟练转换。
3. 能用直接绘制草图曲线和投影曲线两种方式绘制草图。
4. 能用几何约束和尺寸约束相互补充将所绘制草图约束至完全约束状态。
5. 遇到过约束发生时，能快速消除过约束。
6. 能熟练应用直线、矩形、圆弧和倒斜角等草图创建命令创建草图。
7. 能熟练应用快速修剪、快速延伸、制作拐角、曲线偏置、转换为参考、派生曲线等草图编辑命令。
8. 养成认真阅读图纸、技术要求、工艺卡片等技术文件的能力。
9. 养成乐学好学，同学间互帮互助，共同进步的良好学习风气。

任务1　压板零件草图的绘制

某企业设计部门需改进一套铣床夹具来满足更新后产品的加工需求，为了保证改进后的夹具能满足加工质量且各零部件之间不存在干涉现象，现需对夹具体中所有零部件进行三维建模后分析干涉情况。压板的二维草图如图1－1所示。

绘制此夹具压板所需的命令有直线、圆弧、圆、矩形、偏置、快速修剪、尺寸约束和几何约束等。

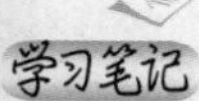

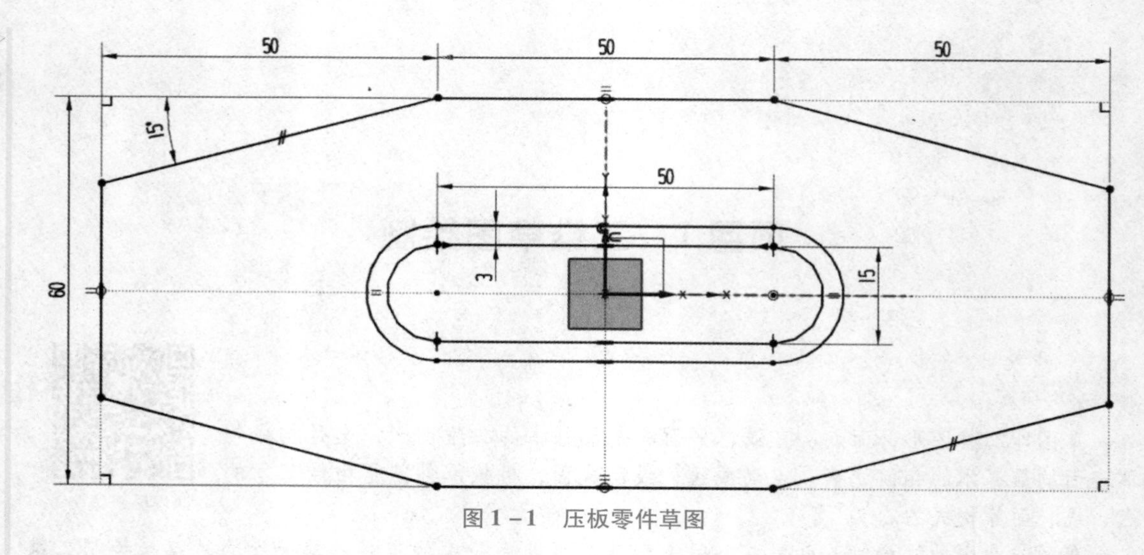

图 1-1　压板零件草图

1.1.1　知识链接

一、UG NX 软件界面及基本操作

UG NX 作为目前市场上主流的三维设计软件之一，其功能和模块非常强大，使用者也遍布各个行业。UG NX 软件界面及基本操作等知识，读者请扫描右侧的二维码，获取相关知识。

基础知识

二、草图与特征

草图在 UG NX 中被视为一种特征，每创建一个草图，均会在部件导航器中添加一个草图特征，因此，每添加一个草图，在部件导航器中就会相应地添加一个节点。部件导航器所支持的操作对草图也同样有效。如图 1-2 所示。

图 1-2　草图特征在部件导航器中

三、草图参数预设置

草图参数预设置是指在绘制草图之前，进行一些常用的设置。这些设置可以根据用户自身的需求而个性化设置，但是建议这些设置能体现一定的意义，如曲线的前缀名最好能体现出曲线的类型。

单击"菜单"→"首选项"→"草图"，弹出如图 1-3 所示的草图参数预设置对话框。

1. 草图设置

草图设置主要用于设置尺寸标注样式、约束符号大小、不活动草图显示方式等。如图 1-3 (a) 所示。

- 尺寸标签：标注尺寸的显示样式。共有三种方式：表达式、名称和值，如图 1-4 所示。

学习笔记

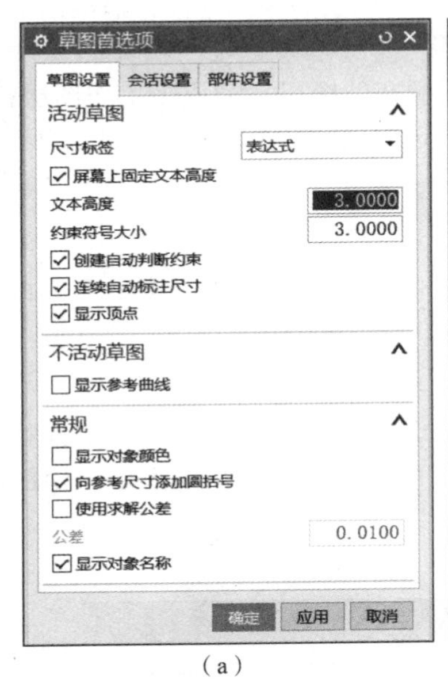

(a)

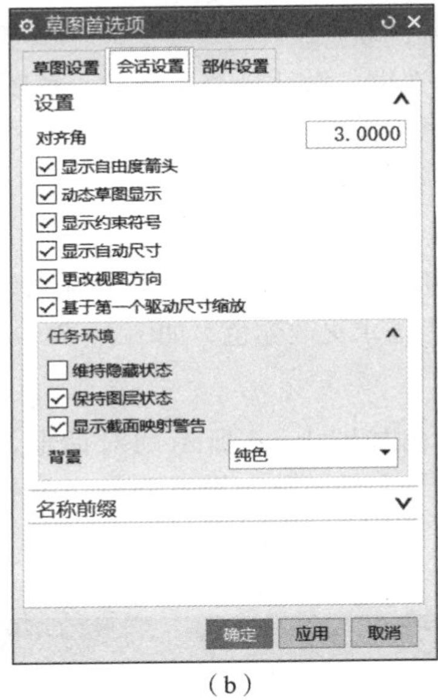

(b)

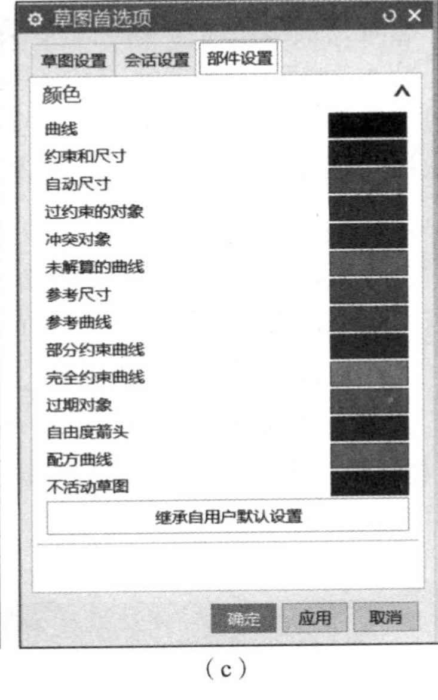

(c)

图 1-3　草图参数预设置对话框

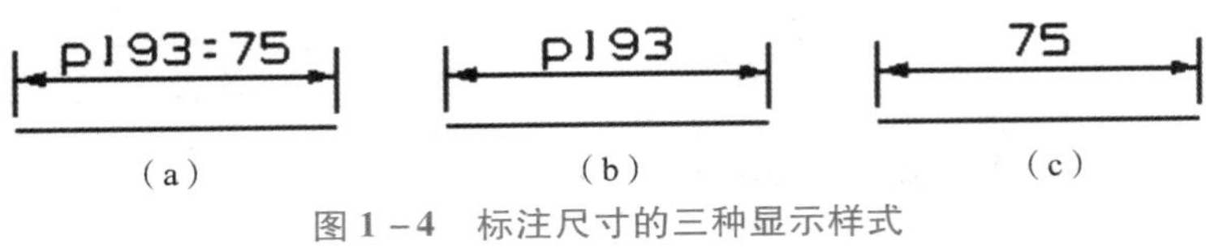

(a)　(b)　(c)

图 1-4　标注尺寸的三种显示样式

(a) 表达式；(b) 名称；(c) 值

• 屏幕上固定文本高度：在缩放草图时，会使尺寸文本维持恒定的大小。如果清除该选项并进行缩放，则会同时缩放尺寸文本和草图几何图形。

• 文本高度：标注尺寸的文本高度。

• 创建自动判断约束：选择后将自动创建由系统判断出来的约束。

• 连续自动标注尺寸：每绘制一个草图，系统会根据绘制的草图自动创建尺寸，使草图自动处于完全约束的状态。

2. 会话设置

• 对齐角：设置对齐角的大小。在绘制直线时，直线与 *XC* 或者 *YC* 轴之间的夹角小于对齐角时，系统会自动将直线变为水平线或者垂直线，如图 1-5 所示。默认值为 3°，可以指定的最大值为 20°。如果不希望直线自动捕捉到水平或垂直位置，则将捕捉角设置为零。

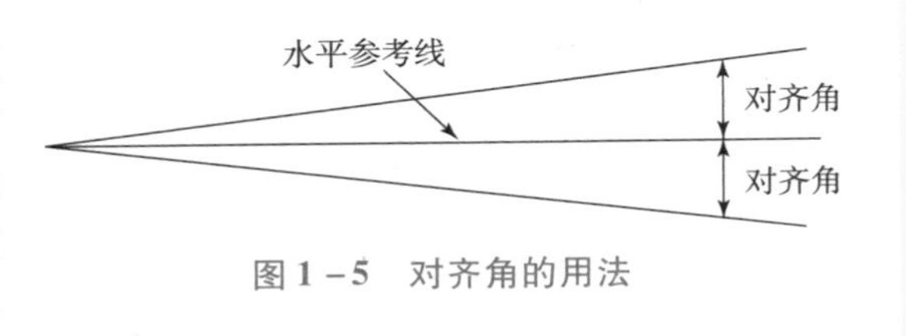

图 1-5　对齐角的用法

• 显示自由度箭头：选中该复选框，激活的草图以箭头的形式来显示自由度。

• 显示约束符号：选中该复选框，则会显示相关约束的符号，方便操作者观察相关草图之间的约束情况。

• 显示自动尺寸：当绘制草图时，系统会自动标注尺寸，并且将相关尺寸显示在窗口中。

学习笔记

- 更改视图方位：选中该复选框，当草图被激活后，草图平面改变为视图平面；退出激活状态时，视图还原为草图被激活前的状态。
- 保持图层状态：选中该复选框，激活一个草图时，草图所在的图层自动成为工作图层；退出激活状态时，工作图层还原到草图被激活前的图层。如果不选中该复选框，则当草图变为不激活状态时，这个草图所在的图层仍然是工作图层。

3. 部件设置

用于设置各特征的颜色，如曲线、约束和尺寸、冲突对象等的颜色，单击后面的颜色框，可进入颜色设置对话框，可根据个人需求更改颜色，如图 1－3（c）所示。

四、草图功能简介

单击“文件”→“新建”，弹出如图 1－6 所示的对话框，名称选择“新建”，类型选择“建模”，单位选择“毫米”，编写文件名称，设置路径，单击“确定”按钮，进入新的绘图窗口。

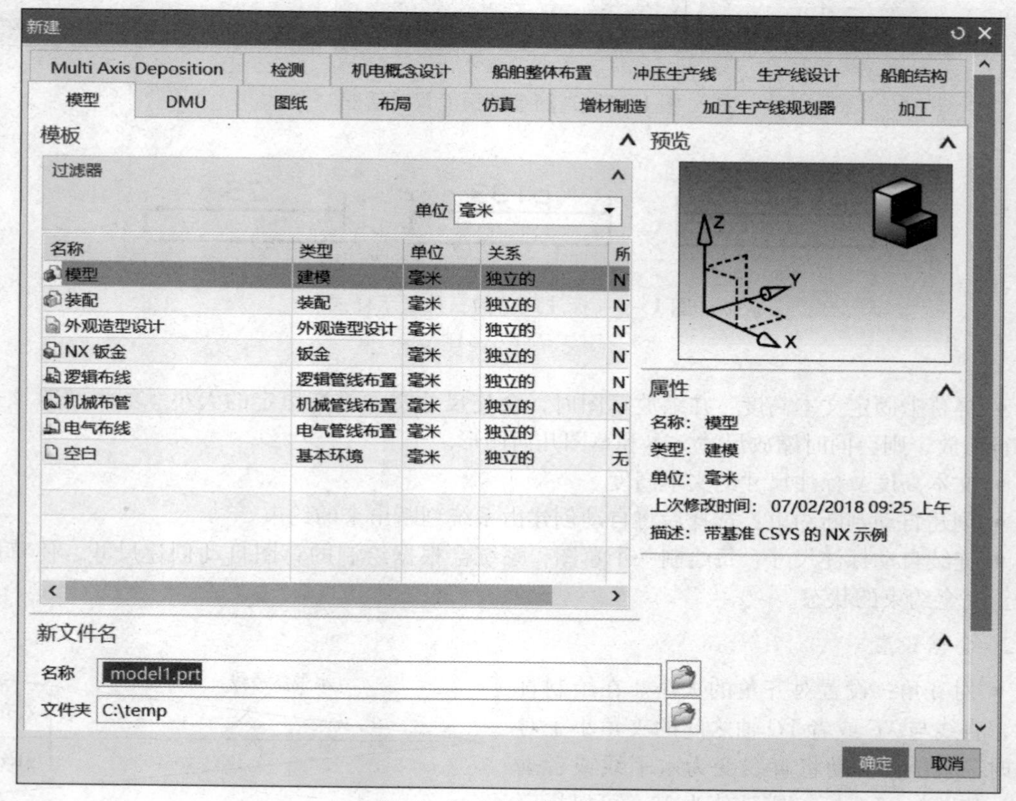

图 1－6 “新建”对话框

方法一：单击主菜单“插入”→“在任务环境中绘制草图”，弹出如图 1－7 所示的对话框，可以选择坐标系所在的平面、绘图实体上的面，也可以使用新创建的平面。选定平面后，单击“确定”按钮，进入草图绘制环境，如图 1－8 所示，此时工具栏发生相应变化。

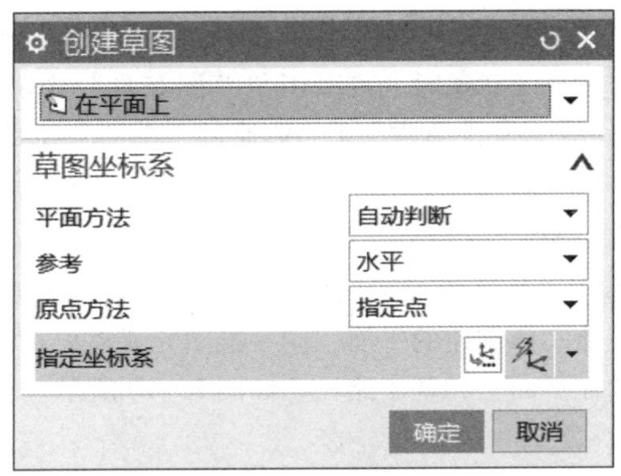

图 1－7 “创建草图”对话框

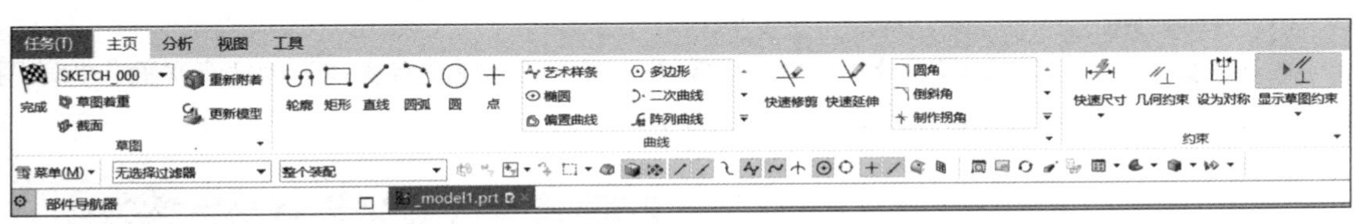
图 1－8 在任务环境中绘制草图的工具栏

方法二：单击主菜单“插入”→“草图”，同样可以选择坐标系所在的平面、绘图实体上的面，也可以使用新创建的平面。选定平面后，单击“确定”按钮，进入直接草图绘制环境。弹出如图 1－9 所示的工具栏。这种方法为“直接草图”绘制方法。这种方法只显示绘图图标，没有命令说明和解释。

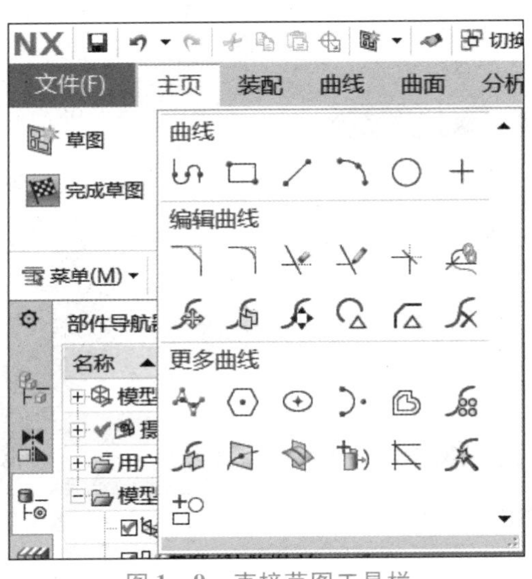

图 1－9 直接草图工具栏

对初学者来说，建议采用方法一进入草图绘制环境。

草图功能总体上可以分为四类：创建草图对象、约束草图、对草图进行各种操作和草图管

学习笔记

理。其实，这四项功能本质上就是应用“草图”和“草图工具”工具条上的命令进行的一系列操作。如利用“草图工具”上的命令在草图中创建草图对象（如一个多边形）、设置尺寸约束和几何约束等。当用户需要修改草图对象时，可以用“草图工具”中的命令进行一些操作（如镜像、拖曳等）。另外，还要用到“草图管理”（一般通过“草图”上的各种命令）对草图进行定位、显示和更新等。

五、草图绘制的工作平面

UG NX 的草图绘制是基于二维平面完成的，要绘制草图，首先要选择绘图平面，可以是现有的平面，也可以是基于其他实体创建的平面，同一绘图元素需要在同一个平面内完成。创建草图工作平面的方式有两种：在平面上和基于路径，如图 1 – 10 所示。

1. 在平面上

在平面上进行草图绘制时，在“平面方法”下拉列表中，提供了两种指定草图工作平面的方式。

（1）自动判断

选择坐标系中的 *XY* 或 *XZ* 或 *YZ* 平面作为草图平面，或选择现有实体上的任意平面作为草图平面。图 1 – 11 所示为选择长方体的上表面作为草图平面。

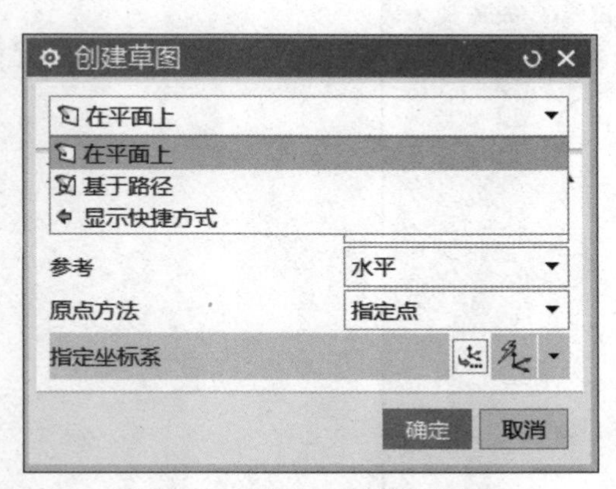

图 1 – 10　两种创建草图的方式

图 1 – 11　选长方体的上表面为草图平面

（2）新平面

可以现有平面或实体或其他特征等元素为参照，创建一个新的平面，以创建的新平面为草图平面进行草图绘制。以其中一种创建平面的方法进行介绍。

1）在“平面方法”下拉列表中单击“新平面”，如图 1 – 12（a）所示。

2）单击“平面对话框”按钮，进入“平面”对话框，如图 1－12（b）所示。创建新平面的方法与创建基准平面的方法有很多种，在后续的基准平面建立中将详细介绍。

3）在平面下拉列表中选择“按某一距离”，选择实体的上表面，在“偏置”中，输入距离 20 mm，则在距离实体上表面上方 20 mm 处创建一个新的平面，如图 1－12（c）所示。

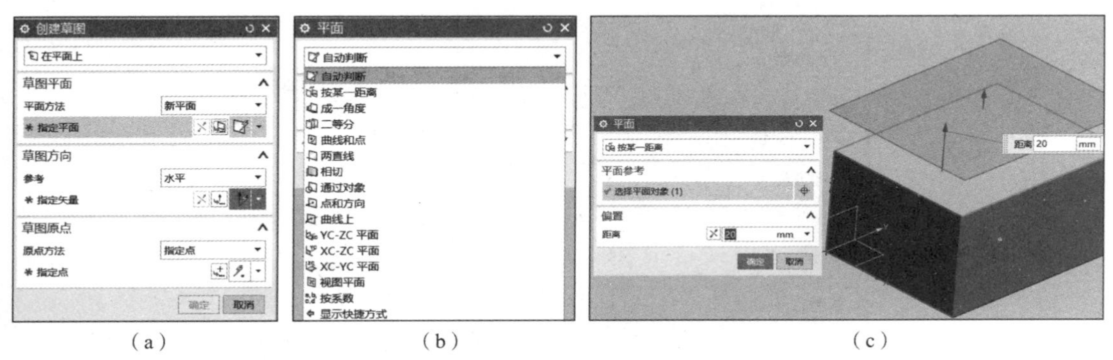

（a）（b）（c）

图 1－12　创建草图工作平面对话框（通过创建平面方式）

4）指定草图方向，选择 X 轴作为指定矢量方向；指定草图原点在 X_0、Y_0 和 Z_0 点，单击“确定”按钮，可进入草图绘制界面。

（3）参考

● 参考：将草图的参考方向设置为水平或竖直。

1）水平：选择矢量、实体边、曲线等作为草图平面的水平轴（相当于 $XC-YC$ 平面上的 XC 轴）。

2）竖直：选择矢量、实体边、曲线等作为草图平面的竖直轴（相当于 $XC-YC$ 平面上的 YC 轴）。

2. 基于路径

基于路径的草图绘制是以现有的直线、圆弧、样条曲线等为基础，也就是选择基于路径的方式绘制草图时，需要有现有的直线等曲线作为绘图基础，可选择“垂直于路径”“垂直于矢量”“平行于矢量”等多种草图的定位方法。图 1－13 所示的对话框中各选项的含义如下。

● 轨迹：即在其上要创建草图平面的曲线轨迹。

● 平面位置：指定如何定义草图平面在轨迹中的位置，共有三种方式。

1）弧长：用距离轨迹起点的单位数量指定平面位置。

2）% 弧长百分比：用距离轨迹起点的百分比指定平面位置。

3）通过点：用光标或通过指定 X 和 Y 坐标的方法来选择平面位置。

● 平面方位：指定草图平面的方向，共有四种方式。

1）垂直于轨迹：将草图平面设置为与要在其上绘制草图的轨迹垂直。

2）垂直于矢量：将草图平面设置为与指定的矢量垂直。

3）平行于矢量：就草图平面设置为与指定的矢量平行。

4）通过轴：使草图平面通过指定的矢量轴。

● 草图方向：确定草图平面中工作坐标系的 XC 轴与 YC 轴方向。

1）自动：程序默认的方位。

2）相对于面：以选择面来确定坐标系的方位。一般情况下，此面必须与草图平面呈平行或

学习笔记

学习笔记

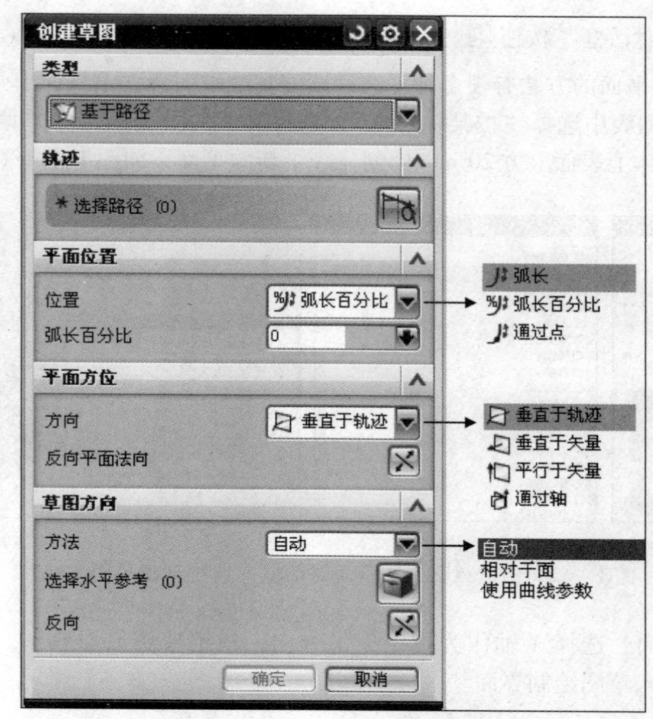

图 1 – 13　基于路径的创建草图对话框选项

垂直关系。

3）使用曲线参数：使用轨迹与曲线的参数关系来确定坐标系的方位。

在“创建草图”的下拉列表中，选择“基于路径”选项，如图 1 – 14（a）所示。

1）“选择路径”中，任意选择一种曲线，此处选择已有的直线，如图 1 – 14（b）所示。

2）位置选择中，有弧长百分比、弧长、通过点三种选项，此处选择弧长百分比，即假想将所选中的直线分为 100 等份，通过选中的点处于直线的百分比来确定草图平面的位置，弧长百分比为 0 时，处于直线端点；弧长百分比为 100 时，处于直线的另一端点；弧长百分比为 50 时，处于直线中点，可根据需求设置弧长百分比的数值。此处，设置弧长百分比为 50，如图 1 – 14（c）所示。

3）平面方位中，方向选择“垂直于路径”，如图 1 – 14（c）所示。

4）单击“确定”按钮进入草图绘制环境，如图 1 – 14（d）所示，此处绘制了一个圆形。

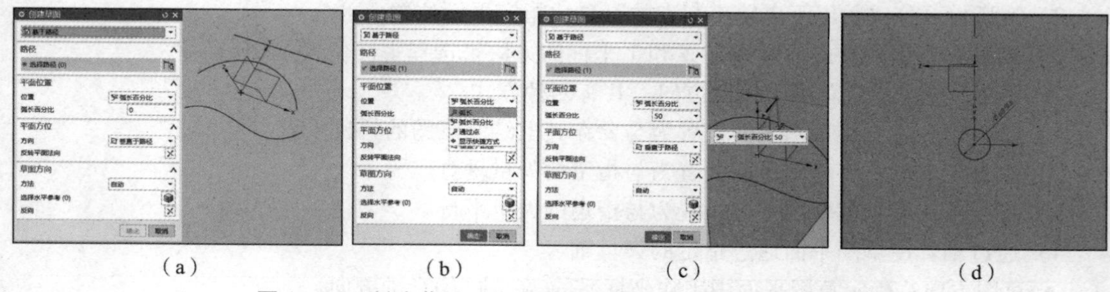

（a）　（b）　（c）　（d）

图 1 – 14　创建草图工作平面对话框（通过基于路径方式）

学习笔记

六、内部草图与外部草图

UG NX 12.0 提供了两种草图类型，分别是内部草图和外部草图，其中，通过“拉伸”或“旋转”等命令创建的草图都是内部草图。这种内部草图仅仅是服务于所属的实体，如拉伸时在内部绘制的草图，仅仅是这个拉伸特征使用。如果希望使草图仅与一个特征相关联时，则使用内部草图。

单独使用直接草图或在任务环境中绘制草图的命令创建的草图是外部草图，可以从部件导航器中查看和访问。使用外部草图可以保持草图可见，并且可使其用于多个特征中。

1. 内部草图和外部草图的区别

内部草图只能从所属的特征中访问和编辑。外部草图可以从部件导航器和图形窗口中访问和编辑。

除了应用草图的特征，不能打开有任何其他特征的内部草图，除非使草图外部化。一旦使草图成为外部草图，则原来的所有者将无法控制该草图。并且草图一旦发生更改或删除，与此草图有关系的特征便发生变化或产生报警提示。

2. 使草图成为内部的或外部的方式

以一个基于内部草图的“拉伸”为例。

- 要将一个内部草图转化为外部草图，可在部件导航器中的“拉伸”上单击右键，并选择“使草图成为外部的”，草图将放在其原来所有者的前面（按时间戳记顺序），如图 1 – 15 所示。

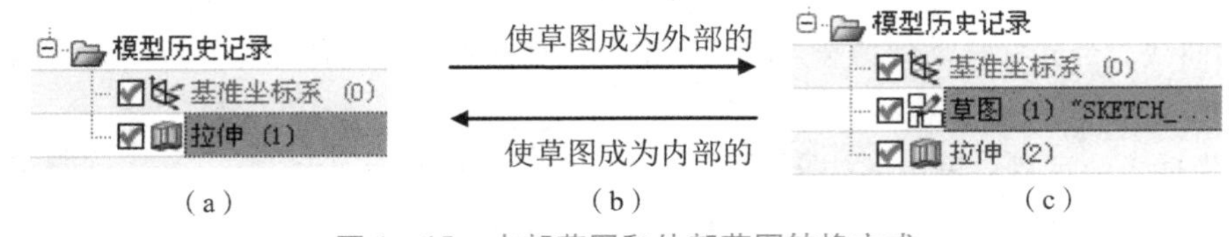

图 1 – 15　内部草图和外部草图转换方式

- 要反转这个操作，可右键单击原来的所有者，然后选择“使草图成为内部的”，结果如图 1 – 15 所示。
- 要编辑内部草图，执行以下操作之一：

1）在部件导航器中右键单击“拉伸”，选择“编辑草图”。

2）双击“拉伸”，在“拉伸”对话框中，单击“绘制截面”图标。

3）右键单击“拉伸”，选择“可回滚编辑”→“绘制截面”。

七、绘制草图

草图对象是指草图中的曲线和点。建立草图工作平面，并且进入草图绘制区域后，就可以建立草图对象。可用以下两种方式来创建草图对象。

1）在草图中直接绘制草图。

2）将图形窗口中现有的点、曲线、实体或片体上的边缘线等几何对象添加到草图中。

1. 直接绘制草图曲线

单击“草图工具”工具条中的命令图标，就会弹出相应的工具条，如图 1 – 16 所示。工具条的左侧为坐标模式，右侧为参数模式。

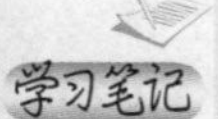

图 1－16　草图绘制工具条

利用“轮廓”命令可绘制直线和圆弧（在对象类型中选择相应的图标即可），并且以线串方式进行绘制，即上一条曲线的终点为下一条曲线的起点，并且中间不断开，直至连续两次双击中键，结束此命令。

使用草图工具绘制时，前期不必完全按照图纸尺寸来进行绘制，只需绘制出近似轮廓即可。近似轮廓线绘制完成后，再进行尺寸约束、几何约束，即可精确控制它们的尺寸、形状、位置。这便是 UG NX 参数建模功能的强大之处。在草图中，可用以下几种方式绘制点。

- 光标点：直接单击鼠标左键。当光标移动到特殊点时，系统会自动捕捉到这些特殊点并且高亮显示。
- 现有点：可捕捉绘图区域中已存在的点，或点集中的点。
- 端点：可捕捉绘图区域中已存在直线或曲线的端点，或实体棱边的端点。
- 控制点：可捕捉直线或曲线的端点、中点或实体棱边的端点或中点。
- 交点：可捕捉任意两条直线、直线与圆弧、直线与样条曲线等的交点，交点可以是直接交点，也可以是延长线上的交点。
- 圆弧中心/椭圆中心/球心：捕捉圆弧或椭圆或球的中心。

绘制草图曲线的方法有如下三种：

- 光标点：直接单击鼠标左键，鼠标点到的位置，便会留下曲线的点，不断单击，则生成不同位置的曲线。当光标移动到特殊点时，系统会自动捕捉到这些特殊点并且高亮显示。
- 坐标模式：坐标模式是采用直角坐标方式输入 X、Y 坐标来确定点。单击 XY 图标可进入坐标模式，系统会显示一个直角坐标输入对话框，如图 1－17（a）所示，在其中输入 XC、YC 值后按 Enter 键或中键。

图 1－17　两种坐标模式

（a）直角坐标输入对话框；（b）极坐标输入对话框

- 参数模式：参数模式是采用极坐标方式输入相对于当前点的角度和长度值来确定目标点。单击图标可进入参数模式，系统会显示一个极坐标输入对话框，如图 1－17（b）所示，在其中输入角度值和长度值后按 Enter 键或中键即可。

> 小贴士：绘图点会自动捕捉离自身最近的对象，并且绘制时两个对象间可能存在的约束由虚线显示，虚线显示可能的约束；按中键可锁定或解锁所建议的约束。

2. 投影曲线

曲线按照草图平面的法向进行投影，从而成为草图对象，并且原曲线仍然存在。可以投影的曲线包括所有的二维曲线、实体或片体边缘。此方法常应用于在现有实体上进一步建立相关特征时的情况。

八、约束草图

草图的功能在于其捕捉设计者设计意图的能力，这是通过建立规则来实现的，这些规则称为约束。草图约束限制草图的形状和大小，包括几何约束和尺寸约束。

学习笔记

草图约束命令打开和关闭的方式如图 1－18 所示，当单击“显示草图约束”按钮时，绘制草图时，会将约束显示在草图中；当再一次单击“显示草图约束”时，草图中不显示约束。

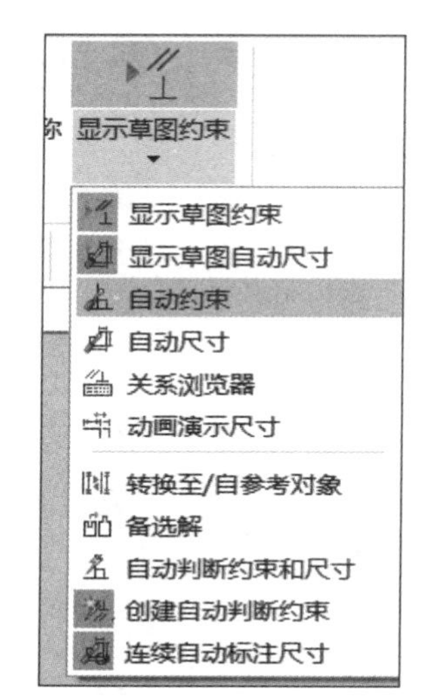

图 1－18　草图约束打开和关闭方式

1. 自由度

草图的约束状态分为欠约束、完全约束和过约束三种。为了定义完整的约束而不是过约束或欠约束，读者应该了解草图对象自由度的含义，如图 1－19 所示。

1）此点仅在 X 方向上可以自由移动；

2）此点仅在 Y 方向上可以自由移动；

3）此点在 X 和 Y 方向上都可以自由移动。

2. 几何约束

➢ 约束

建立草图对象的几何特性（如要求一条线水平或垂直等）或指定在两个或更多的草图对象间的相互关系类型（如要求两条线正交、平行或共线等）。

常见的几何约束如图 1－20 所示。

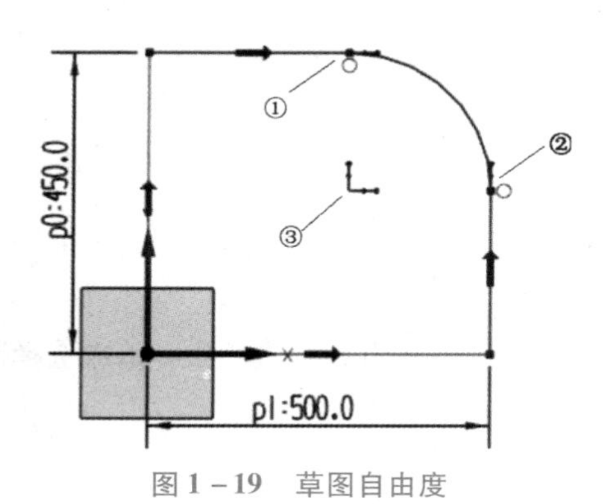

图 1－19　草图自由度

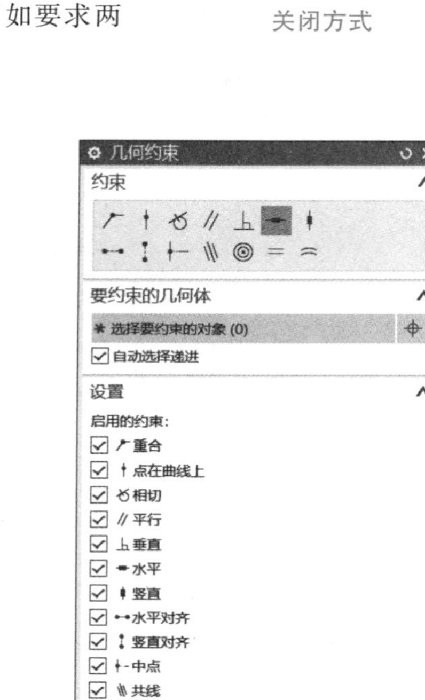

图 1－20　常见的几何约束

表 1－1 中描述了常见的几何约束的含义。

表 1－1　常见几何约束的含义

符号	约束类型	描述
	重合	约束两个或多个顶点或点，使之重合
	点在曲线上	将顶点或点约束到曲线上或曲线的延长线上
	相切	约束两条曲线，使其相切
//	平行	约束两条或多条曲线，使之平行
	垂直	约束两条曲线，使之垂直
	水平	使选择的单条或多条直线平行于草图的 *X* 轴
	竖直	使选择的单条或多条直线平行于草图的 *Y* 轴
	水平对齐	约束两个或多个外顶点或点，使之水平对齐
	竖直对齐	约束两个或多个外顶点或点，使之竖直对齐
	中点	将顶点或点约束为与线或圆弧的中点对齐
	共线	约束两条或多条线，使之共线
	同心	约束两条或多条曲线，使之同心
=	等长	约束两条或多条线，使之等长
	等半径	约束两个或多个圆或圆弧，使之具有相同的半径
	固定	约束一个或多个曲线或顶点，使之固定
	完全固定	约束一个或多个曲线或顶点，使之完全固定
	定角	直线在没有角度输入的情况下，约束一条或多条线，使之具有定角
↔	定长	直线在没有长度输入的情况下，约束一条或多条线，使之具有定长
	点在线串上	将顶点或点约束到一连串曲线上
	与线串相切	约束曲线，使之与一连串曲线相切
	垂直于线串	约束曲线，使之与一连串曲线垂直
	非均匀比例	约束一个样条，以沿样条长度按比例缩放定义点
	均匀比例	约束一个样条，以在两个方向上缩放定义点，从而保持样条形状
	曲线的斜率	将定义点处的原有样条的切线方向约束为与曲线平行

➢ 手动添加约束

手动添加约束就是用户自行选择绘图对象并为其指定合理的约束。步骤如下：

1）单击“草图工具”→“几何约束”，此时弹出如图 1－21（a）所示的“约束”对话框，单击“重合”命令，此处可勾选“自动选择递进”复选框。

2）选择被约束的草图对象，如图 1－21（b）所示，在要约束的几何体选项中，依次选择圆心和直线的端点。

3）此时圆心便自动与直线端点重合，结果如图 1－21（c）所示。

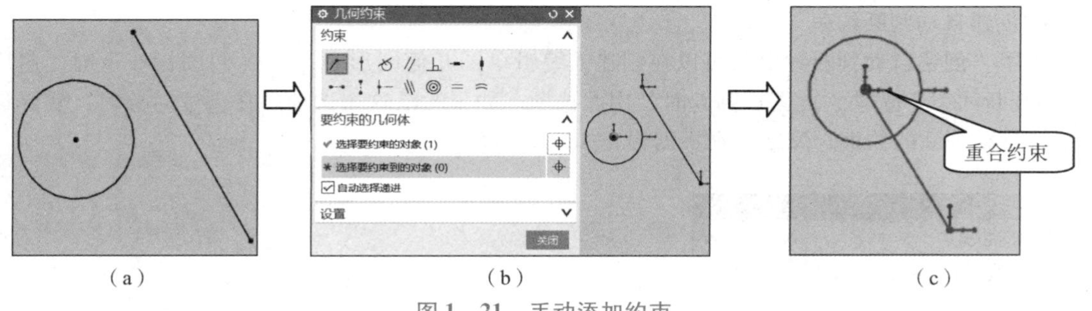

（a）　　（b）　　（c）

图 1－21　手动添加约束

小贴士：也可采用如下方式增加几何约束：选中直线端点、圆弧中心，系统自动弹出如图 1－22（a）所示几何约束的快捷键，可根据需求选择要添加的几何约束；此处几何约束的约束类型是由约束对象决定的，根据所选对象不同，弹出的几何约束的快捷方式也会有所区别。此处如果选择圆弧边线和直线本体，则弹出的几何约束快捷方式如图 1－22（b）所示。

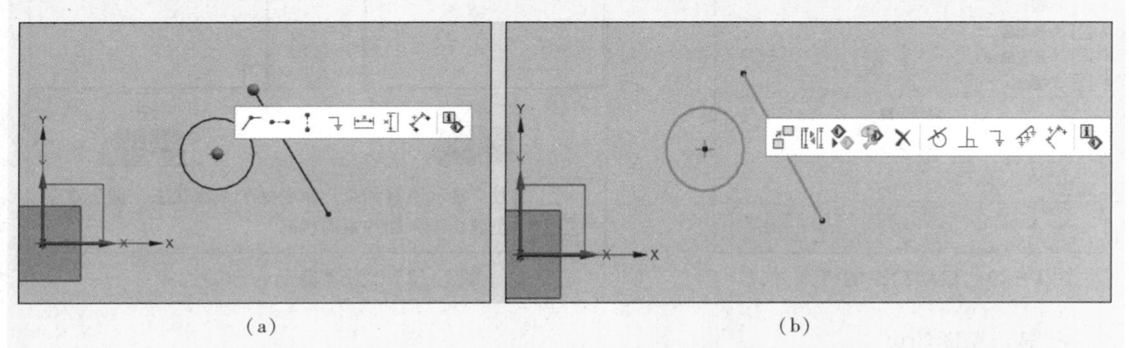
（a）　　（b）

图 1－22　先选择绘图对象再添加约束的方式

调用了“约束”命令后，系统会在未约束的草图曲线定义点处显示自由度箭头符号，也就是相互垂直的红色小箭头，红色小箭头会随着约束的增加而减少。当草图曲线完全约束后，自由度箭头也会全部消失，并在状态栏中提示“草图已完全约束”。

➢ 自动判断约束

使用草图创建对象时，会出现自动判断的约束符号，可根据系统提示选择所需的约束类型，也可按住键盘上的 Alt 键临时禁止自动判断约束。如图 1－23 所示，光标附近的符号表示自动判断的约束。

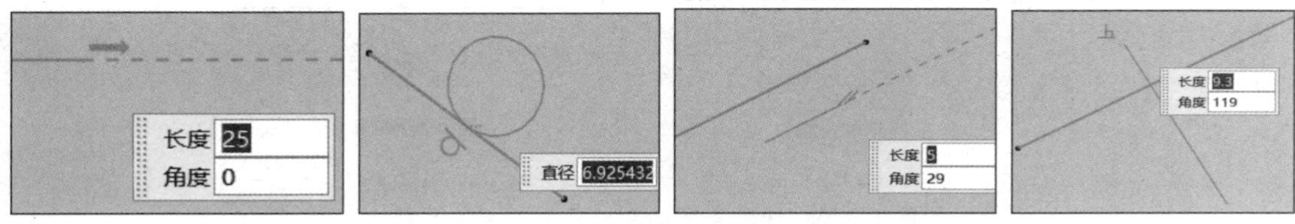

图 1－23　自动判断约束的使用

单击“草图工具”工具条上的“自动约束”命令，弹出如图 1－24 所示的对话框。可以设置需要系统自动判断和应用的约束，勾选“约束”，便可将此约束打开，选择的对象适合此约束类型时，便会出现此约束的快捷方式。

学习笔记

➢ 创建自动判断约束

使用"创建自动判断约束"可以在创建或编辑草图几何图形时，当将图标按下时，启用"自动判断约束"选项，此图标弹起时禁用此选项。如果激活这个选项，在创建对象时，实际创建系统自动判断的约束；反之，则不创建，如图 1－25 所示。

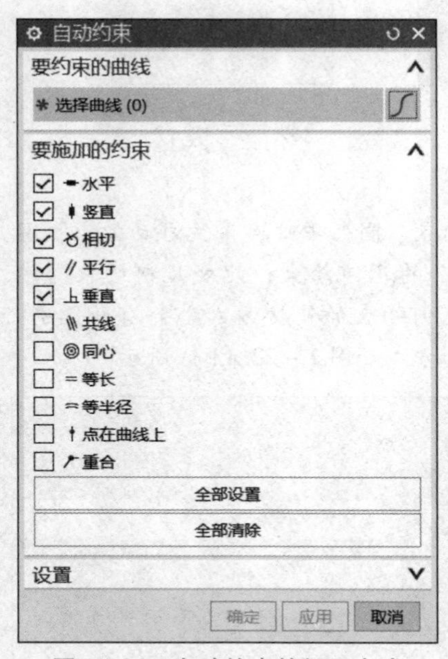

图 1－24　自动约束的打开方式

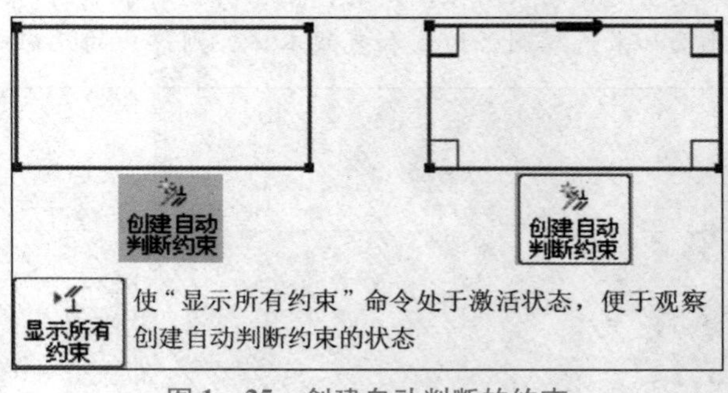

图 1－25　创建自动判断的约束

➢ 显示草图约束

使用"显示草图约束"选项，可在图形窗口中显示和隐藏约束符号。当图标按下时，选项处于打开状态，如图 1－26（a）所示；当弹起时，选项处于关闭状态，如图 1－26（b）所示。

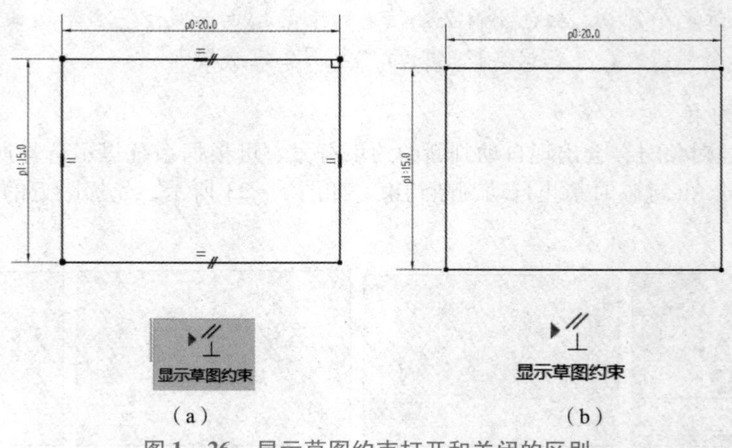

（a）　（b）

图 1－26　显示草图约束打开和关闭的区别

小贴士：当向后滚动中键缩小草图时，约束符号可能不显示；当向前滚动中键放大草图时，即可显示约束符号。

➢ 草图关系浏览器

单击“草图工具”→“草图关系浏览器”，进入“草图关系浏览器”对话框。

使用“草图关系浏览器”可以显示所选草图几何体或整个草图里现有的草绘曲线、点等，以及草图中包含的所有几何约束。如图1－27（a）所示，其中，状态中显示⊗，为存在过约束。当将顶级节点对象切换至约束时，则可将草图区域中所有对象的约束全部显示出来，如图1－27（b）所示，同样，状态中显示⊗，为存在过约束。单击前面的“＋”按钮，可以看到是哪个对象存在过约束。在“范围”下拉列表中选择“单个对象”，任意选取绘图区域中的曲线或点，可以将曲线的约束状态显示在“浏览器”下侧，如图1－27（c）所示。

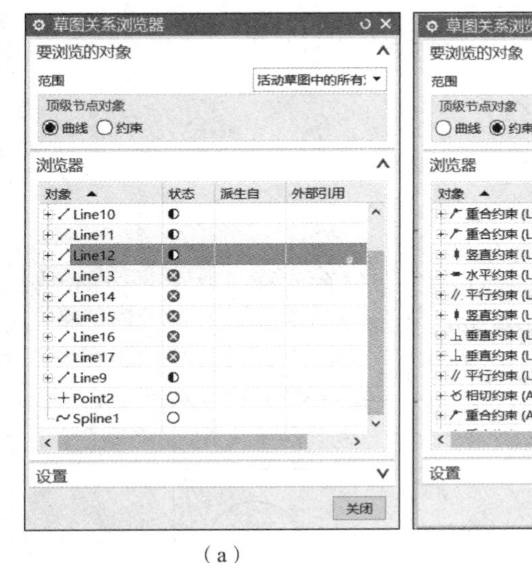

（a）

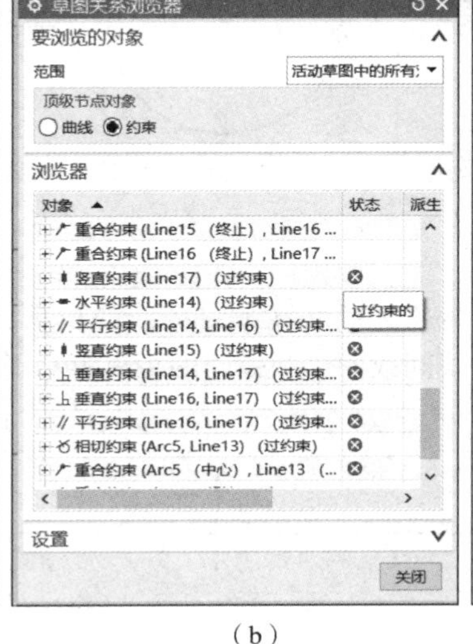

（b）

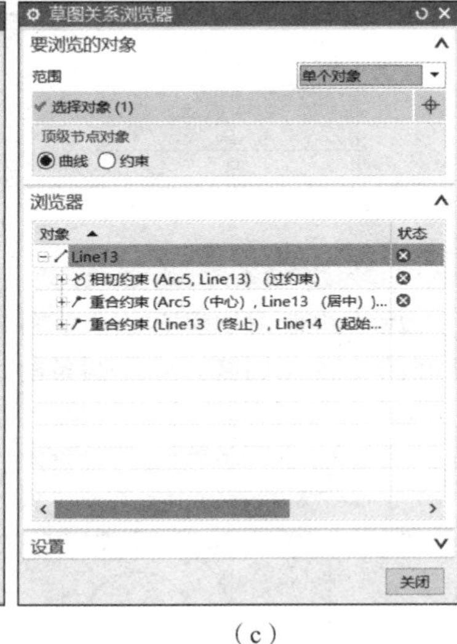

（c）

图1－27 草图关系浏览器

对于提示过约束的对象，可以在所属对象上右键单击鼠标，将过约束删掉。

➢ 备选解

单击“草图工具”→“备选解”，进入“备选解”对话框，如图1－28所示。

使用“备选解”可以针对尺寸约束和几何约束显示备选解，并选择其中的一个结果，如图1－29、图1－30所示。

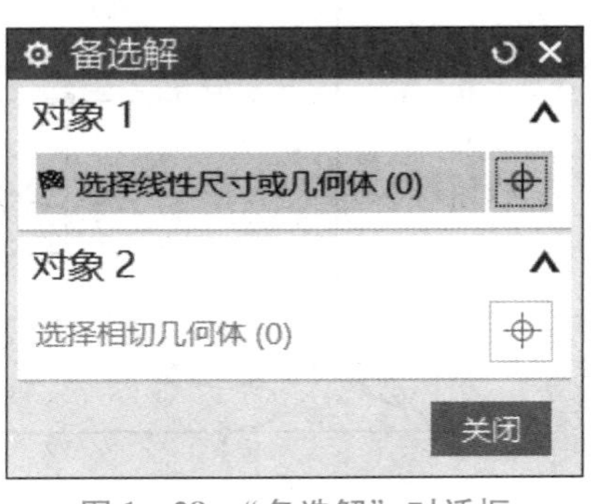

图1－28 “备选解”对话框

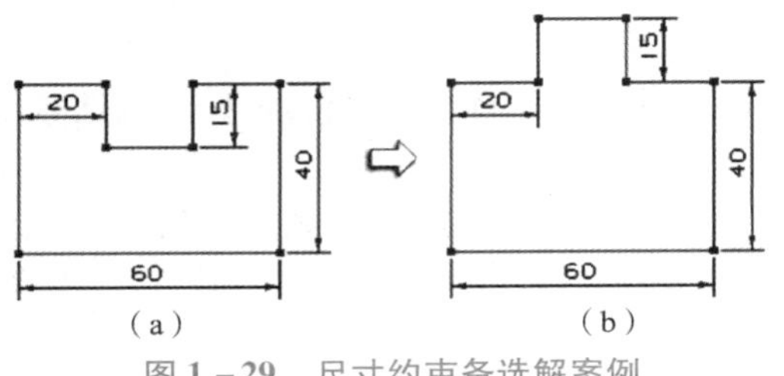

（a） （b）

图1－29 尺寸约束备选解案例

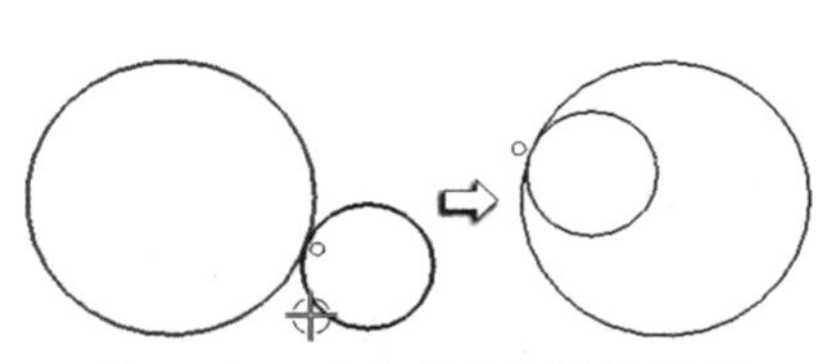

图1－30 几何约束备选解案例

学习笔记

➤ 转换至/自参考对象

单击“草图工具”→“转换至/自参考对象”，打开“转换至/自参考对象”命令对话框。

使用“转换至/自参考对象”选项可以将草图曲线（不包括点）或草图尺寸由活动对象转换为参考对象，或由参考对象转换回活动对象。参考尺寸并不起控制草图几何图形的作用。默认情况下，用双点划线线型显示参考曲线。参考曲线可以用作辅助线，在生成特征时不被选中。如图 1-31 所示，将圆弧由活动对象转换为参考对象。

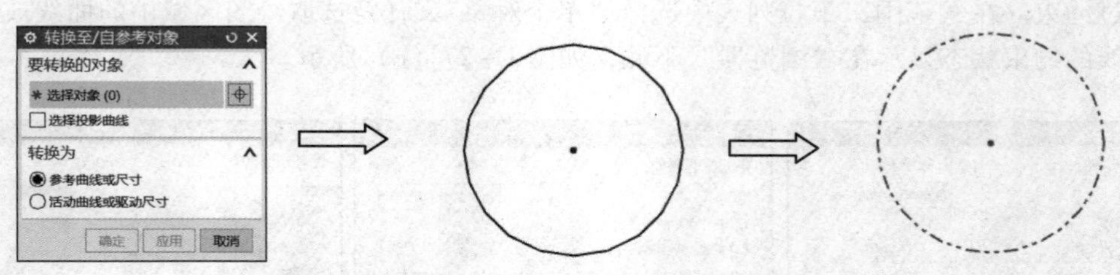

图 1-31 活动对象转换为参考对象

3. 尺寸约束

尺寸约束用于建立一个草图对象的尺寸（如一条线的长度、一个圆弧的半径等）或两个对象间的关系（如两点间、两条曲线间或两个圆弧间的距离等），如图 1-32 所示。

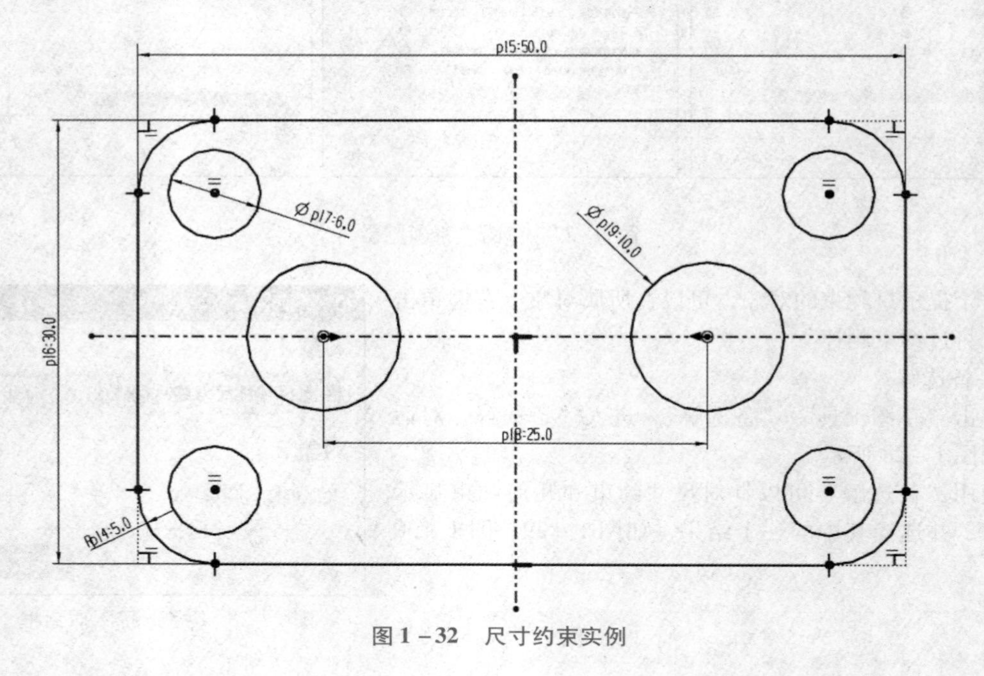

图 1-32 尺寸约束实例

➤ 尺寸约束类型

UG NX 12.0 草图中具有 5 种尺寸约束类型，其中快速尺寸为集成命令，可标注常见的尺寸约束。

1）快速尺寸：通过基于选定的对象和光标位置自动判断尺寸类型来创建尺寸约束。快速尺寸可用于标注直线长度、直线定位尺寸、两平行直线间的距离、两不平行直径间的角度、圆的直径、圆心距离、两点间的尺寸等。

2）线性尺寸：在两个对象或点位置之间创建线性距离约束。

3）径向尺寸：创建圆形对象的半径或直径约束。

4）角度尺寸：在两条不平行的直线之间创建角度约束。

5）周长尺寸：创建周长约束，以控制选定直线和圆弧的集体长度。

➢ 尺寸约束步骤

尺寸约束的操作步骤如下：

1）选择“草图工具”工具条上的相应尺寸约束图标，或在草图环境下单击“插入”→“尺寸”菜单下的相应尺寸约束类型。

2）选择要被约束的草图曲线。

3）输入表达式的名称和表达式的值，如图1－33所示。

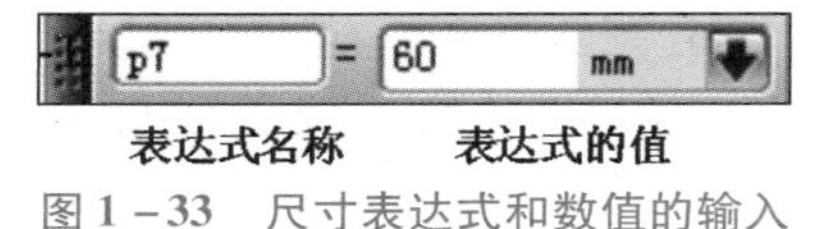

图1－33　尺寸表达式和数值的输入

4）按中键确定。

➢ 修改尺寸约束

（1）修改单个尺寸

在草图环境下，双击待修改的尺寸，然后在弹出的“尺寸”对话框中修改尺寸值即可。

（2）修改多个尺寸

UG NX 12.0 修改多个尺寸的方式不同于 UG NX 8.5 之前的版本。修改方式如下：

先将草图轮廓绘制完成，退出之后，在部件导航器中右键单击要修改草图，选择“编辑参数”，进入“编辑草图尺寸”对话框，如图1－34（a）所示，勾选“延迟评估”，依次单击要修改的尺寸，单击“应用”按钮，将所有要修改的尺寸显示在对话框中，如图1－34（b）所示。选中要修改的尺寸，则在表达式中显示，修改数值，如图1－34（c）所示，单击“完成”按钮。

（a）　　　　（b）　　　　（c）

图1－34　修改多个尺寸的方法

小贴士：也可用下列方式编辑草图尺寸，从菜单“工具”→“表达式”来调用“表达式”对话框，再进行相应的编辑。

4. 约束使用技巧

➢ 建立约束的顺序

对于建立约束的顺序，有以下几点建议：

1）添加几何约束：固定一个特征点或固定一个边作为基础特征。

2）按图形特点和设计思路添加充分的几何约束。

3）按设计思路添加少量尺寸约束（会频繁更改的尺寸）。

➢ 约束状态

草图的约束状态有三种：

1）欠约束状态：在约束创建过程中，系统对欠约束的曲线或点显示自由度箭头，并在提示栏显示“草图需要 N 个约束”，并且默认情况下部分约束的曲线为栗色。

2）完全约束状态：当完全约束一个草图时，在约束创建过程中，自由度箭头不会出现，并在提示栏显示“草图已完全约束”，且默认情况下几何图形更改为浅绿色。

3）过约束状态：当对几何对象应用的约束超过了对其控制所需的约束时，几何对象就过约束了。在这种情况下，提示栏显示“草图包含过约束的几何体”，并且与之相关的几何对象以及任何尺寸约束的颜色默认情况下都会变为红色。

小贴士：约束也会相互冲突。如果发生这种情况，则发生冲突的尺寸的颜色默认情况下会变为红色。此时根据当前给定的约束，草图无法求解，系统将其显示为上次求解的情况。过约束未能反映设计者的设计意图，是不允许的，要想法消除过约束。而草图在欠约束状态下，有变形的可能性，这有可能会违背设计者意图，也是不允许的。

➢ 约束技巧

虽然不完全约束草图也可以用于后续的特征创建，但最好还是通过尺寸约束和几何约束完全约束特征草图。完全约束的草图可以确保设计更改期间，解决方案能始终一致。针对如何约束草图以及如何处理草图过约束，可以参照以下技巧：

1）一旦遇到过约束或发生冲突的约束状态，应该通过删除某些尺寸或约束的方法来解决问题。

2）尽量避免零值尺寸。用零值尺寸会导致相对其他曲线位置不明确的问题。零值尺寸在更改为非零尺寸时，会引起意外的结果。

3）避免链式尺寸。尽可能尝试基于同一对象创建基准线尺寸。

4）用直线而不是线性样条来模拟线性草图轮廓。尽管它们从几何角度看上去是相同的，但是直线和线性样条在草图计算时是不同的。

九、草图操作

草图环境中提供了多种草图曲线的编辑功能与操作工具，如编辑曲线、编辑定义线串、偏置曲线、镜像曲线等。接下来将一一介绍这些工具。

1. 编辑定义截面

草图一般用于拉伸、变化的扫掠等扫掠特征，因此多数草图本质是定义截面线串和/或引导线串。通过“编辑定义截面”命令能够添加或删除某些草图对象，以改变截面形状或引导路径。如图 1－35 所示。

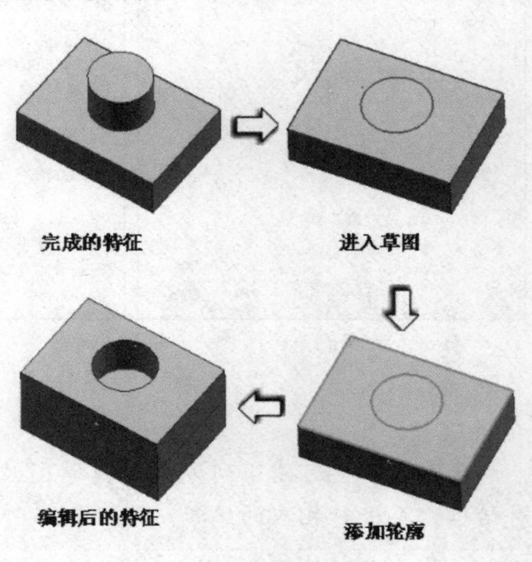

图 1－35　编辑定义截面

小贴士：要添加对象到定义线串，只需选中对象即可；要从定义线串中移除对象，在选中对象时按 Shift 键即可。

学习笔记

2. 偏置曲线的更新

在距已有曲线或边缘一恒定距离处创建曲线，并生成偏置约束，如图 1－36 所示。修改原有的曲线，偏置得到的曲线也会做相应变化；删除原有的曲线，偏置的曲线也会被删除。

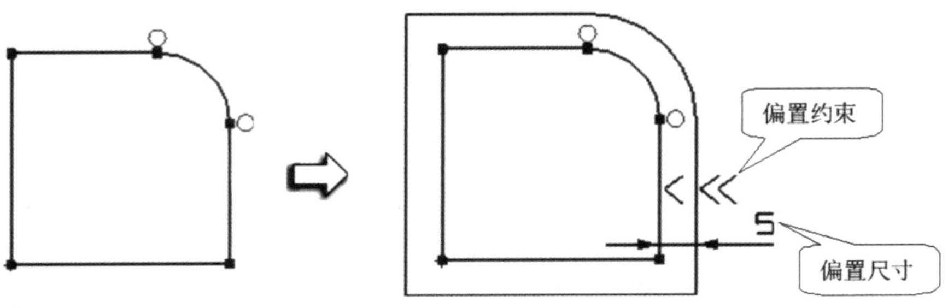

图 1－36　偏置曲线的更新

3. 镜像曲线的特点

通过指定的草图直线创建草图几何体的镜像副本，并将此镜像中心线转换为参考线，并且作用镜像几何约束到所有与镜像操作相关的几何体。注意，UG NX 12.0 在镜像曲线时，不能选择自身的曲线作为对称中心线，只能选择坐标轴或与自身无关的直线。

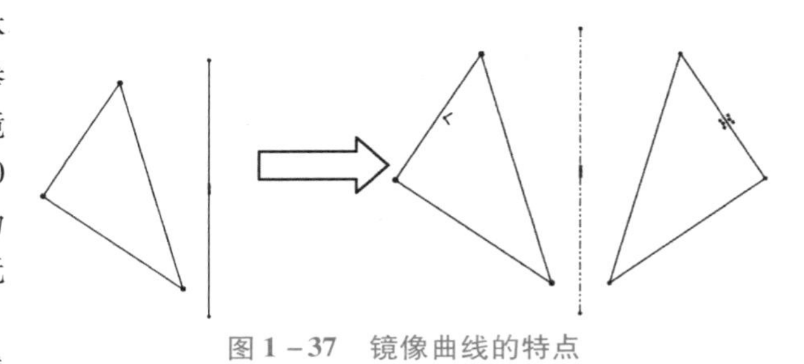

图 1－37　镜像曲线的特点

如图 1－37 所示，镜像后所选中心线自动转换为参考线。

十、草图管理

草图管理主要是指利用“草图”工具条上的一些命令进行相应操作，如图 1－38 所示。

图 1－38　草图管理工具条

1. 完成草图

通过此命令可以退出草图环境并返回到使用草图生成器之前的应用模块或命令。

2. 草图名

UG 在创建草图时，会自动进行名称标注。通过“草图名”命令可以重定义草图名称，也可以改变激活的草图。

如图 1－39 所示，草图名称包括三个部分：草图＋阿拉伯数字＋“SKETCH_阿拉伯数字”。修改时只可修改最后一部分。

☑ 基准坐标系 (0)
☑ 草图 (1) "SKETCH_000:挂轮"
☑ 草图 (2) "SKETCH_001:矩形"
☑ 草图 (3) "SKETCH_002:垫板"

图 1－39　修改草图名称

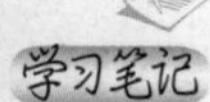

3. 定向到模型

通过“定向到模型”命令可以将视图调整为进入草图之前的视图。这也是为了便于观察绘制的草图与模型间的关系。

4. 通过“重新附着”命令重新附着

1）重新附着一个已存草图到另一个平表面、基准平面或一条路径。

2）切换一个在平面上的草图到在路径上的草图，或反之。

3）改变在路径上的草图沿路径附着的位置。

4）更改水平或竖直参考。

重新附着草图的操作步骤：

1）打开草图。

2）单击“草图”→“重新附着”命令。

3）选择新的目标基准平面或平表面。

4）（可选）选择一个水平或垂直参考。

5）单击“确定”按钮。

5. 评估草图

➤ 延迟评估

通过此命令可以将草图约束评估延迟到选择“评估草图”命令时才进行。

1）创建曲线时，系统不显示约束。

2）定义约束时，在选择“评估草图”命令之前，系统不更新几何图形。

小贴士：拖动曲线或者使用“快速修剪”或“快速延伸”命令时，不会延迟评估。

➤ 评估草图

此命令只有在使用“延迟评估”命令后才可使用。创建完约束后，单击此命令可以对当前草图进行分析，以实际尺寸改变草图对象。

十一、草图常用命令的用法与技巧

1. 直线的绘制

单击“草图工具”→“直线”命令，图标为“⁄”，打开“直线”命令对话框，如图1－40（a）所示。左侧为坐标模式，右侧为参数模式，分别如图1－40（b）和图1－40（c）所示。可以通过单击绘图区域相应区域确定直线起点和中心，也可以采用输入坐标数值或直线的长度和角度的方式确定直线的方位。当终点确定完毕后，单击右键确认或按中键结束命令。

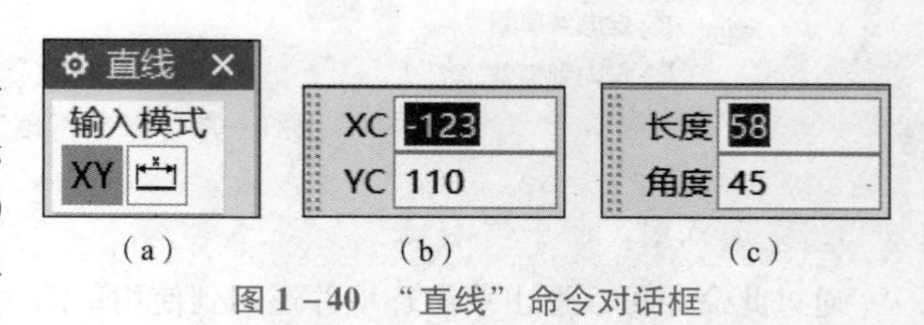

图1－40 “直线”命令对话框

2. 圆弧的绘制

单击“草图工具”→“圆弧”命令，图标为“⌒”，打开“圆弧”命令对话框，如图1－41（a）所示。左侧为绘制圆弧的方法：三点定圆弧（在绘图区域任意选择三个点确定圆弧），如图1－41（b）所示；中心和端点定圆弧（确定圆心点和半径或圆上的任意一点），如图1－41（c）所示。右侧输入模式，有坐标模式和参数模式。

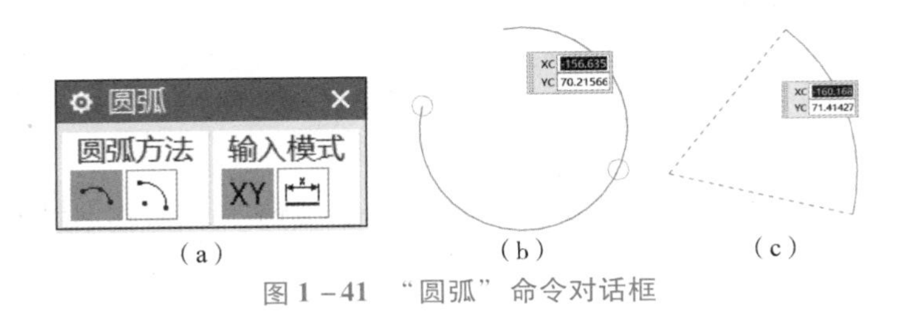

（a）　（b）　（c）

图 1-41　“圆弧”命令对话框

3. 圆的绘制

单击“草图工具”→“圆”命令，图标为“◯”，打开“圆”命令对话框，如图 1-42（a）所示。左侧为绘制圆的方法：圆心和直径定圆（在绘图区域中指定一点作为圆心，然后输入直径值，确定），如图 1-42（b）所示；三点定圆（在绘图区域任意选择三个点确定圆弧），如图 1-42（c）所示。右侧为输入模式，有坐标模式和参数模式。

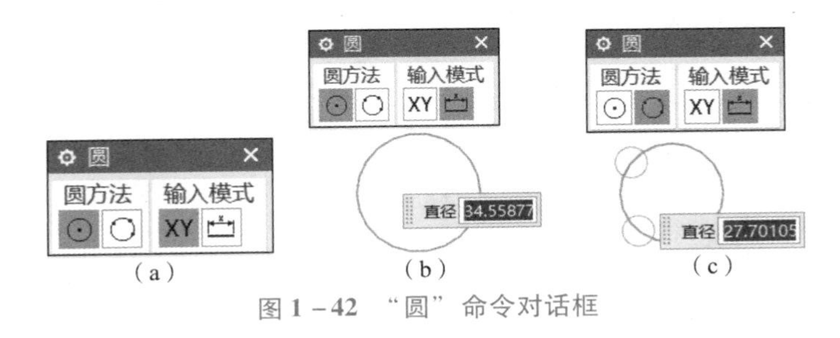

（a）　（b）　（c）

图 1-42　“圆”命令对话框

4. 矩形的绘制

单击“草图工具”→“矩形”命令，图标为“□”，打开“矩形”命令对话框，如图 1-43（a）所示。左侧为绘制矩形的三种方法：按 2 点（矩形对角线上两顶点）、按 3 点（矩形的 3 个顶点）和从中心（从矩形的中心点，然后定义宽度、高度和角度），分别如图 1-43（b）、图 1-43（c）和图 1-43（d）所示。右侧为输入模式，有坐标模式和参数模式。

1）2 点画矩形：①单击“矩形”命令的图标“□”；②将绘制矩形方法切换至“按 2 点”，在绘图区域中依次指定矩形的两个对角点，可以是任意点，也可以是已经存在的基准点，或指定矩形的一个角点；③输入矩形的长和宽，完成矩形的绘制。如图 1-43（c）所示。

2）3 点画矩形：①单击“矩形”命令的图标“□”；②将绘制矩形方法切换至“按 3 点”，在绘图区域中依次指定矩形的三个顶点，可以是任意点，还可以是已经存在的基准点，还可以用鼠标拖拉的距离来控制矩形的长、宽及与 *X* 轴的角度；③当确定第三个点位置后，单击鼠标左键完成矩形的绘制。如图 1-43（d）所示。

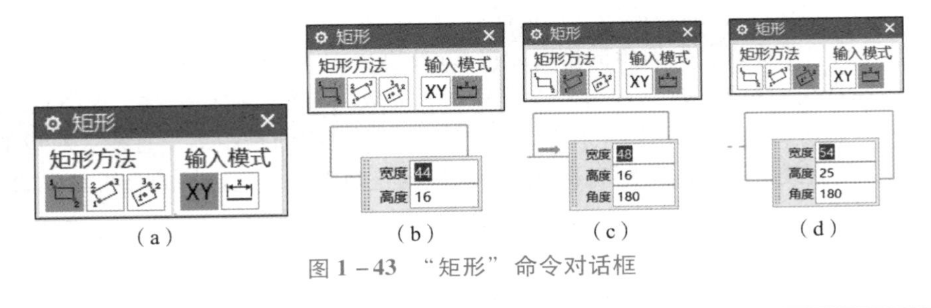

（a）　（b）　（c）　（d）

图 1-43　“矩形”命令对话框

3）从中心画矩形：①单击“矩形”命令的图标“⌐⌐”；②将绘制矩形方法切换至“从中心”，在绘图区域中单击“确定”按钮确定矩形的中心点；③拖动鼠标，确定矩形的长和宽，以及矩形边与 X 轴的角度；④单击鼠标左键完成矩形的绘制。如图 1－43（d）所示。

5．倒斜角的用法

利用“倒斜角”的命令，可以在两条曲线间倒斜角。倒斜角有对称倒斜角、非对称倒斜角及偏置和角度倒斜角三种方法。

（1）对称倒斜角

①单击“草图工具”→“倒斜角”命令，图标为“⌝”，弹出图 1－44（a）对话框。

②在“偏置”选项下，倒斜角的方式选择“对称”，“距离”选项中输入距离，按 Enter 键。

③依次选择直线 1 和 2，如图 1－44（b）所示，完成对称倒斜角。

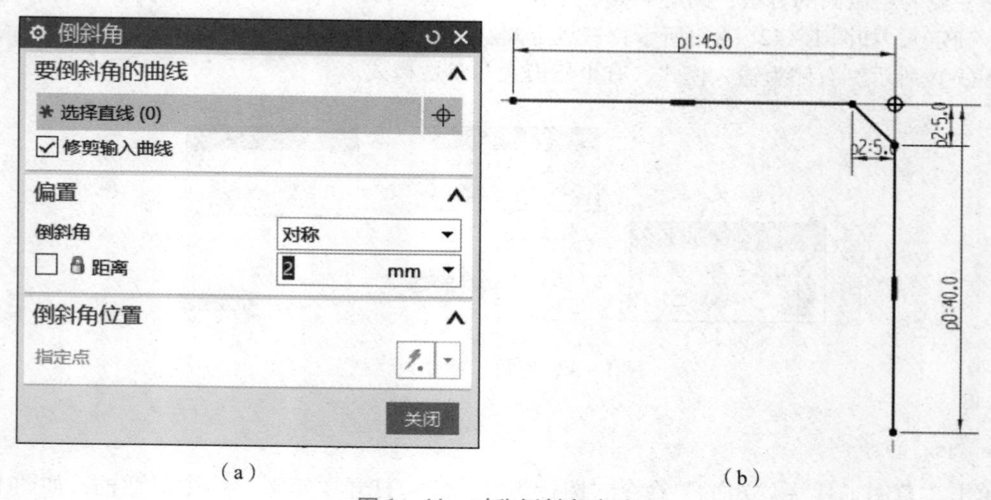

（a）（b）

图 1－44 对称倒斜角方法

（2）非对称倒斜角

①单击“草图工具”→“倒斜角”命令，图标为“⌝”，弹出“倒斜角”对话框。

②在“偏置”选项下，倒斜角的方式选择“非对称”，“距离”选项中分别输入要倒斜角的距离，按 Enter 键，如图 1－45（a）所示。

③依次选择直线 1 和 2，如图 1－45（b）所示，完成对称倒斜角。此处注意选择直线的顺序，直线 1 对应的是“距离 1”，直线 2 对应的是“距离 2”，即先选择的直线斜角距离为距离 1 对应尺寸，后选择的直线斜角的距离为距离 2 对应尺寸。

（3）“偏置和角度”的倒斜角方法

①单击“草图工具”→“倒斜角”命令，图标为“⌝”，弹出“倒斜角”对话框。

②在“偏置”选项下，倒斜角的方式选择“偏置和角度”，“距离”选项中输入要倒斜角的距离，“角度”选项中输入要倒斜角的角度，按 Enter 键，如图 1－46（a）所示。

③依次选择直线 1 和 2，如图 1－46（b）所示，完成倒斜角。此处注意，选择直线的顺序对于倒斜角的尺寸有所影响，当先选择直线 1 时，则直线 1 对应的是距离，直线 2 对应的是角度；先选择直线 2，则直线 2 对应的是距离，直线 1 对应的是角度。即先选择的直线对应的是距离 1，后选择的直线对应的是角度。要根据设计需求决定选择直线的顺序。

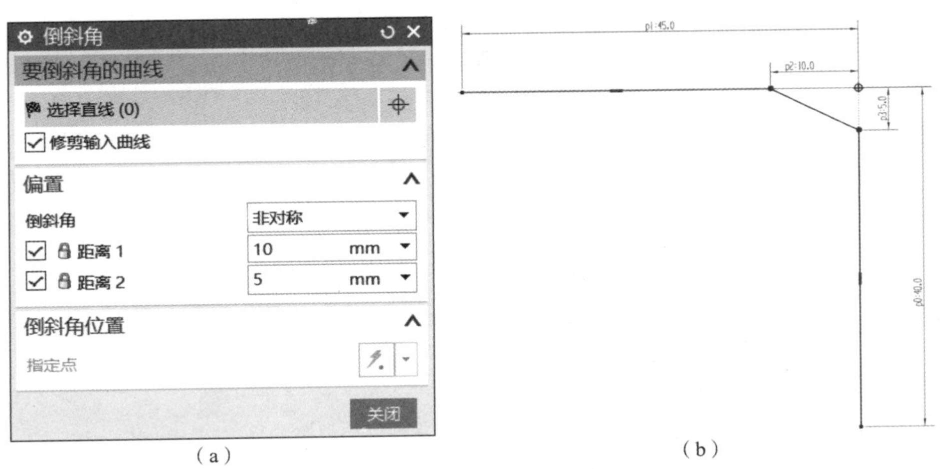

（a）　　　　　　　　　　　　　（b）

图 1－45　非对称倒斜角方法

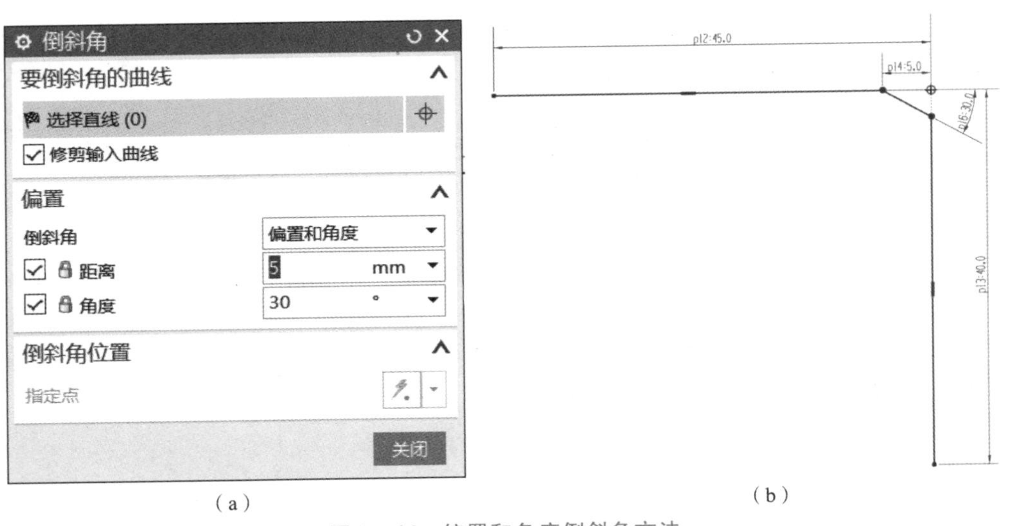

（a）　　　　　　　　　　　　　（b）

图 1－46　偏置和角度倒斜角方法

6. 圆角的用法

利用“圆角”的命令，可以在两条曲线间倒圆角。

1）单击“草图工具”→“圆角”命令，图标为“⌝”，弹出如图 1－47（a）所示的“圆角”对话框。

2）左侧圆角方法选项中有修剪和不修剪两种。修剪，执行“圆角”命令时，将圆角顶部的曲线修剪掉；不修剪，则圆角顶部的曲线保留。

● 修剪时，单击圆角方法中的修剪图标“⌝”，输入圆角半径，分别单击曲线 1 和 2，完成圆角的建立；也可以采用先单击曲线 1 和 2，再输入圆角半径的方式。结果如图 1－47（b）所示。

● 不修剪时，单击圆角方法中的不修剪图标“⌝”，输入圆角半径，分别单击曲线 1 和 2，完成圆角的建立；也可以采用先单击曲线 1 和 2，再输入圆角半径的方式。结果如图 1－47（c）所示。

学习笔记

学习笔记

• 删除第三条曲线选项的用法：单击删除第三条曲线图标“”，分别单击曲线 1、2 和 3，完成圆角的建立。此处不需要提前输入圆角直径，系统会根据曲线 1 和 2 的距离自动计算圆角尺寸。结果如图 1 – 47（d）所示。

• 此外，不管是修剪还是不修剪选项，都可用按住鼠标左键，拖动鼠标划过曲线 1 和 2 来完成倒角的方式。图 1 – 47（e）所示为修剪选项下完成圆角的情况，此时圆角的大小可由拖动时划过的位置决定。

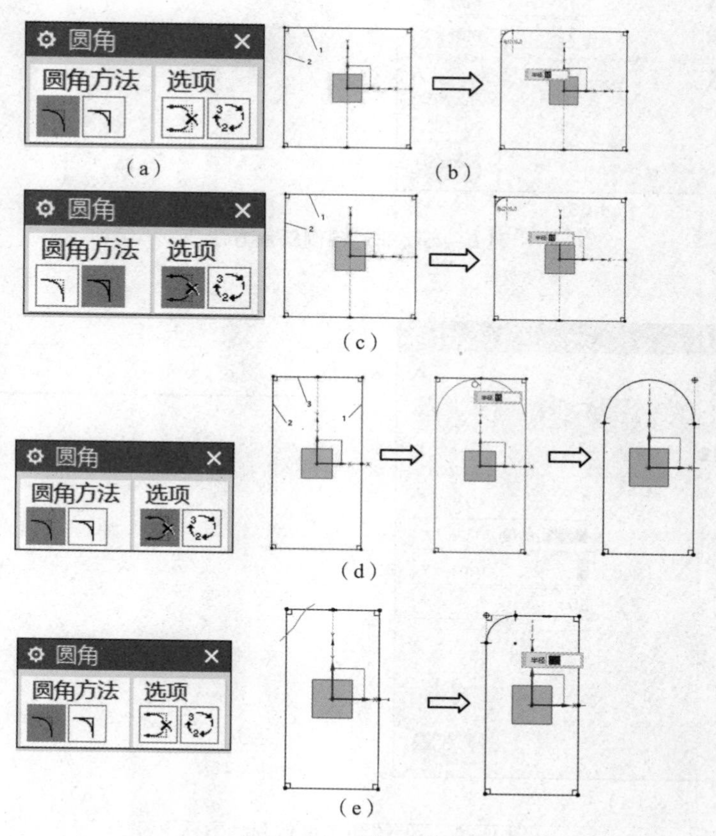

图 1 – 47　圆角的用法

> 小贴士：当使用删除第三条曲线选项时，注意选择的曲线 1 和曲线 2 的顺序为逆时针方向选取。此时得到的圆角才是设计者所需的。

7. 快速修剪的用法

单击“草图工具”→“快速修剪”命令，图标为“”，弹出“快速修剪”对话框，如图 1 – 48（a）所示。“快速修剪”命令，可以任意方向将曲线修剪至最近的交点或边界。常用的方法有 3 种：“单独修剪”“统一修剪”和“边界修剪”。

（1）单独修剪

①单击“快速修剪”图标“”，弹出“快速修剪”对话框。

②依次选取要修剪的曲线 1、2、3 和 4，软件将根据被修剪元素与其他元素的相交关系自动完成修剪操作，得到如图 1 – 48（b）所示结果。

（2）统一修剪

统一修剪采用按住鼠标左键，在要修剪的曲线上划过，会将想要修剪的曲线修剪掉。

①单击“快速修剪”图标“✂”，弹出“快速修剪”对话框。

②按住鼠标左键，拖动鼠标划过需要修剪的曲线，软件将自动把拖过的曲线修剪至最近的交点，得到如图1－48（c）所示结果。

（3）边界修剪

边界修剪可以选取任意曲线为边界曲线，在边界内的部分将被修剪，边界以外的部分不会被修剪。

①单击“快速修剪”图标“✂”，弹出“快速修剪”对话框。

②单击“边界曲线”选项中的图标“∫”，依次拾取边界线。

③单击“要修剪的曲线”选项中的图标“∫”，选取需要修剪对象，得到如图1－48（d）结果。

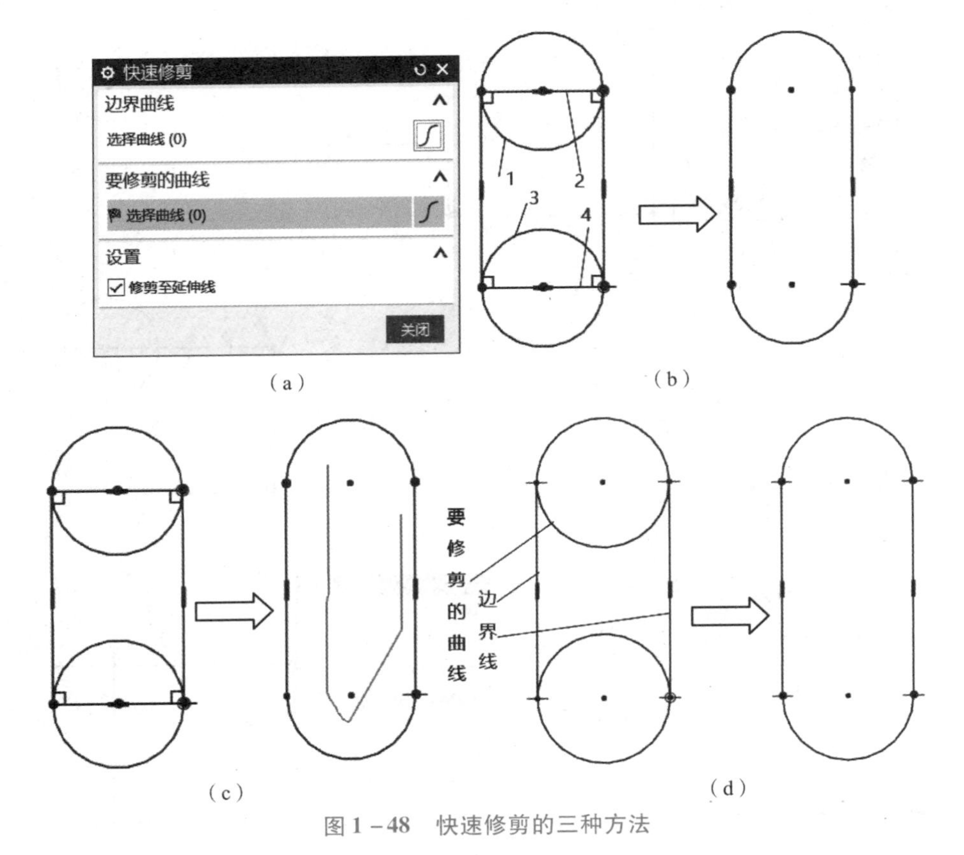

（a）（b）（c）（d）

图1－48　快速修剪的三种方法

8. 快速延伸的用法

快速延伸是将草图元素延伸到另一临近曲线或选定的边界线处。“快速延伸”工具与“快速修剪”工具的使用方法相似，主要有“单独延伸”“统一延伸”和“边界延伸”三种方法。

（1）单独延伸

①单击“快速延伸”图标“✂”，弹出“快速延伸”对话框，如图1－49（a）所示。

②单击要延伸的曲线1，软件将根据需要延伸的元素与其他元素的距离关系自动判断延伸方向和长度，完成延伸操作，使得自动延伸到最近的元素上。延伸后得到如图1－49（b）结果。

学习笔记

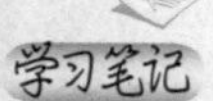

(2) 统一延伸

通过曲线链的方式同时延伸多条曲线。

①单击“快速延伸”图标“⅃”，弹出“快速延伸”对话框。

②按住鼠标左键拖过需要延伸的曲线，即可完成延伸操作，得到如图1-49（c）结果。

(3) 边界延伸

首先指定要延伸到的边界，然后单击被延伸元素，则被延伸元素将延伸到选中的边界处。

①单击“快速延伸”图标“⅃”，弹出“快速延伸”对话框。

②单击“边界曲线”选项组中的图标“⎰”，拾取边界1。

③单击“要延伸的曲线”选项组中的图标“⎰”，选取需要延伸的对象2、3，即可将2和3延伸到边界1。结果如图1-49（d）所示。

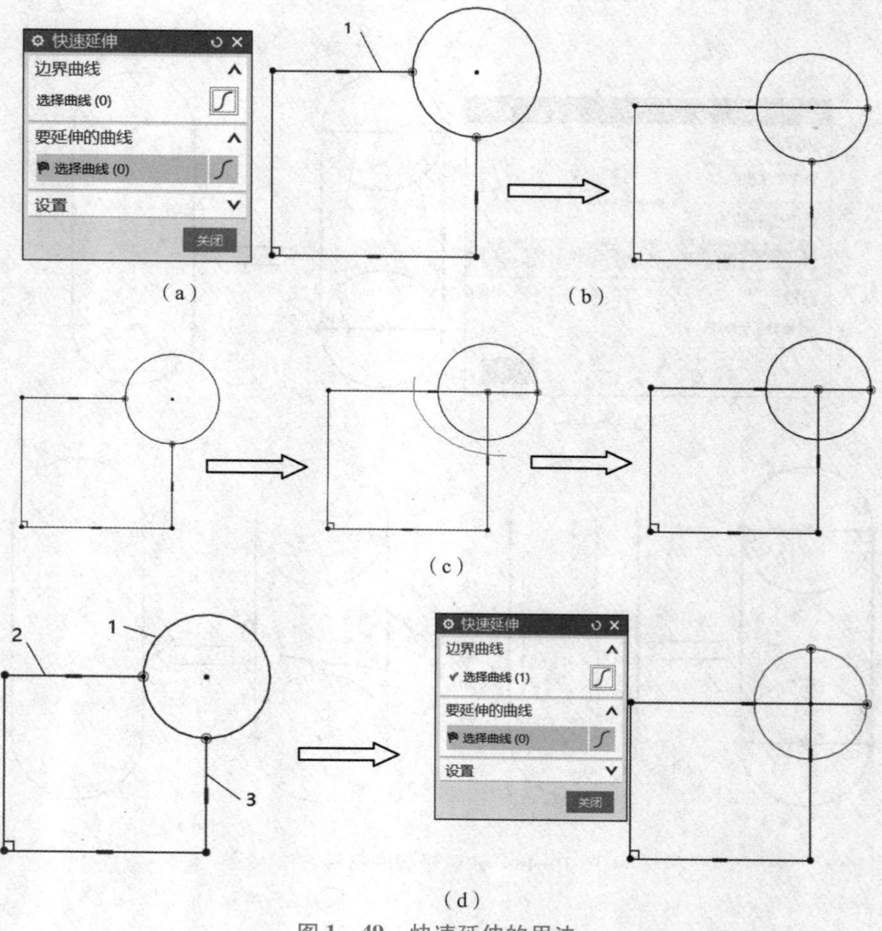

图1-49 快速延伸的用法

9. 偏置曲线的用法

偏置曲线是将现有的元素，通过距离控制，向内或向外以某一距离偏置，常用于距离相同，并且轮廓形状类似的场合。

单击“草图工具”→“偏置曲线”命令，图标为“⌂”，弹出“偏置曲线”对话框，如图1-50（a）所示。

● 要偏置的曲线：通过单击鼠标左键可选择要偏置的曲线。

● 偏置选项：输入要偏置对象的距离；勾选“创建尺寸”复选框，可添加尺寸；勾选“对称偏置”复选框，可在原对象的内外侧分别偏置两个对象，如图1－50（b）所示；副本数可根据设计需求设置，可为任意整数值，最小为“1”。

● 设置：勾选“输入曲线转换为参考”复选框，则可将原始曲线转换为参考曲线，如图1－50（c）所示。

操作步骤：

1）选择要偏置的曲线。

2）输入偏置距离，如5 mm。

3）勾选“创建尺寸”和“对称偏置”复选框，副本数设置为“1”。

4）单击“确定”按钮，完成曲线偏置，结果如图1－50（c）所示。

（a）

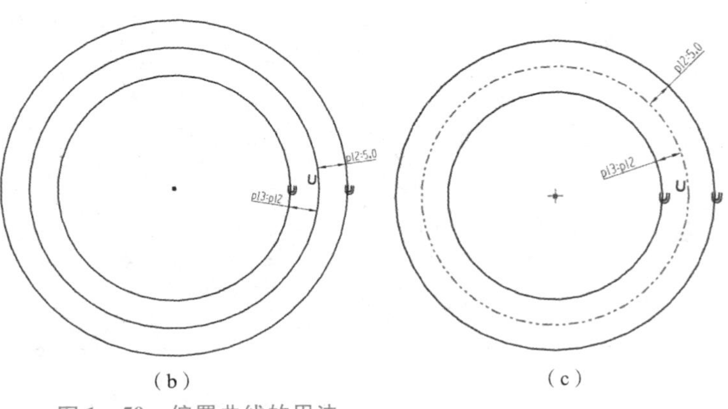

（b）　　（c）

图1－50　偏置曲线的用法

小贴士：通过偏置曲线命令得到的曲线，与原始曲线间存在关联关系，当原曲线尺寸被修改时，偏置的曲线尺寸会相应改变；若原始曲线被删除，则偏置的曲线也会被删除。

10. 阵列曲线的用法

阵列曲线是将原草图以特定规律复制成多个与原草图一模一样新的草图对象，新的草图对象依附于原草图，当原草图发生位置或形状变化时，新的草图对象做相应变化。阵列的布局形式主要有：线性阵列、圆形阵列和常规阵列。

单击“草图工具”→“阵列曲线”命令，图标为“”，弹出“阵列曲线”对话框，如图1－51（a）所示。

1）“要阵列的曲线”选项：指绘图区域或零件草图中已存在的曲线。

2）“阵列定义”选项：

①线性阵列：使用一个或两个线性方向定义布局；两个线性方向之间可相互垂直，也可处于任意大于0的角度。

方向1选项中，选择线性对象，指要沿着阵列的线性方向，通常可选坐标轴或已存在的直线；当需要沿着两个方向阵列时，勾选“使用方向2”复选项，方向2选项被打开，设置选项与方向1完全相同。

● 数量和间隔：数量指要阵列对象的个数，此处数量包含原对象；节距指两个对象之间的距离。

学习笔记

• 数量和跨距：数量指要阵列对象的个数，此处数量包含原对象；跨距指首末对象之间的总距离。

• 节距和跨距：节距指相邻两个对象之间的距离，跨距指首末对象之间的总距离。

采用“数量和间隔”的方式，选择已有圆弧作为原对象，方向1，选择线性对象为 Y 轴，数量设置为4，间隔设置为20；方向2，选择线性对象为 X 轴，数量设置为3，间隔设置为30。阵列结果如图1－51（b）所示。

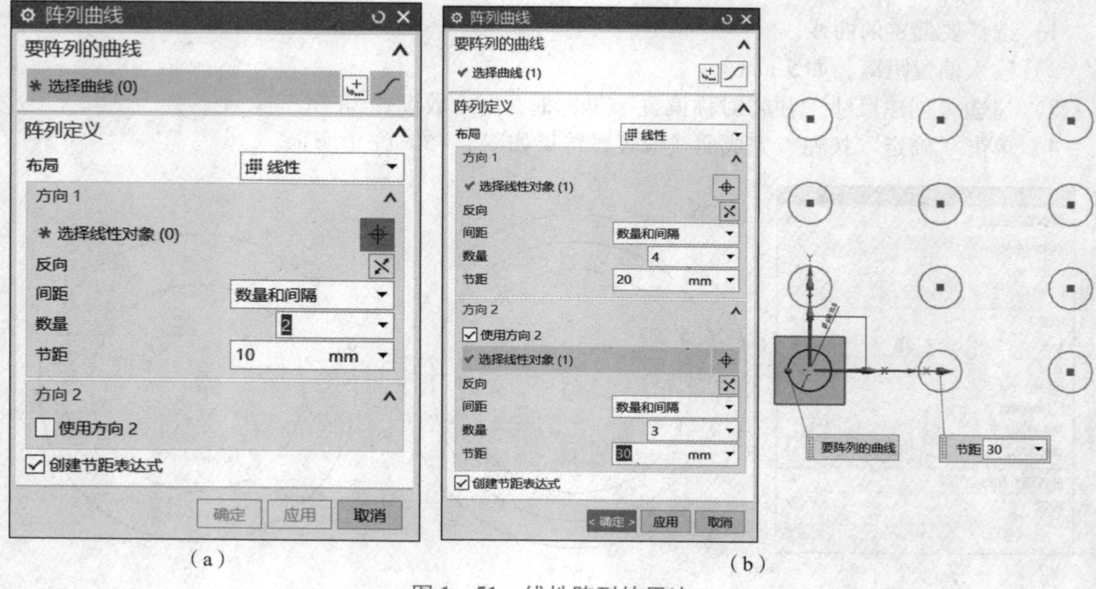

（a）　　　　　　　　　　　　　　　（b）

图1－51　线性阵列的用法

②圆形阵列：使用旋转轴或可选的径向间距参数定义布局。

•“旋转点”选项中：指定点，可以指定光标位置所在点、现有点、端点、控制点、交点、圆弧中心、象限点或曲线上的点作为旋转点。

•“斜角方向”选项中：

• 数量和间隔：数量指要阵列对象的个数，此处数量包含原对象；节距角指两个对象之间的夹角。

• 数量和跨距：数量指要阵列对象的个数，此处数量包含原对象；跨角指首末对象之间的角度。

• 节距和跨距：节距角指相邻两个对象之间的角度；跨角指首末对象之间的角度。

采用“数量和间隔”的方式，选择已有圆弧作为原对象，旋转点指定坐标原点，数量设置为7，节距角设置为30°。阵列结果如图1－52所示。

③常规阵列：使用按一个或多个目标点或坐标系定义的位置来定义布局。

利用“草图工具”中的圆弧命令和基准点命令绘制一个圆和多个点。

单击“阵列曲线”命令，要阵列的曲线选择已有的圆弧。

阵列定义中，选择“常规”。

“从位置”选项中，“点”选择圆弧的圆心点。

“至位置”选项中，“点”分别选择已有的多个点。

单击“确定”按钮，常规阵列完成，阵列结果如图1－53所示。

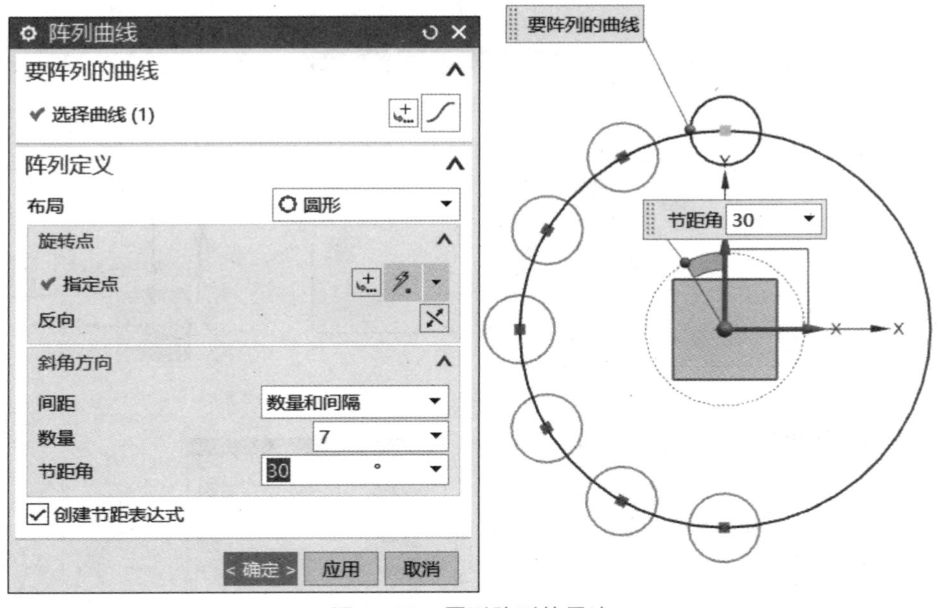

图 1－52　圆形阵列的用法

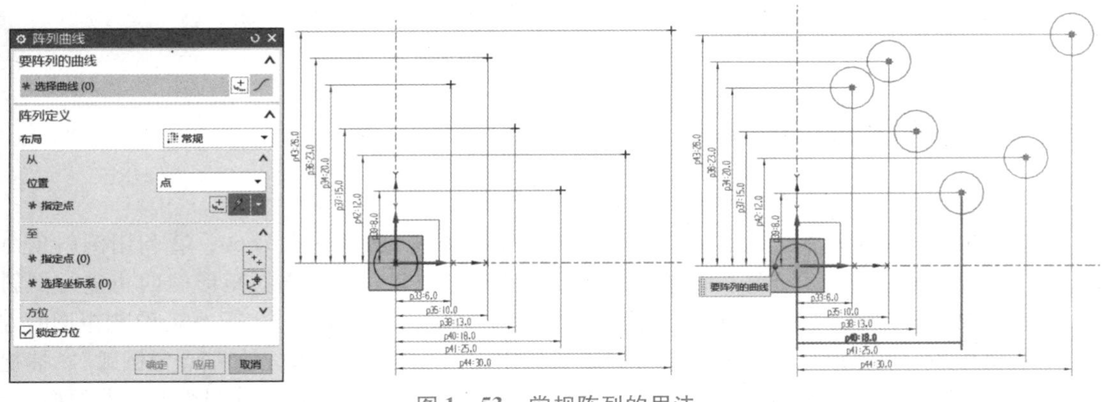

图 1－53　常规阵列的用法

11. 设为对称的用法

定义两个对象间的关系，使之关于某轴线处于对称关系，此处所指的轴线，可以为基准坐标系中 X、Y 或 Z 轴中的某一根轴，也可以指草图本身的某一直线，还可以为其余草图上的某一直线。

单击“草图工具”→“设为对称”命令图标“[icon]”，弹出如图 1－54（a）所示对话框。

1）单击“主对象”下侧“选择对象”后侧的选择主对象图标“[icon]”，单击绘图区中已存在的曲线，此处选择左侧的圆弧，如图 1－54（b）所示。

2）主对象选择完后，光标会自动跳转到“次对象”选项上面，单击绘图区中已存在的曲线，此处选择右侧的圆弧，如图 1－54（c）所示。

3）次对象选择完后，光标会自动跳转到“对称中心线”选项上面，单击绘图区中已存在的曲线，此处选择基准坐标系的 Y 轴，此时两个圆弧便完成了对称操作。在两个圆上面便出现了对

学习笔记

学习笔记

称约束的图标“•►”，如图 1-54（d）所示。

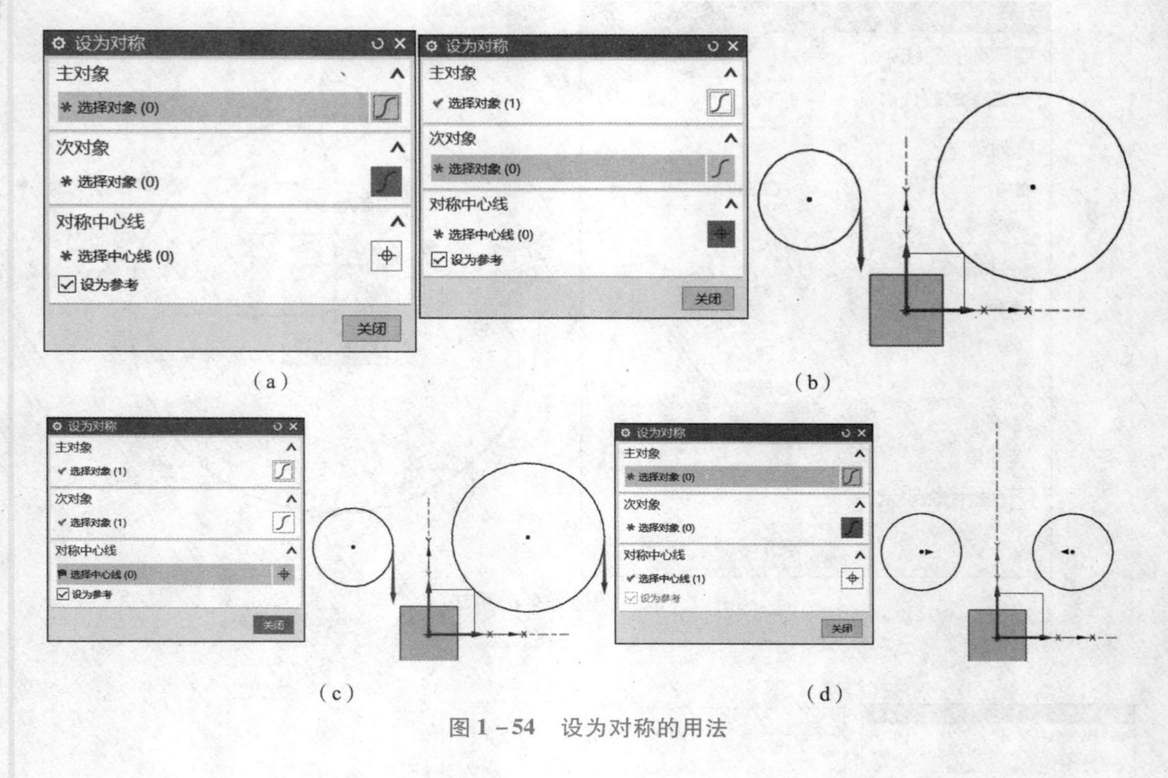

图 1-54 设为对称的用法

1.1.2 任务实施过程

1. 绘制压板零件草图的步骤

①按从中心绘制矩形的方法，绘制矩形并约束矩形长度为 150，宽为 60；②利用倒斜角命令，选择偏置和角度的倒角方法，设置距离为 50，角度为 15°，依次选择矩形的四角进行倒斜角，注意直线的选择顺序，此时可将对角上的两斜角边添加平行约束；③按从中心绘制矩形的方法，绘制矩形并约束矩形长度为 50，宽为 15；④利用圆弧绘制命令“中心和端点定圆弧”，捕捉矩形中心，绘制圆弧；⑤利用快速修剪命令，将矩形左右侧短边修剪掉；⑥利用偏置曲线命令，输入偏置距离为 3，偏置⑤中修剪剩余的长条孔；⑦根据图纸，添加尺寸约束和几何约束，直到命令栏提示草图已完全约束。

2. 绘制压板零件草图的详细过程

（1）新建文件

在工具栏中，单击“新建”图标“🗋”，或按快捷键 Ctrl + N，创建一个文件名为“压板 .prt”的文件，存储位置根据需求设置。

（2）进入草图绘制环境

在主菜单中单击“插入”→“在任务环境中绘制草图”，弹出“创建草图”对话框，草图平面默认选择 *XY* 面，单击“确定”按钮进入草图绘制环境。

（3）绘制压板零件草图

1）绘制矩形并用尺寸约束至长 150、宽 60。

①单击“草图工具”→“矩形”命令图标“▭”，选择“从中心”，捕捉基准坐标系原点，绘

制矩形。

②单击“草图工具”→“快速尺寸”命令，约束矩形的长150、宽60，如图1－55所示。

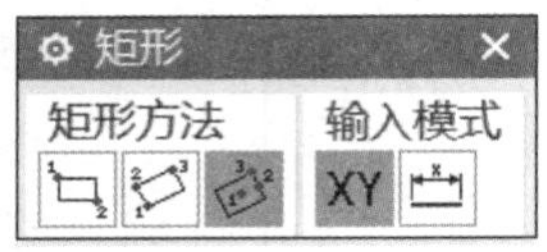

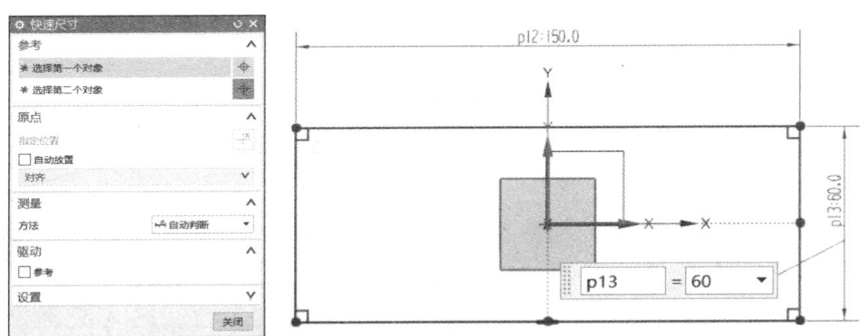

图1－55　绘制矩形并添加尺寸约束

2）利用“偏置和角度”倒斜角，尺寸约束距离为50，角度为15。

①单击“草图工具”→“倒斜角”命令图标“⏋”，选择“偏置和角度”选项，设置距离为50，角度为15，依次对矩形四个顶角进行倒角。

②单击“几何约束”，添加“设为对称”约束，主对象和次对象分别选择上侧水平直线的两端点，对称中心线选择 Y 轴。

③使用同样方式在右侧的竖直直线上添加“设为对称”约束，主对象和次对象分别选择两端点，对称中心一选择 X 轴；此时草图显示已完全约束。如图1－56所示。

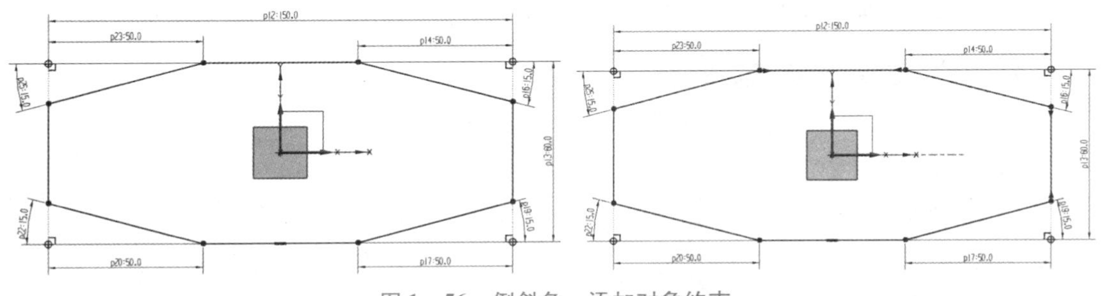

图1－56　倒斜角、添加对象约束

3）利用矩形命令，绘制中心处的矩形，约束长度为50，宽度为15。

①单击“草图工具”→“矩形”命令图标“▭”，选择“从中心”绘制矩形。

②单击“草图工具”→“快速尺寸”命令，约束矩形的长50、宽15，如图1－57所示。

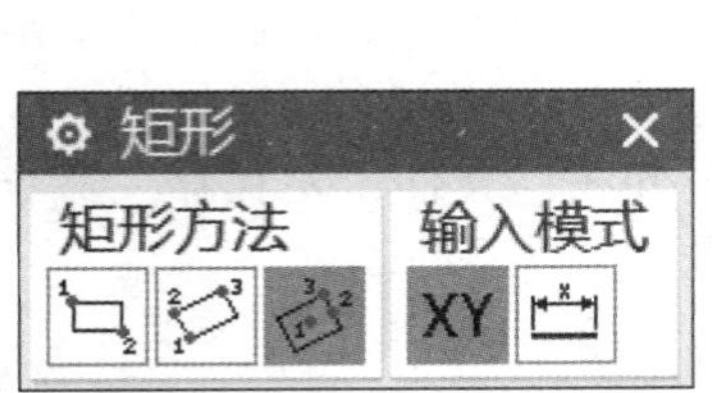

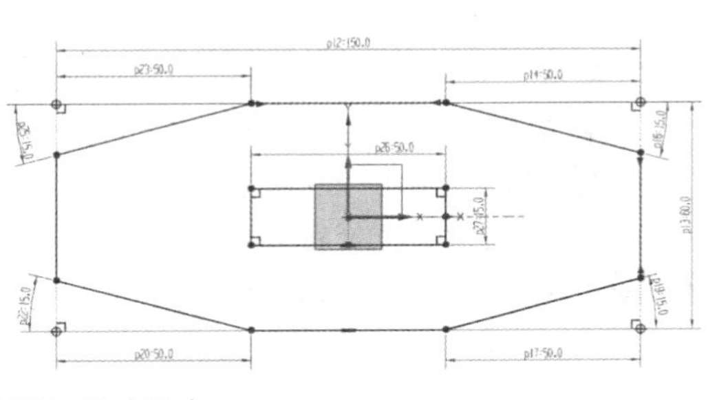

图1－57　绘制矩形并添加尺寸约束

学习笔记

4）利用圆弧命令，在中间矩形的两端绘制圆弧。

①单击“草图工具”→“圆”命令图标“◯”，捕捉矩形左右侧短边中心，绘制圆弧。

②单击几何约束，选择相切约束“ర”，约束圆弧与矩形的长边相切，如图 1－58 所示。

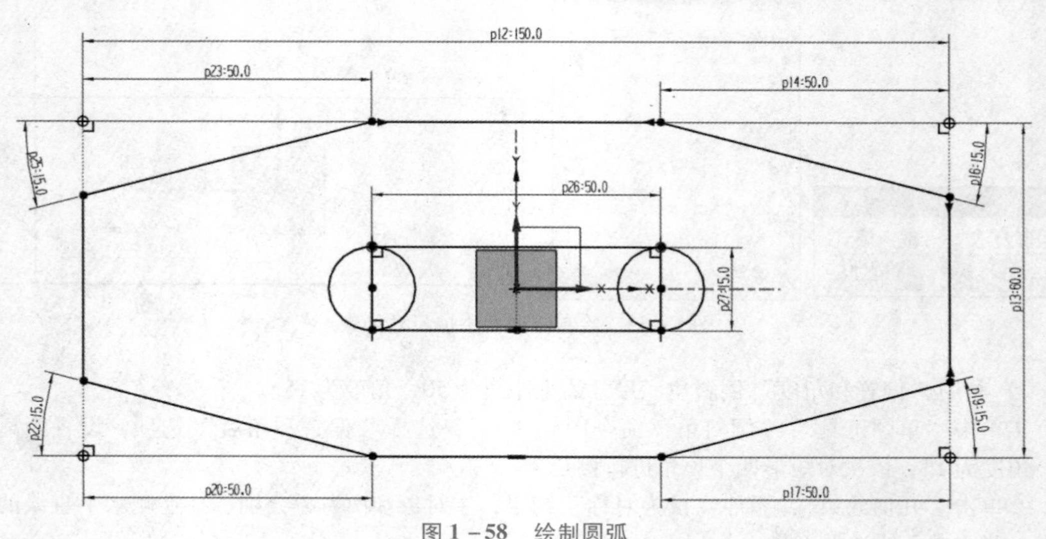

图 1－58　绘制圆弧

5）修剪多余的边线。

单击“草图工具”→“快速修剪”命令图标“⺦”，利用“统一修剪方式”，按住鼠标左键，拖动划过要修剪的区域，如图 1－59 所示。

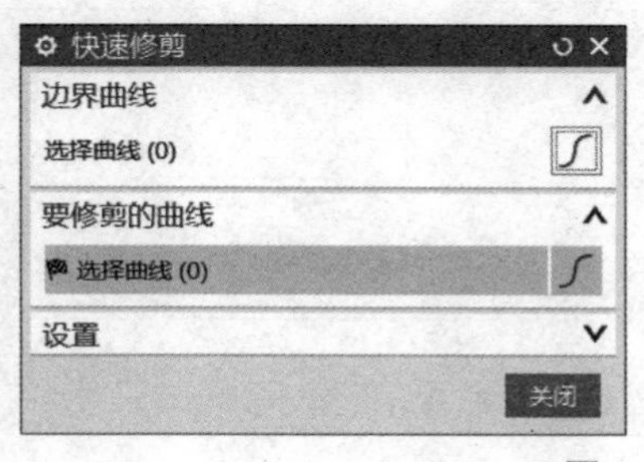

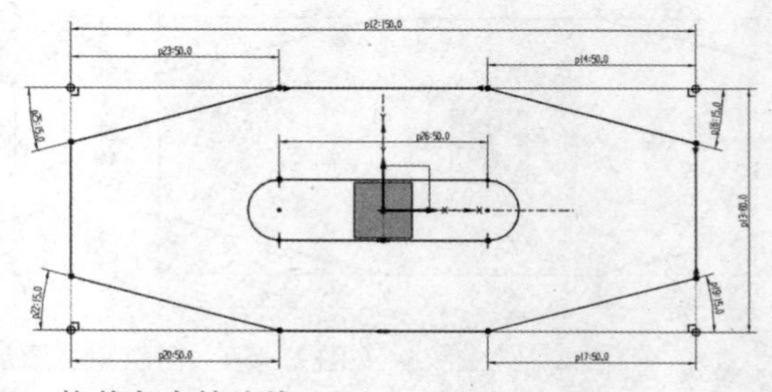

图 1－59　修剪多余的边线

6）使用“偏置曲线”命令将中间长孔向外偏置 3 mm。

①单击“草图工具”→“偏置曲线”命令图标“⊚”，设置偏置距离为 3，过滤器选项上选择“相切曲线”，单击中间长孔的边线，偏置方向向外，单击“确定”按钮。

②单击“快速尺寸”，添加内侧长孔的宽度尺寸 15。

③单击“几何约束”，单击“点在曲线上”图标“†”，将圆心约束至 X 轴上。

④单击“水平”约束图标“━”，将外侧长孔的曲线约束为水平，直至命令栏提示“草图已完全约束”，如图 1－60 所示。

7）单击右键，选择完成草图，或按快捷键 Ctrl＋Q 完成草图；单击“文件”→“保存”命令图标▪，保存文件，如图 1－61 所示。压板绘制完成。

学习笔记

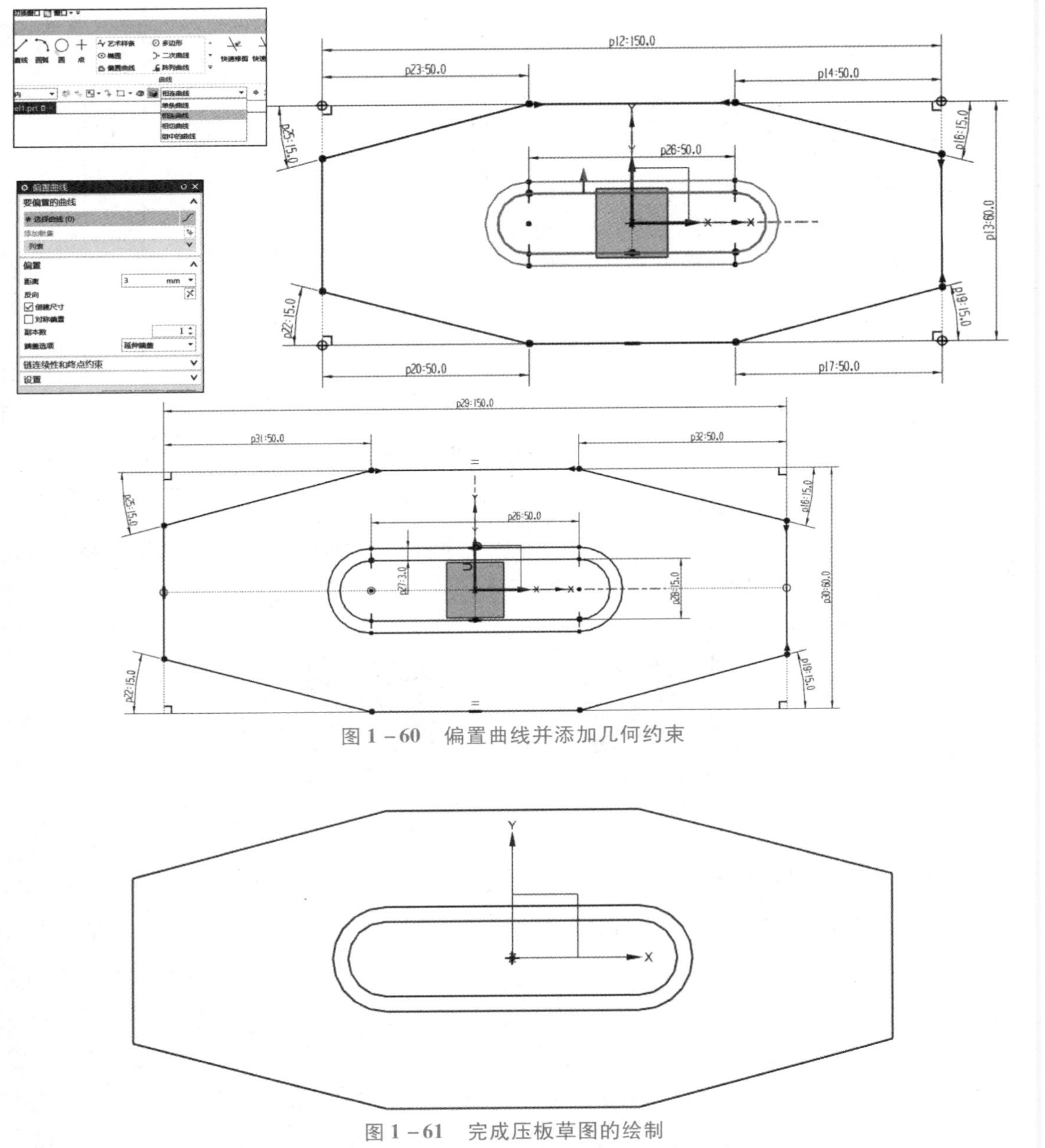

图 1 - 60　偏置曲线并添加几何约束

图 1 - 61　完成压板草图的绘制

小贴士：绘制草图时，要学会应用 UG NX 12.0 自带的基准坐标系，以基准坐标系作为基准，可减少绘图中的辅助线，减少绘图步骤，图面显得更加简洁明了。

1.1.3　任务拓展实例（通风盖板的草图绘制）

完成如图 1 - 62 所示的通风盖板的草图绘制，该案例应用的命令有直线、矩形、圆弧、圆角、偏置曲线、线性阵列、圆形阵列、尺寸约束和几何约束等。通过该案例，进一步熟练和掌握这些命令的使用。

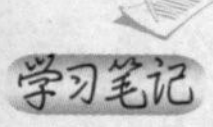

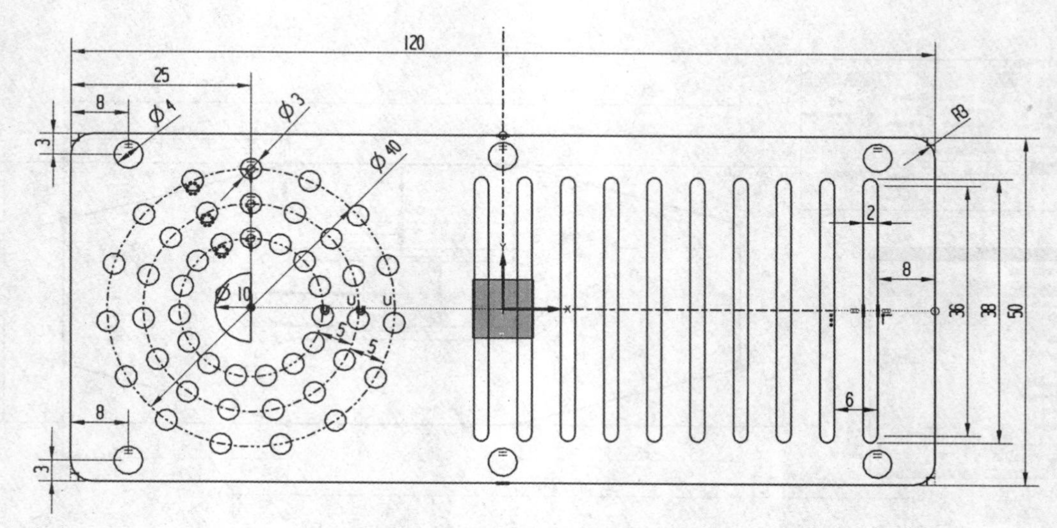

图 1-62　通风盖板零件图

1. 通风盖板草图绘制思路

①绘制外轮廓及 6 个安装孔；②绘制中间半圆，绘制 3 个大圆弧，间隔 5；③绘制 45 个直径为 3 的圆弧；④绘制 10 个长孔。

2. 绘制步骤

绘制步骤简表

绘制过程

1.1.4　任务加强练习

1. 完成如图 1-63 所示样板零件草图的绘制。

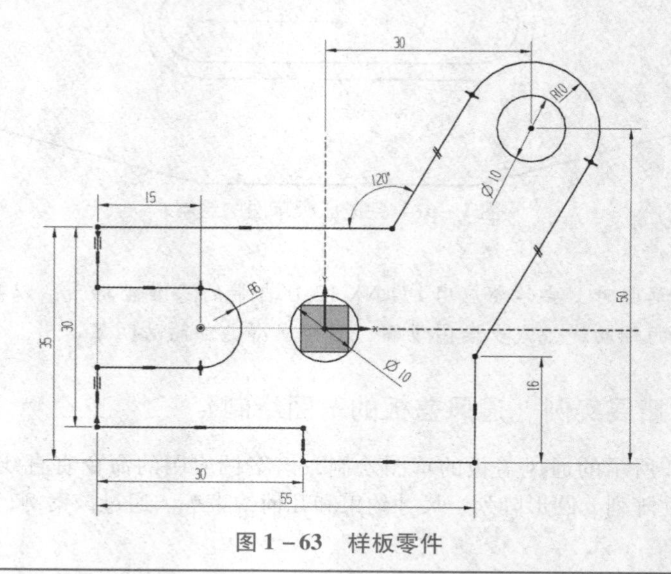

图 1-63　样板零件

学习笔记

2. 完成如图 1－64 所示密封垫零件草图的绘制。

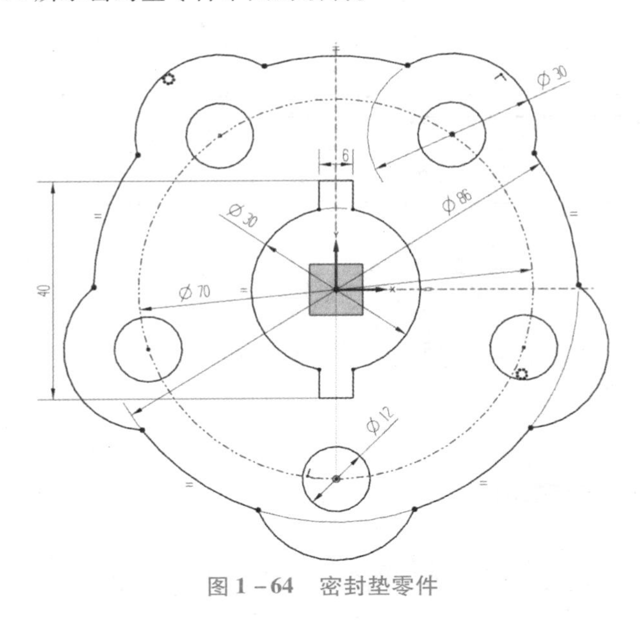

图 1－64　密封垫零件

思考与练习

小贴士：在绘制拓展任务实例时，看图绘图时，要遵循相应国家标准。遇到难点或疑点时，小组间可探讨、分析、归纳。同学之前养成互帮互助，共同提升的学习氛围。

1. 草图的约束状态有哪几种？有什么特点？哪种约束状态是允许存在的？

2. 偏置曲线时，如何将原始曲线变为参考曲线？

3. 阵列得到的曲线，可否将原始曲线删除掉？

任务 2　开口扳手零件草图的绘制

某企业在车间装配某产品时，出现了扳手预留空间不足，导致安装螺栓无法拧紧的现象。为了排查问题原因，需绘制装配此产品时常用的开口扳手的三维模型，通过模型排查生产问题出现在哪里。开口扳手的二维草图如图 1－65 所示。

绘制此扳手所需的命令有直线、圆弧、圆、矩形、偏置、快速修剪、多边形、派生曲线、转换为参考、尺寸约束和几何约束等。

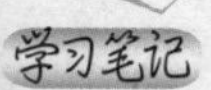

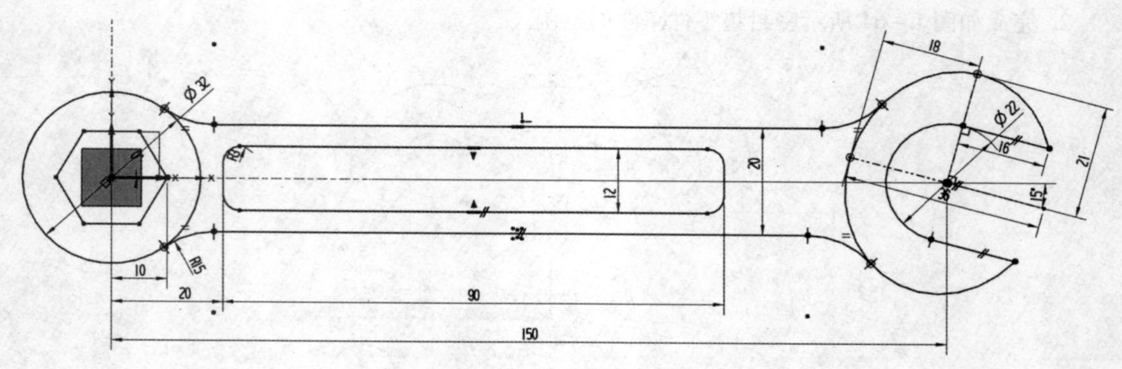

图 1－65　开口扳手零件草图的绘制

1.2.1　知识链接

草图常用命令的用法与技巧

1. 多边形的绘制

单击“草图工具”→“多边形”命令，图标为“⬡”，打开“多边形”命令对话框，如图 1－66（a）所示。

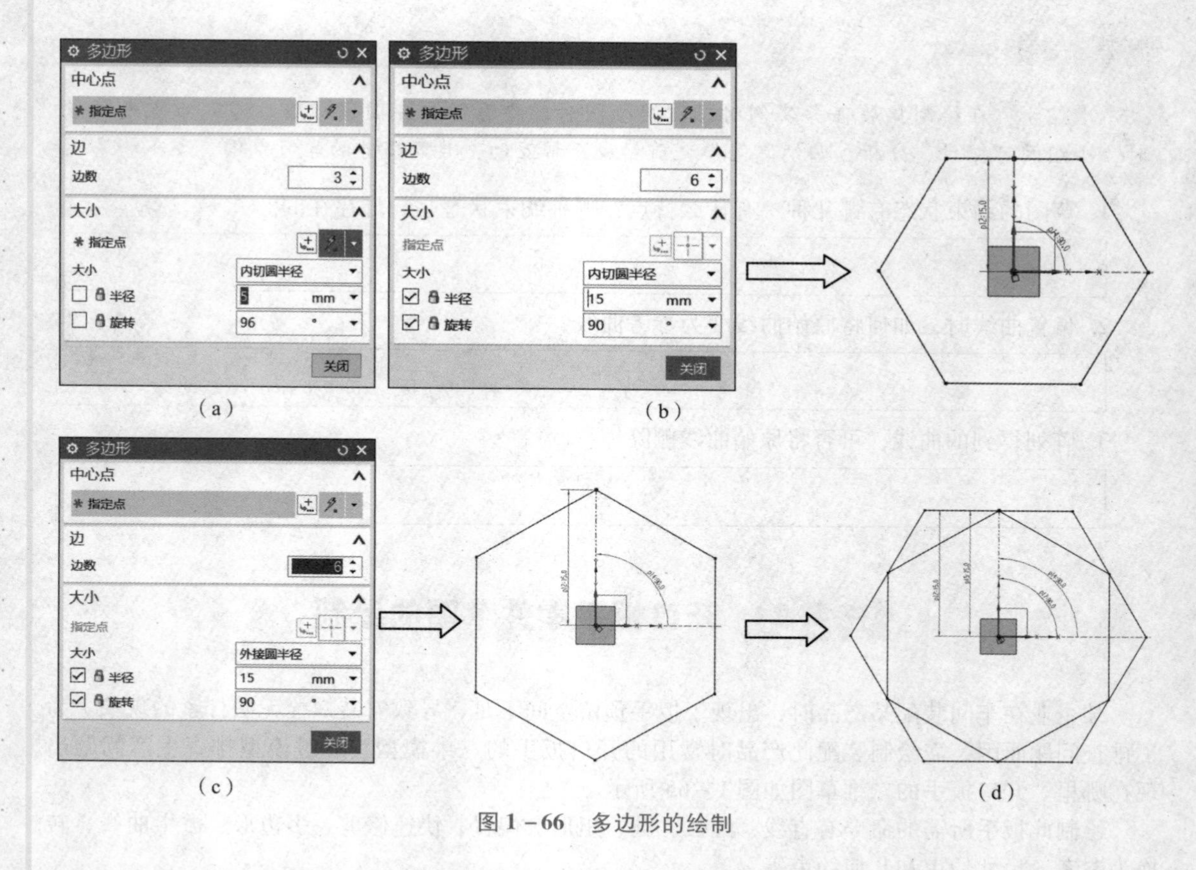

图 1－66　多边形的绘制

- 中心点：选取一点作为多边形的中心点，可选择光标位置、现有点、控制点、端点等。
- 边数：设计多边形的边数。在 UG NX 12.0 中，边数可设置 3～513 之间的任意整数值。

学习笔记

● 大小：可以通过指定多边形顶点所在点来确定多边形的大小，此时多边形的顶点可选择光标位置、现有点、控制点、端点、交点、圆弧中心、象限点、曲线或边上的点。也可通过输入内切圆半径或外接圆半径或边长的方式确定多边形的大小。

中心点选项选择坐标原点，边数输入6；大小选择“内切圆半径”，半径输入“15”，旋转输入“90”，可勾选“半径”和“旋转”复选项，如图1-66（b）所示。

若大小选择“外接圆半径”，半径输入“15”，旋转输入“90”，完成的多边形如图1-66（c）所示。两个多边形的中心点重合的情况如图1-66（d）所示。

左侧为坐标模式，右侧为参数模式，分别如图1-66（b）（c）所示。可以通过单击绘图区域相应区域来确定直线起点和中心，也可以采用输入坐标数值或直线的长度和角度的方式确定直线的方位。终点确定完毕，单击右键，选择“确认”，或按中键结束命令。

2. 椭圆的绘制

单击“草图工具”→“椭圆”命令图标“⊙”，打开“椭圆”命令对话框，如图1-67（a）所示。

● “中心”选项：选取一点作为椭圆的中心点，可选择光标位置、现有点、控制点、端点等。

● “大半径”选项：通过输入数值或选择点来确定大半径的尺寸。

● “小半径”选项：通过输入数值或选择点来确定小半径的尺寸。

● “限制”选项：当不勾选复选框时，需输入起始角和终止角，用来确定椭圆弧的圆心角尺寸。如图1-67（b）所示；当勾选复选框时，椭圆为一整个椭圆。

● “旋转”选项：可将椭圆绕X轴做一定角度的旋转，输入正值时，向逆时针方向旋转；反之，向顺时针方向旋转。

1）指定中心点，此处选择坐标原点。

2）设置大半径和小半径尺寸分别为20和10。

3）勾选“限制”复选框。

4）旋转角度设置为0，单击中键或者单击“确定”按钮，得到如图1-67（c）所示的椭圆。

5）若不勾选“限制”复选框，设置起始角为0°和终止角为120°，得到如图1-67（d）所示的椭圆。

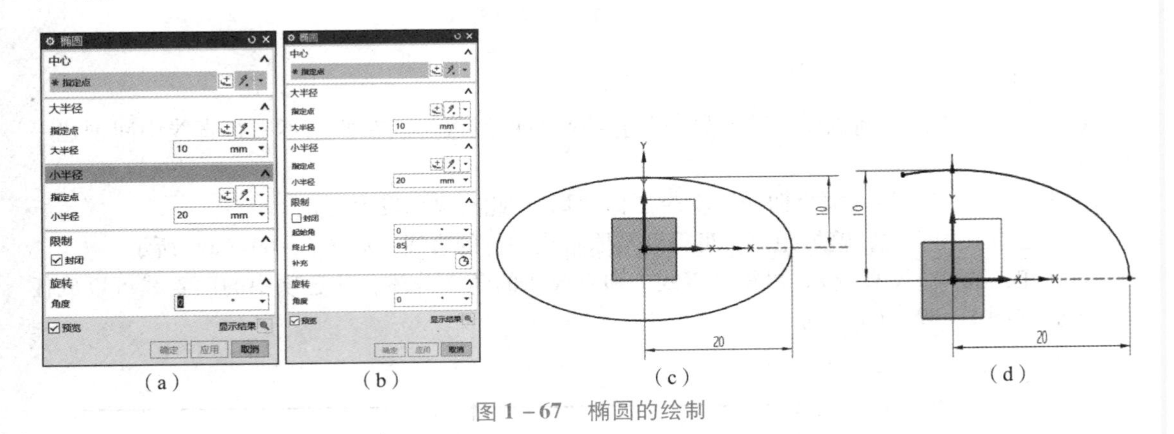

图1-67 椭圆的绘制

3. 镜像曲线的用法

镜像曲线是将现有的元素，通过一个对称轴，向对称轴的另一侧进行镜像操作，镜像后得到的图形类似于人站在镜子面前看到镜子中的自己。常用于两个元素关于一个轴对称的场合。

单击“草图工具”→“镜像曲线”命令图标，打开“镜像曲线”命令对话框，如图1-68（a）

所示。

学习笔记

● "要镜像的曲线"选项：选择曲线指的是选择已有的曲线，可以选择单条或多条曲线，即镜像曲线必须是建立在已经有原对象了。

● 中心线：曲线关于对称的中心线，可选坐标系的轴线，或其他任意的直线等。

1）选择要镜像的曲线，选择现有的曲线，如图1-68（b）所示。

2）中心线选择 Y 轴。

3）单击"确定"按钮，完成曲线镜像，结果如图1-68（c）所示。

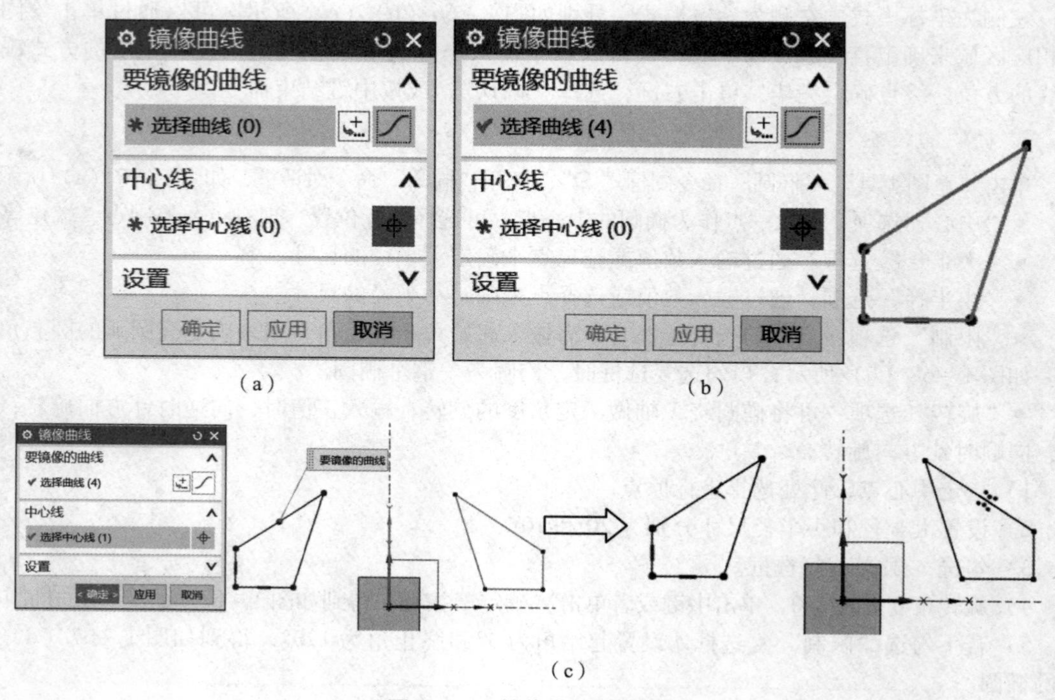

图1-68　镜像曲线的用法

4. 派生曲线的用法

在两条平行直线中间创建一条与另一条直线平行的直线，或在两条不平行直线中间创建一条平分线。

单击"草图工具"→"派生曲线"命令图标"⊾"，此时鼠标发生变化。

单击已存在的直线，输入距离，可得到与原直线平行的直线，如图1-69（a）所示。

依次单击直线1、直线2，可得到直线1和直线2的角平分线，此选项中的两直线可以成任意角度，如图1-69（b）所示。

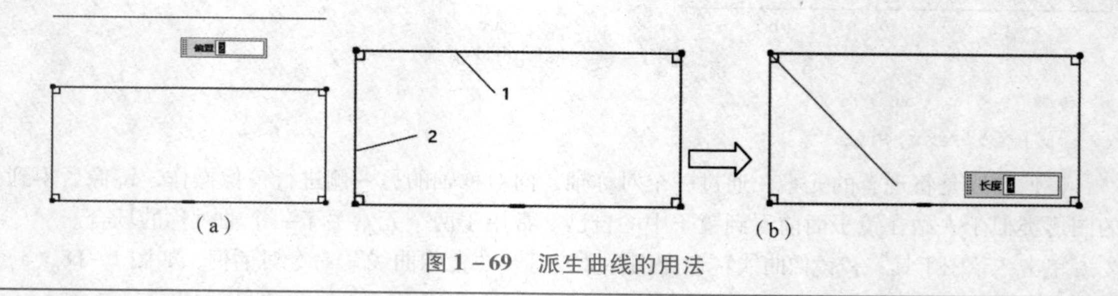

图1-69　派生曲线的用法

学习笔记

5. 转换至/自参考对象的用法

转换至/自参考对象：将草图曲线或草图尺寸从活动转换为参考，或者从参考转换为活动。下游命令不使用参考曲线，并且参考尺寸不控制草图几何体。

单击“草图工具”→“转换至/自参考对象”命令图标“▮”，打开“转换至/自参考对象”命令对话框，如图 1-70（a）所示。

单击现有的曲线，如图 1-70（b）所示，选择直线，单击中键或单击“确定”按钮完成转换，如图 1-70（c）所示。

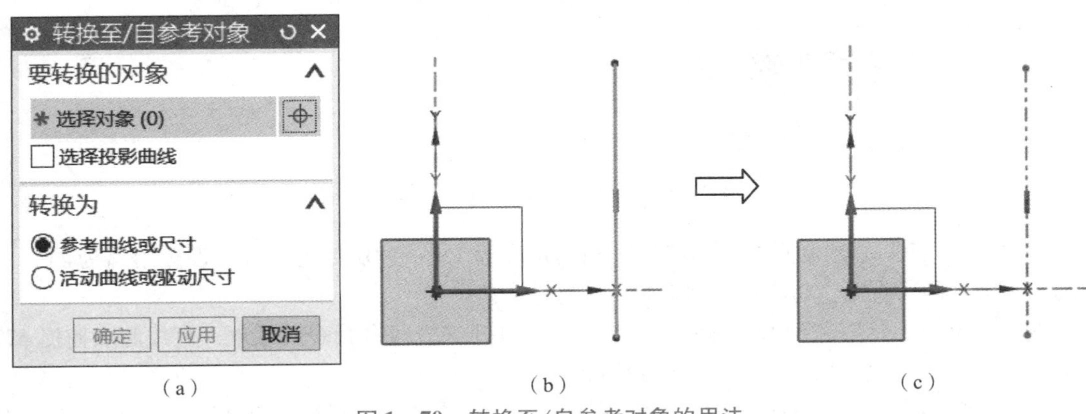

（a）　（b）　（c）

图 1-70　转换至/自参考对象的用法

1.2.2　任务实施过程

1. 绘制开口扳手草图的步骤

①绘制六边形，设置边数为 6，半径为 10，旋转为 0°，中心点在坐标原点；②从坐标原点绘制圆，约束直径为 32；③绘制圆，约束直径为 22，将圆心约束至 X 轴上，且与 $\phi32$ 中间距为 150；④从 $\phi22$ 的圆心绘制直线，约束与 X 轴角度为 15°；利用偏置曲线，设置距离为 11，对称偏置，得到两直线；⑤绘制椭圆，大半径为 18，小半径为 21，旋转角度为 -15°；⑥绘制两直线，分别与 $\phi22$ 和 $\phi32$ 的圆弧相交，约束两直线关于 X 轴对称，约束两直线距离为 20；⑦倒 4 个 $R15$ 圆角；⑧按从 2 点绘制矩形的方法，绘制矩形并约束矩形长度为 90，宽为 12，并添加对称约束；⑨将矩形的 4 个顶角倒圆角，尺寸为 $R3$；⑩根据图纸，添加尺寸约束和几何约束，直到命令栏提示草图已完全约束。

2. 绘制开口扳手草图的详细过程

（1）新建文件

在工具栏中，单击“新建”图标▢，或按快捷键 Ctrl + N，创建一个文件名为“开口扳手 . prt”的文件，存储位置根据需求设置。

（2）进入草图绘制环境

在主菜单中单击“插入”→“在任务环境中绘制草图”，弹出“创建草图”对话框，草图平面默认选择 XY 面，单击“确定”按钮进入草图绘制环境。

（3）绘制开口扳手草图

1）绘制六边形。单击“草图工具”→“多边形”命令，图标为“⊙”，打开“多边形”命令对话框，设置“边数”为 6，大小为“外接圆半径”，半径为“10”，旋转为“0°”。中心点选择坐标原点。

学习笔记

2）绘制圆，约束尺寸为32。单击“草图工具”→“圆”命令图标“○”，打开“圆”命令对话框，利用圆心和直径定圆，圆心在坐标原点，绘制圆，约束尺寸32，如图1-71所示。

图1-71 绘制圆并约束尺寸为32

3）绘制圆，约束尺寸为22，约束定位尺寸为与$\phi 32$圆心距离150。

单击“草图工具”→“圆”命令图标为“○”，打开“圆”命令对话框，利用圆心和直径定圆，绘制圆，并约束尺寸为22，约束圆心与$\phi 32$的距离为150，如图1-72所示。

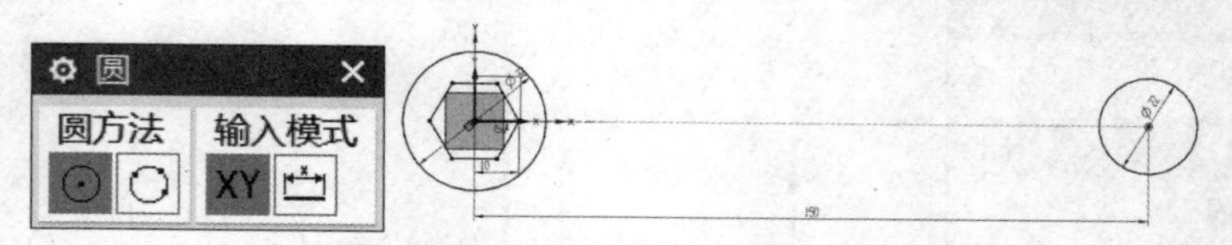

图1-72 绘制$\phi 22$圆并约束尺寸

4）从$\phi 22$的圆心绘制直线，约束与X轴的角度为15°；利用偏置曲线，设置距离为11，对称偏置，得到两条直线；将中间直线转换为参考。

单击“草图工具”→“直线”命令图标“⁄”，打开“直线”命令对话框。直线起点捕捉$\phi 22$的圆心，约束与X轴的角度为15°，长度任意设置。

单击“草图工具”→“偏置曲线”命令图标“⌓”，弹出“偏置曲线”对话框；设置偏置距离为11，分别向上和向下偏置，得到两条偏置曲线。

单击“草图工具”→“转换至/自参考对象”命令图标“▮”，打开“转换至/自参考对象”命令对话框，将中间直线转换为参考，如图1-73所示。

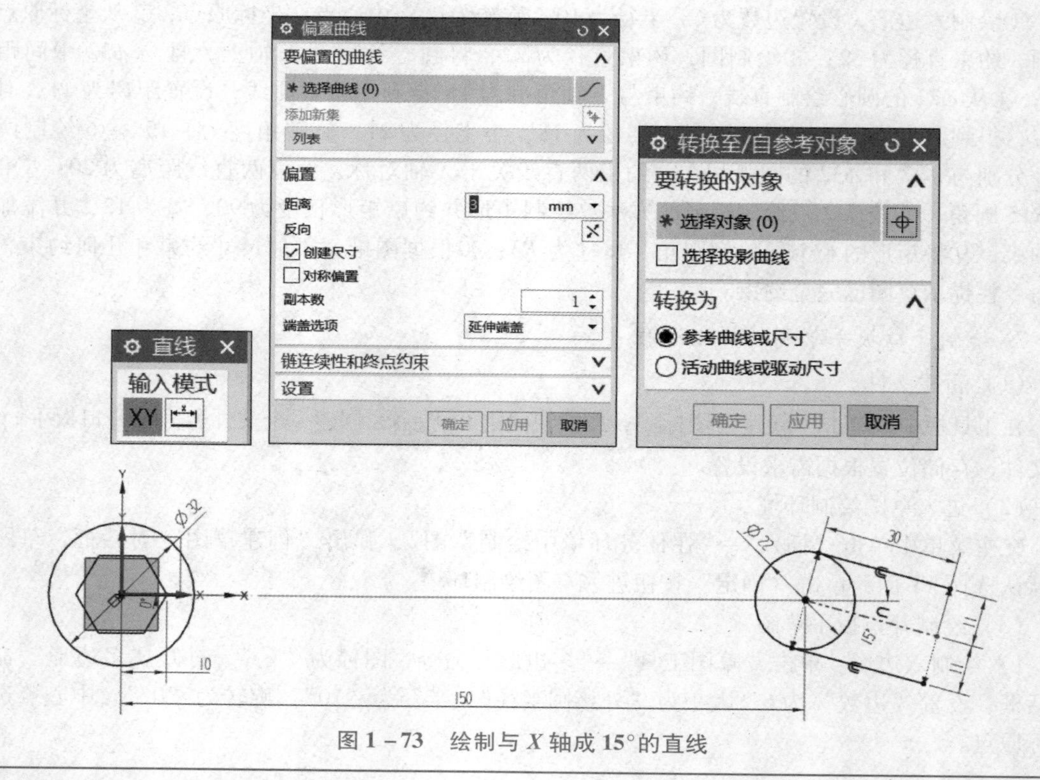

图1-73 绘制与X轴成15°的直线

5）绘制椭圆，大半径为18，小半径为21，旋转角度为-15°，如图1-74所示。

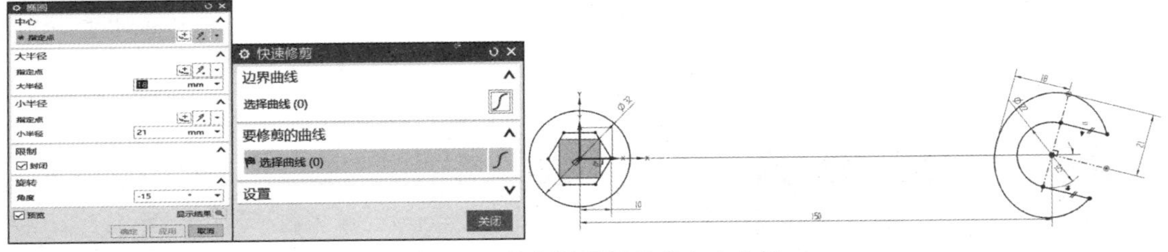

图1-74　绘制椭圆并修剪多余曲线

6）绘制两直线，分别与$\phi22$和$\phi32$的圆弧相交，约束两直线关于X轴对称，约束两直线距离为20，如图1-75所示。

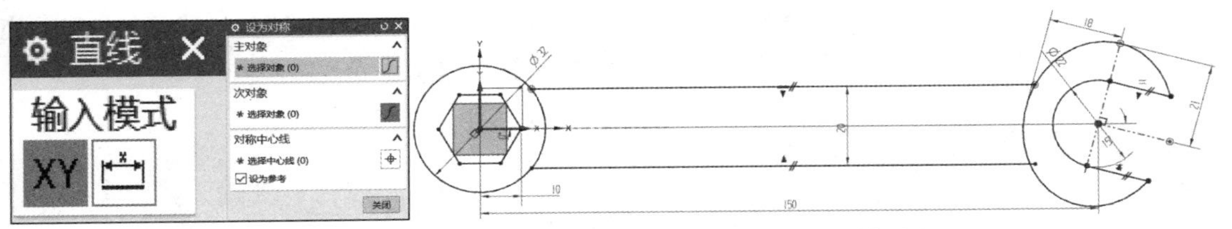

图1-75　绘制距离为20的两直线，约束关于X轴对称

7）倒4个$R15$圆角。

单击“草图工具”→“圆角”命令图标“⌝”，圆角方法选项选择“不修剪”，半径输入15，完成4个$R15$圆角的绘制；添加等半径约束，将4个$R15$半径约束至相等。

单击“草图工具”→“快速修剪”命令图标“⤫”，利用修剪曲线命令将多余曲线删掉，如图1-76所示。

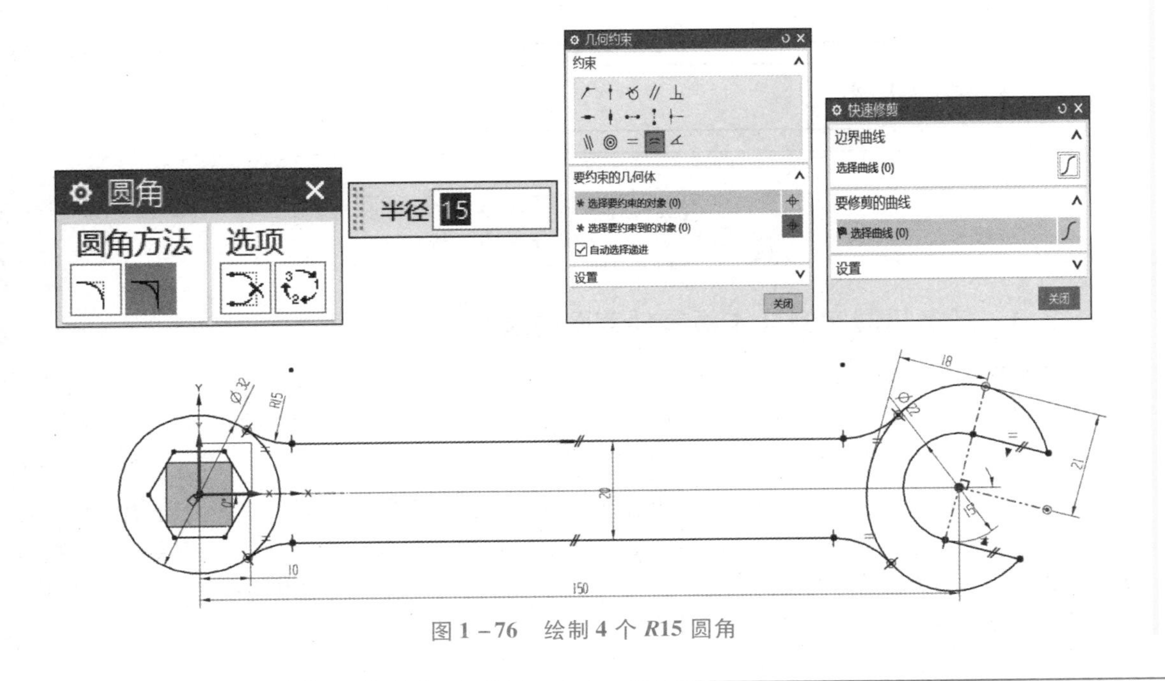

图1-76　绘制4个$R15$圆角

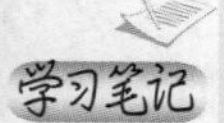

8）按从 2 点绘制矩形的方法，绘制矩形并约束长度为 90，宽为 12，添加对称约束。

单击“草图工具”→“矩形”命令，图标为“□”，打开“矩形”命令对话框。利用“从 2 点”绘制方法，绘制矩形约束长为 90，宽为 12，添加定位尺寸 20，两长边关于 *X* 轴对称。如图 1－77 所示。

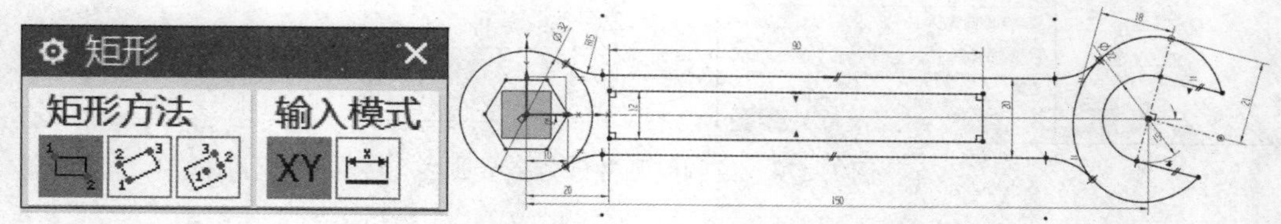

图 1－77　绘制矩形并添加尺寸约束

9）矩形 4 个顶角倒圆角，约束尺寸为 *R*3。

单击“草图工具”→“圆角”命令图标“⌝”，圆角方法选项选择“修剪”，半径输入 3，完成 4 个 *R*3 圆角的绘制；添加等半径约束，将 4 个 *R*3 半径约束至相等。如图 1－78 所示。

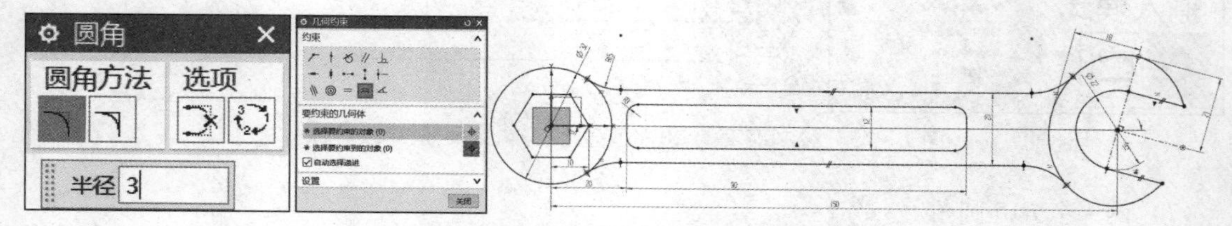

图 1－78　矩形顶点倒 4 个 *R*3 的圆角

10）添加尺寸约束和几何约束，直到命令栏提示草图已完全约束。如图 1－79 所示。

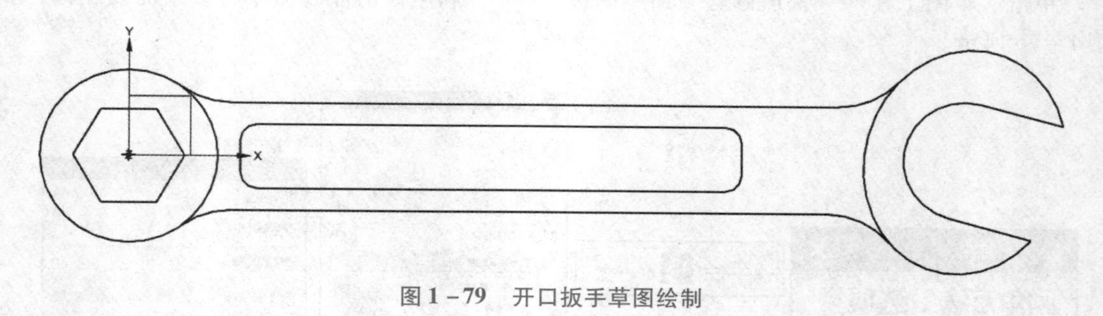

图 1－79　开口扳手草图绘制

1.2.3　任务拓展实例（卡板零件草图的绘制）

完成如图 1－80 所示卡板零件草图的绘制，该案例应用的命令有直线、圆、圆弧、圆角、镜像曲线、尺寸约束和几何约束等。通过该案例，进一步熟练和掌握这些命令的使用。

1. 卡板零件草图的绘制思路

①绘制 1 个 ϕ25 圆，2 个 ϕ20 的圆，并添加尺寸约束；②绘制 1 个 *R*40 圆弧，2 个 *R*30 圆弧；③绘制 2 个 *R*22 圆角；④绘制长度为 95 的直线，并约束关于 *Y* 轴对称，添加尺寸约束；⑤绘制 2 条竖直线和 2 个 *R*20 圆角；⑥绘制定位尺寸为 30 的两条直线，将直线端点约束至 *Y* 轴；⑦绘制 ϕ20 圆；⑧修剪多余尺寸，添加尺寸约束和几何约束，直至草绘图形为完全约束。

学习笔记

图 1-80　卡板零件草图的绘制

2. 绘制步骤

绘制步骤简表

绘制过程

1.2.4　任务加强练习

1. 完成如图 1-81 所示非标扳手零件草图的绘制。

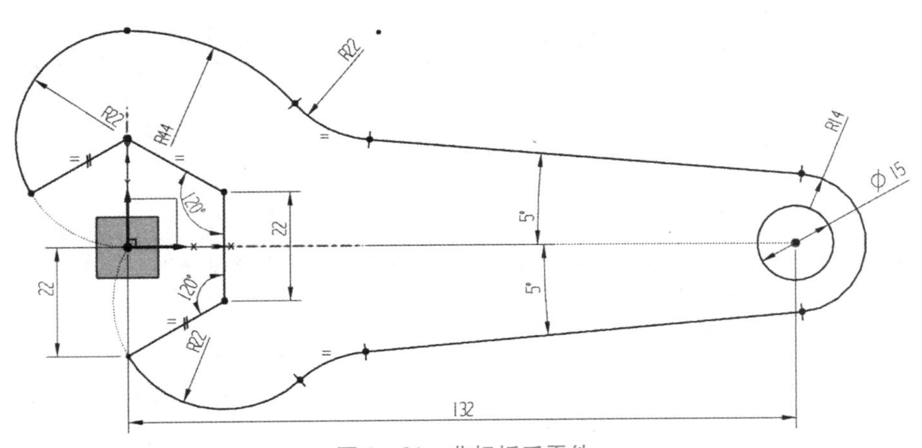

图 1-81　非标扳手零件

学习笔记

2. 完成如图 1 - 82 所示简易卡板零件草图的绘制。

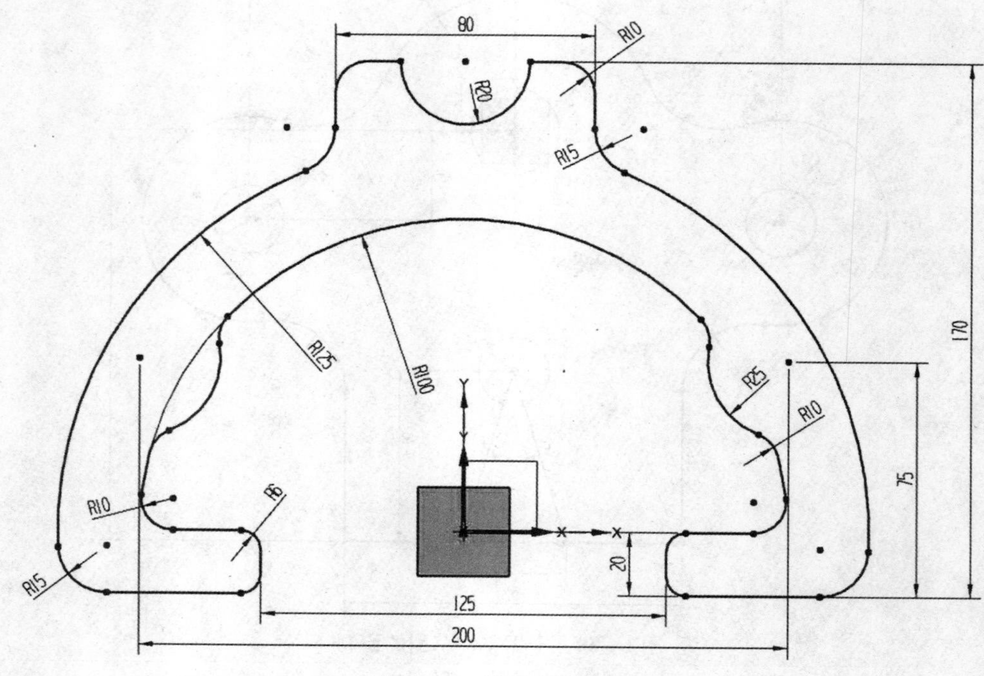

图 1 - 82 简易卡板零件

思考与练习

小贴士：产品质量是企业的生存之本。不管处于哪种岗位，都应秉持严谨细致，多问几个为什么的工作态度，强化质量意识。在设计产品时，要将所有可能出现的问题提前预警，可避免资源浪费。

1. 在 UG NX 12.0 中绘制多边形时，最小边数和最大边数分别是多少？

2. 派生曲线命令能够绘制哪几种曲线？可否选择两条圆弧绘制派生曲线？

3. 绘制草图时，如何关闭自动标注尺寸命令？

4. 编辑草图的方法有哪几种？哪种方法最适合新手使用？（头脑风暴题）

学习笔记

任务3　挂轮零件草图的绘制

某企业为某一大型装备制造企业提供外协件，现有一批生产3万件挂轮零件的订单，工期为20天，并且产品质量要求合格率为98%以上，此外，企业为避免生产过程中产品合格率不达标，通过测绘方式得到挂轮二维图纸，如图1－83所示。建模后将挂轮装入整机中，验证挂轮结构的合理性。

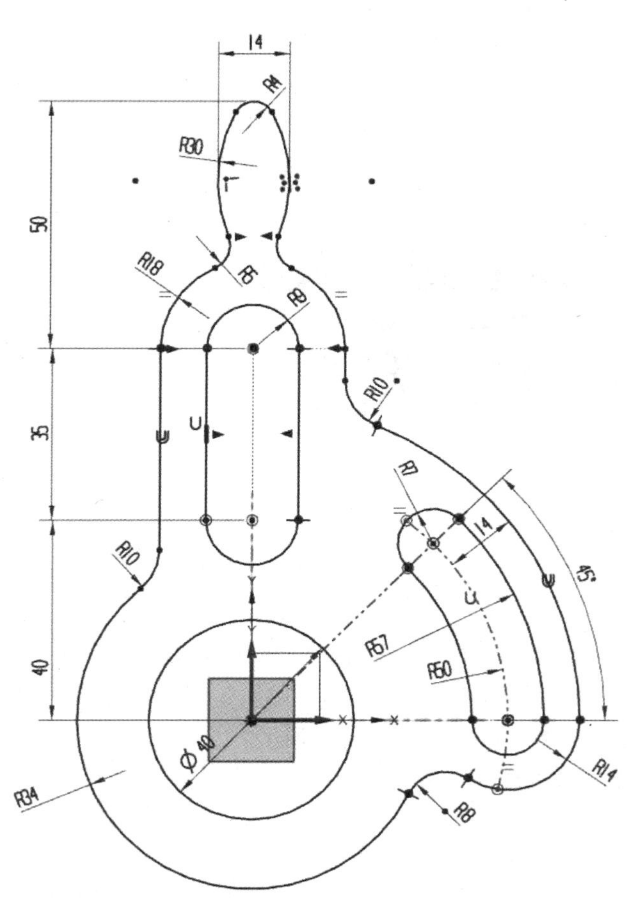

图1－83　挂轮零件草图的绘制

绘制此挂轮零件所需的命令有轮廓、直线、圆弧、圆、矩形、快速修剪、快速延伸、偏置曲线、镜像曲线、派生曲线、转换为参考、尺寸约束和几何约束等。

1.3.1　知识链接

草图常用命令的用法与技巧如下。

1. 轮廓的绘制

单击“草图工具”→“轮廓”命令图标“ᔕ”，打开“轮廓”命令，如图1－84（a）所示。左侧为选择对象类型：直线和圆弧；右侧为输入模式选项：坐标模式和参数模式。

学习笔记

轮廓可绘制直线或圆弧，并且绘制过程中可任意切换，通过单击直线或圆弧的图标在两者间进行切换，并且命令不会结束，如图 1-84（b）所示。

单击对象类型中的“直线”选项，绘制直线，单击对象类型中“圆弧”选项，再次单击“直线”选项绘制直线，单击“圆弧”选项，绘制圆弧，单击中键结束命令，如图 1-84（c）所示。

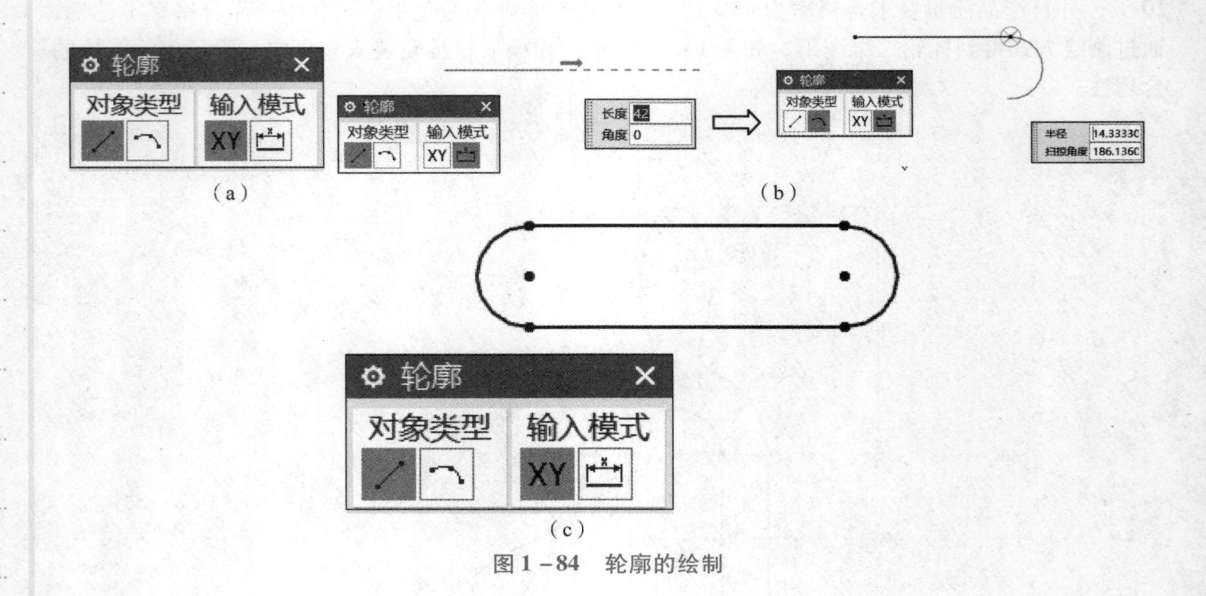

图 1-84　轮廓的绘制

2. 艺术样条的绘制

单击“草图工具”→“艺术样条”命令图标“”，打开“艺术样条”命令，如图 1-85（a）所示。

● 通过点：通过放置或拖动定义点并且指派斜率或曲率约束，动态绘制或编辑样条曲线，此处的点可为光标位置、现有点、控制点、端点、交点、圆弧中心、象限点、曲线或边上点等。此处的点即为艺术样条上的点，如图 1-85（b）所示。

● 根据极点：通过放置或拖动定义点并在定义点指派斜率或曲率约束，动态绘制或编辑样条曲线，此处的点可为光标位置、现有点、控制点、端点、交点、圆弧中心、象限点、曲线或边上点等。此处的点仅为控制艺术样条的走向和曲率，如图 1-85（c）所示。

● 参数化：勾选“封闭”复选项，可将艺术样条起始点和最终点自动封闭，形成一条封闭的曲线，如图 1-85（d）所示。

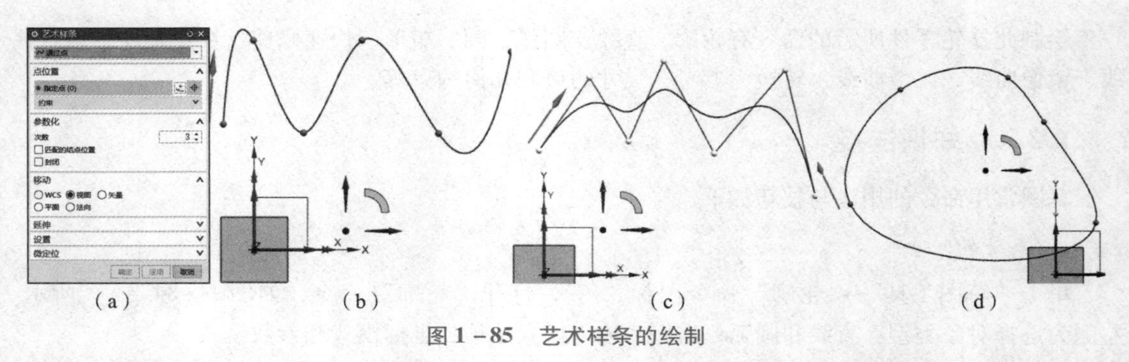

图 1-85　艺术样条的绘制

3. 投影曲线的用法

单击“草图工具”→“投影曲线”命令图标“ ”，打开“投影曲线”命令，如图1－86（a）所示。

“投影曲线”命令可以将非当前草图平面内的曲线、面、点等对象沿当前草图平面的法向投影到当前草图平面上。

单击“插入”→“在任务环境中绘制草图”，选择如图1－86（b）所示平面作为草绘平面，进入草绘环境。单击“投影曲线”命令，如图1－86（a）所示，“要投影的曲线”选项选择如图1－86（c）所示实体的边（可以通过选择面的边），单击“确定”按钮，得到如图1－86（d）所示的投影曲线。

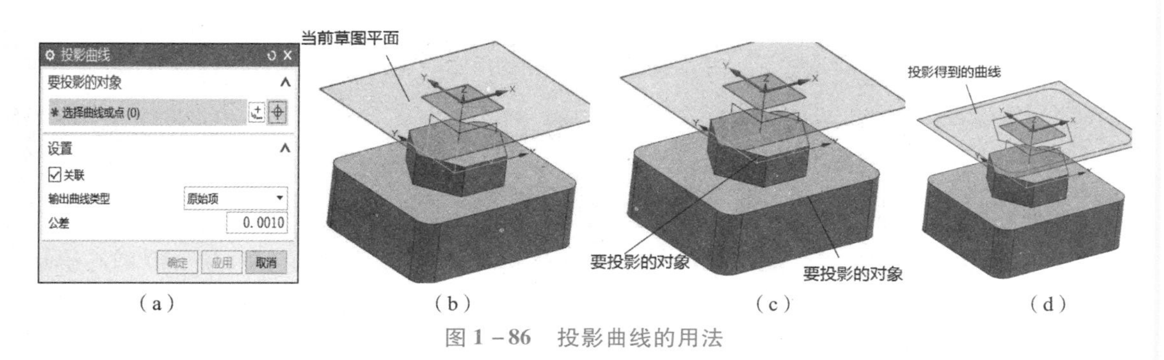

图1－86　投影曲线的用法

4. 相交曲线的用法

单击“草图工具”→“相交曲线”命令图标“ ”，打开“相交曲线”命令对话框，如图1－87（a）所示。

“相交曲线”命令可以利用现有面与草图平面的相交关系来创建面与草图平面的交线。

单击“插入”→“在任务环境中绘制草图”，选择如图1－87（b）所示平面（*YZ*平面）作为草绘平面进入草绘环境。单击“相交曲线”命令，弹出如图1－87（a）所示对话框，“要相交的面”选项选择如图1－87（c）所示现有的面（可以选择片体或实体的面），确定后得到如图1－87（d）所示的相交曲线。

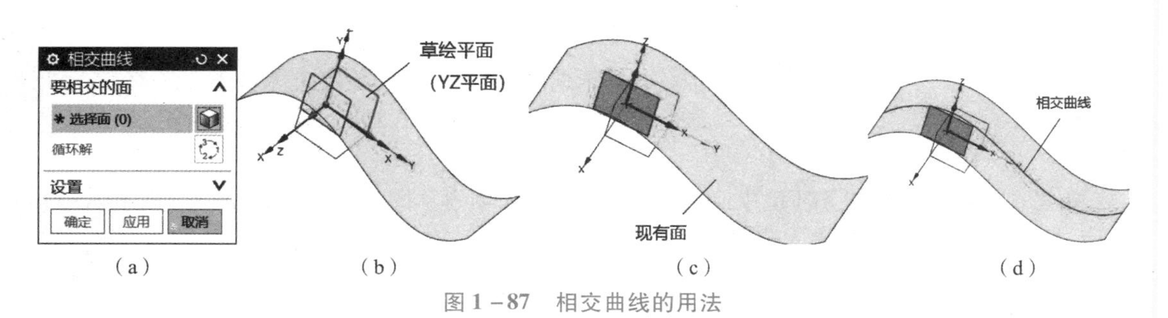

图1－87　相交曲线的用法

5. 制作拐角的用法

单击“草图工具”→“制作拐角”命令图标“ ”，打开“制作拐角”命令，如图1－88（a）所示。

“制作拐角”命令可以延伸或修剪两条曲线至交点处。长的部分自动裁掉，短的自动延伸。

"选择对象"选项卡中，依次单击要保留的曲线，如图 1-88（b）所示，便完成两条直线的拐角，如图 1-88（c）所示。

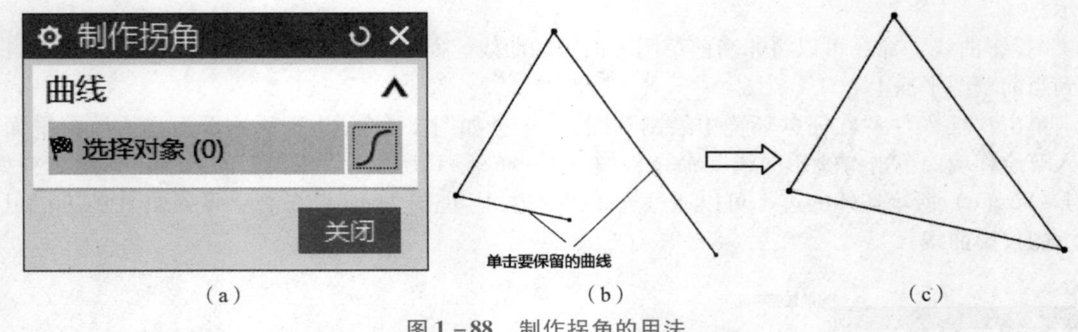

（a）　　（b）　　（c）

图 1-88　制作拐角的用法

1.3.2　任务实施过程

1. 绘制挂轮草图的步骤

①绘制 $\phi40$ 圆，中心点在坐标原点；②绘制 $R34$ 圆弧，与 $\phi40$ 圆同心；③从 $\phi40$ 圆心绘制直线，尺寸约束与 X 轴成 45°，长度任意，将其转换为参考线；④从 $\phi40$ 圆心绘制 $R50$ 圆弧；⑤利用偏置曲线，设置距离为 7，对称偏置，得到两条圆弧；⑥利用偏置曲线，设置距离为 14，向外偏置，得到一条圆弧，将 $R50$ 转换为参考线；⑦在 45°直线与 $R50$ 的交点上绘制 $R7$ 圆弧，并且使 $R7$ 圆弧与偏置得到的两圆相切；在 X 轴与 $R50$ 的交点上绘制 $R7$ 圆弧，且使 $R7$ 圆弧与偏置得到的两圆相切；⑧在 X 轴与 $R50$ 的交点上绘制 $R14$ 圆弧，且使 $R14$ 圆弧与偏置得到的外侧圆相切；⑨利用轮廓绘制长孔，约束中心距为 35，两端圆弧半径为 $R9$，定位尺寸为 40，将圆弧中心约束至 Y 轴上；⑩利用偏置曲线，设置距离为 9，将长孔左侧直线及上侧半圆弧向外偏置，得到直线和圆弧；⑪绘制 $R30$ 圆弧，利用镜像曲线命令，关于 Y 轴镜像得到另一个 $R30$ 圆弧，上侧圆角为 $R4$，约束尺寸为 14 和 50；⑫利用圆角命令，分别绘制 $R5$（2 处）、$R10$（2 处）和 $R8$（1 处）；⑬添加尺寸约束和几何约束，直至草图已完全约束。

2. 绘制挂轮草图的详细过程

（1）新建文件

在工具栏中，单击"新建"图标，或按快捷键 Ctrl + N，创建一个文件名为"挂轮 . prt"的文件。

（2）进入草图绘制环境

单击"插入"→"在任务环境中绘制草图"，弹出"创建草图"对话框，草图平面默认选择 XY 面，单击"确定"按钮进入草图绘制环境。

（3）绘制挂轮草图

1）绘制 $\phi40$ 圆。

单击"圆"命令图标"○"，打开"圆"命令。用"圆心和直径定圆"，圆心选择坐标系原点，尺寸约束为 40，如图 1-89 所示。

2）绘制 $R34$ 圆弧。

单击"圆弧"命令图标"⌒"，打开"圆弧"命令对话框。用"中心和端点定圆弧"，选择 $\phi40$ 圆的圆心所在点为中心，绘制 $R34$ 圆弧，如图 1-90 所示。

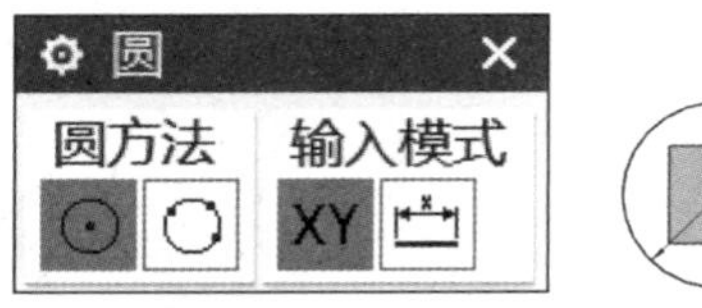

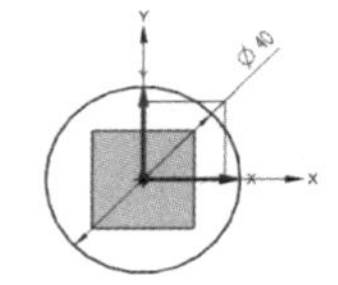

图 1-89　绘制 ϕ40 圆

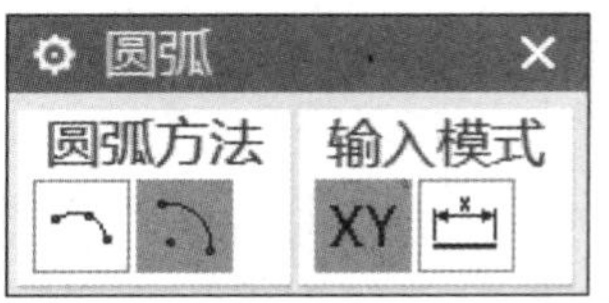

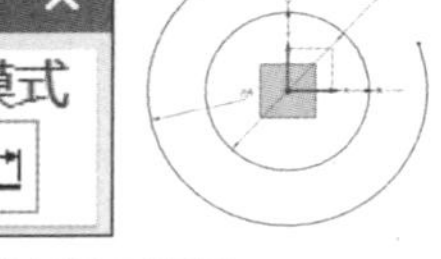

图 1-90　绘制 *R*34 圆弧

3）绘制 45°直线。

单击“直线”命令图标“ ”。绘制直线，角度约束与 *X* 轴成 45°，长度可任意。

- 单击“转换至/自参考对象”，选择刚绘制的直线，单击“确定”按钮，如图 1-91 所示。

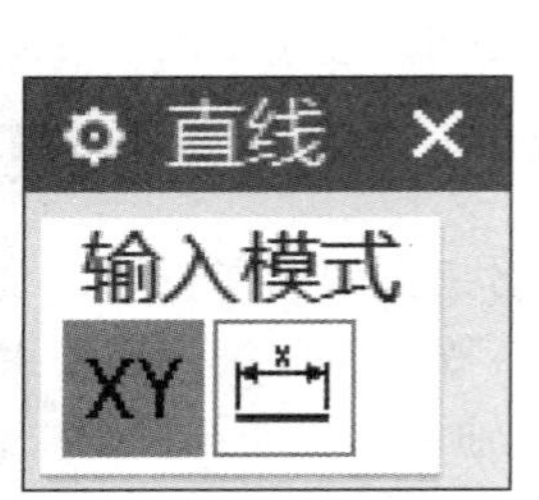

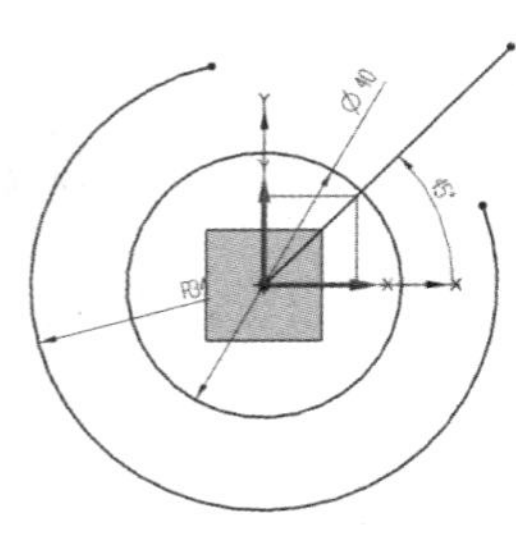

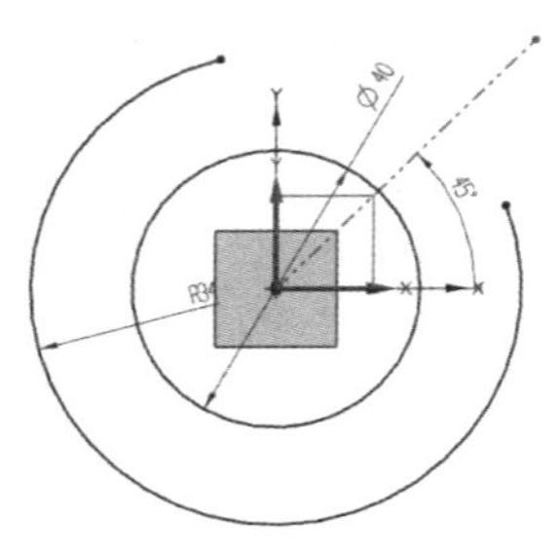

图 1-91　绘制 45°直线并转换为参考对象

4）绘制 *R*50 圆弧。

单击“圆弧”命令图标“ ”，用“中心和端点定圆弧”，选择 ϕ40 圆的圆心所在点为中心，绘制 *R*50 圆弧，如图 1-92 所示。

5）偏置曲线得到两圆弧。

单击“偏置曲线”命令图标“ ”，弹出“偏置曲线”对话框；设置距离为 7，勾选“对称偏置”复选框，要偏置的曲线选择 *R*50 圆弧，单击“确定”按钮，如图 1-93 所示。

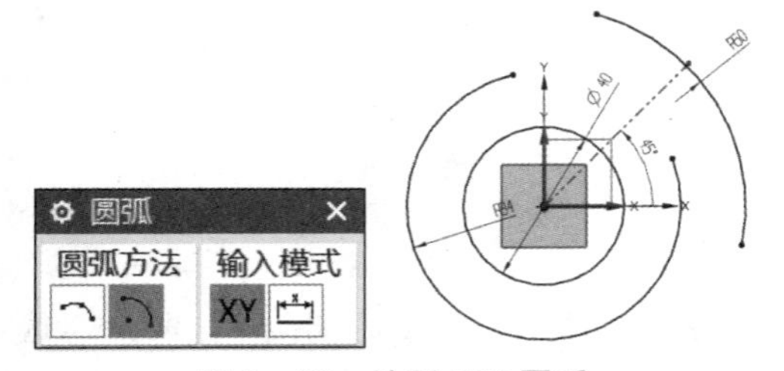

图 1-92　绘制 *R*50 圆弧

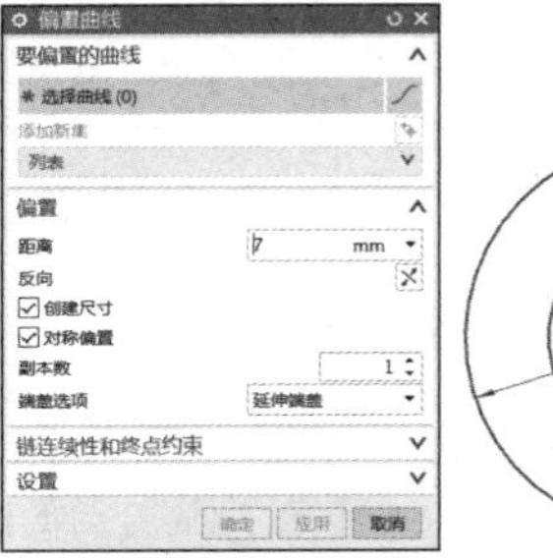

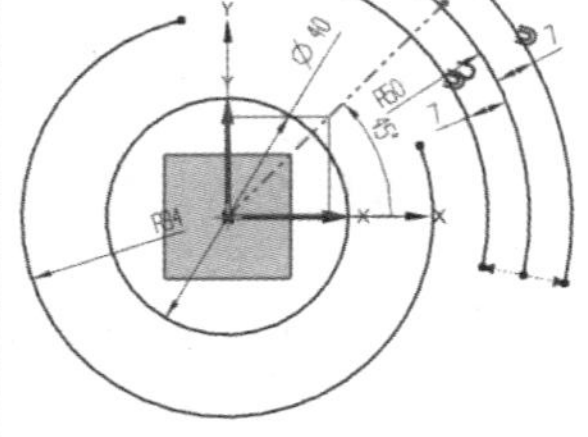

图 1-93　偏置曲线得到两圆弧

6）偏置曲线得到 *R*64 圆弧。

设置距离为 14，不勾选“对称偏置”复选框，要偏置的曲线选择 *R*50 圆弧，方向向外，单击“确定”按钮，如图 1-94 所示。

7）绘制 *R*7 圆弧（2 处）。

单击“圆弧”命令，用“中心和端点定圆弧”，选择 45°直线与 *R*50 的交点所在点为圆心，半径为 *R*7；同理，选择 *X* 轴与 *R*50 的交点所在点为中心，绘制 *R*7 圆弧，如图 1-95 所示。

学习笔记

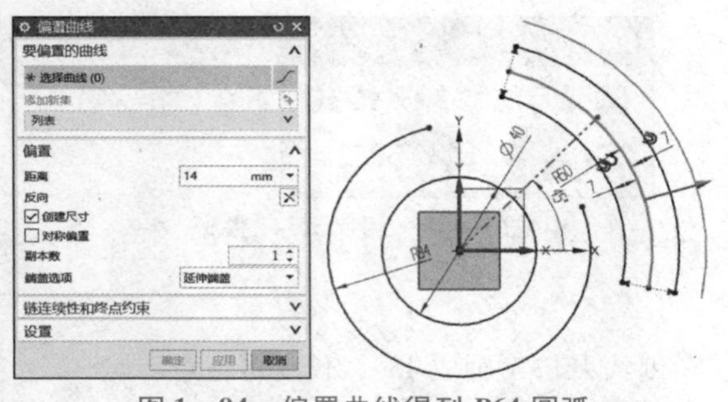

图 1-94　偏置曲线得到 *R*64 圆弧

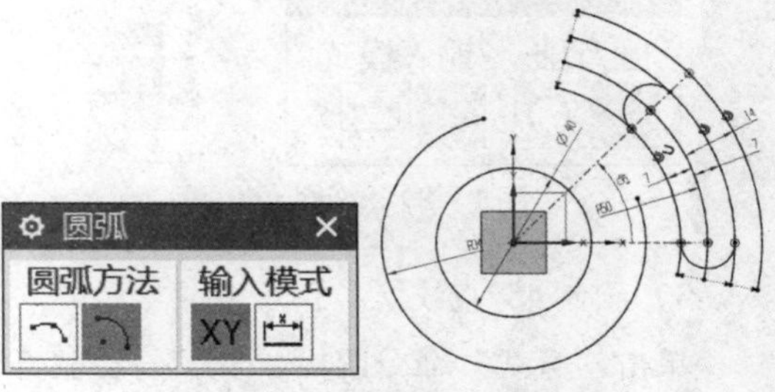

图 1-95　绘制 *R*7 圆弧

8）绘制 *R*14 圆弧。

用“中心和端点定圆弧”，选择 *X* 轴与 *R*50 的交点所在点为中心，绘制 *R*14 圆弧，如图 1-96 所示。

9）绘制长孔。

单击“草图工具”→“轮廓”命令图标“⌒”，打开“轮廓”命令，对象类型选择直线，绘制直线，单击圆弧图标切换为圆弧，绘制圆弧，依次绘制；单击“确定”按钮完成绘制；约束中心距为 35，两端圆弧半径为 *R*9，定位尺寸为 40，将圆弧中心约束至 *Y* 轴上，添加相切约束，如图 1-97 所示。

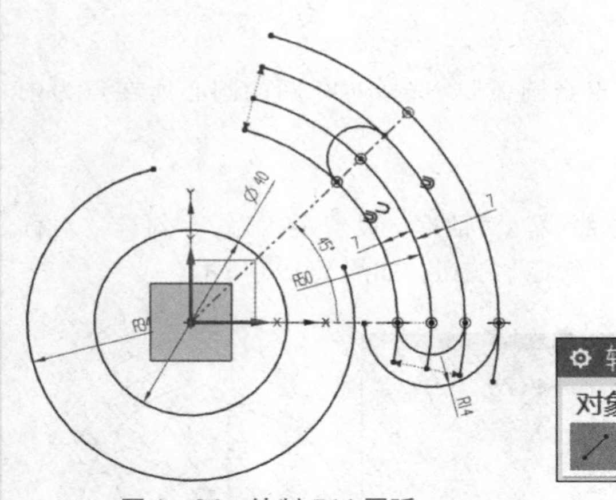

图 1-96　绘制 *R*14 圆弧

轮廓
对象类型
输入模式
XY

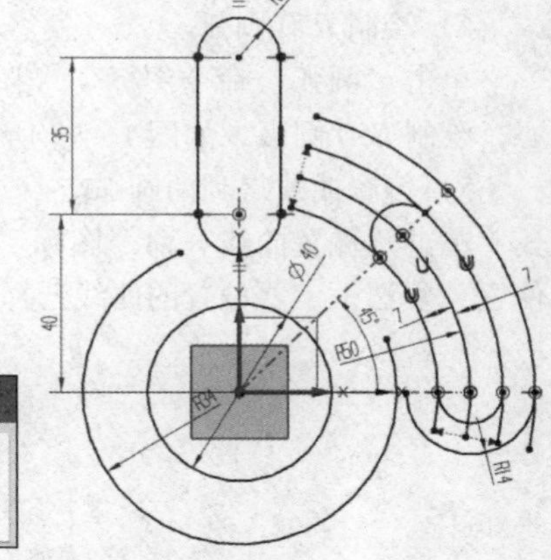

图 1-97　绘制长孔

10）偏置圆弧和直线。

单击“偏置曲线”命令图标“⌒”，弹出“偏置曲线”对话框；设置距离为 9，取消勾选“对称偏置”复选框，要偏置的曲线选择 *R*9 圆弧及左右侧直线，单击“确定”按钮，如图 1-98 所示。

11）绘制 *R*30 圆弧（2 处）和 *R*4 圆弧（1 处）。

单击“圆弧”命令，用“3 点定圆弧”，绘制 *R*30 圆弧，如图 1-99（a）所示。

单击“镜像曲线”命令图标“⌒”，打开“镜像曲线”命令对话框，选择 *R*30 圆弧，中心线选择 *Y* 轴，得到另一个 *R*30 圆弧，如图 1-99（b）所示。

单击“圆角”命令图标“⌒”，输入圆角半径 *R*4，单击两个 *R*30 圆弧，完成圆角。

约束两个 *R*30 圆弧间定位尺寸 14 和 50，如图 1-99（c）所示。

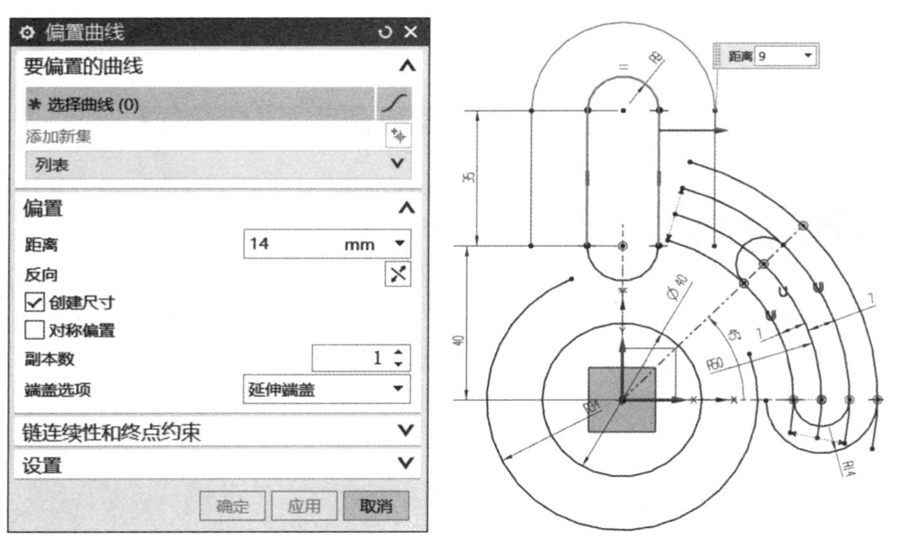

图 1－98　偏置圆弧和直线

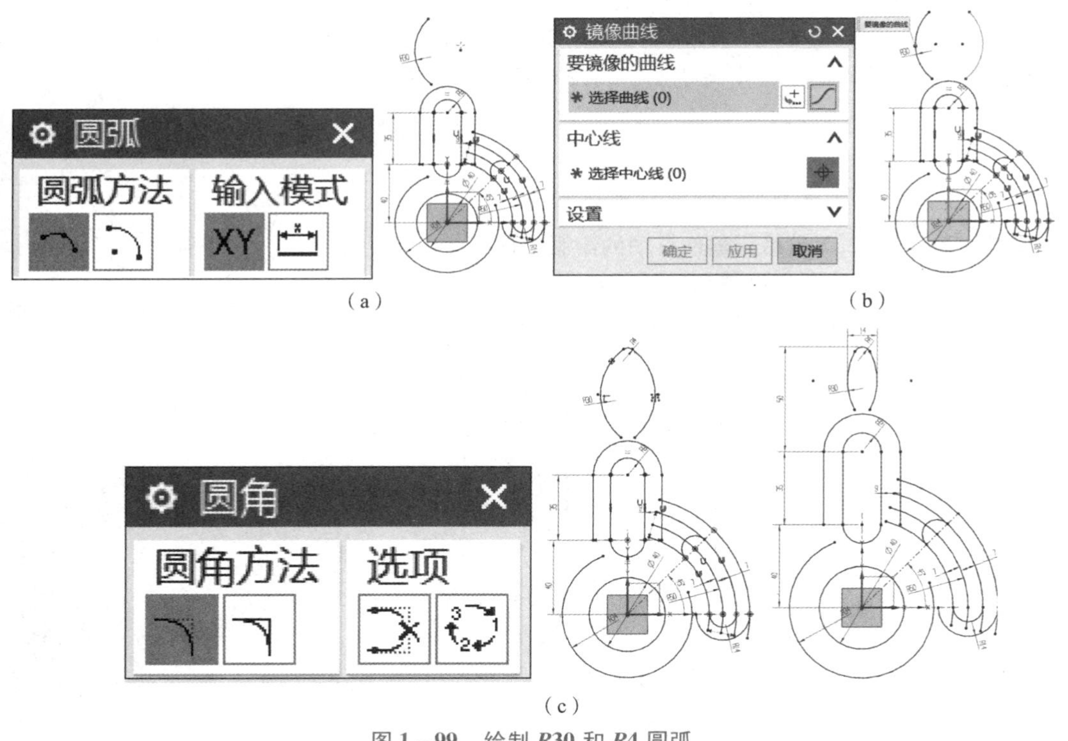

（a）　　　　（b）

（c）

图 1－99　绘制 *R*30 和 *R*4 圆弧

12）绘制 *R*5（2 处）、*R*10（2 处）和 *R*8（1 处）。

单击“圆角”命令，输入半径 *R*5，单击 *R*30 和 *R*18 圆弧，完成圆角（2 处）；输入半径 *R*10，完成圆角（2 处）；输入半径 *R*8，完成圆角（1 处），如图 1－100（a）所示。

单击“草图工具”→“快速修剪”命令图标“✂”，将多余曲线修剪掉；如图 1－100（b）所示。

学习笔记

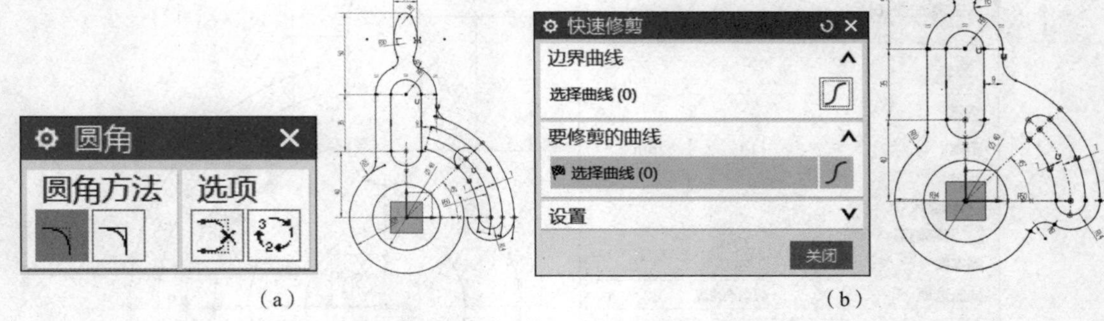

(a)　　　　　　　　　　　　　　　　　　　　(b)

图 1－100　绘制 ***R*5**（2 处）、***R*10**（2 处）和 ***R*8**（1 处）

13）添加尺寸约束和几何约束，直至草图已完全约束，单击“完成”按钮。如图 1－101 所示。

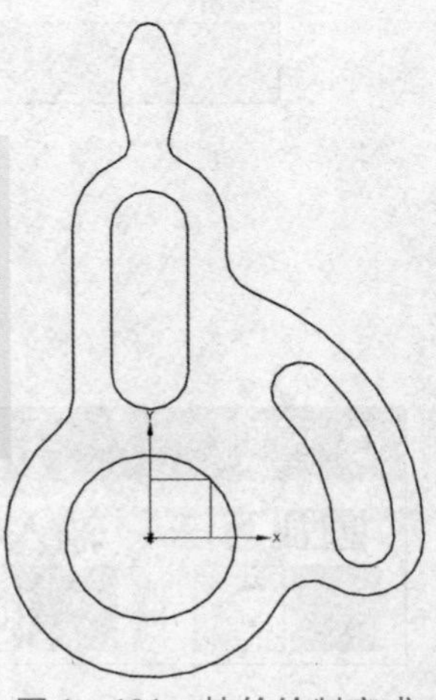

图 1－101　挂轮绘制完成

小贴士：在绘制草绘图形时，可单击关闭“草图自动尺寸”。将草图轮廓绘制完成后，设计者根据设计需要，添加尺寸约束和几何约束；另外，在绘制过程中，可随时添加几何约束，灵活应用几何约束，使整幅图纸中的尺寸不杂乱，显得简洁明了，便于其他人员读图。

1.3.3　任务拓展实例（吊钩零件草图的绘制）

完成如图 1－102 所示吊钩零件草图的绘制，该案例应用的命令有直线、圆、圆弧、圆角、倒斜角、尺寸约束和几何约束等。通过该案例，进一步熟练和掌握这些命令的使用。

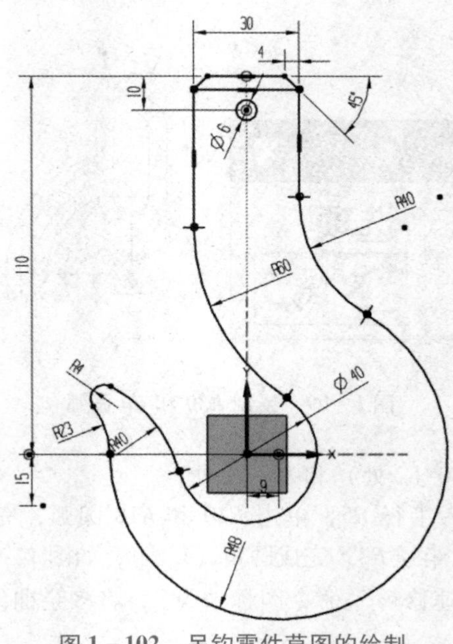

图 1－102　吊钩零件草图的绘制

学习笔记

1. 吊钩零件草图的绘制思路

①绘制 $\phi40$ 圆，并添加尺寸约束；②绘制 $R48$ 圆弧，并添加尺寸约束；③绘制 $R23$ 和 $R40$ 圆弧，添加尺寸约束和几何约束；④绘制 $R4$ 圆角；⑤绘制水平直线和竖直直线，添加尺寸约束 30 和 110；⑥利用倒斜角命令，绘制 4×45°斜角（2 处）；⑦绘制 $R60$ 圆角和 $R40$ 圆角；⑧绘制 $\phi6$ 圆；⑨修剪多余尺寸，添加尺寸约束和几何约束，直至草绘图形为完全约束。

2. 绘制步骤

绘制步骤简表

绘制过程

1.3.4 任务加强练习

1. 完成如图 1－103 所示的卡通脸谱零件草图的绘制。
2. 完成如图 1－104 所示的槽轮零件草图的绘制。

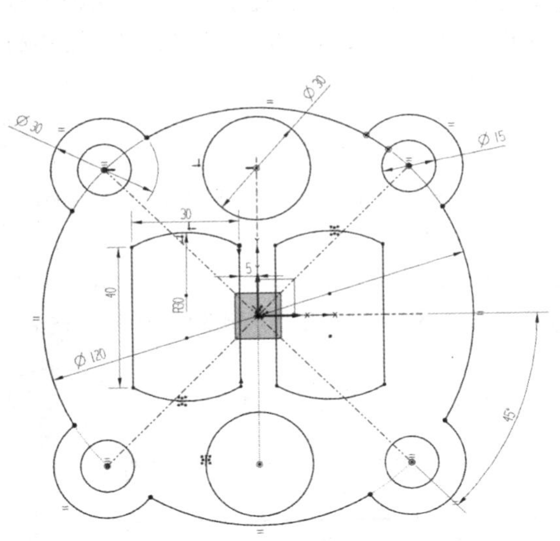

图 1－103　卡通脸谱零件草图

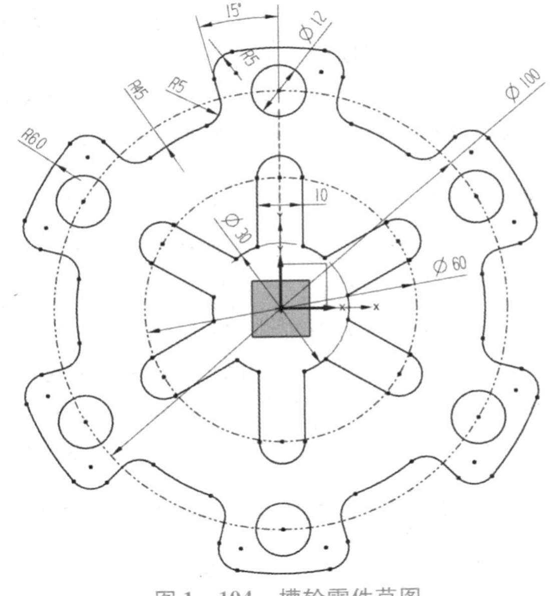

图 1－104　槽轮零件草图

思考与练习

小贴士：不管处于哪个企业，哪种岗位，都要善于将任务分类，按照轻重缓急进行有效区分。尤其是完成紧急任务时，要抓住此任务的关键点，避免盲目下手，以免造成不可挽回的损失，损害企业声誉。

1. 用轮廓命令绘制草图的特点。轮廓命令可以看成是哪两个命令的组合？

学习笔记

2. 投影曲线命令能否将曲面上的曲线投影到平面上？

3. NX 12.0 倒斜角的常用方式是什么？

4. 绘制草图时，如何判断草图是否完全约束？出现过约束或欠约束时，如何快速找到问题点？（头脑风暴题）

项目小结

本项目通过知识链接、任务实施过程、任务拓展实例和任务加强练习等环节，循序渐进地介绍了 UG NX 12.0 二维草图绘制模块的功能。通过本项目的学习，要掌握进入草图的步骤、草图修改及编辑的方法。通过对大量命令的详细介绍，以及对应案例的练习与操作，要熟练掌握“草图工具”中的轮廓、矩形、直线、圆、圆弧、多边形、椭圆、艺术样条等草图的创建命令，圆角、倒斜角、快速修剪、快速延伸、制作拐角等草图编辑命令，偏置曲线、镜像曲线、阵列曲线、相交曲线、投影曲线、派生曲线等曲线编辑和创建命令；几何约束和尺寸约束要相互配合使用。二维草绘是学习三维建模和曲面造型的基础，高楼大厦平地起，只有打牢基础，学习后面的三维建模和曲面造型才能游刃有余，事半功倍。

岗课赛证

UG NX 软件在支撑就业岗位方面，以及职业院校技能大赛，省级、国家级等技能大赛等方面，起着重要的作用；在在证书考取方面等起着至关重要的作用。

（1）UG NX 软件对应的行业有装备制造业、汽车行业、模具行业等，匹配的就业岗位有工业设计、结构设计、工艺设计等；UG NX 软件在诸多中外大型企业中有着广泛的应用，如波音、丰田、福特、宝马、奔驰、潍柴等著名企业。

图 1－105 所示为某型推土机连接板草绘图，图 1－106 所示为某型液压泵密封垫草绘图。

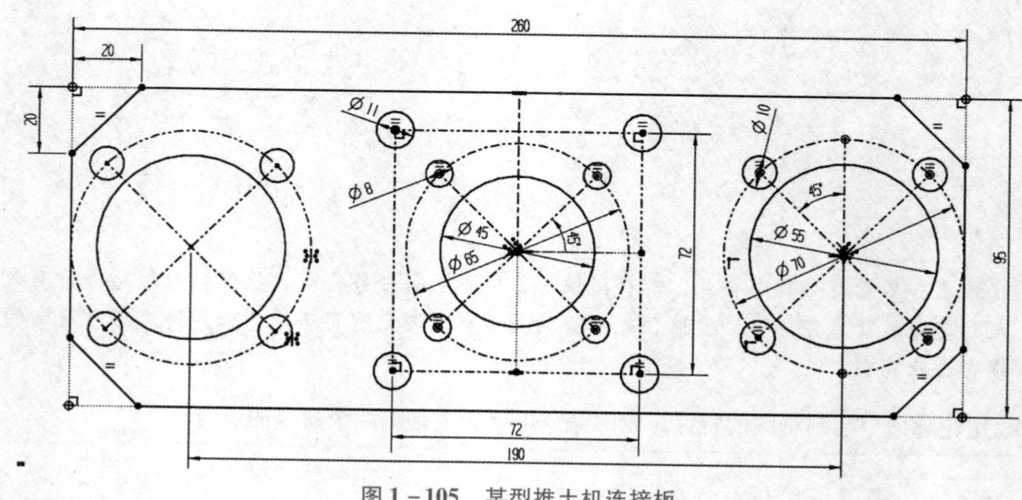

图 1－105　某型推土机连接板

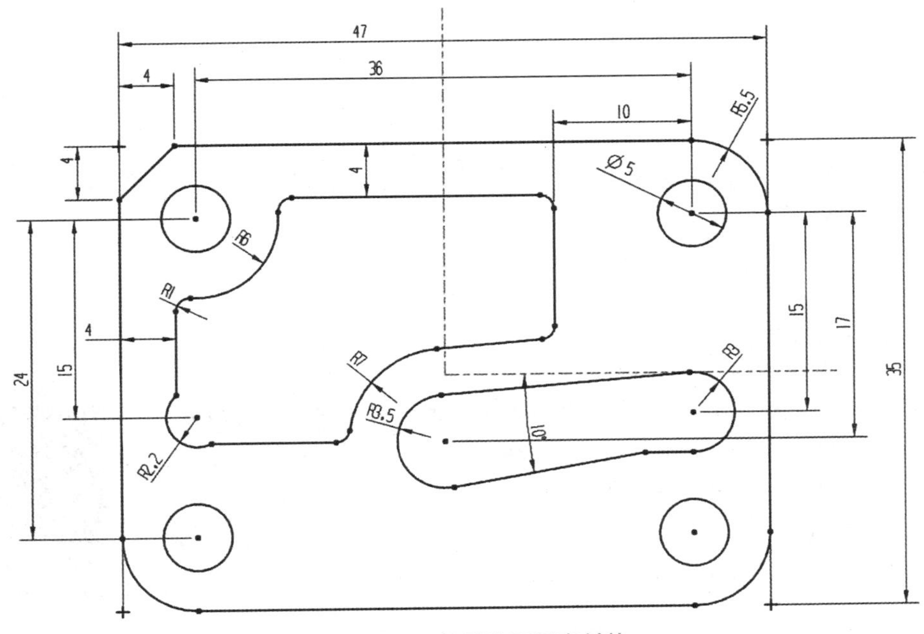

图 1－106　某型液压泵密封垫

(2) UG NX 软件在世界技能大赛、全国三维数字化创新设计大赛、全国大学生机械创新设计大赛、全国职业院校技能大赛、行业赛、省技术技能大赛中，有着广泛的应用。图 1－107 所示为第四届“浩辰杯”华东区大学生 CAD 应用技能竞赛样题，图 1－108 所示为第四届“高教杯”全国大学生先进成图技术创新大赛样题。

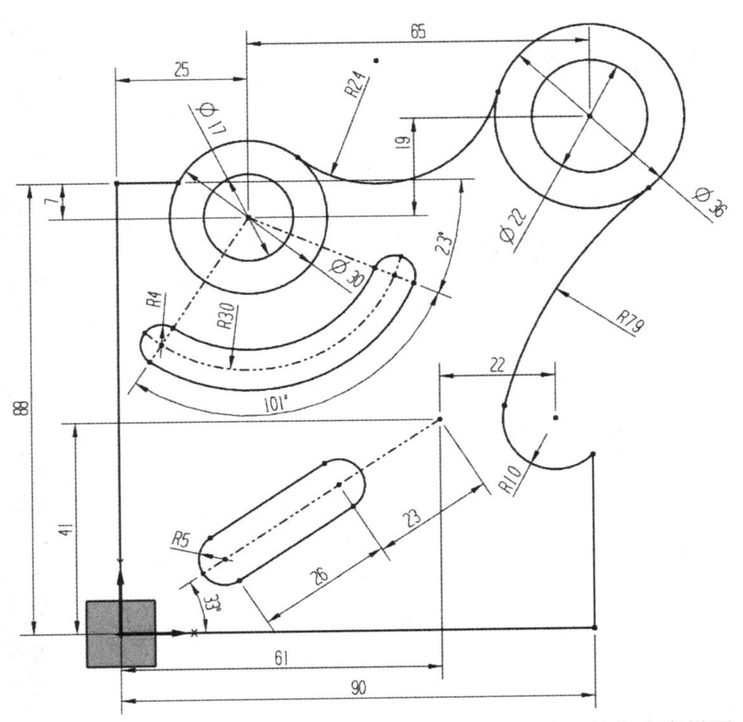

图 1－107　第四届“浩辰杯”华东区大学生 CAD 应用技能竞赛样题

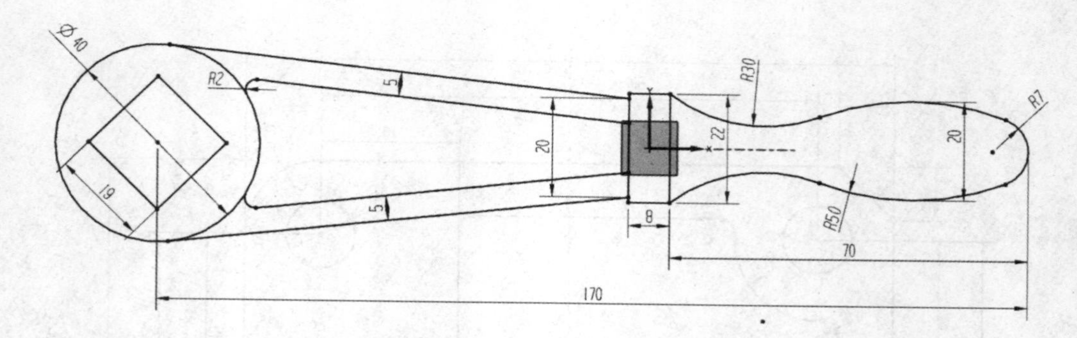

图 1-108　第四届"高教杯"全国大学生先进成图技术创新大赛样题

（3）《机械产品三维模型设计职业技能等级标准》标准代码：460026。

本标准的考核要求是：能够独立完成机械部件的三维模型设计及数字化制造。运用几何设计和曲面设计等方法，构建机械零件和曲面模型，完成机械部件的数字化设计。

机械产品三维模型设计职业技能等级标准

积中国之跬步　为人类致千里——中国航天科技集团

大国工匠　为国铸剑　雕刻火药的军工匠人——徐立平	
［2021 年大国工匠年度人物］刘湘宾：矢志奋斗　只争朝夕	
2019 中国品牌强国盛典——十大年度榜样品牌：中国航天	
中国航天科技集团：太空里的"中国制造"	
壮阔 50 年：回顾中国航天的发展历程	

航天科技张舸：匠心守护“神舟”

学习笔记

项目考核

一、选择题

1. 草图的几何约束不包括（　　）。

A. 平行　　B. 垂直　　C. 对称　　D. 角度

2. 控制样条曲线的三种点不包括（　　）。

A. 定义点　　B. 极点　　C. 节点　　D. 零点

3. UG NX 的主界面中，（　　）提供命令工具条，使得命令操作更加快捷。

A. 窗口标题栏　　B. 菜单栏　　C. 工具栏　　D. 工作区

4. 草图工具倒斜角命令中，提供了（　　）种修剪方式。

A. 3　　B. 5　　C. 2　　D. 4

5. 下列（　　）图标是草图几何约束中的“相切”约束。

A. ⍿　　B. ◎　　C. ⍥　　D. //

6. （　　）不属于图层的 4 种状态之一。

A. 过渡状态　　B. 可选状态　　C. 作为工作层状态　　D. 不可见

7. 草图工具阵列曲线中，提供了（　　）种布局方式。

A. 3　　B. 2　　C. 4　　D. 5

二、判断题

1. 在草图中，当曲线约束状态改变时，它的颜色发生变化。（　　）
2. 在 UG NX 12.0 中镜像曲线时，可以选择自身直线作为镜像中心线。（　　）
3. 轮廓命令只能绘制圆弧。（　　）
4. 草绘图形时，若出现过约束，需查看并处理过约束，直到过约束解除。（　　）
5. 可以不打开草图，利用部件导航器改变草图尺寸。（　　）
6. 草图绘制必须在基准平面上建立，因此，在建立草图之前，必须先建立好基准平面。（　　）
7. 曲线转换为参考曲线后，不能再转换为活动曲线。（　　）
8. 派生曲线只能绘制等距平行直线。（　　）

三、问答题

1. 简述草图绘制的步骤。
2. 草图绘制完成后，常用的编辑方式有几种？如何操作？
3. 什么叫草图？如何进入草图绘制环境？
4. 约束状态有哪几种？各有什么特征？

四、完成如图 1－109～图 1－112 所示零件的草图绘制

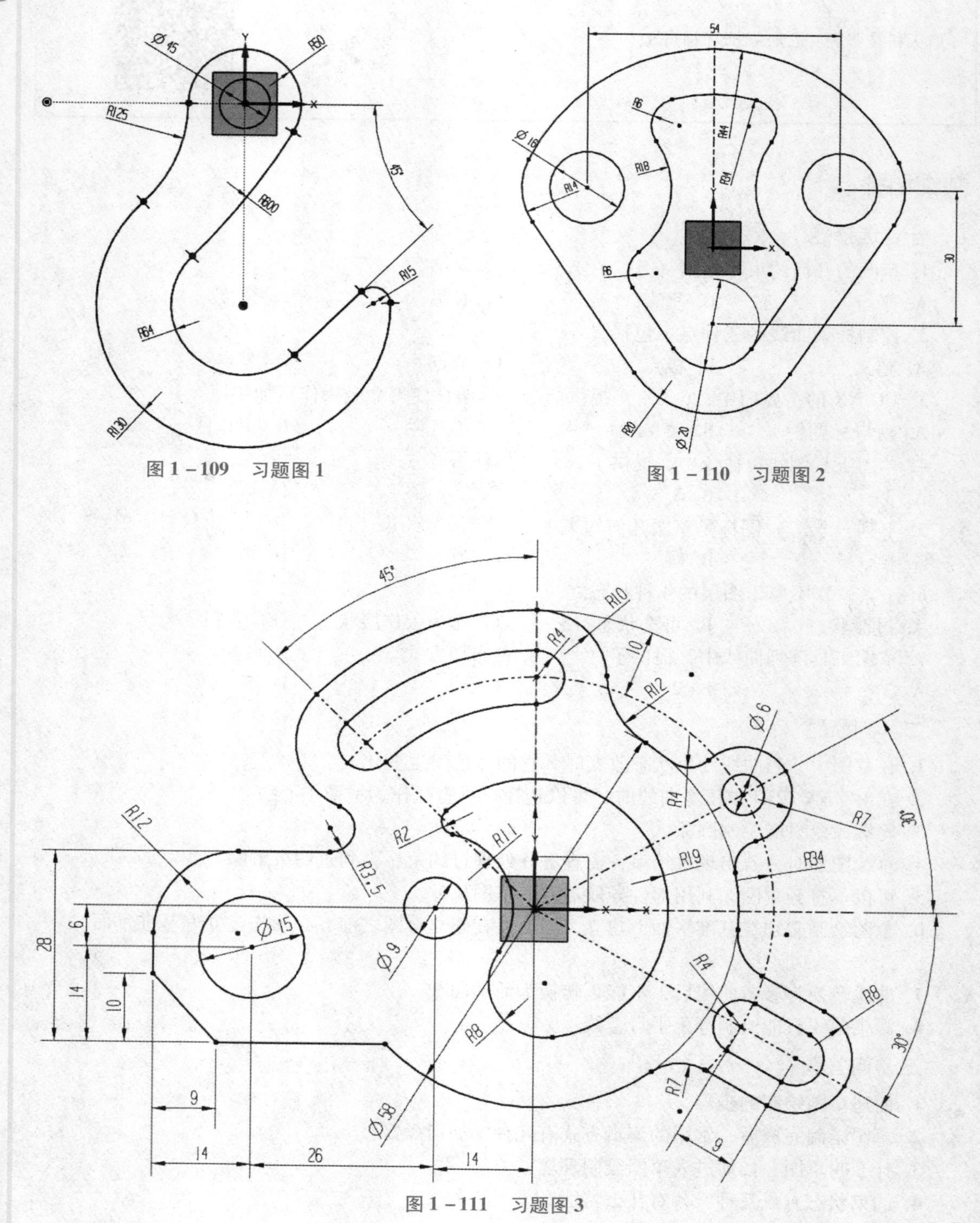

图 1－109　习题图 1

图 1－110　习题图 2

图 1－111　习题图 3

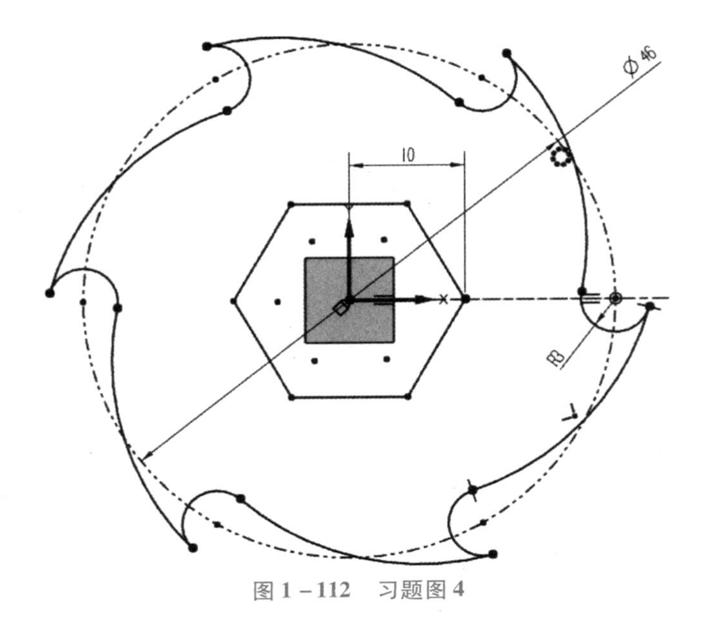

图 1-112　习题图 4

学习笔记

项目2　实体建模实例

项目描述

实体模型是UG NX的核心模块之一，实体建模可以将用户的设计意图以真实的模型在计算机上呈现出来，设计者能直观地看到所设计产品的结构与相互位置关系，让人们更真实地了解产品，同时，也弥补了传统二维结构的不足。采用实体模型，可以方便地计算出产品的体积、面积、质心、质量、惯性矩等，使设计的产品结构及重量等更明了，可提前进行成本核算。实体建模中主要包括特征建模、同步建模及特征编辑等。基于以上特点，三维实体模型在现代设计中也显得越来越重要。

课程思政案例2

学习目标

1. 掌握实体建模的方法与注意事项。
2. 掌握基本体素（长方体、圆柱、圆锥和球）命令的创建及应用。
3. 掌握参考特征（基准平面、基准轴、基准坐标系和基准点）命令的创建及应用。
4. 掌握扫描特征（拉伸、旋转、扫掠、样式扫掠、沿引导线扫掠和管道）命令的创建及应用。
5. 掌握细节特征（倒圆角、倒斜角、拔模等）命令的创建及应用；修剪操作（修剪体、拆分体等）命令的创建及应用。
6. 掌握偏置/缩放（抽壳、缩放体、包容体、偏置曲面、偏置面等）的创建及应用。
7. 掌握同步建模（替换面、移动面、偏置区域、删除面、调整面的大小等）的创建及应用。
8. 树立严谨踏实、实事求是的科学态度和科学作风。
9. 提升自身动手能力、分析解决问题能力及创新能力。
10. 树立全面质量管理意识，以及团队合作精神，为后续的专业职业能力培养打下基础。

任务1　轴类零件实体建模

某型号玉米联合收获机在使用时，频繁出现主传动轴断裂，早期磨损现象，为了找到故障原因，需从设计、加工、热处理、装配等环节分析，因此，需绘制此主传动轴的三维模型，进而进行有限元分析。主传动轴的二维图纸如图2－1所示。

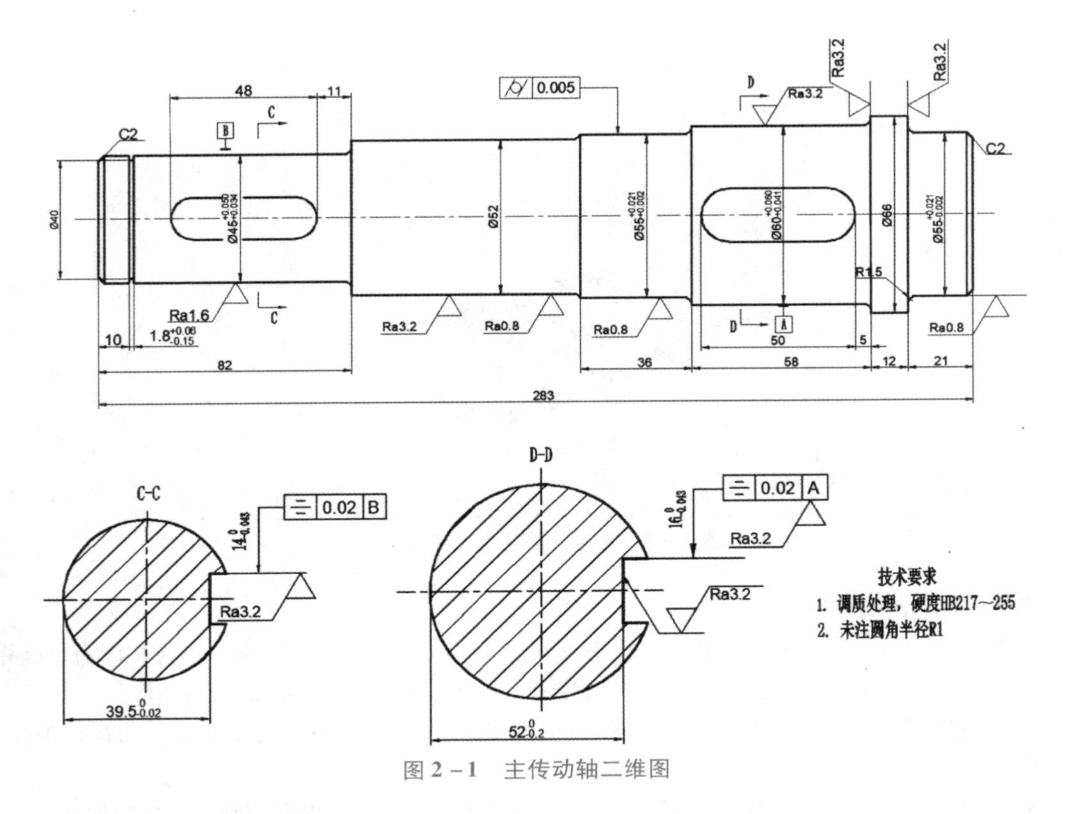

图 2-1　主传动轴二维图

2.1.1　知识链接

一、建模常用术语

● 特征：特征是由具有一定几何、拓扑信息以及功能和工程语义信息组成的集合，是定义产品模型的基本单元，例如孔、凸台等。使用特征建模技术提高了表达设计的直观性，使实际设计信息可以用鲜活的工程特征来定义，从而提高了建模速度。

● 片体：理论上，一个或多个没有厚度概念的面的集合。

● 实体：具有三维形状和质量的，能够真实、完整和清楚地描述物体的几何模型。在基于特征的造型方法中，实体是各类特征的合成。

● 面：由边缘封闭而成的区域。面可以是实体的表面，也可以是一个壳体，形状可为平面，也可为曲面或不规则面。

● 对象：包括点、曲线、实体边缘、表面、特征、曲面等。

二、建模界面介绍

单击“文件”→“新建”，模板选择“模型”，输入文件名称，设置文件放置路径，单击“确定”按钮进入实体建模界面。

进入实体建模后的界面如图 2-2 所示。UG NX 12.0 将常用的命令集成显示到了“主页”这个菜单中。主页中包含的内容有特征工具栏、同步建模工具栏、标准化工具栏等。将使用频率高的命令显示到“主页”菜单中，便于操作者快速调用命令，提高绘图效率。

● 部件导航器：显示基准坐标系、命令的名称及步骤排列，若特征之间无父子关系，可将后面的特征拖动到前面。

● 草图工具栏：单击直接草图工具栏中任意命令图标，可将相应命令激活，直接在现有实

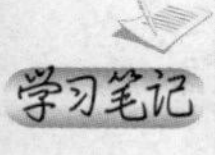

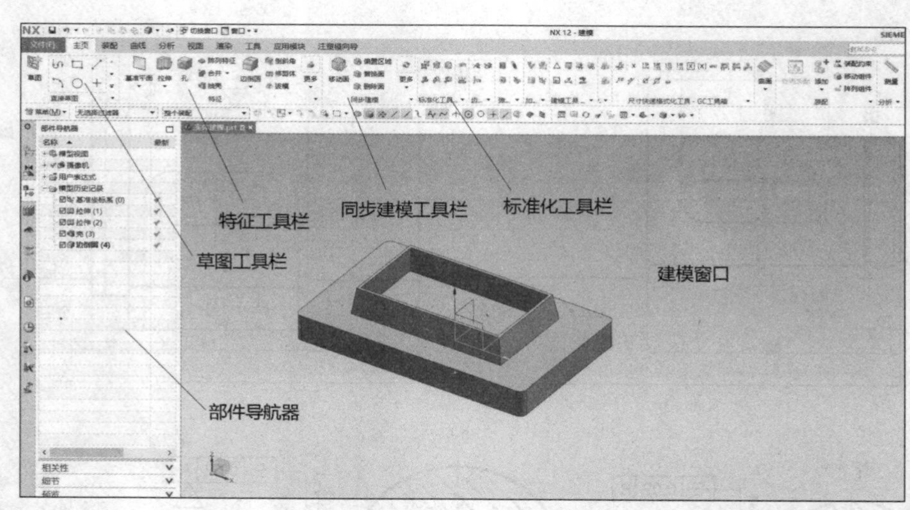

图 2－2　建模界面及主页包含内容

体上或基准面上绘制草图。

- 特征工具栏：单击命令图标，可将命令激活，进入“命令”对话框，进行相应命令操作。
- 同步建模工具栏：单击命令图标，可将命令激活，进行同步建模命令的操作。
- 建模窗口：也称绘图窗口，操作者进行特征的构建、细节特征的修饰等，均在建模窗口中完成。
- 标准化工具栏：也称 GC 工具箱，单击相应图标，可以进行模型检查、二维图检查、装配检查等。

对于在工具栏中未显示出的命令，单击“更多”图标，显示更多的命令，如图 2－3 所示。

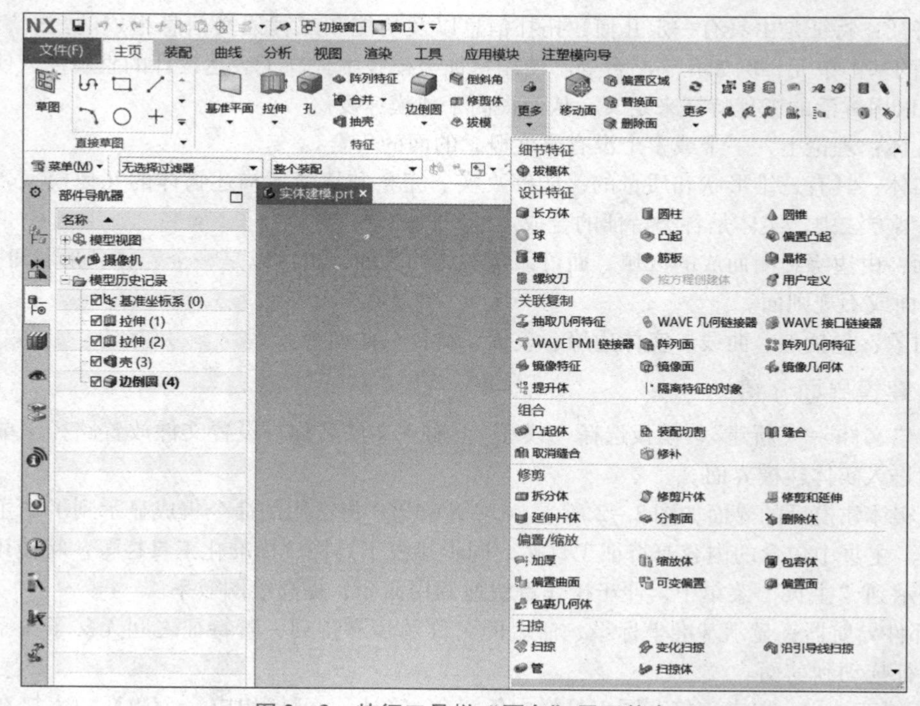

图 2－3　特征工具栏“更多”展开状态

学习笔记

也可通过如下方式找到所需命令："菜单"→"插入"→"设计特征" 或 "菜单"→"插入"→"细节特征" 或 "菜单"→"插入"→"关联复制" 等展开命令窗口，如图 2－4 所示。

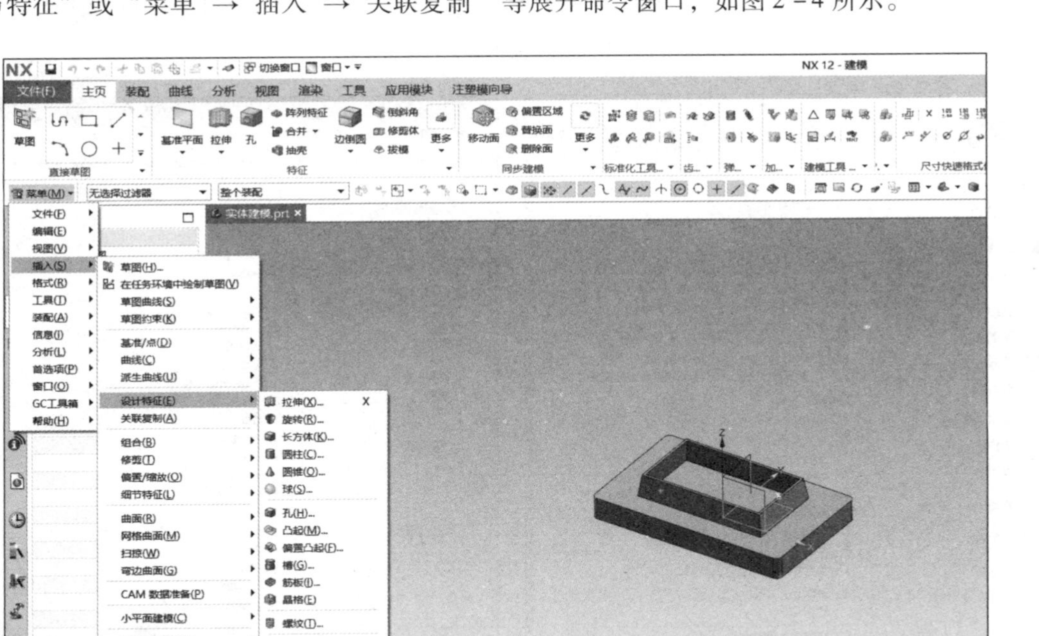

图 2－4　菜单栏查询命令的方法

三、建模命令快捷键定制

UG NX 12.0 建模中的快捷键分为全局快捷键和仅应用于模块快捷键，有的快捷键是系统自带的，如 "拉伸" 命令默认快捷键为 "X"。如图 2－5 所示，在拉伸命令后面有字母 "X"。

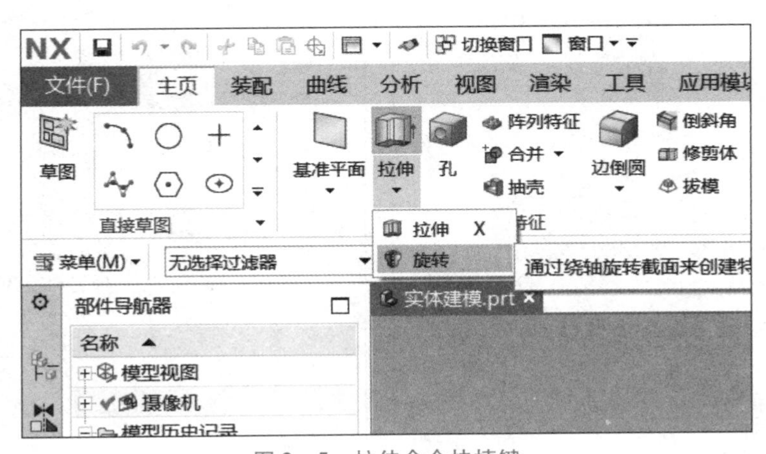

图 2－5　拉伸命令快捷键

学习笔记

用户可根据自身需求设置常用命令的快捷键。方法如下：

1）单击“文件”→“定制”（在右下角图标“定制(Z)”），打开“定制”窗口，如图 2－6 所示，或按“定制”的快捷键 Ctrl＋1，如图 2－7 所示。

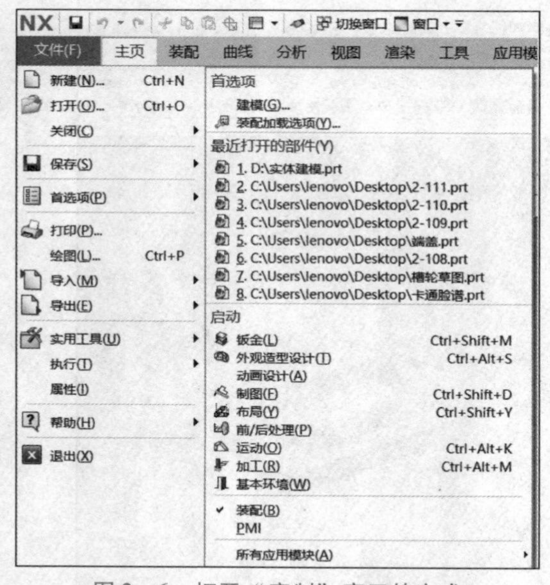

图 2－6　打开“定制”窗口的方式

图 2－7　定制窗口

2）单击“键盘”图标“键盘...”进入“定制键盘”界面，如图 2－8 所示。

3）拖动“类别”下滑条，找到“设计特征”，在右侧“命令”窗口，单击要设置快捷键的命令，如“旋转”；使用新的快捷键，选择“仅应用模块”；输入新的快捷键 R；单击“指派”按钮，“旋转命令”的快捷键定制完成，如图 2－9 和图 2－10 所示。

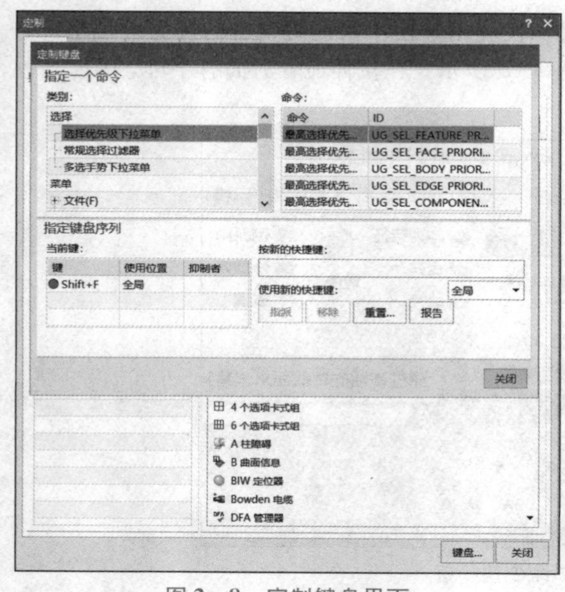

图 2－8　定制键盘界面

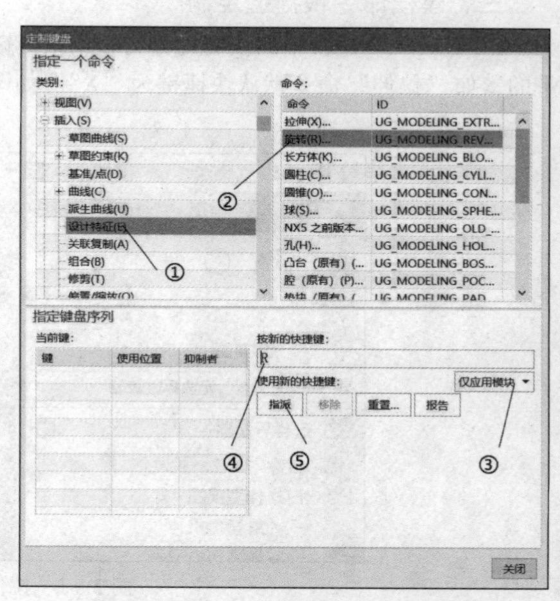

图 2－9　定义“旋转”命令的快捷键

学习笔记

4）依次单击“关闭”按钮，将“定制”窗口关闭，返回建模界面，此时在“旋转”后面会显示快捷键字母“R”，如图 2－11 所示。

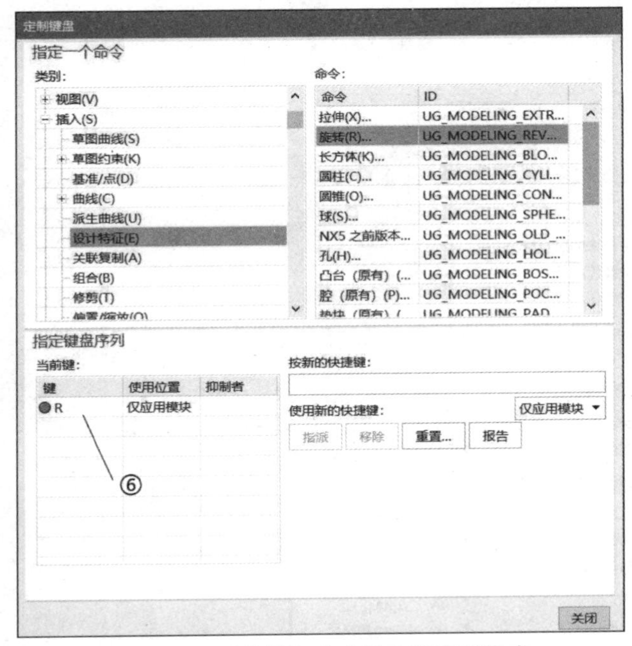

图 2－10 “旋转”命令快捷键定制完成

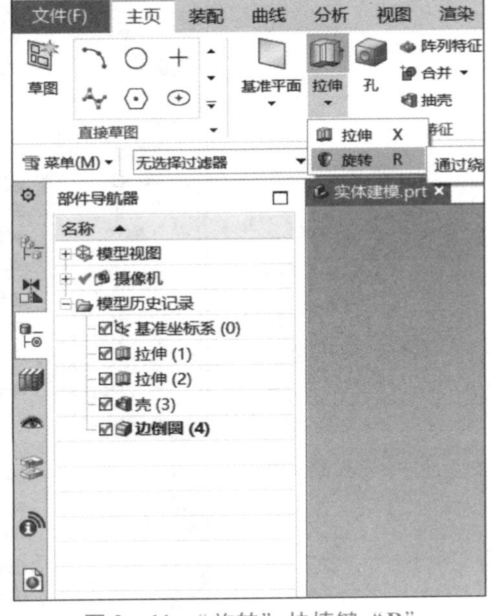

图 2－11 “旋转”快捷键“R”

按键盘上的字母“R”，将会弹出“旋转”命令对话框。

小贴士：建模时，设计者根据设计习惯定制快捷键，可快速调用命令，大大提升建模效率。

四、布尔运算

布尔运算用于组合已存在的实体和片体，这对于实体建模中将各特征组合或拆分或求相交非常方便。布尔运算包括合并、减去、相交和组合。

每个布尔运算选项都将提示用户选择一个目标体和一个或多个工具体。目标体被工具体修改，操作结束时，工具体将成为目标体的一部分。可用相应选项来控制是否保留目标体和工具体未被修改的备份。

单击“菜单”→“插入”→“组合”→“合并”/“减去”/“相交”/“组合”，可打开布尔运算操作，如图 2－12 所示。

- 合并：将两个或多个实体合并成单个实体。
- 减去：使用一个或多个工具体从目标体中移除体积。
- 相交：创建一个体，它包含两个不同体的共同体积。
- 组合：组合多个相交片体的区域。

1. 合并

单击“菜单”→“插入”→“组合”→“合并”，打开“合并”命令，如图 2－13（a）所示。

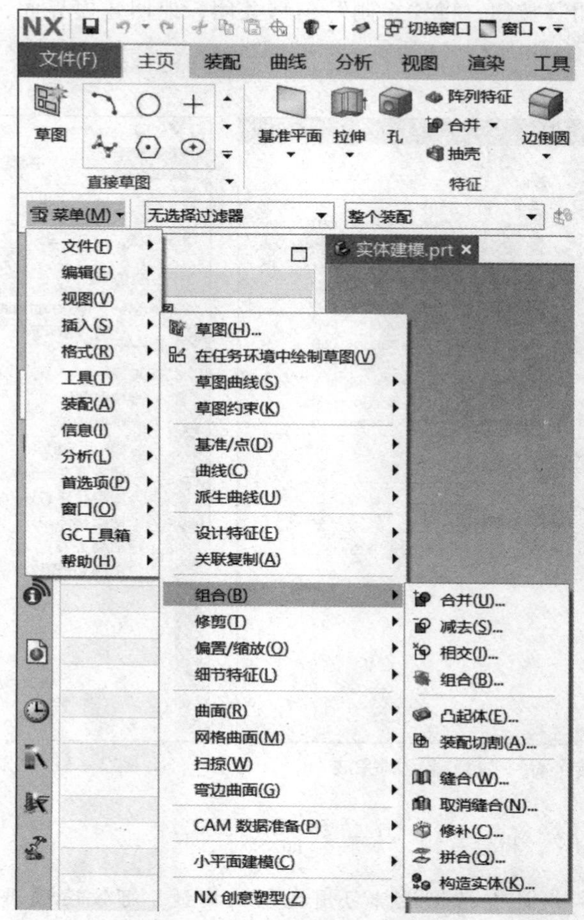

图 2-12　布尔运算命令打开位置

- 目标：要合并到的实体。
- 工具：作为工具的实体。
- 设置：选择是否保存目标或工具，勾选复选项时，将保存目标和工具。

将图 2-13（b）所示两个实体进行合并，目标体和工具体的选择如图 2-13（c）所示，单击“确定”按钮完成，如图 2-13（d）所示。

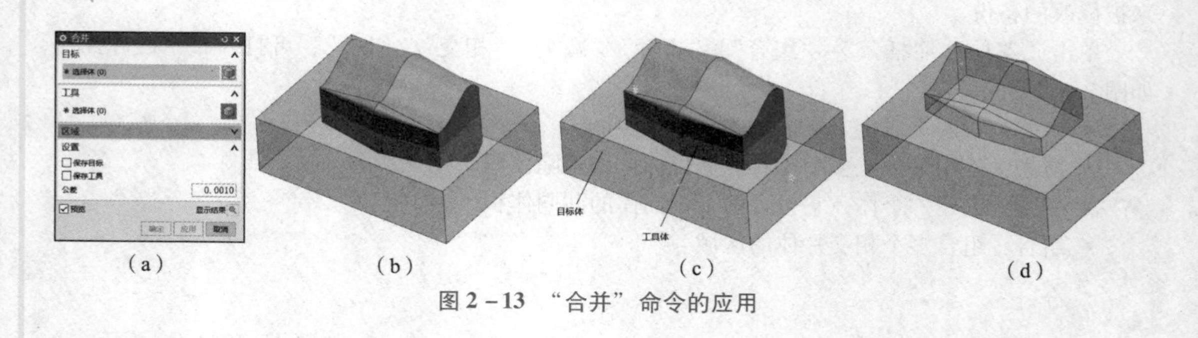

（a）　（b）　（c）　（d）

图 2-13　“合并”命令的应用

学习笔记

小贴士：合并实体的时候要注意，目标体和工具体之间必须有公共部分。如图 2－14 所示，这两个体之间正好相切，其公共部分是一条交线，即相交的体积是 0，这种情况下是不能合并的，系统会提示“工具体完全在目标体外”。

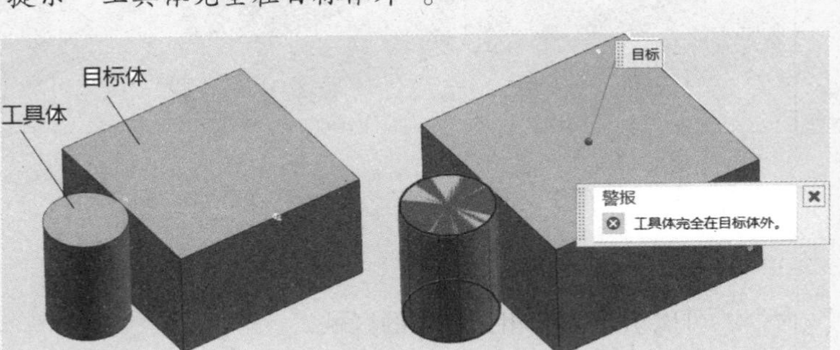

图 2－14　不满足“合并”条件的案例

2. 减去

从目标体中减去工具体体积，即将目标体中与工具体相交部分去掉，生成一个新的实体。

单击“菜单”→“插入”→“组合”→“减去”，打开“减去”命令，如图 2－15（a）所示。

- 目标：要被减去的实体。
- 工具：作为工具的实体。
- 设置：选择是否保存目标或工具，勾选复选项时，将保存目标和工具。

将如图 2－15（b）所示两个实体进行减去，目标体和工具体的选择如图 2－15（c）所示，单击“确定”按钮，此时工具体将从目标体减去与工具体形状相同的体，如图 2－15（d）所示。

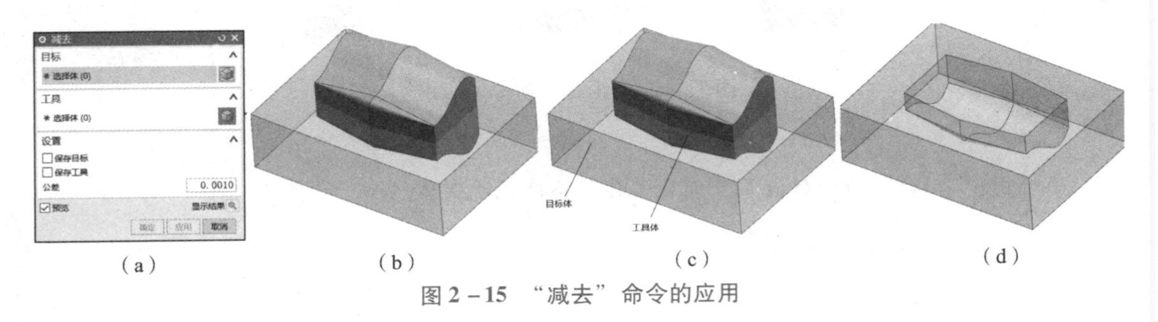

（a）　（b）　（c）　（d）

图 2－15　“减去”命令的应用

小贴士：求差的时候，目标体与工具体之间必须有公共的部分，体积不能为零。

3. 相交

使用相交可以创建包含目标体与一个或多个工具体的共享体积或区域的体。

单击“菜单”→“插入”→“组合”→“相交”，打开“相交”命令，如图 2－16（a）所示。

- 目标：要被进行相交计算的实体。
- 工具：作为工具的实体。
- 设置：选择是否保存目标或工具，勾选复选项时，将保存目标和工具。

将如图 2－16（b）所示两实体进行相交，目标体和工具体的选择如图 2－16（c）所示，单击“确定”按钮，将保留工具体和目标体共同的部分，如图 2－16（d）所示。

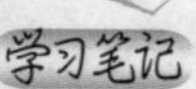

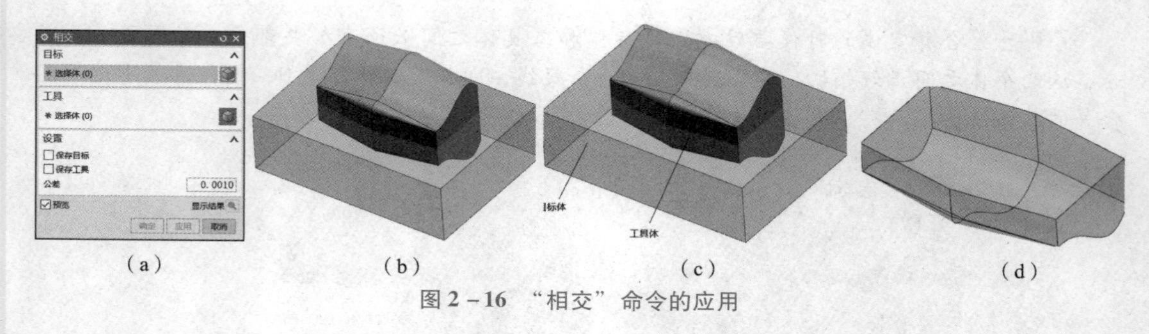

(a) (b) (c) (d)

图 2-16 “相交”命令的应用

4. 组合

使用“组合”命令，可以组合多个相交片体的区域。

单击“菜单”→“插入”→“组合”→“组合”，打开“组合”命令，如图 2-17（a）所示。

- 体：打算要组合的片体。
- 选择区域：选择要保留的区域或要移除的区域，通过下侧的“保留”或“移除”来设置。

将如图 2-17（b）所示两片体进行组合，“选择体”分别选择图中片体 1 和 2，如图 2-17（c）所示；“选择区域”下侧勾选“保留”，结果如图 2-17（d）所示；“选择区域”下侧勾选“移除”，单击“确定”按钮，结果如图 2-17（e）所示。

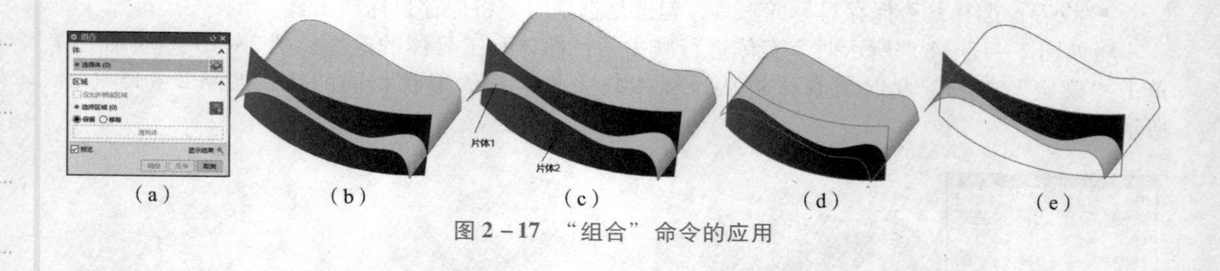

(a) (b) (c) (d) (e)

图 2-17 “组合”命令的应用

小贴士：“组合”命令仅能用于组合片体，不能用于实体。

五、参考特征种类及创建

1. 参考特征的种类

在 UG NX 建模过程中，经常遇到需要指定参考特征的时候，例如，当设计者从一个圆柱表面建立一个键槽时，需确定键槽的深度，此时需在圆柱表面上建立一个基准平面作为键槽绘制的起始面，这便用到了参考特征命令。有时在建立参考时需要建立基准轴线，这同样用到了参考特征命令。常用的参考特征有基准平面、基准轴、基准坐标系和基准点。

设计过程中，参考特征常用于如下场合：

- 作为成型特征和草图的放置面。
- 作为草图或成型特征的定位参考。
- 作为镜像操作的对称平面。
- 作为修剪平面。

学习笔记

2. 参考特征的创建方法

(1) 基准平面

单击“主页”→“基准平面”图标，如图2－18所示，或者单击“插入”→“基准/点”→“基准平面”图标，均可打开“基准平面”对话框，如图2－19所示。基准平面创建的常用几种方式如图2－20所示。

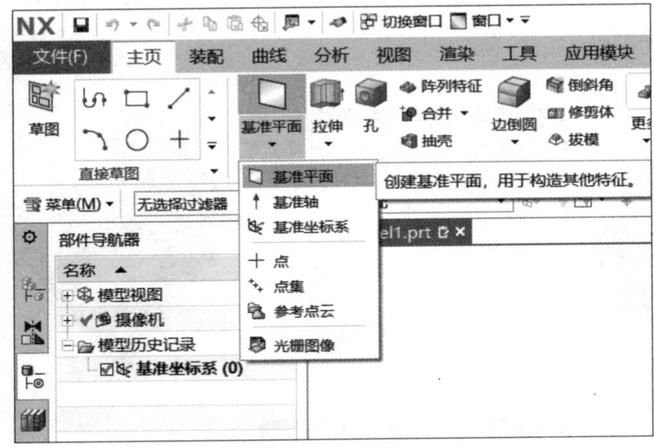

图2－18　打开参考特征命令的方式

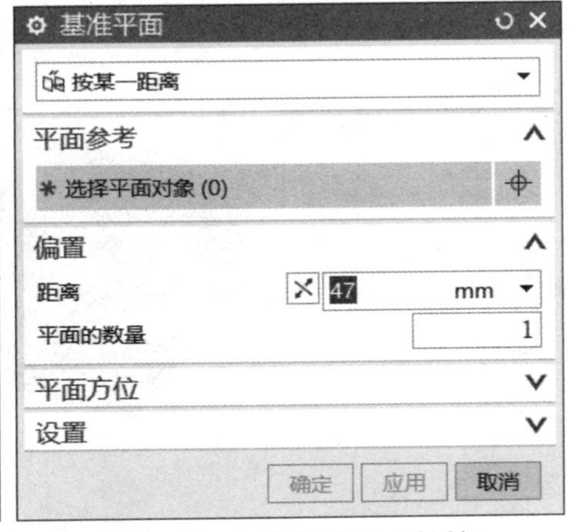

图2－19　“基准平面”对话框

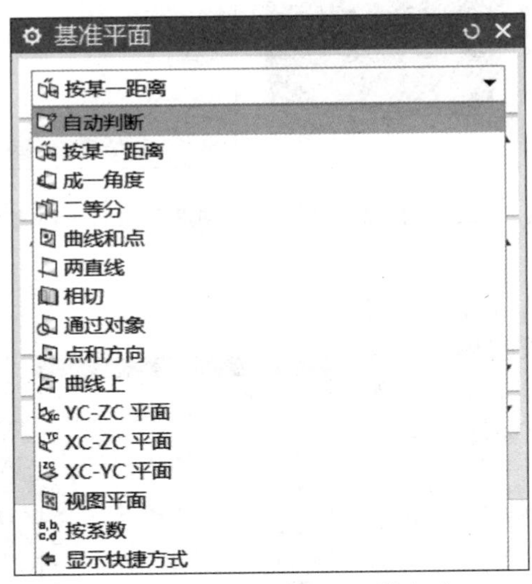

图2－20　创建基准平面的方法

下面对基准平面创建的方法逐一介绍：

1) 自动判断。自动判断方式创建基准平面有：选定一个点、通过两个点、通过三个点或通过一个平面的方式。

①选定一个点：通过选择实体上的某一点或曲线的某一点或利用基准点命令创建的点，通过选定的这个点创建基准平面，如图2－21（a）所示。

②通过两个点：通过选择实体边线的两点或曲线上的两点或利用基准点命令创建的两点，通过两个点来定义基准平面，此平面处于两点连续且经过第一个选定点的法线方向上。如图2-21（b）所示。

③通过三个点：通过选择实体边线上的三点或曲线上的三个点或利用基准点命令创建的三个点，通过三个点可以确定一个基准平面。如图2-21（c）所示。

④通过一个平面：可以选择实体上的平面或现有的基准平面创建与该平面平行的一系列基准平面。此时偏置选项中的距离可以输入所需的数值，确定平面与现有平面间的距离，如图2-21（d）所示。

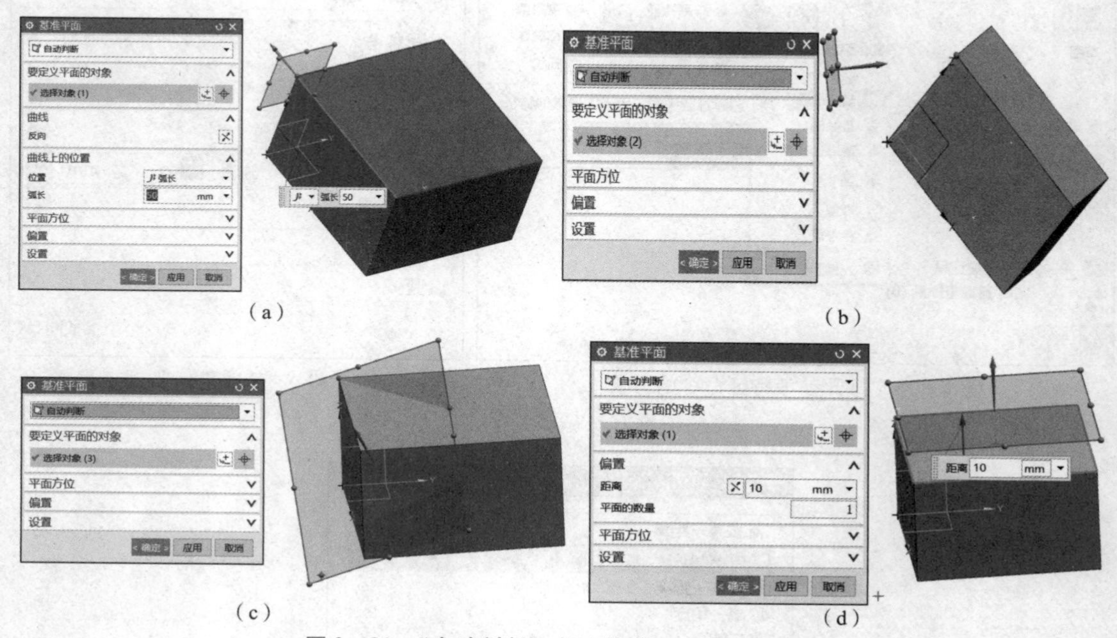

图2-21 “自动判断”创建基准平面的四种情况

2）按某一距离。选择一个平面，可以是平的面或现有的平面或实体的表面或其他基准平面，在“偏置”中输入距离数值，完成平面创建，如图2-22所示。

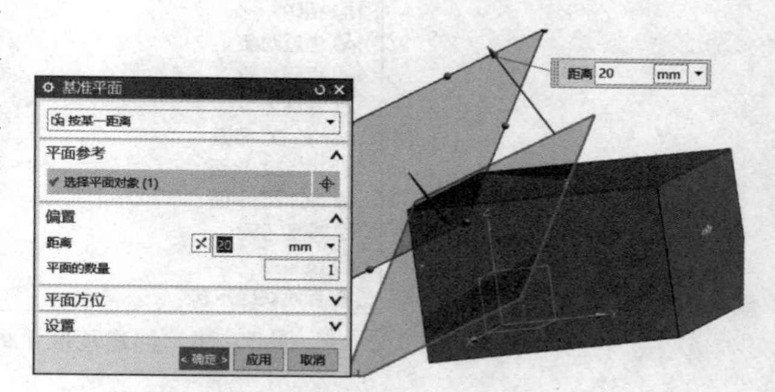

图2-22 “按某一距离”创建基准平面

3）成一角度。通过选择一个平面和一根轴来确定基准平面。

- 平面参考：可以选择现有的平面或实体平面或基准平面。
- 通过轴：可以选择现有的线或轴线或实体的边线或基准轴。
- 角度：通过输入角度数值，确定基准平面与现有面间的夹角。

4）二等分。通过选择两个平面或两个基准面或实体上的平面，在两平面之间建立基准平面，其中现有的两个平面可以平行或成任意夹角。

学习笔记

第一平面和第二平面分别选择实体的左、右侧面，创建的基准平面如图 2－23 所示；第一平面选择上表面，第二平面选择左侧面，创建的基准平面为两平面形成夹角的平分线所在的平面，如图 2－24 所示。

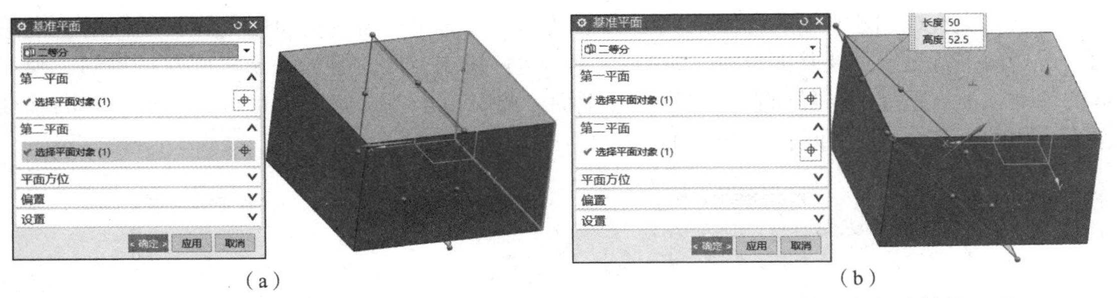

图 2－23　创建的基准平面　　　图 2－24　“二等分”创建基准平面

5）曲线和点。通过选择一个点和一条曲线或者一个点来定义基准平面。当选择一个点和一条曲线，并且点在曲线上时，该基准平面通过该点且垂直于曲线在该点处的切线方向；若点不在曲线上，则该基准平面通过该点和该条曲线。

- 曲线和点：通过选择一个点和一条曲线来创建基准平面，如图 2－25（a）所示。
- 一点：通过一点创建基准平面，此时会有多种情况，通过备选解可得到不同方位的平面，如图 2－25（b）所示。
- 两点：选择两点创建一个基准平面，此时平面垂直于两点的连线且通过第一个点，如图 2－25（c）所示。
- 三点：选择现有的点或曲线的端点或中心或任意点，依次选择三个，可确定一个基准平面，如图 2－25（d）所示。

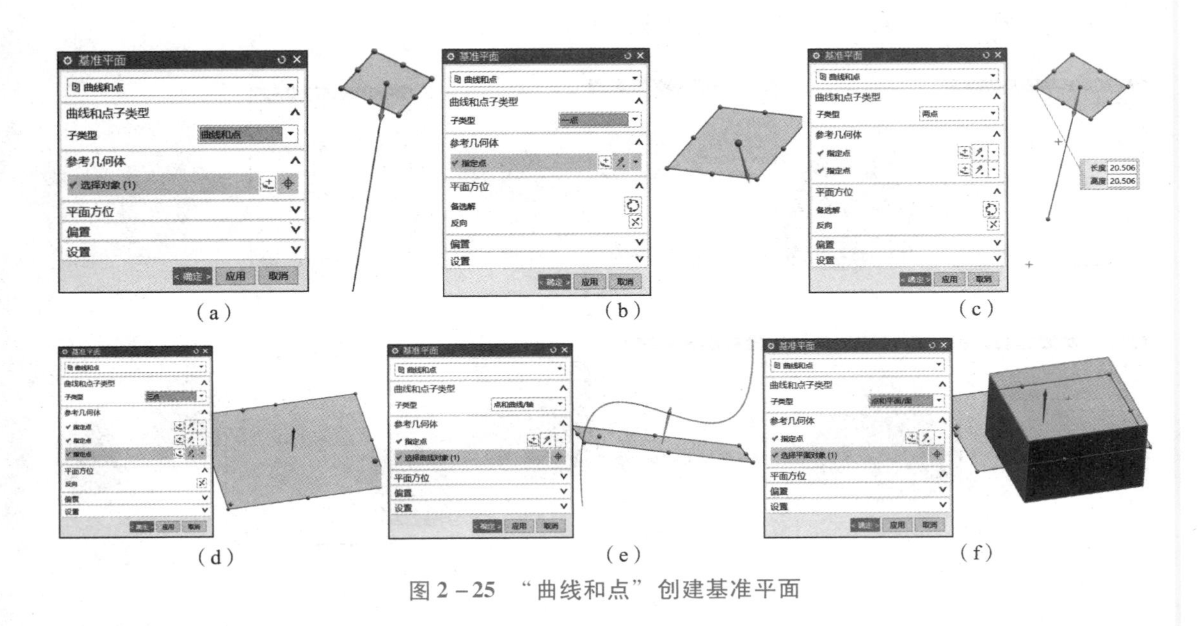

图 2－25　“曲线和点”创建基准平面

- 点和曲线/轴：选择一点和一条曲线，创建过此点且与曲线垂直的基准平面，如图 2－25

（e）所示。

● 点和平面/面：选择一点和一条平面，创建一个通过此点且与选中平面相平行的基准平面，如图2－25（f）所示。

6）两直线。选择两条直线创建一条基准平面，这两条直线可以相交、平行、垂直或异面。选择两条相交直线创建平面，如图2－26（a）所示，此时单击备选解可得到三种不同的基准平面。选择两平行直线创建基准平面，如图2－26（b）所示，此时单击备选解同样可得到三种不同的基准平面。选择两条异面直线创建基准平面，此时单击备选解同样可得到三种不同的基准平面，如图2－26（c）和图2－26（d）所示。

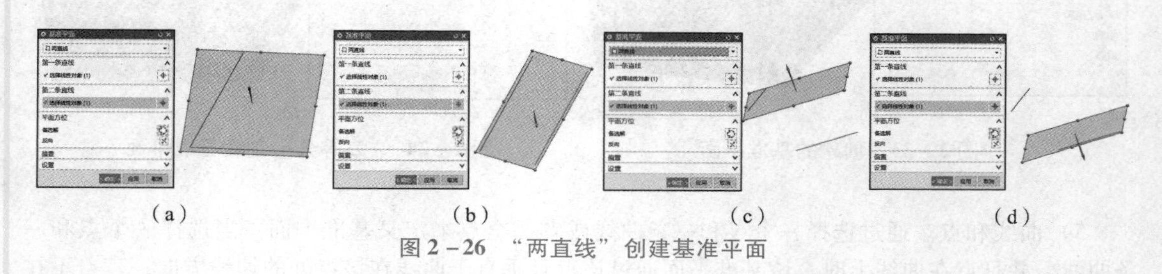

（a）　（b）　（c）　（d）

图2－26　“两直线”创建基准平面

7）相切。通过选择一个圆锥体、圆台或圆柱体来创建基准平面，该基准平面与圆锥体、圆台或圆柱体表面相切。

● 相切：可选择与圆锥体、圆台或圆柱体的表面相切的面，如图2－27（a）所示。

● 一个面：只能选择柱面或锥面，选择平的面是不行的，如图2－27（b）所示。

● 通过点：“选择对象”选择现有的柱面或锥面，“指定点”可以是现有点、曲线端点、圆心点等，如图2－27（c）所示。建立通过此点且与圆锥面相切的平面。

● 通过线条：“选择相切面”可选择现有的柱面或锥面，“选择线性对象”指要选择处于现有柱面或锥面上线性对象，如图2－27（d）所示。

● 两个面：“选择对象”可选择现有的柱面或锥面，如图2－27（e）所示。

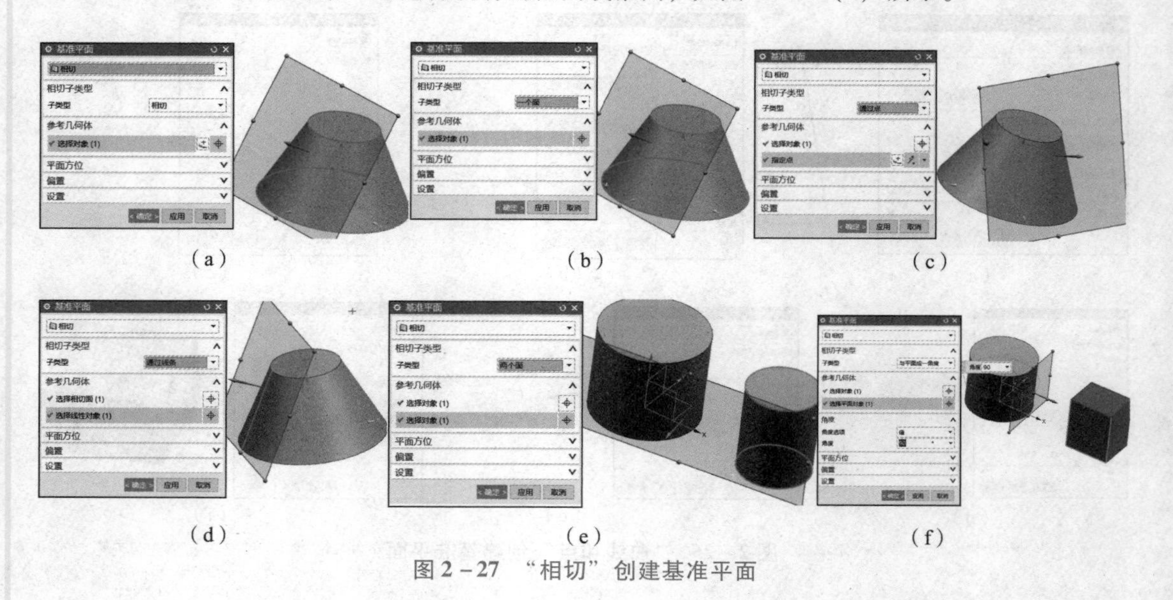

（a）　（b）　（c）

（d）　（e）　（f）

图2－27　“相切”创建基准平面

学习笔记

● 与平面成一角度："选择对象"可选择现有的柱面或锥面，"选择平面对象"要选择现有的平面，如图2－27（f）所示。

8）通过对象。选择的对象可以为平面、直线、样条曲线，圆柱面或圆锥面。

选择对象为平面，通过此平面创建一个基准平面，如图2－28（a）所示；选择对象为直线，通过此直线的端点创建一个基准平面，且与直线相互垂直，如图2－28（b）所示；选择对象为样条曲线，通过此曲线创建一个基准平面，如图2－28（c）所示；选择对象为圆柱面，通过此圆柱面的中性轴创建一个基准平面，如图2－28（d）所示；选择对象为圆锥面，通过此圆锥面的中性轴创建一个基准平面，如图2－28（e）所示。

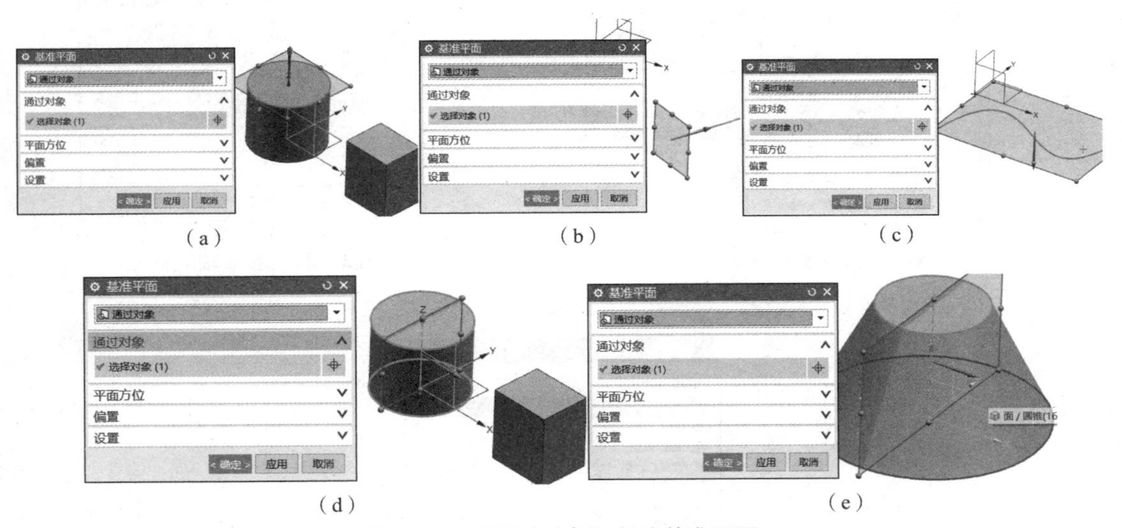

图2－28 "通过对象"创建基准平面

9）点和方向。选择指定点，可以为现有的点、直线的端点等；指定矢量，可以选择平面的矢量等。如图2－29所示，指定点选择现有的点，指定矢量选择平面的法向。

10）曲线上。"曲线"可以为直线、圆弧、样条曲线、实体的边线等；"曲线上的位置"中的"位置"可以选择弧长、弧长百分比或通过点，通过设置数值来确定基准平面的确定位置，如图2－30（a）所示，"曲线"为直线，"位置"为弧长；如图2－30（b）所示，"曲线"为样条曲线，"位置"为弧长百分比。

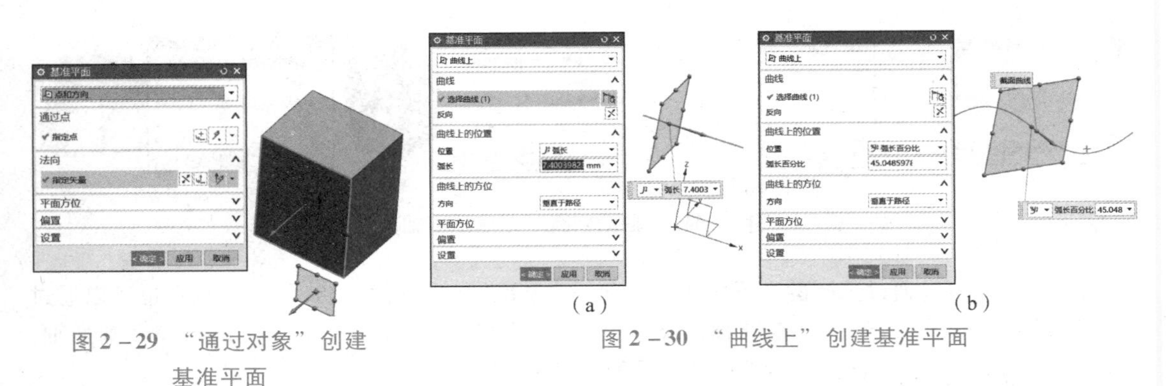

图2－29 "通过对象"创建基准平面

图2－30 "曲线上"创建基准平面

学习笔记

小贴士：创建的基准平面显示是有大小的，但是实际基准平面是无穷大的，可以通过拖动平面边缘的8个拖动柄（小球体）来改变基准平面的显示大小。

（2）基准轴

单击菜单栏“主页”→“基准轴”的图标“↑”，如图2－31所示，或者单击“插入”→“基准/点”→“基准轴”的图标“↑”，可打开“基准轴”对话框，如图2－32所示。基准轴创建的常用几种方式如图2－33所示。

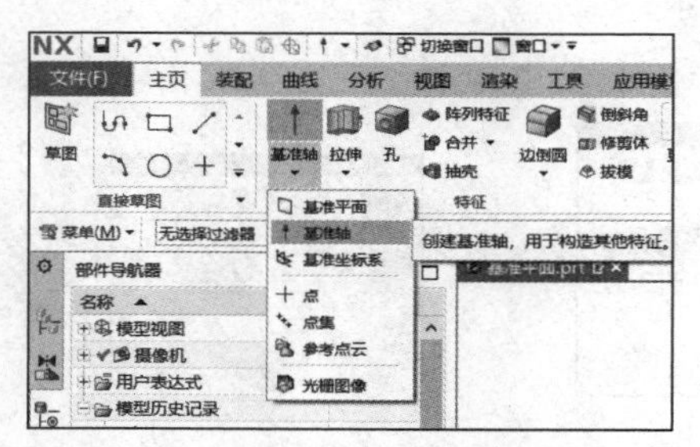

图2－31　打开参考特征命令的方式

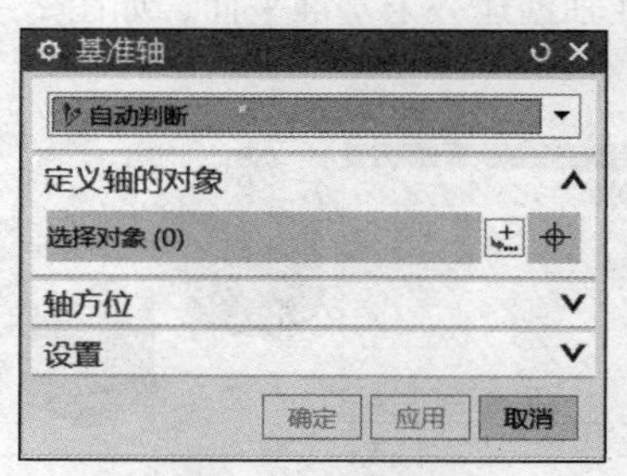

图2－32　基准轴对话框

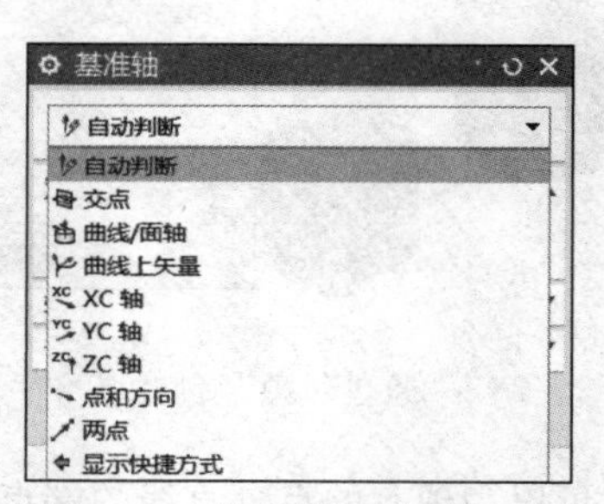

图2－33　创建基准轴常用方式

下面对基准轴创建的方法逐一介绍：

1）自动判断。自动判断可以根据选择的对象自动创建基准轴，选择的对象可以为直线、圆柱面、圆锥面。图2－34（a）为选择直线创建基准轴；图2－34（b）为选择样条曲线创建基准轴；图2－34（c）为选择圆柱面创建基准轴；图2－34（d）为选择圆锥面创建基准轴。

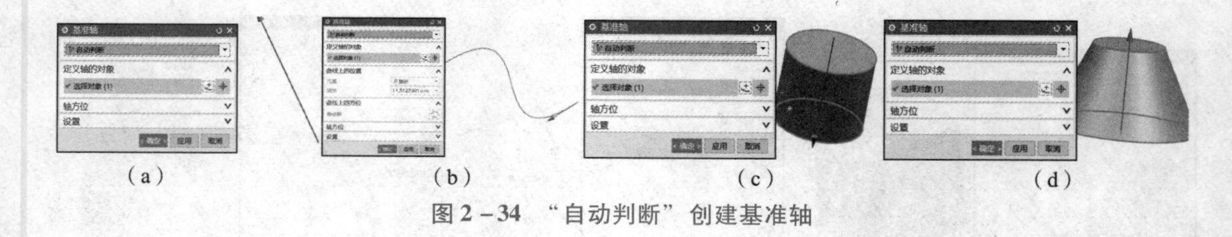

图2－34　“自动判断”创建基准轴

2）交点。可以通过选择两个平面相交得到一个基准轴，如图2－35（a）所示；也可以通过选择两现有平面相交得到一个基准轴，或一个基准平面与一个实体平面相交得到一个基准轴，如图2－35（b）所示。注意，所选的两个平面不能平行。

3）曲线/面轴。通过选择直线边、曲线、基准轴或面的方法来创建基准轴。

通过选择平面的边线来创建基准轴，如图2－36（a）所示；选择直线创建基准轴，如图2－

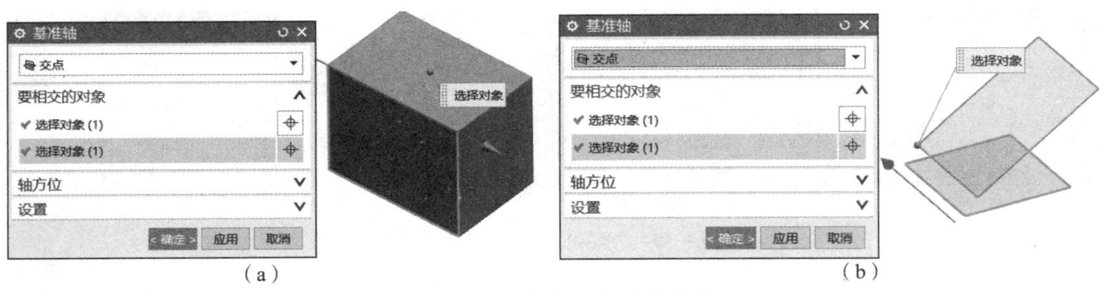

(a) (b)

图 2-35 “交点”创建基准轴

36（b）所示；选择面创建基准轴，如图 2-36（c）所示，此处的面指的圆柱面、圆锥面。

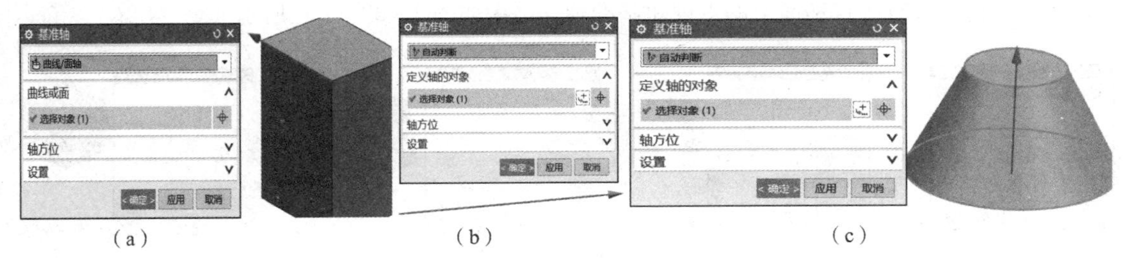

(a) (b) (c)

图 2-36 “曲线/面轴”创建基准轴

4）曲线上矢量。通过选择曲线或边上的点创建基准轴。

通过选择曲线创建基准轴，“位置”选项有弧长或弧长百分比，选择弧长时，如图 2-37（a）所示；当曲线选择样条曲线时，如图 2-37（b）所示；当选择实体边线时，“位置”选择“弧长”时，如图 2-37（c）所示，可通过改变弧长的数值来确定基准轴所在的位置。

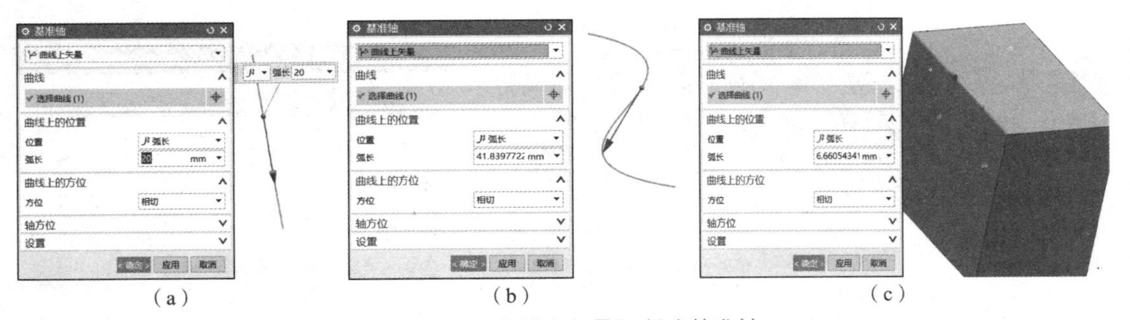

(a) (b) (c)

图 2-37 “曲线上矢量”创建基准轴

5）点和方向。通过选择曲线或边上的点来创建基准轴。

• 通过点：指基准轴要通过的点，可以为现有点、边线端点、中点、曲线的交点、圆弧的圆心、象限点等。

• 方向：“方位”可选“平行于矢量或垂直于矢量”，指定矢量可以是沿着边线或垂直于平面。

选择现有点，矢量选择直线，方位选择平行于矢量，结果如图 2-38（a）所示；若方位选择垂直于矢量，结果如图 2-38（b）所示；选择现有点，矢量选择现有平面的矢量，方位选择平行于矢量，结果如图 2-38（c）所示；若方位选择垂直于矢量，结果如图 2-38（d）所示。

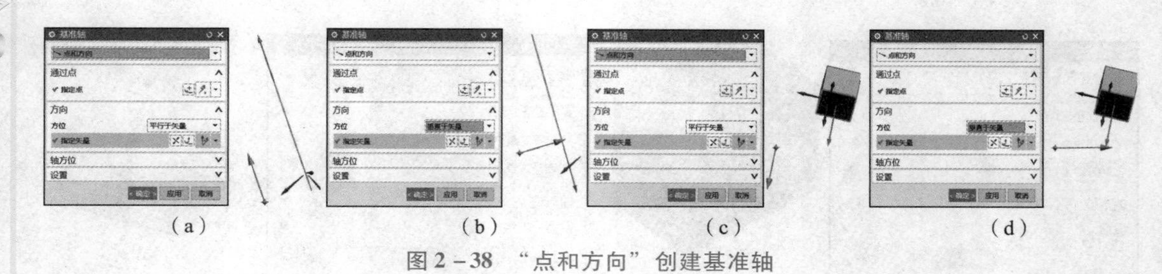

图 2-38 “点和方向”创建基准轴

6）两点。可以选择现有的两点、边线的端点、中点、交点、圆弧中心点等创建基准轴。

选择现有的两点创建基准轴，结果如图 2-39（a）所示；选择现有点和实体边线的端点创建基准轴，结果如图 2-39（b）所示；选择实体边线的中点和端点创建基准轴，结果如图 2-39（c）所示；选择现有的点和面上的点创建基准轴，结果如图 2-39（d）所示。

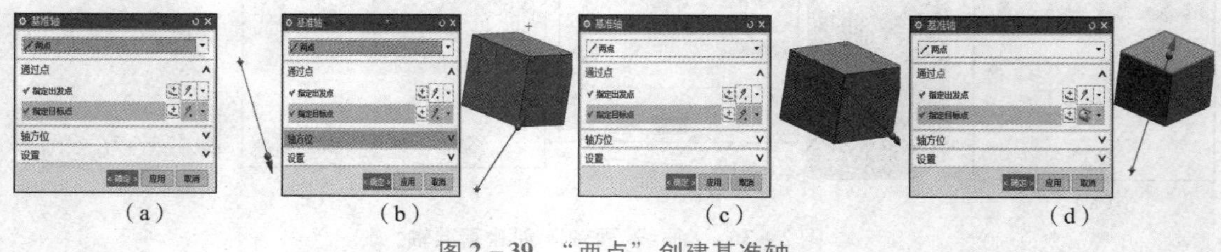

图 2-39 “两点”创建基准轴

（3）基准坐标系

单击菜单栏“主页”→“基准坐标系”的图标“”，如图 2-40 所示，或者单击“插入”→“基准/点”→“基准坐标系”的图标“”，均可打开“基准坐标系”对话框，如图 2-41 所示。基准坐标系创建的常用几种方式如图 2-42 所示。

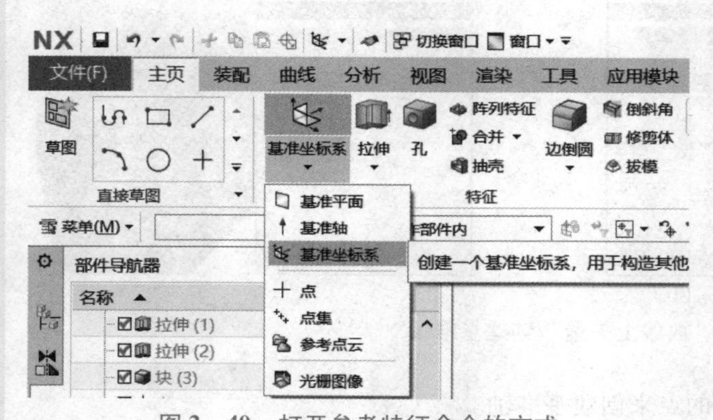

图 2-40 打开参考特征命令的方式

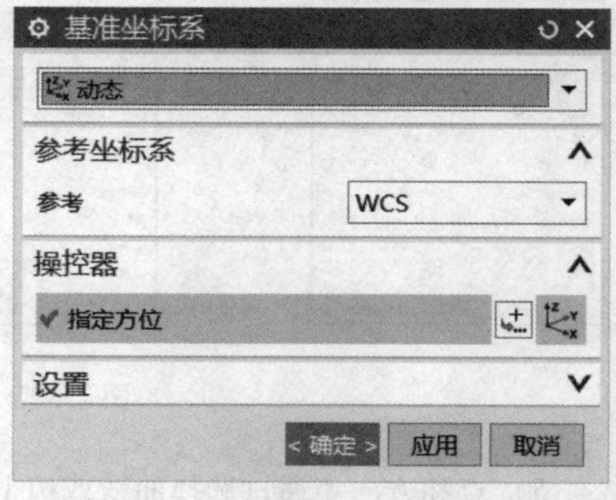

图 2-41 “基准坐标系”对话框

1）动态。通过鼠标单击任意位置可创建基准坐标系，并且可通过拖动拖动柄可改变 *X* 轴、*Y* 轴和 *Z* 轴的角度，如图 2-43 所示。

2）自动判断。自动判断即可选择下面所有创建坐标系方法中的任意一种来创建坐标系，例如：分别选择点 1、点 2 和点 3，即采用原点、*X* 点和 *Y* 点来创建坐标系，如图 2-44（a）所示；分别选择面 1、面 2 和面 3，即采用原点、*X* 点和 *Y* 点来创建坐标系，如图 2-44（b）所示。自动判断就是根据现有的条件，结合基准坐标系所需的条件来创建各种基准坐标系。

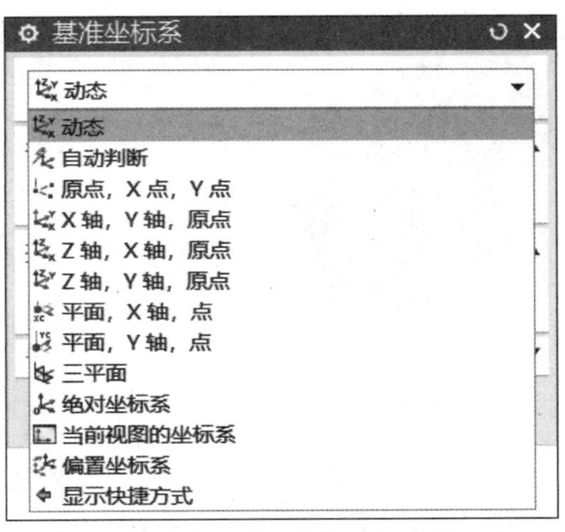

图 2-42　创建基准坐标系的常用方式

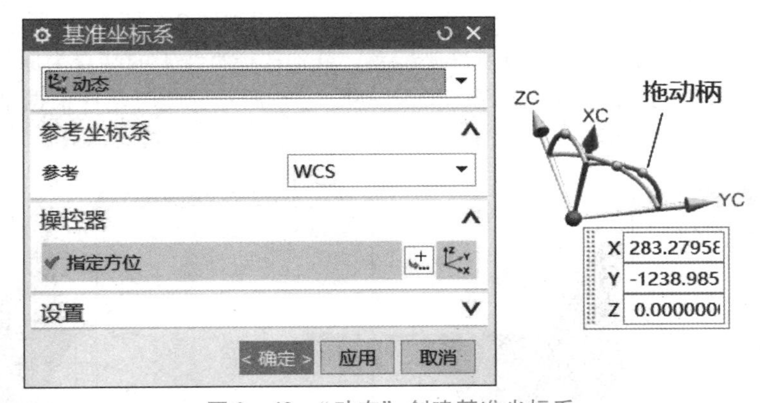

图 2-43　"动态"创建基准坐标系

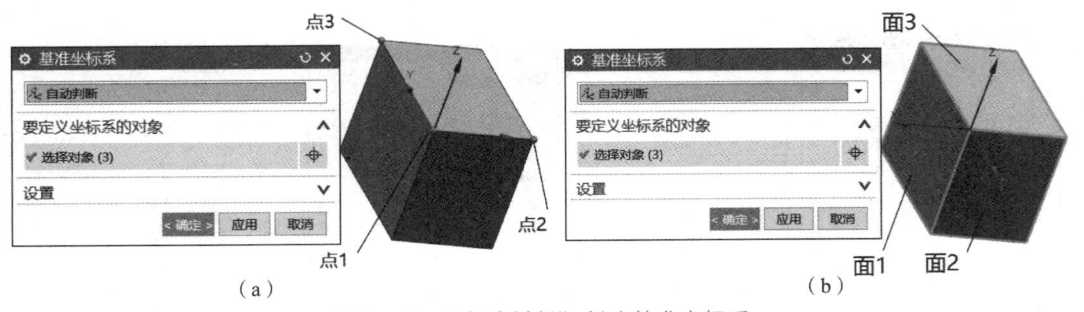

图 2-44　"自动判断"创建基准坐标系

3）原点，*X* 点，*Y* 点。通过定义坐标系的原点、*X* 点、*Y* 点确定基准坐标系的位置，如图 2-45（a）所示，分别选择实体上的三个点创建坐标系；也可选择现有的点作为原点、*X* 点和 *Y* 点，如图 2-45（b）所示。

4）*X* 轴，*Y* 轴，原点。

通过定义基准坐标系的 *X* 轴、*Y* 轴、原点确定基准坐标系的位置，如图 2-46（a）所示，分别选择实体上的一个点和两条边线创建坐标系。

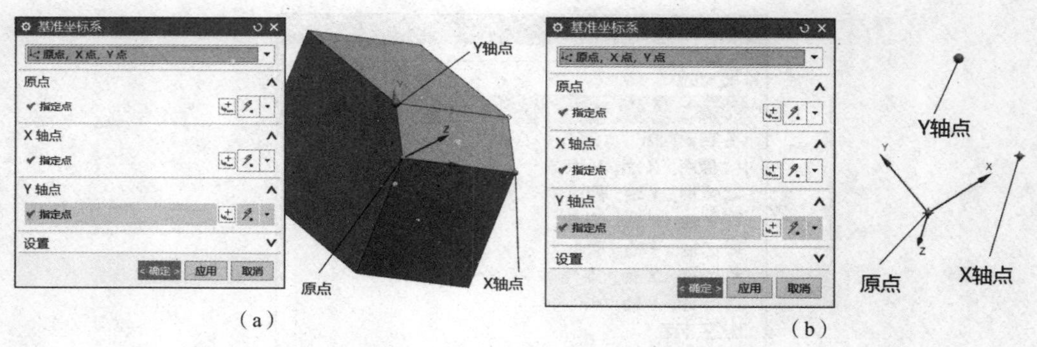

图2-45 “原点，X点，Y点”创建基准坐标系

也可以选择现有平面的矢量方向作为 *X* 轴或 *Y* 轴的方向，分别选择实体边线的端点为原点，两个相互垂直面的矢量作为 *X* 轴和 *Y* 轴方向，创建的坐标系如图2-46（b）所示。

还可选择现有直线作为 *X* 轴、*Y* 轴，分别选择直线1的端点为原点，*X* 轴选择直线1，*Y* 轴选择直线2（此时直线1和2相互垂直），创建的基准坐标系如图2-46（c）所示。

当直线1和2不垂直时，也可创建基准坐标系，分别选择直线1的端点为原点，*X* 轴选择直线1，*Y* 轴选择直线2，创建的基准坐标系如图2-46（d）所示。此时软件根据坐标系要求，自动将 *Y* 轴约束与 *X* 轴垂直，*Y* 轴并不是沿着所选的直线2的方向。

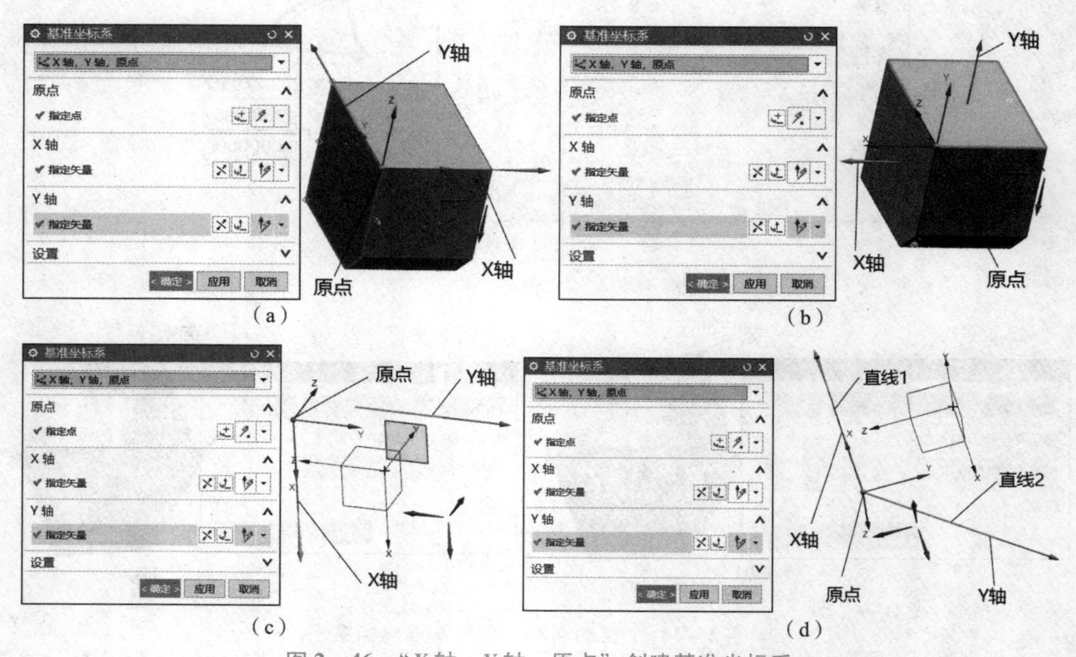

图2-46 “*X* 轴，*Y* 轴，原点”创建基准坐标系

“*Z* 轴，*X* 轴，原点”和“*Z* 轴，*Y* 轴，原点”与上述“*X* 轴，*Y* 轴，原点”建立方式相同，不再赘述。

六、实体建模常用命令的用法与技巧

1. 拉伸

使用“拉伸”命令可以沿指定方向扫掠曲线、边、面、草图或曲线特征的2D或3D部分一段直线距离，由此来创建特征。拉伸过程中需要指定截面线、拉伸方向、拉伸距离等。

单击“特征”工具条上的“拉伸”命令，或单击“菜单”→“插入”→“设计特征”→“拉伸”命令，弹出如图2－47所示对话框。

图2－47　“拉伸”命令对话框

● 截面线：指定要拉伸的曲线或边，可以选择现有曲线或实体的边线，也可以通过绘制截面进入草图绘制环境，绘制截面线。

● 方向：指定要拉伸截面曲线的方向。默认方向为选定截面曲线的法向，也可通过“矢量对话框”和“自动判断的矢量”类型列表中的方法确定矢量的方向。

● 限制：定义拉伸特征的整体构造方法和拉伸范围，具体可参考图2－48所示。

假设“开始”即是从草绘面上开始，结束时有如下选项：

● 值：通过输入具体数值，确定拉伸截止位置，如图2－48（a）所示。

● 直至下一个：自动计算到下一个特征的距离，并且将拉伸截止到下一个特征，如图2－48（b）所示。

● 直至选定：人为选择截止面，确定拉伸截止位置，如图2－48（c）所示。

● 直至延伸部分：选择要延伸到的面，确定拉伸截止位置，若选择的面为圆弧面，软件自动计算是延伸到圆弧面的哪个部位，如图2－48（d）所示。

● 贯通：指拉伸实体将整个其他的实体特征全部贯通，如图2－48（e）所示。

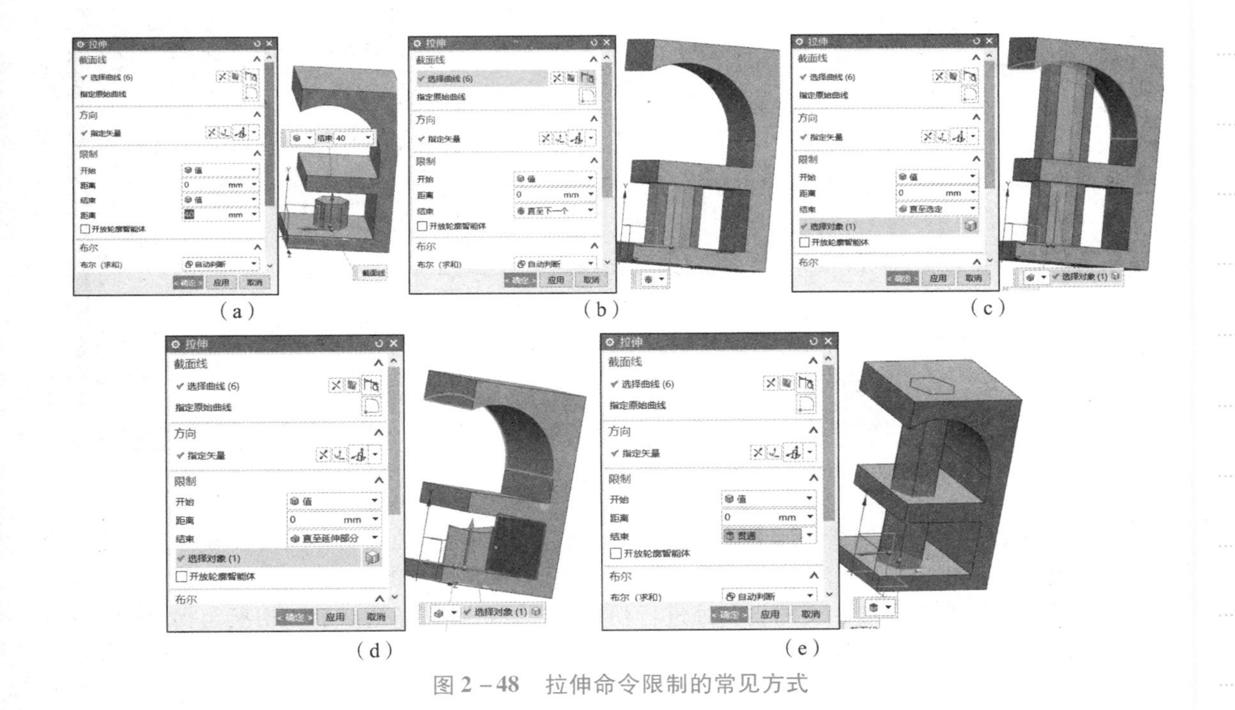

（a）　（b）　（c）　（d）　（e）

图2－48　拉伸命令限制的常见方式

学习笔记

学习笔记

- 布尔：在创建拉伸特征时，还可以与已有的实体进行布尔运算。如果当前界面只存在一个实体，选择布尔运算时，自动选中实体；若存在多个实体，则需选择进行运算的实体。
- 拔模：对拉伸实体设置拔模角度，具体如图 2－49 所示。

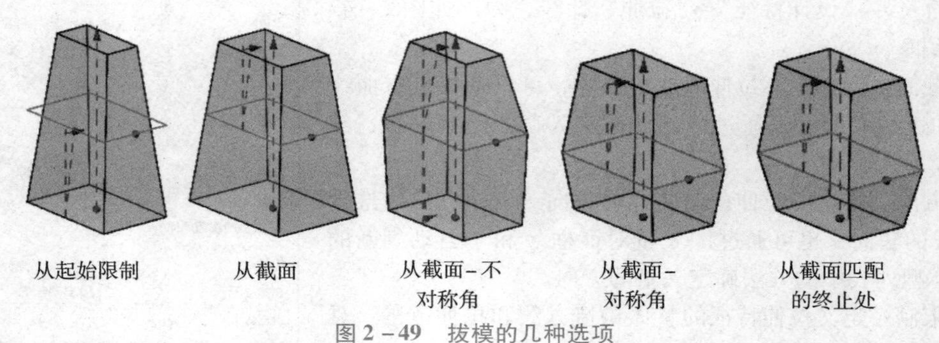

图 2－49　拔模的几种选项

- 偏置：用于设置拉伸对象在垂直于拉伸方向上的延伸。

2. 边倒圆

通过“边倒圆”命令可以使至少由两个面共享的边缘变光顺。

单击“菜单”→“插入”→“细节特征”→“边倒圆”命令，弹出如图 2－50 所示的对话框。

- 边：用于圆角边的选择与添加，以及倒角值的输入。若要对多条边进行不同圆角值的倒角处理，则单击“添加新集”按钮。列表框中列出了不同倒角的名称、值和表达式等信息，如图 2－51 所示。

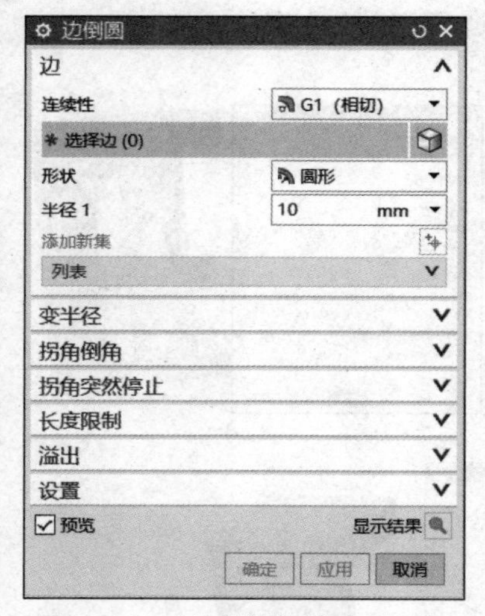

图 2－50　“边倒圆”命令对话框

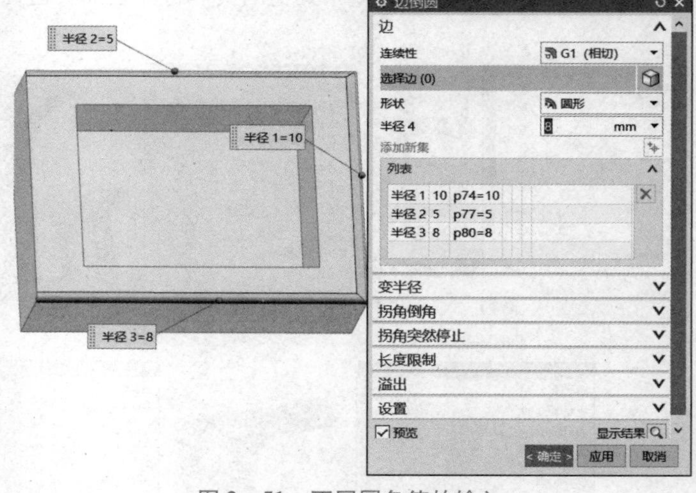

图 2－51　不同圆角值的输入

- 变半径：通过向边倒圆添加半径值唯一的点来创建可变半径圆角，当需要在一条边上添加多个半径值时，可单击需要添加的位置，输入半径值实现，如图 2－52 所示。
- 拐角倒角：在三条线相交的拐角处进行拐角处理。选择三条边线后，切换至拐角栏，选择三条线的交点，即可进行拐角处理。如图 2－53 所示。

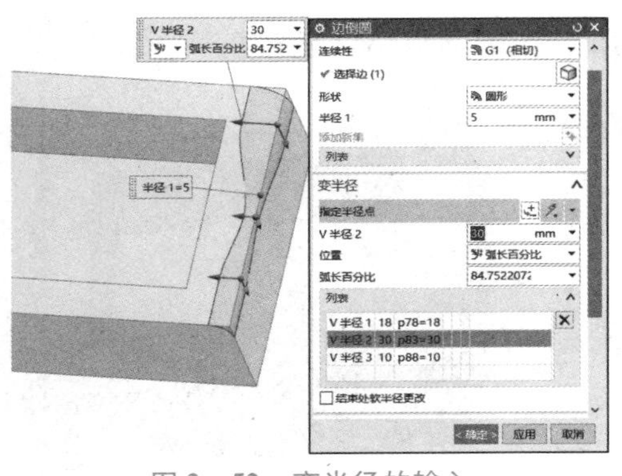

图 2－52　变半径的输入

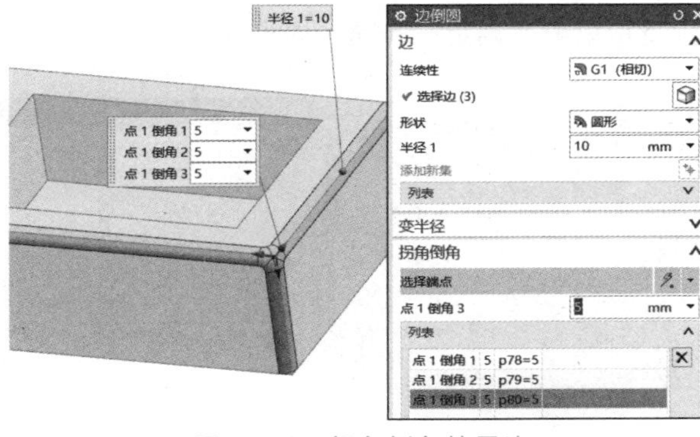

图 2－53　拐角倒角的用法

- 拐角突然停止：某点处的边倒圆在边的末端突然停止，如图 2－54 所示。

3. 倒斜角

使用“倒斜角”命令可以对面之间的锐边进行倒斜角。单击“菜单”→“插入”→“细节特征”→“倒斜角”命令，弹出如图 2－55 所示的对话框。

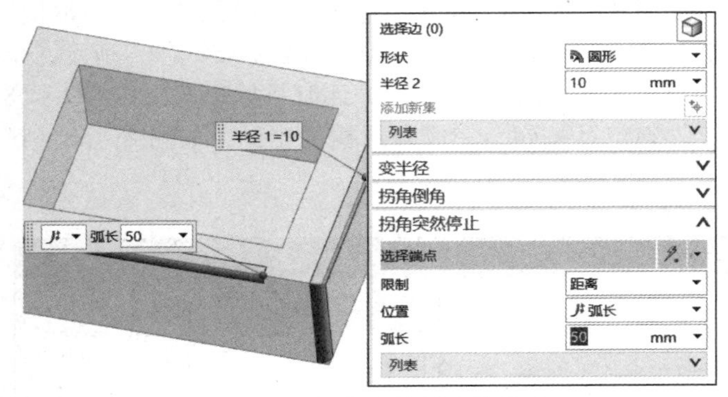

图 2－54　拐角突然停止的用法

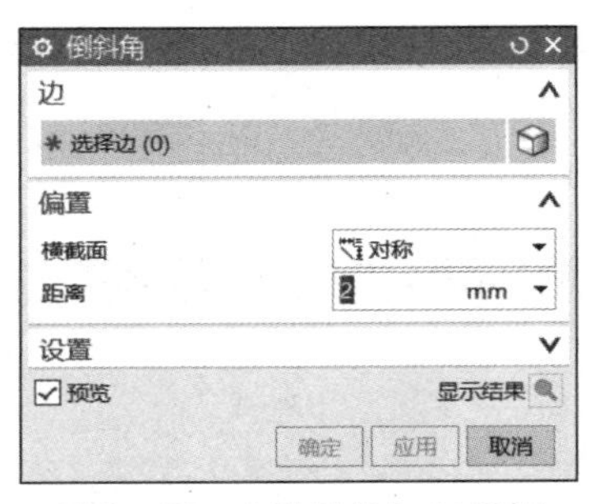

图 2－55　“倒斜角”对话框

倒斜角有三种类型：对称、非对称、偏置和角度，如图 2－56 所示。

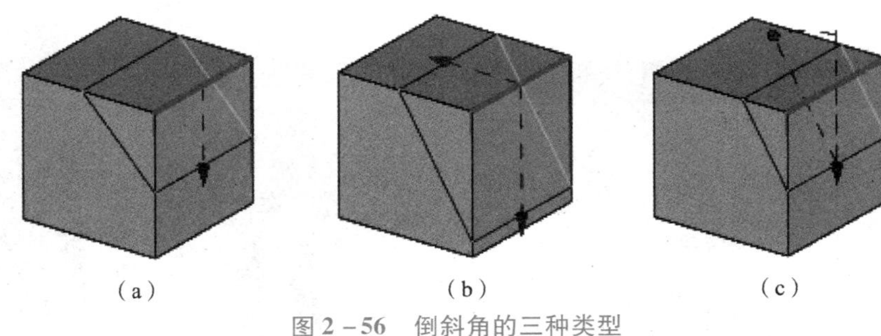

（a）　（b）　（c）

图 2－56　倒斜角的三种类型

（a）对称；（b）非对称；（c）偏置和角度

1）单击“倒斜角”命令，弹出“倒斜角”对话框，如图 2－57 所示。

2）选择拉伸体的上表面的边缘作为要倒斜角的边，并输入距离值为 10，如图 2－57（a）

学习笔记

所示。

3）单击“确定”按钮，即可创建倒斜角特征，结果如图 2－57（b）所示。

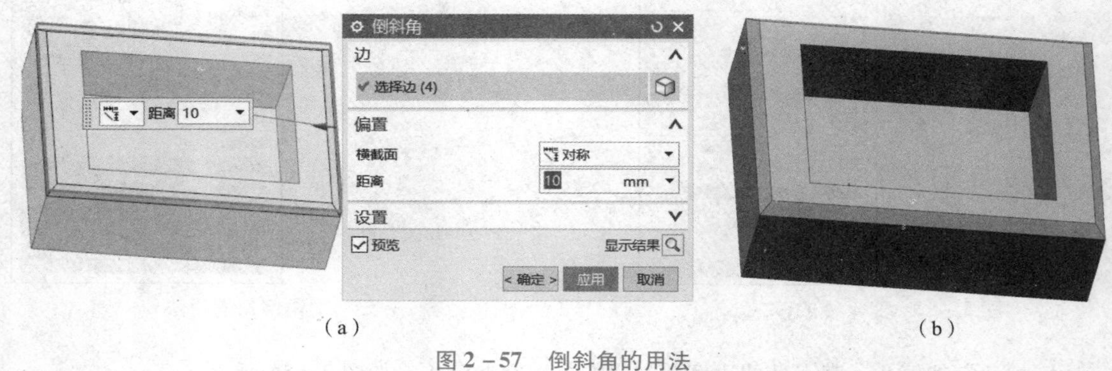

（a） （b）

图 2－57 倒斜角的用法

4．槽

将一个外部或内部槽添加到实体的圆柱形或锥形面上。

单击“菜单”→“插入”→“设计特征”→“槽”命令，弹出如图 2－58（a）所示的对话框。单击“矩形”，弹出“矩形槽”对话框，如图 2－58（b）所示。选择圆柱面，弹出“矩形槽”约束尺寸对话框，分别设置槽直径和宽度，此处分别输入 37.5 和 10，如图 2－58（c）所示，单击“确定”按钮，弹出“定位槽”对话框，如图 2－58（d）所示，此时目标边选择如图 2－58（e）所示的边，输入定位尺寸 50，单击“确定”按钮，完成矩形槽的绘制，如图 2－58（f）所示。

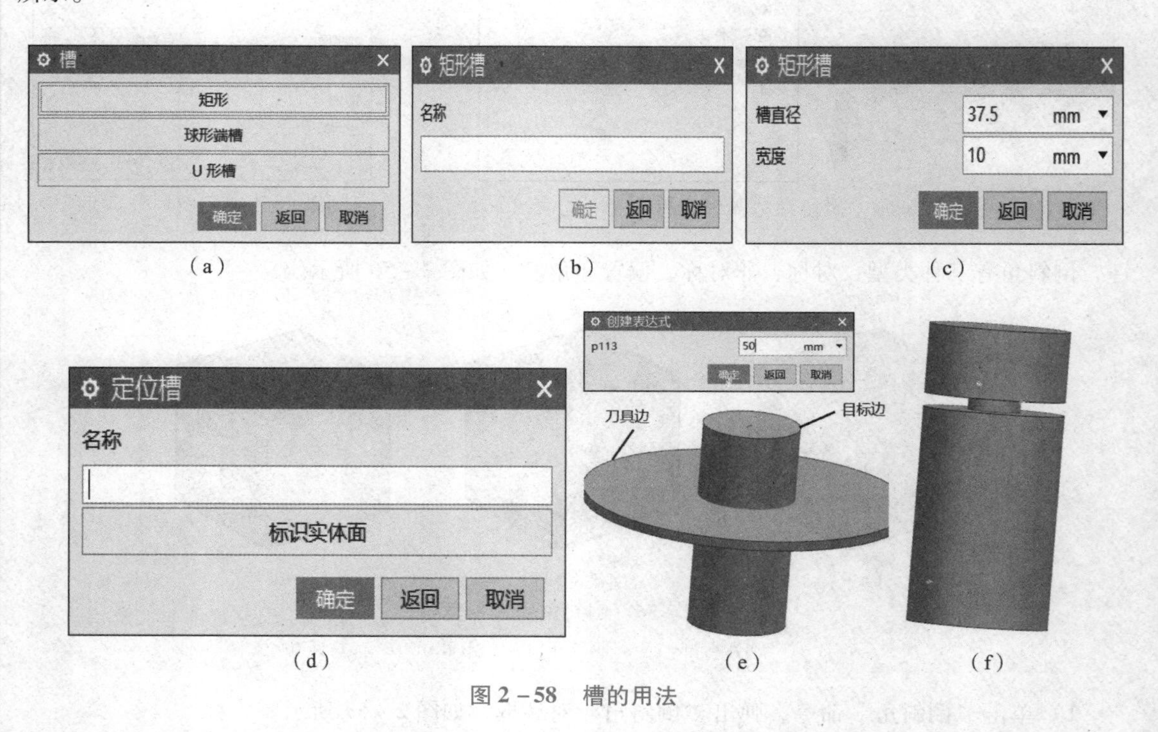

（a） （b） （c）

（d） （e） （f）

图 2－58 槽的用法

使用同样方法可绘制球形端槽和 U 形槽，此处不再赘述。

小贴士：槽命令中，放置平面只能为圆柱面或圆锥面，平面、曲面不可用。

学习笔记

2.1.2 任务实施过程

1. 绘制主传动轴的步骤

①利用拉伸命令依次绘制各段轴，分别是：ϕ45，长 82；ϕ52，长 74；ϕ45，长 82；ϕ55，长 36；ϕ60，长 58；ϕ66，长 12；ϕ55，长 21；②创建 2 个基准平面；③创建 2 个键槽；④创建挡圈槽；⑤创建圆角；⑥创建倒斜角。

2. 绘制主传动轴的详细过程

（1）新建文件

单击“新建”图标，创建一个文件名为“主传动轴.prt”的文件。

（2）创建主传动轴主体

1）单击“插入”→“设计特征”→“拉伸”命令，弹出“拉伸”命令，如图 2－59（a）所示，单击“绘制截面”图标，弹出图 2－59（b）所示对话框，单击 *XY* 平面作为草绘平面，确定进入草图绘制环境。

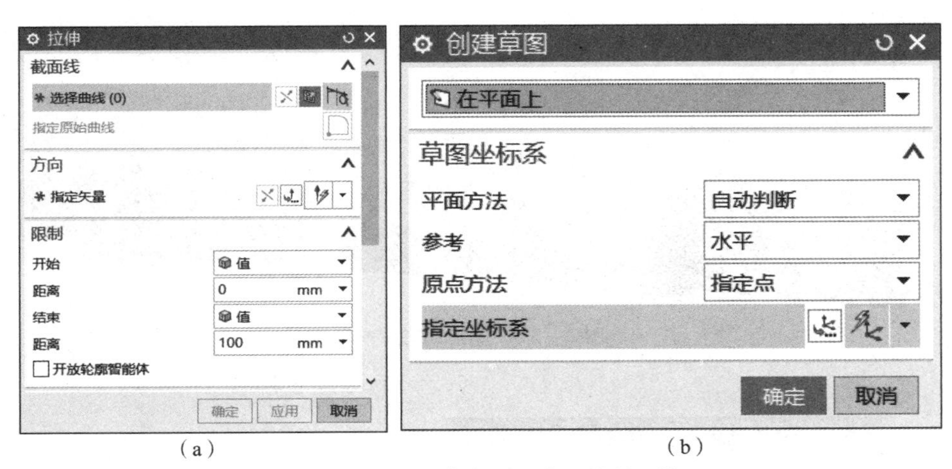

（a）（b）

图 2－59　拉伸命令进入草图绘制环境

2）利用草图命令绘制 ϕ45 圆，单击图标，输入结束距离为 82，如图 2－60 所示，单击应用完成第 1 段阶梯轴绘制，如图 2－60（b）所示。

3）重复 1）和 2），依次绘制后面的阶梯轴，注意布尔运算为“合并”，分别为 ϕ52，长 74；ϕ45，长 82；ϕ55，长 36；ϕ60，长 58；ϕ66，长 12；ϕ55，长 21。绘制完成如图 2－61 所示。

（3）创建 2 个键槽

1）单击“基准平面”命令图标“”，弹出对话框，方式选用“点和方向”，通过点选择 ϕ45 圆的象限点，法向选择“YZ”平面，单击“确定”按钮，创建基准平面，如图 2－62 所示。

2）单击“拉伸”命令，单击“基准平面 1”作为草绘平面，进入草图绘制环境，绘制键槽并约束尺寸和位置，如图 2－63（a）所示；单击“完成”按钮，输入数值 5.5，布尔运算为“减去”，单击“确定”按钮，如图 2－63（b）所示。

3）重复步骤 1）和 2），分别创建基准平面 2 和键槽 2，如图 2－64 所示。

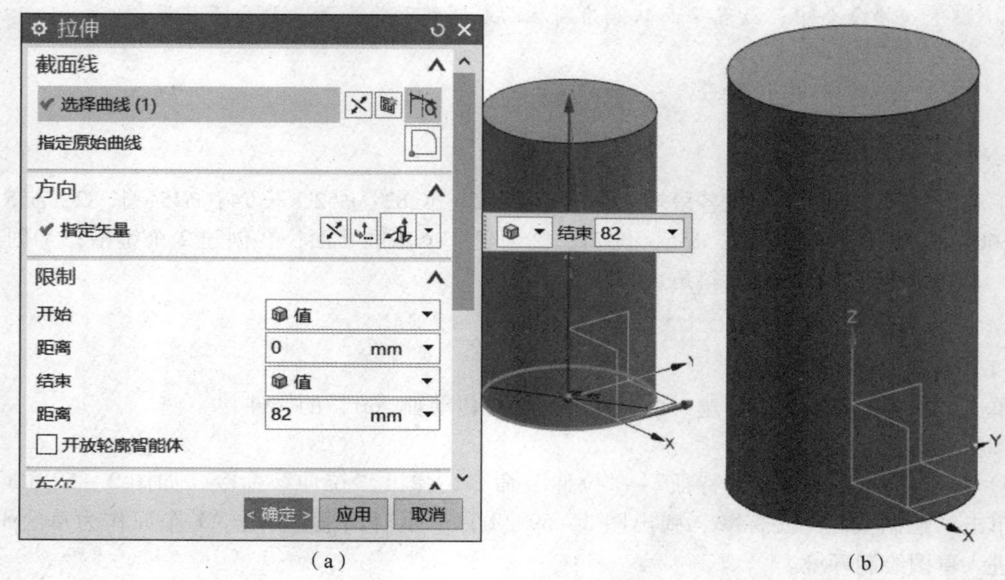

（a）　　　　　　　　　　　　　　　　（b）

图 2－60　绘制第 1 段阶梯轴

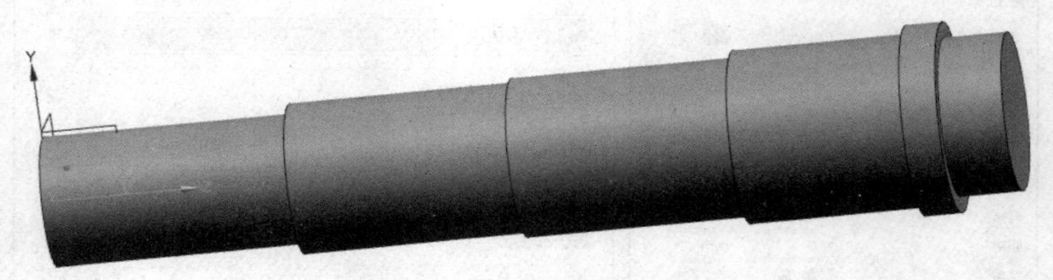

图 2－61　主传动轴主体

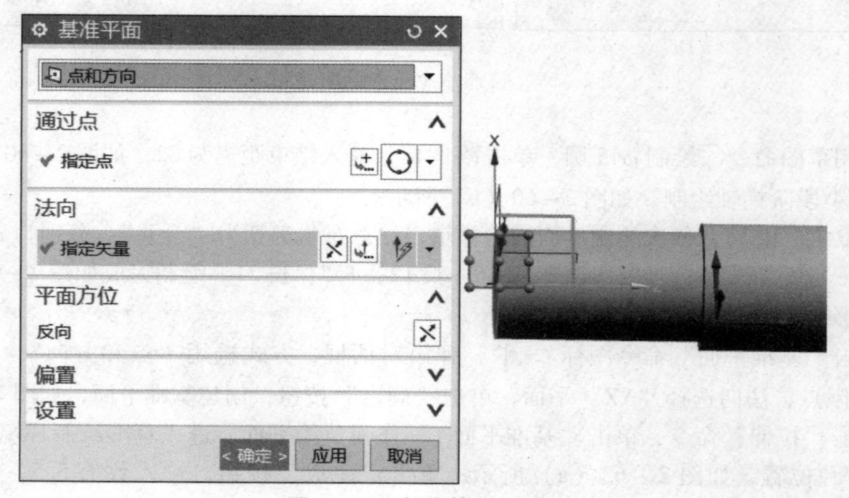

图 2－62　创建基准平面 1

学习笔记

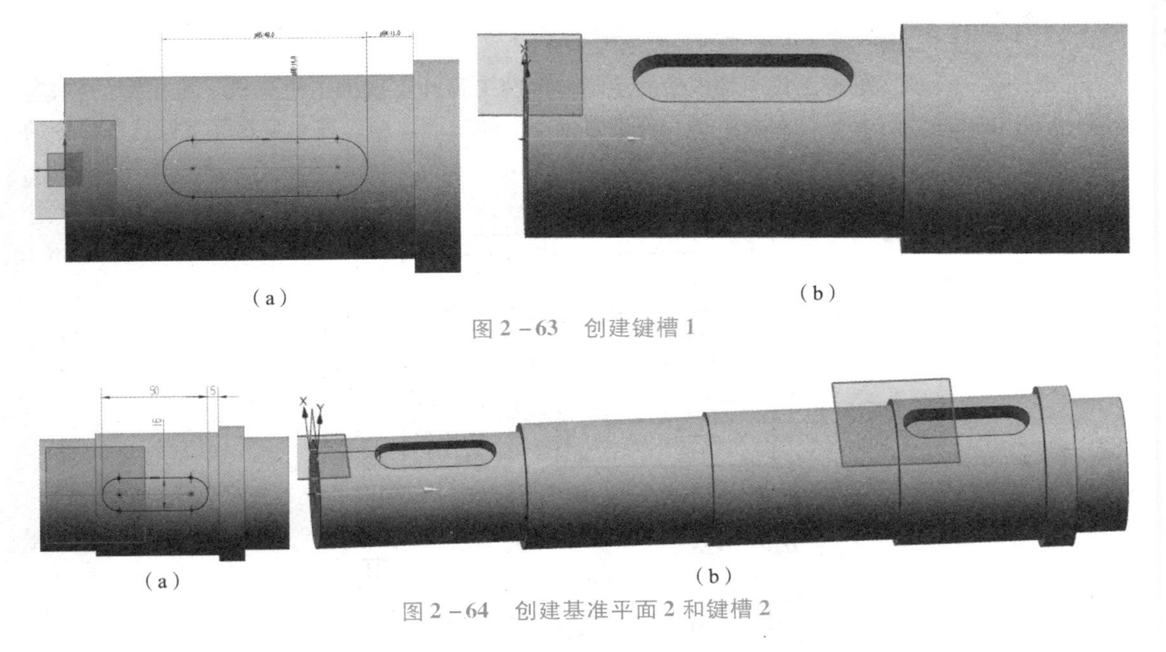

(a)　　　　　　　　(b)

图 2－63　创建键槽 1

(a)　　　　　　　　(b)

图 2－64　创建基准平面 2 和键槽 2

(4) 创建 1 个挡圈槽

单击“插入”→“设计特征”→“槽”命令，弹出如图 2－65（a）所示对话框，选择矩形槽，圆柱面选择 $\phi45$ 面，槽直径为 $\phi40$，宽度为 1.8，定位尺寸为 10，挡圈槽如图 2－65（b）所示。

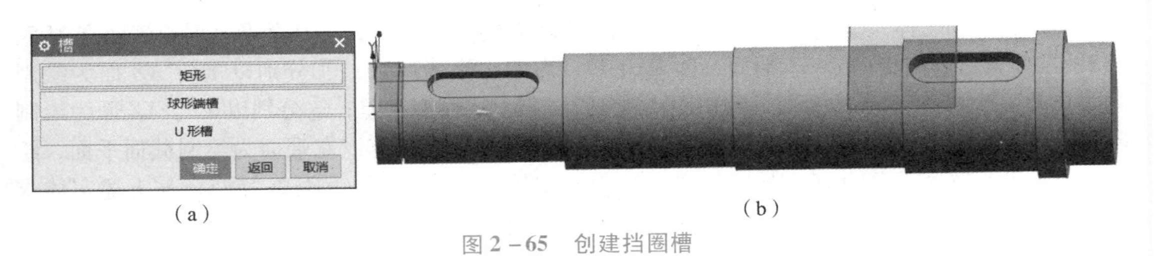

(a)　　　　　　　　(b)

图 2－65　创建挡圈槽

(5) 绘制 $R1$ 圆角（5 处）和 $R1.5$ 圆角

(6) 绘制 $C2$ 斜角

单击“插入”→“细节特征”→“倒斜角”命令，弹出如图 2－66（a）所示对话框，选择“对称”，输入距离为 2，单击轴两端的边线，完成倒斜角的主动轴如图 2－66（b）所示。

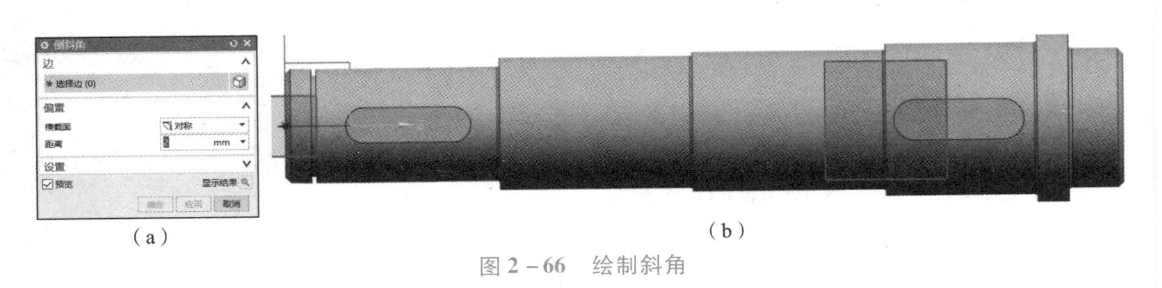

(a)　　　　　　　　(b)

图 2－66　绘制斜角

学习笔记

2.1.3 任务拓展实例（推土机半轴的绘制）

完成图 2-67 所示的推土机半轴模型的绘制，帮助工程师实现推土机整机三维模型的创建。该案例应用的命令有拉伸、倒斜角、槽、基准平面等。通过该案例，进一步熟练掌握这些命令的使用。

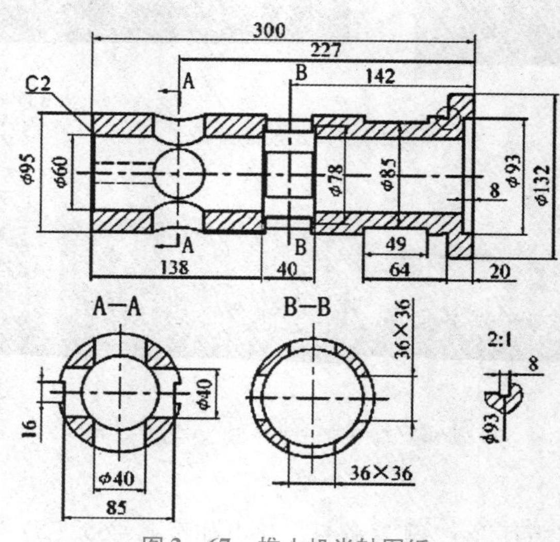

图 2-67 推土机半轴图纸

1. 推土机半轴绘制思路

①绘制半轴主体；②建立基准平面，与 ϕ132 端面的距离为 84；③从基准平面位置建立 ϕ95、ϕ85，拉伸矢量方向指向 ϕ132 端面，距离为 49，布尔运算为减去；④分别以 *YZ*、*XZ* 面为绘制截面平面，绘制 36×36 的矩形，约束距离为 142，与上述模型求差；⑤分别以 *YZ*、*XZ* 面为绘制截面平面，绘制 ϕ40 圆弧，约束距离为 227，与上述模型求差；⑥以左端面为绘制截面平面，绘制两个矩形，宽度设置为 16，长度任意（要超过实体的边缘），约束距离为 85，与上述实体求差；⑦绘制槽，约束尺寸为 ϕ93 和 8，并约束定位尺寸；⑧倒斜角 *C*2。

2. 绘制步骤

绘制步骤简表

绘制过程

2.1.4 任务加强练习

1. 建立如图 2-68 所示曲轴的三维模型。
2. 建立如图 2-69 所示传动轴的三维模型。

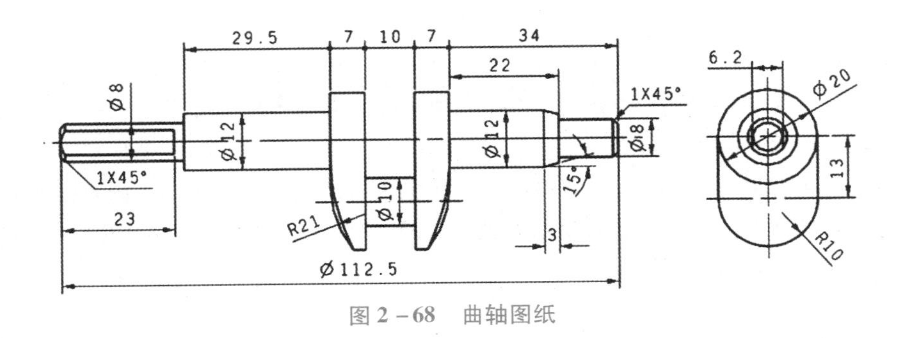

图 2－68　曲轴图纸

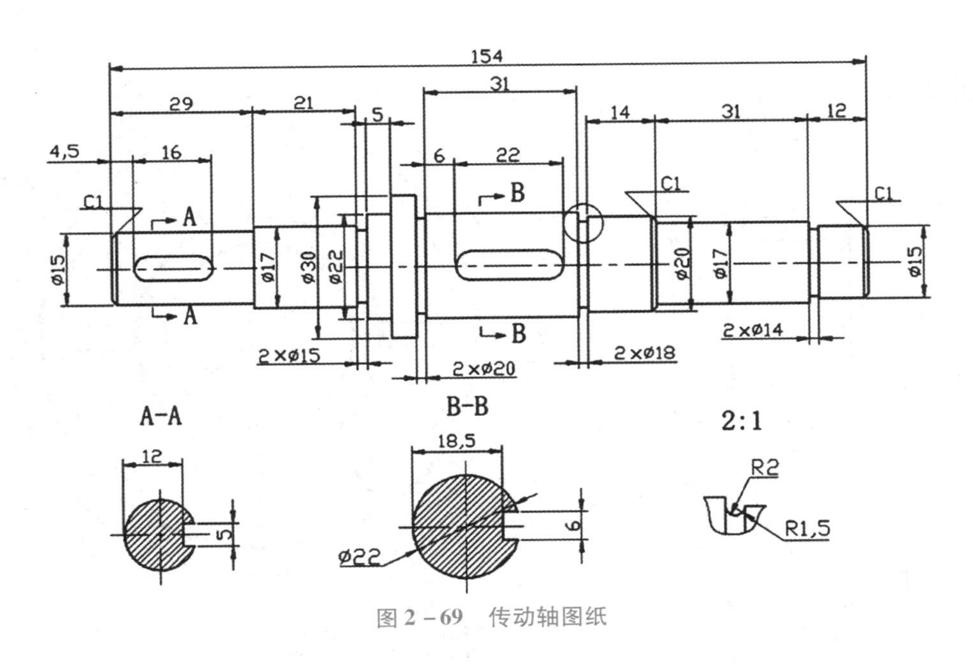

图 2－69　传动轴图纸

学习笔记

思考与练习

小贴士：绘制轴类件时，首先要分析轴类件在整个机器中的位置、起到的作用，并且绘制过程要符合 UG 软件的特点，草图尺寸标注要符合国标要求。拿到图纸时，要采用多种方法和多种步骤绘制此模型，通过不断绘制，熟悉和掌握命令的区别与联系，提升绘图速度，开拓设计思路。

1. NX 12.0 布尔运算有哪几类？

2. 移除参数是否可逆？通常用于什么场合？

3. 是否只有拉伸命令才能完成轴类主体模型的绘制？（头脑风暴题）

学习笔记

任务2 盘盖类零件实体建模

某机加工车间需用 UG NX 中 CAM 模块编制主轴承盖的加工程序，用来确定加工时所用的刀具，以及走刀路线是否合理，因此需绘制主轴承盖的三维模型，再进入 CAM 模块进行程序编制。主传动轴的二维图纸如图 2 - 70 所示。

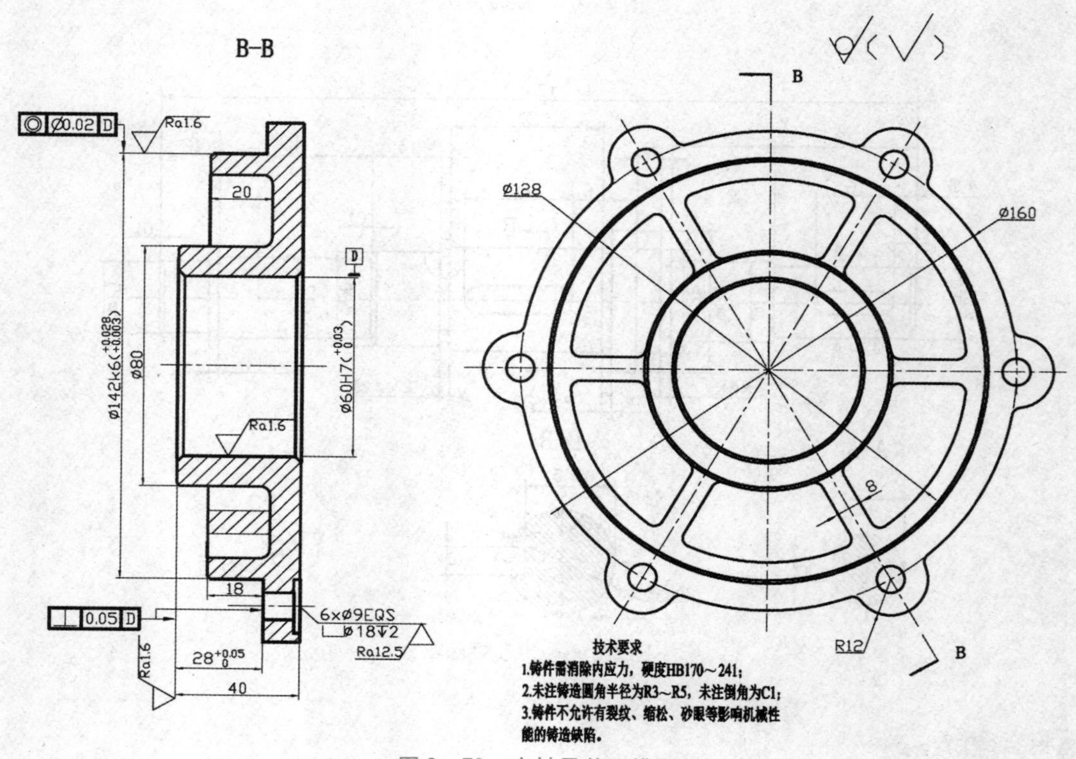

图 2 - 70 主轴承盖二维图

2.2.1 知识链接

一、同步建模

UG NX 提供了方便、独特的同步建模技术，使设计人员能够快速地修改模型，不管这些模型来自哪里，也不管创建这些模型时所使用的技术如何；不管是 UG NX 中的参数化模型还是移除参数之后的非参数化模型，甚至是从其他 CAD 软件中导入的模型。

同步建模命令的调用方式如下：单击“菜单”→“插入”→“同步建模”命令，弹出如图 2 - 71 所示对话框。常用的同步建模命令有移动面、偏置区域、替换面、删除面等。

1. 移动面

移动一组面并调整要适应的相邻面。单击“插入”→“同步建模”→“移动面”命令，弹出如图 2 - 72（a）所示的对话框。

“选择面”选项卡中，单击要移动的面，此处选择模型的左侧面，如图 2 - 72（b）所示；在

学习笔记

“变换”选项区域中，“运动”方式有距离 - 角度、距离、角度、点到点等多种选项，此处选择“距离 - 角度”。

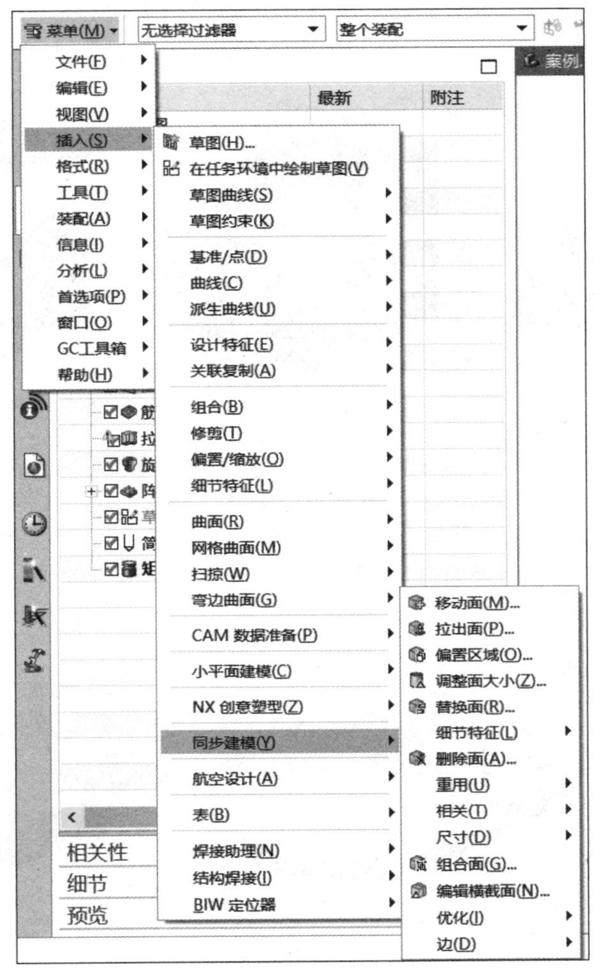

图 2 - 71　同步建模命令的调用

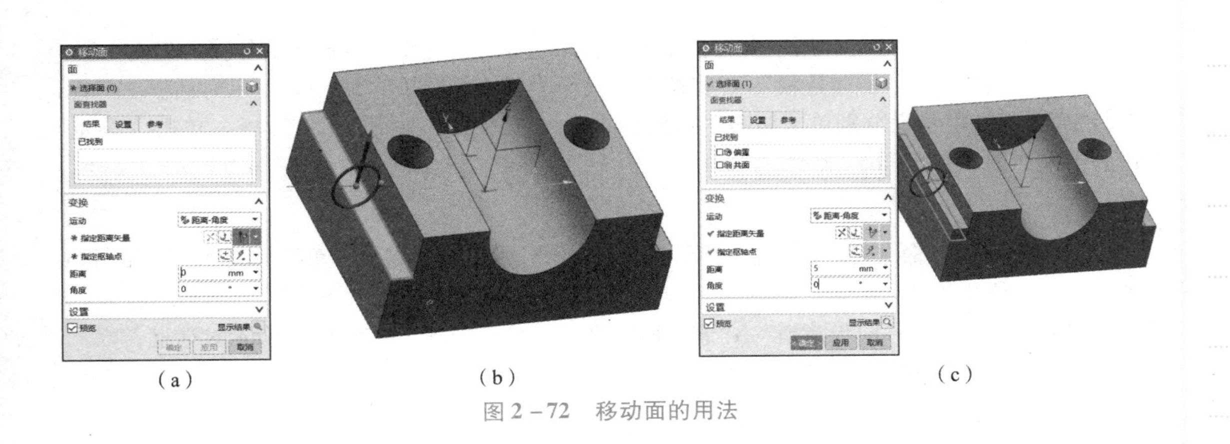

(a)　(b)　(c)

图 2 - 72　移动面的用法

2. 偏置区域

通过“偏置区域”命令可以在单个步骤中偏置一组面或整体，并重新生成相邻圆角。

“偏置区域”在很多情况下和“特征”工具条中的“偏置面”效果相同，但碰到圆角时会有所不同，如图 2－73 所示。

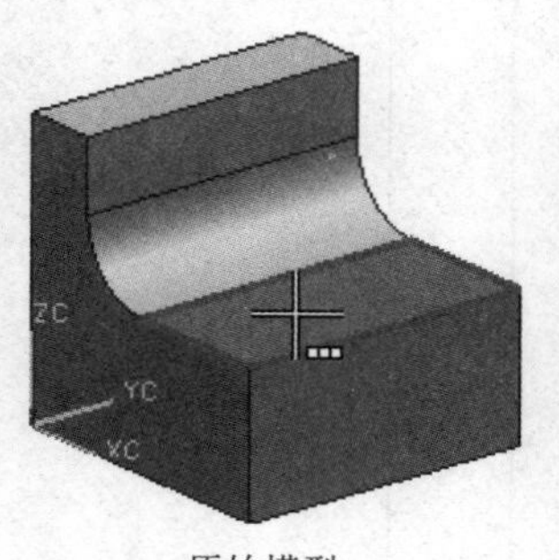

原始模型

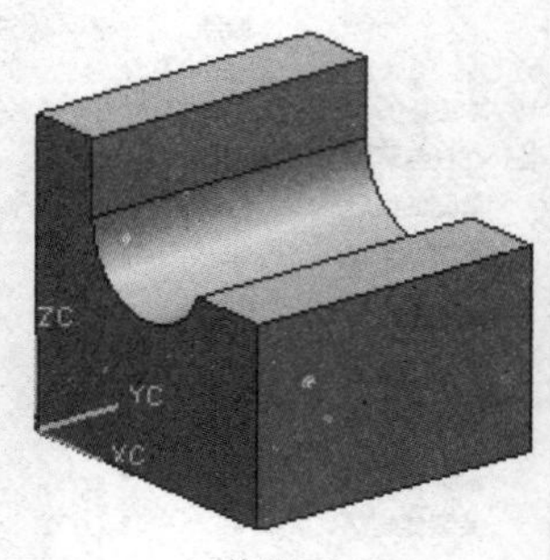

偏置面

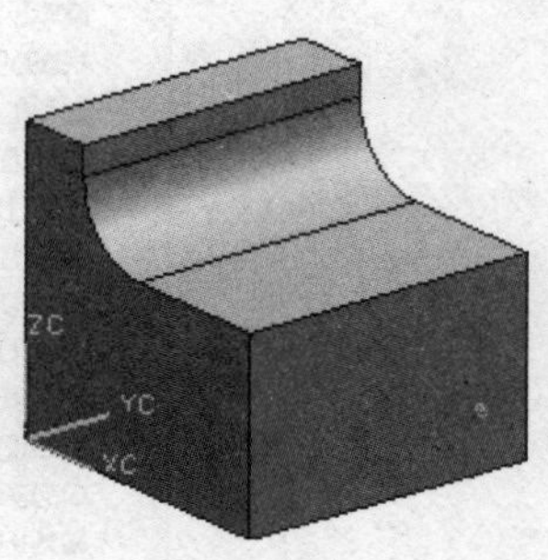

偏置区域

图 2－73　偏置区域与偏置面的区别

1）单击“插入”→“同步建模”→“偏置区域”命令，弹出如图 2－74（a）所示对话框。

2）选择模型所示的三个面，并输入偏置距离为 2，如图 2－74（b）所示。

3）单击“确定”按钮，结果如图 2－74（c）所示。

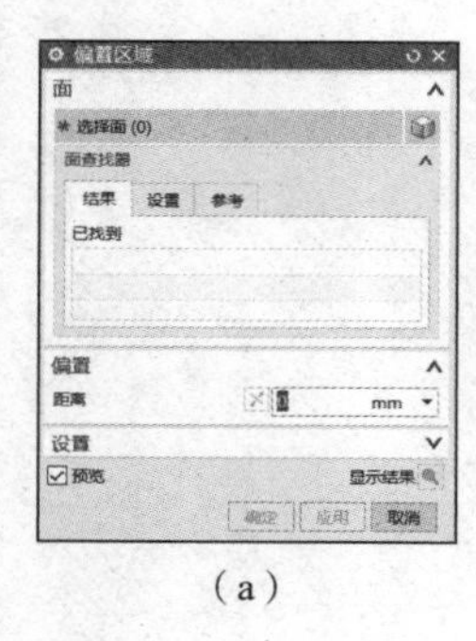

（a）

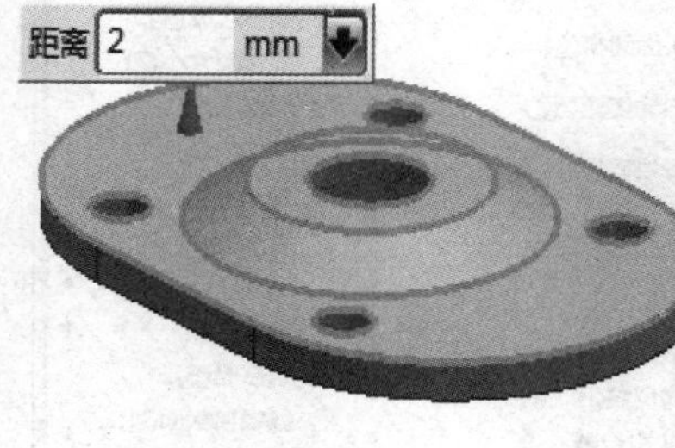

（b）

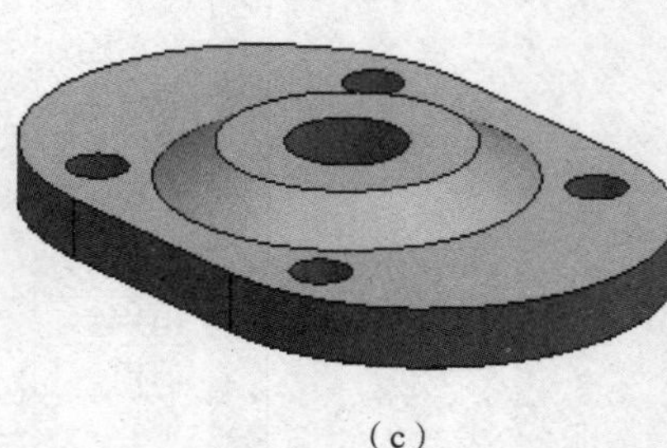

（c）

图 2－74　偏置区域的用法

3. 替换面

使用“替换面”命令可以用一个或多个面代替一组面，并能重新生成光滑邻接的表面。

1）单击“插入”→“同步建模”→“替换面”命令，弹出如图 2－75（a）所示对话框。

2）原始面和替换面分别单击如图 2－75（b）中的两个面，输入距离值为 0，单击“确定”按钮，结果如图 2－75（c）所示。

4. 删除面

使用“删除面”命令可删除面，并可以通过延伸相邻面自动修复模型中删除面留下的开放区域，还能保留相邻圆角。

1）单击“插入”→“同步建模”→“删除面”命令，弹出如图 2－76（a）所示对话框。

2）在“类型”下拉列表中选择“面”。

3）如图 2－76（b）所示，选择筋板上相邻的三个面。

4）单击“确定”按钮，结果图 2－76（c）所示。

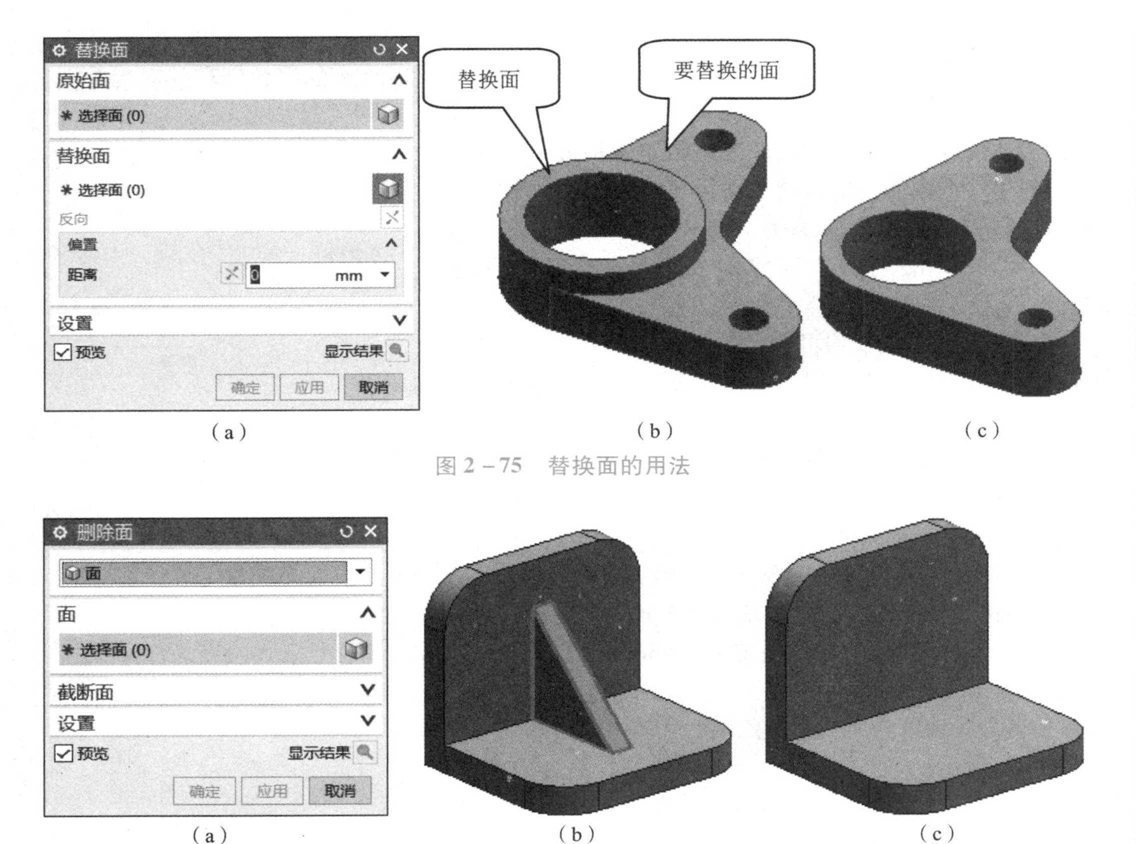

(a)　　(b)　　(c)

图 2－75　替换面的用法

(a)　　(b)　　(c)

图 2－76　删除面的用法

5. 调整面大小

使用“调整面大小”命令可以改变圆角面的半径，改变圆角大小不能改变实体的拓扑结构，也就是不能多面或者少面，并且半径必须大于0。

需要注意的是，选择的圆角面必须是通过圆角命令创建的，如果系统无法辨别曲面是圆角，将创建失败。

1）单击“插入”→“同步建模”→“调整面的大小”命令，弹出如图2－77（a）所示对话框。

2）如图2－77（b）所示，选择圆角面，系统自动显示其半径为7.5，将其改为10。

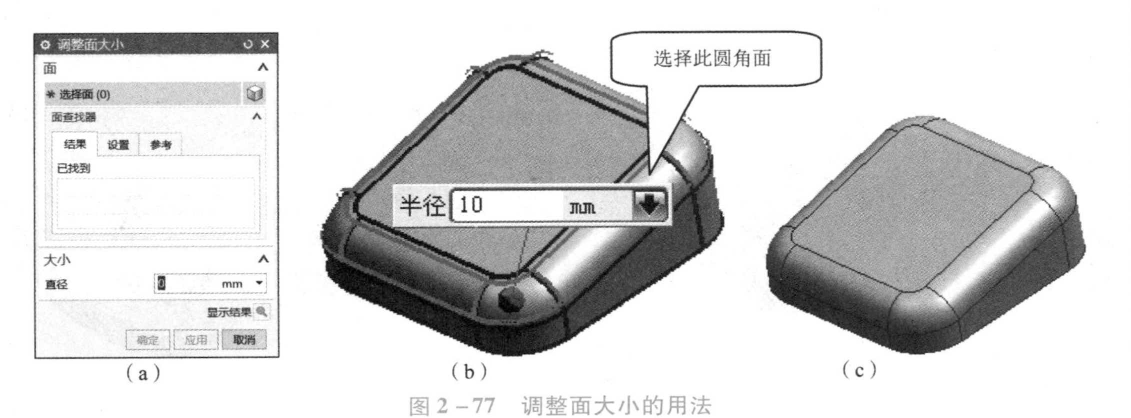

(a)　　(b)　　(c)

图 2－77　调整面大小的用法

学习笔记

二、实体建模常用命令的用法与技巧

1. 旋转

使用“旋转”可以使截面曲线绕指定轴回转一个非零角度来创建一个特征。旋转命令适用于特征在圆周方向上具有一定规律性的零件。单击“特征”工具条上的“旋转”命令，或单击“插入”→“设计特征”→“旋转”，弹出如图 2－78 所示对话框。

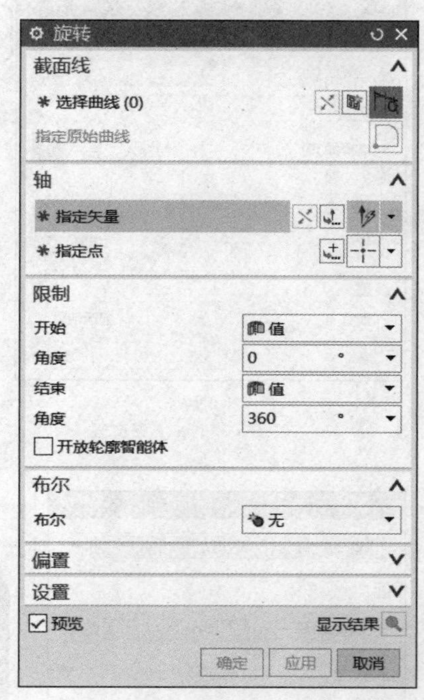

图 2－78　旋转命令对话框

- 截面线：截面曲线可以是基本曲线、草图、实体或片体的边，可以封闭也可以不封闭。截面曲线必须全部在旋转轴的一边，不能自相交。
- 轴：指定旋转轴和旋转中心点。

其他选项与“拉伸”命令选项较类似，不再赘述。

1）单击“旋转”命令，单击绘制截面，选择 *XY* 面，进入草图环境，绘制如图 2－79（a）所示截面。

2）单击完成草图，指定矢量选择 *Y* 轴，指定点选择坐标原点，开始角度为 0°，结束角度为 360°，如图 2－79（b）所示。

3）若开始角度为 90°，结束角度为 200°，则结果如图 2－79（c）所示。

4）此时若指定矢量选择 *X* 轴，则结果如图 2－79（d）所示。

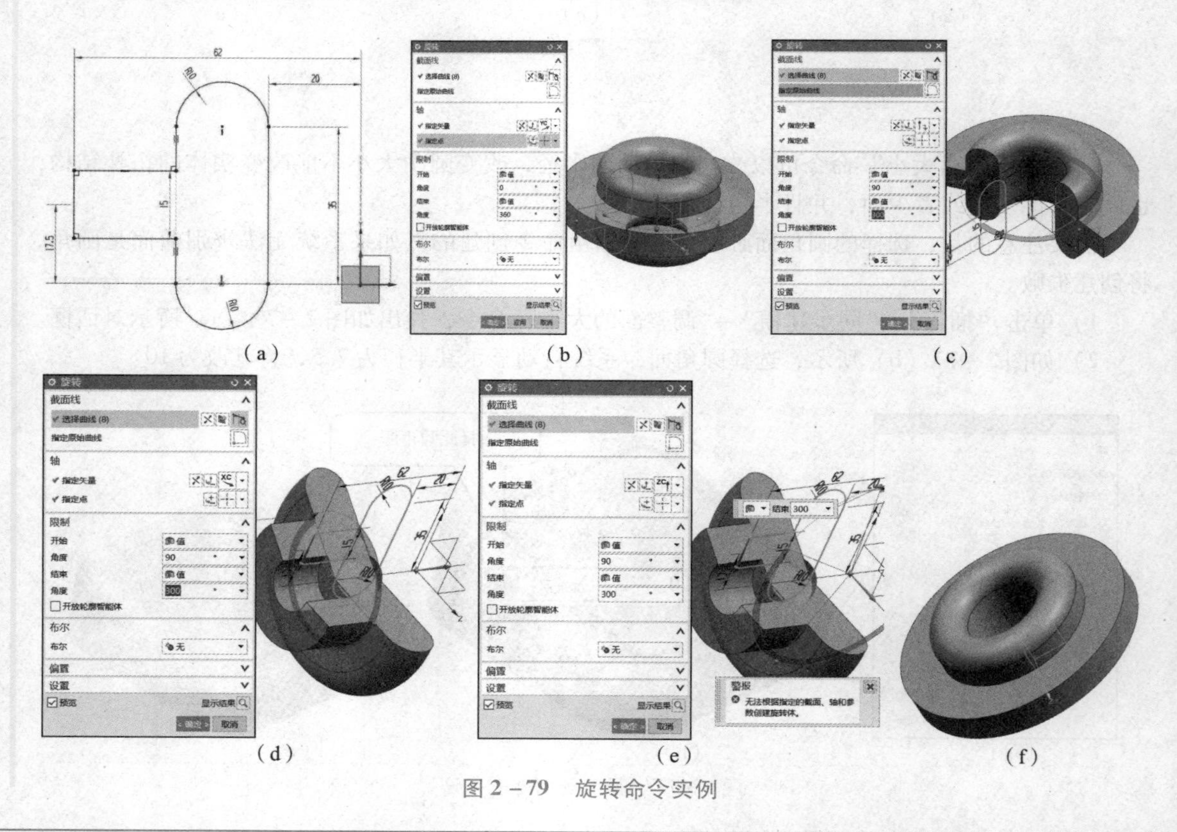

（a）　（b）　（c）

（d）　（e）　（f）

图 2－79　旋转命令实例

5）此时若指定矢量选择 Z 轴，则会提示错误，结果如图 2－79（e）所示。

6）矢量选择 Y 轴，开始角度为0°，结束角度为360°，结果如图 2－79（f）所示。

学习笔记

小贴士：使用“旋转”命令时，可以选择零件自身的曲线作为旋转轴，设计者根据自身设计习惯定制快捷键，可快速调用命令，大大提升建模效率。

2. 孔

通过“孔”命令可以在部件或装配中添加以下类型的孔：

- 常规孔（简单、沉头、埋头或锥孔）；
- 钻形孔；
- 螺钉间隙孔（简单、沉头或埋头）；
- 螺纹孔；
- 孔系列（部件或装配中一系列多形状、多目标体、对齐的孔）。

单击“特征”工具条上的“孔”命令，或单击“菜单”→“插入”→“设计特征”→“孔”，弹出如图 2－80 所示对话框。各选项的含义如下：

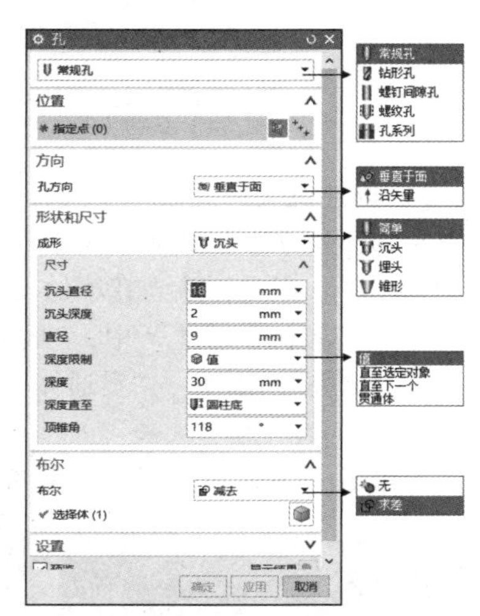

图 2－80　“孔”对话框

- 类型：孔的种类，包括常规孔、钻形孔、螺钉间隙孔、螺纹孔和孔系列。
- 位置：孔的中心点位置，可以通过草绘或选择参考点的方式来确定。
- 方向：孔的生成方向，包括垂直于面和沿矢量两种指定方法。
- 成形：孔的内部形状，包括简单孔、沉头孔、埋头孔及锥形孔等形状，如图 2－81 所示。

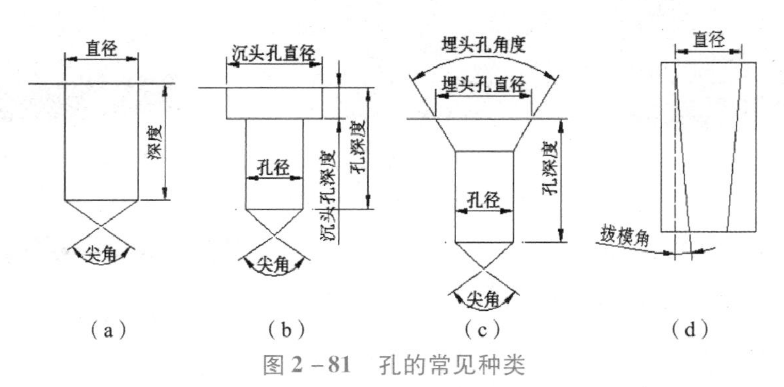

图 2－81　孔的常见种类

（a）简单孔；（b）沉头孔；（c）埋头孔；（d）锥形孔

1）单击“孔”命令，打开“孔”对话框。

2）创建简单通孔。

①在“类型”下拉列表中选择“常规孔”。

②如图 2－82（a）所示，选择圆台圆弧中心。

③“方向”：垂直于面；“形状和尺寸”：简单孔；“直径”：16；“深度限制”：“贯通体”。

④“布尔”：“减去”，系统自动选中现有模型。

⑤单击“应用”按钮，结果如图 2－82（b）所示。

学习笔记

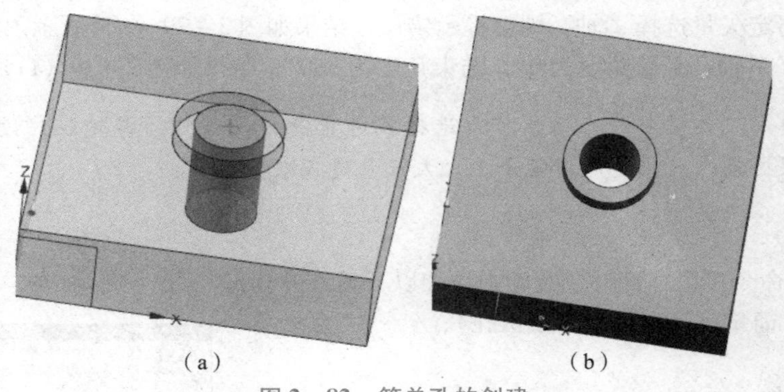

（a）　　　　　　　　　　　　（b）

图 2－82　简单孔的创建

3）创建沉头通孔。

①选择长方体上端面，如图 2－83（a）所示，系统自动进入草图环境，并弹出“点”对话框。

②绘制一个点，并为其添加尺寸约束，如图 2－83（b）所示，退出草图环境。

③在“形状和尺寸”中，“成形”：“沉头孔”；“沉头孔直径”：22；“沉头孔深度”：5；“直径”：20；“深度限制”：“贯通体”。

④“布尔”为“减去”。

⑤单击“确定”按钮，结果如图 2－83（c）所示。

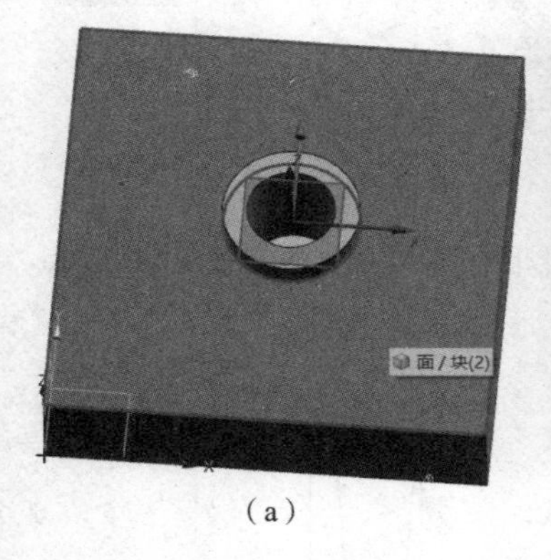

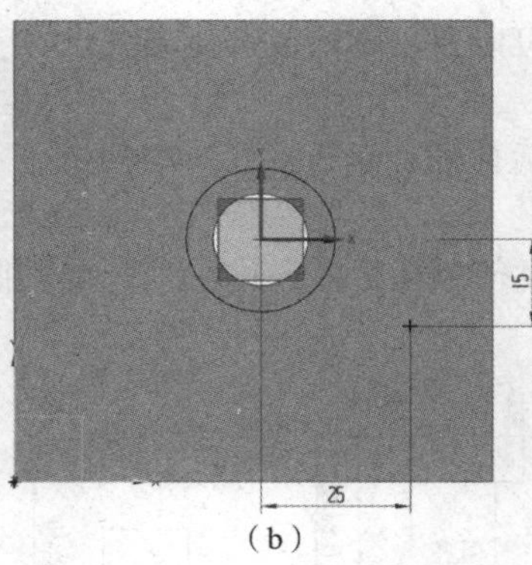

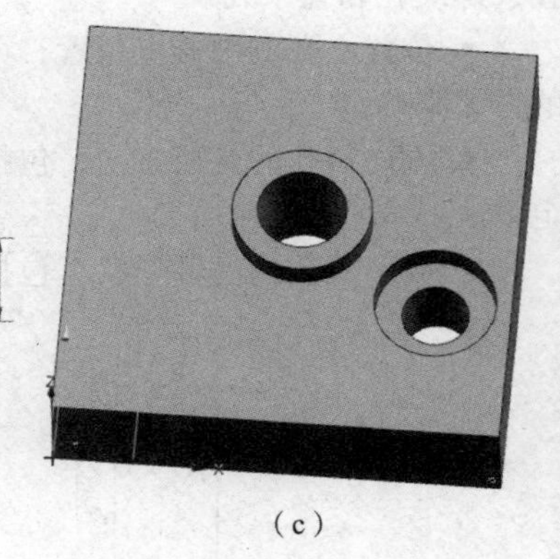

（a）　　　　　　　　（b）　　　　　　　　（c）

图 2－83　沉头孔的创建

3. 凸起

使用“凸起”命令可以在模型上添加具有一定高度的圆柱形状，其侧面可以是直的或拔模的。单击“插入”→“设计特征”→“凸起”，弹出如图 2－84 所示对话框。

图 2－84　“凸起”命令对话框

• 截面线：一般为现有的草绘图形或是选择草绘面进行草绘图形，形状可以是矩形、圆形或其他不规则图形，但必须是封闭的；并且截面线要处于实体的外侧；如图 2－85（a）所示，选择草图中的矩形截面，此处角度输入 5。

• 要凸起的面：指打算求和的实体表面，平面或曲面均可。选择实体的上表面，如图 2－85（b）所示，单

学习笔记

击“确定”按钮，如图 2－85（c）所示。

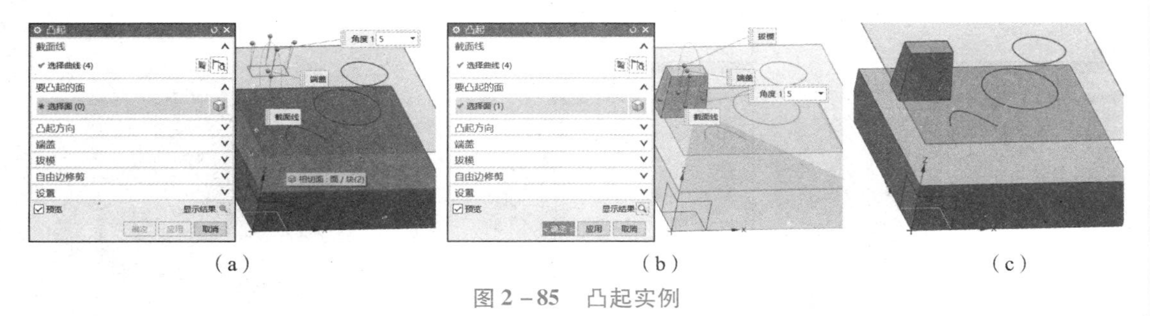

（a）　　（b）　　（c）

图 2－85　凸起实例

4. 阵列特征

可将特征复制到许多阵列或布局中，并且有对应阵列边界、实例方位、旋转和变化的各种选项。单击“插入”→“关联复制”→“阵列特征”，弹出如图 2－86 所示对话框。

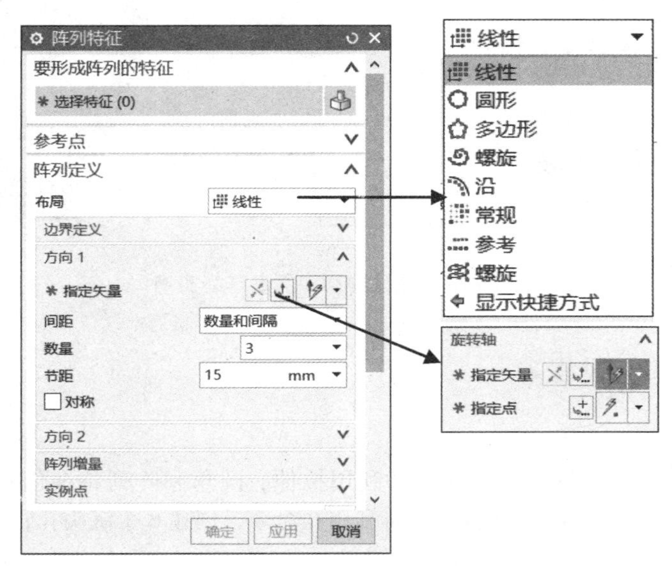

图 2－86　“阵列特征”对话框

- 选择特征：指要形成的阵列特征，可以为任何实体。
- 阵列定义：“布局”指要阵列的对象布局形式，有线性、圆形、多边形、螺旋等。
- 方向 1：此时用于线性阵列。

1）单击“阵列特征”命令，打开命令对话框。

2）创建线性阵列。

①选择“圆台”，“布局”选择“线性”，如图 2－87（a）所示。

②方向 1 选择 X 轴，“间距”：数量和间隔；“数量”3；“节距”15。方向 2 选择 Y 轴，“间距”：数量和间隔；“数量”4；“节距”20。如图 2－87（b）所示。

③单击“应用”按钮，结果如图 2－87（c）所示。

3）创建圆形阵列。

①选择“圆柱”，“布局”选择“圆形”，如图 2－87（d）所示。

②“指定矢量”：面的法向；“指定点”：圆的中心；“间距”：数量和跨距；“数量”8；“距

角”360°。如图2-87（e）所示。

③单击“确定”按钮，如图2-87（f）所示。

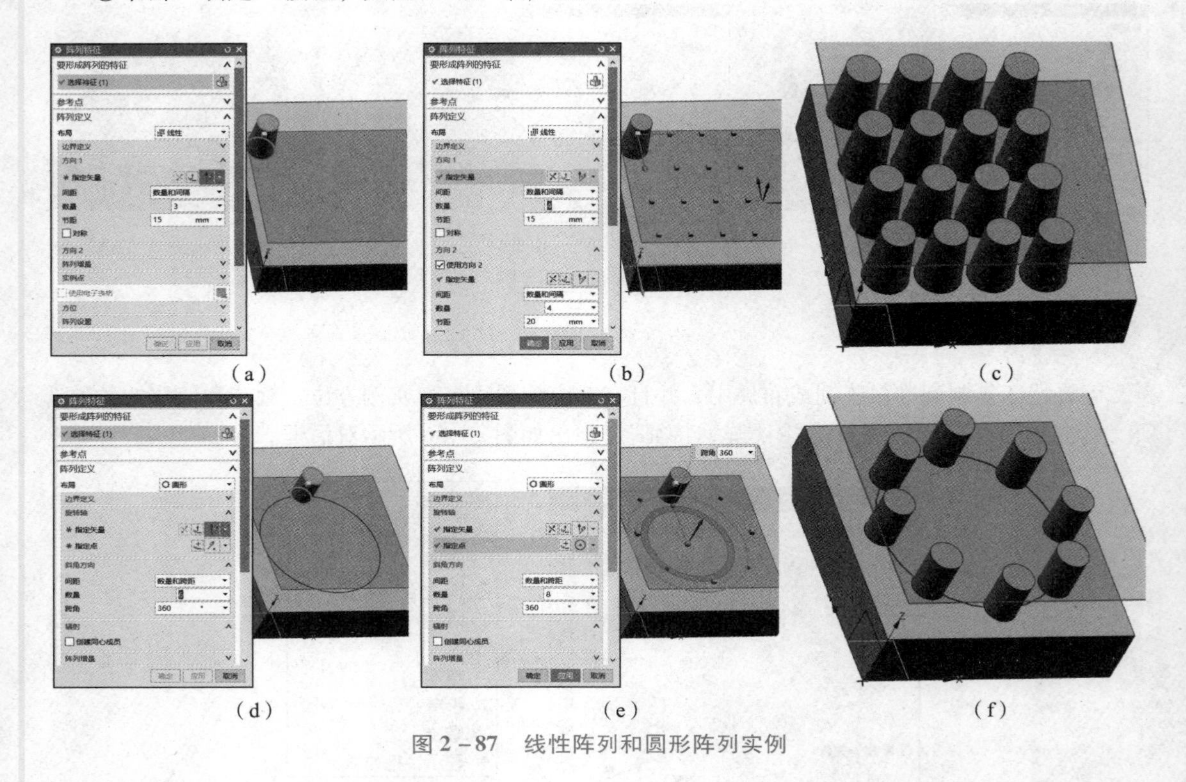

图2-87　线性阵列和圆形阵列实例

2.2.2　任务实施过程

1. 绘制主轴承盖的步骤

①利用旋转命令，绘制轴承盖主体；②利用拉伸、圆角和阵列特征创建中间6个减重口；③利用拉伸命令，创建四周6×R12特征；④利用孔命令，创建6个沉头孔；⑤倒圆角和斜角。

2. 绘制主轴承盖的详细过程

1）新建文件。

单击“新建”图标，创建一个文件名为“主轴承盖.prt”的文件。

2）创建主轴承盖主体。

1）单击“旋转”命令，弹出如图2-88（a）所示对话框，单击“绘制截面”图标，弹出图2-88（b）所示对话框，单击XY平面作为草绘平面，确定进入草图环境。

2）绘制如图2-89（a）所示的截面，矢量选择X轴，点为坐标原点，开始为0°，结束为360°，如图2-89（b）所示，单击“确定”按钮完成。

3）利用“拉伸”命令绘制如图2-90（a）所示截面，深度为20；进行倒圆角并绕圆心阵列，得到如图2-90（b）所示减重口。

4）创建6×R12特征。

进入“拉伸”命令，绘制如图2-91（a）所示的6×R12截面，单击“确定”按钮，值为12，布尔运行为求和，单击“确定”按钮，如图2-91（b）所示。

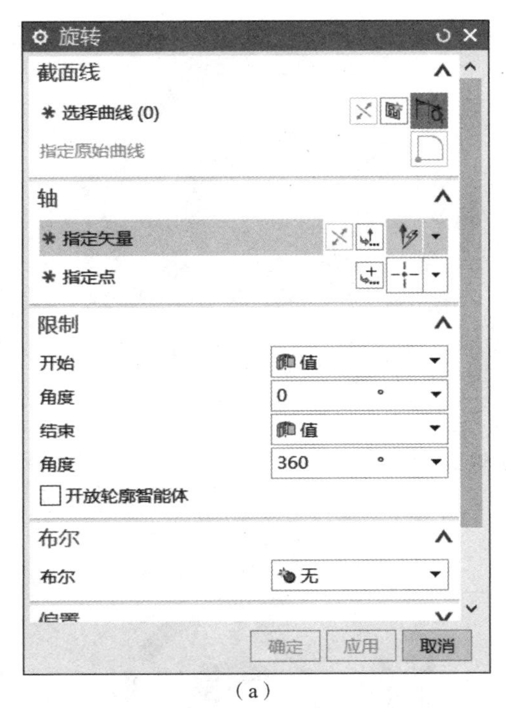

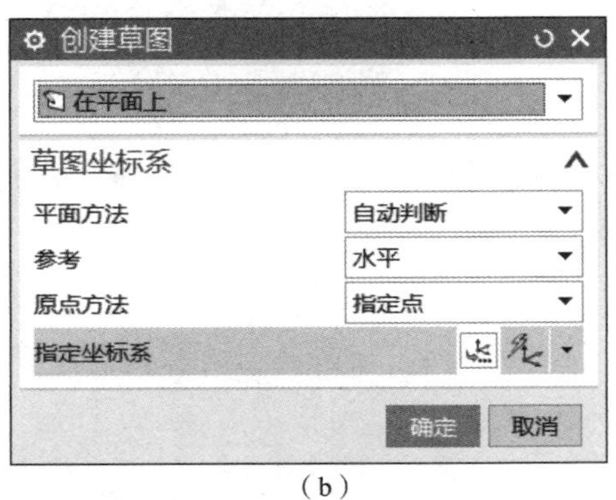

（a）　　　　　　　　　　　　　　（b）

图 2－88　使用“旋转”命令进入草图绘制环境

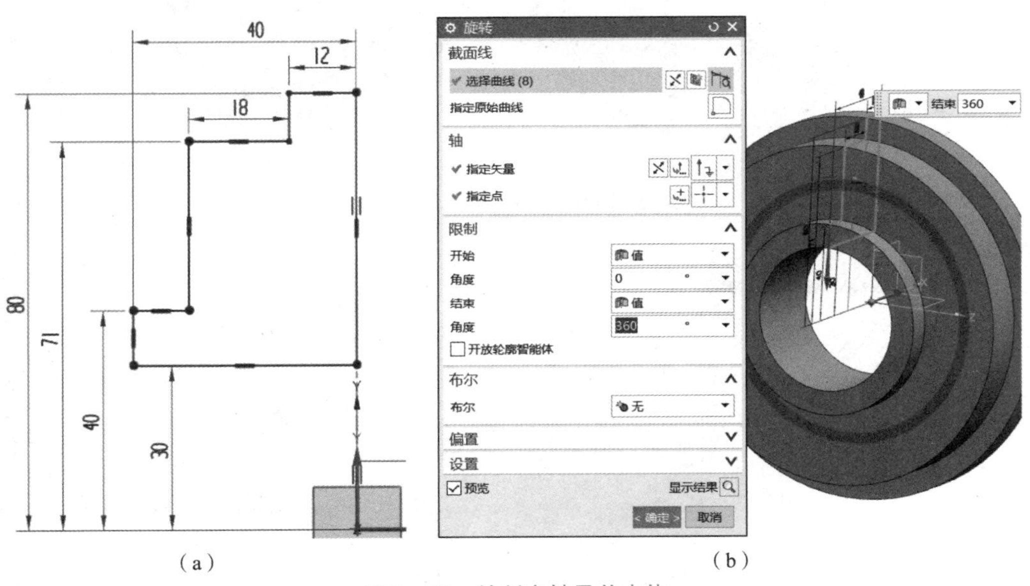

（a）　　　　　　　　　　　　　　（b）

图 2－89　绘制主轴承盖本体

5）创建 6 个沉头孔。

单击“孔”命令，弹出如图 2－92（a）所示对话框，点选择 6 × *R*12 圆心，尺寸要求如图 2－92（a）所示，“布尔运算”为减去，单击“确定”按钮，得到如图 2－92（b）所示沉头孔。

6）倒圆角和斜角。

学习笔记

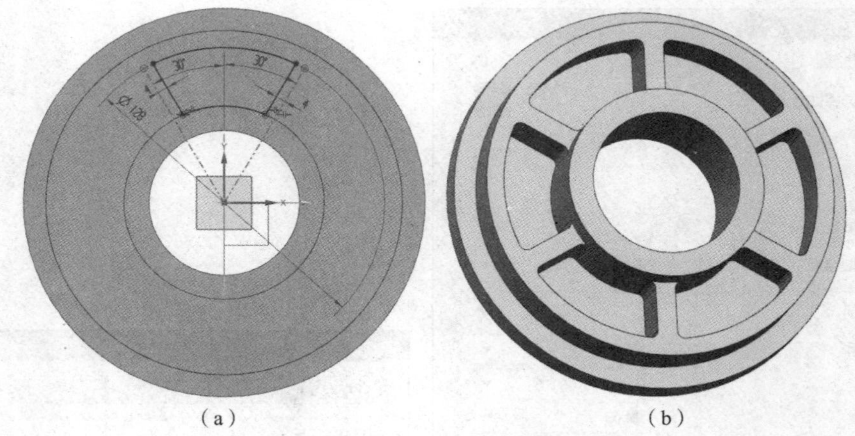

图 2-90　绘制主轴承盖 6 个减重口

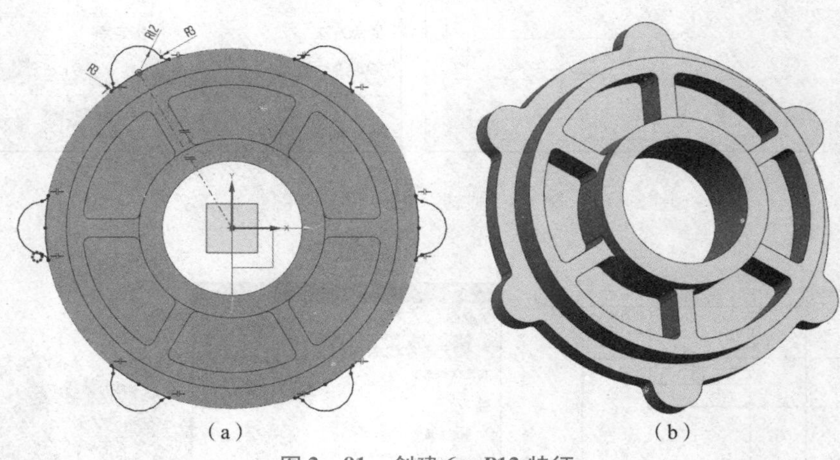

图 2-91　创建 6 × *R*12 特征

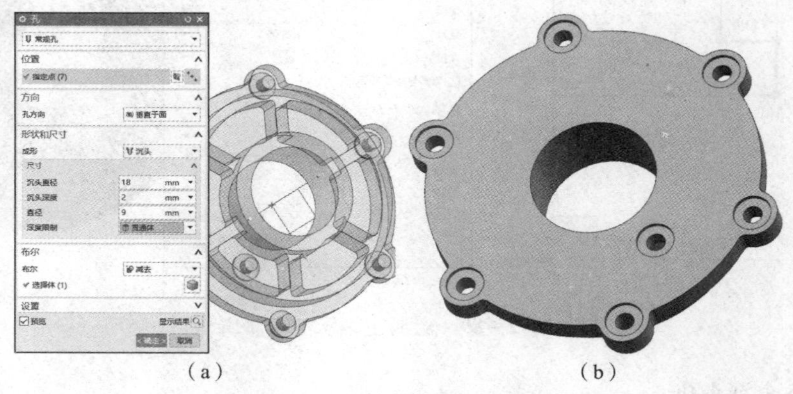

图 2-92　创建 6 个沉头孔

利用“边倒圆”和“倒斜角”命令完成其余圆角和斜角的创建。

学习笔记

2.2.3 任务拓展实例（透盖模型的绘制）

完成如图 2－93 所示的透盖模型的绘制，确定透盖与轴端的位置关系。该案例应用的命令有旋转、孔、阵列特征、基准平面等。通过该案例，进一步熟练掌握这些命令的使用。

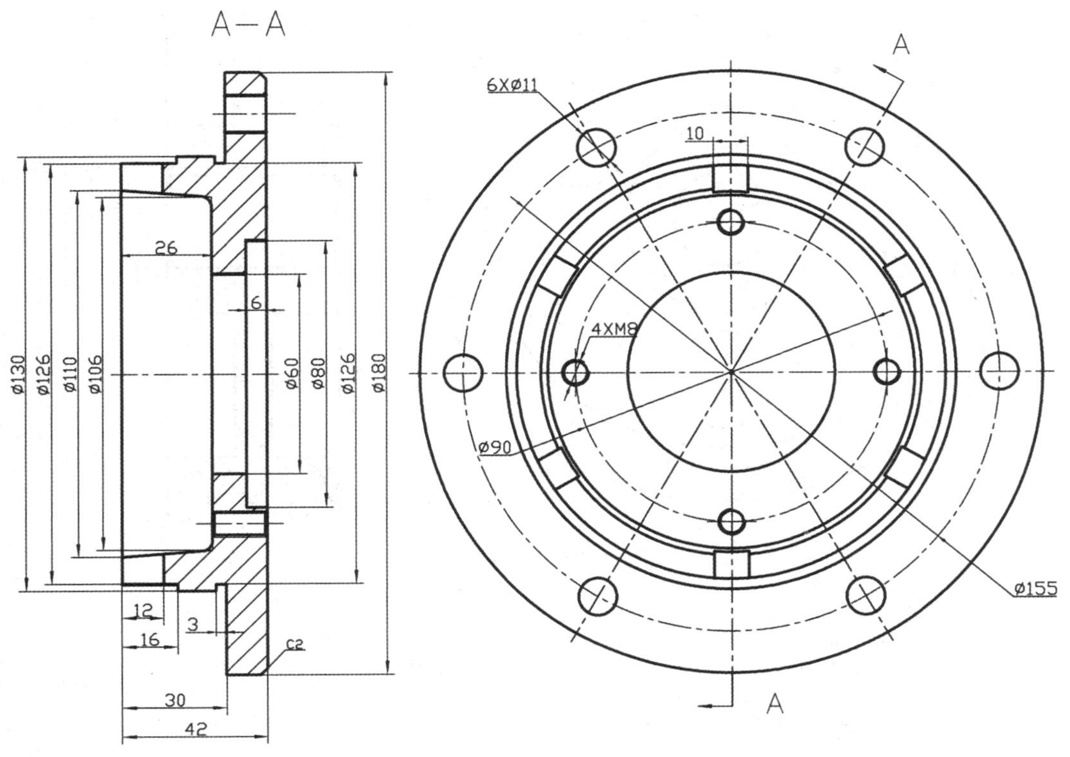

图 2－93　透盖的图纸

1. 透盖模型绘制思路

①绘制透盖模型主体；②绘制 6 × ϕ11 孔；③绘制 4 × M8 螺纹孔，注意与 6 × ϕ11 的位置关系；④绘制 12 × 10 缺口（6 处）；⑤倒圆角，和倒斜角。

2. 绘制步骤

绘制步骤简表

绘制过程

2.2.4 任务加强练习

1. 建立如图 2－94 所示皮带轮的三维模型。
2. 建立如图 2－95 所示方形端盖的三维模型。

学习笔记

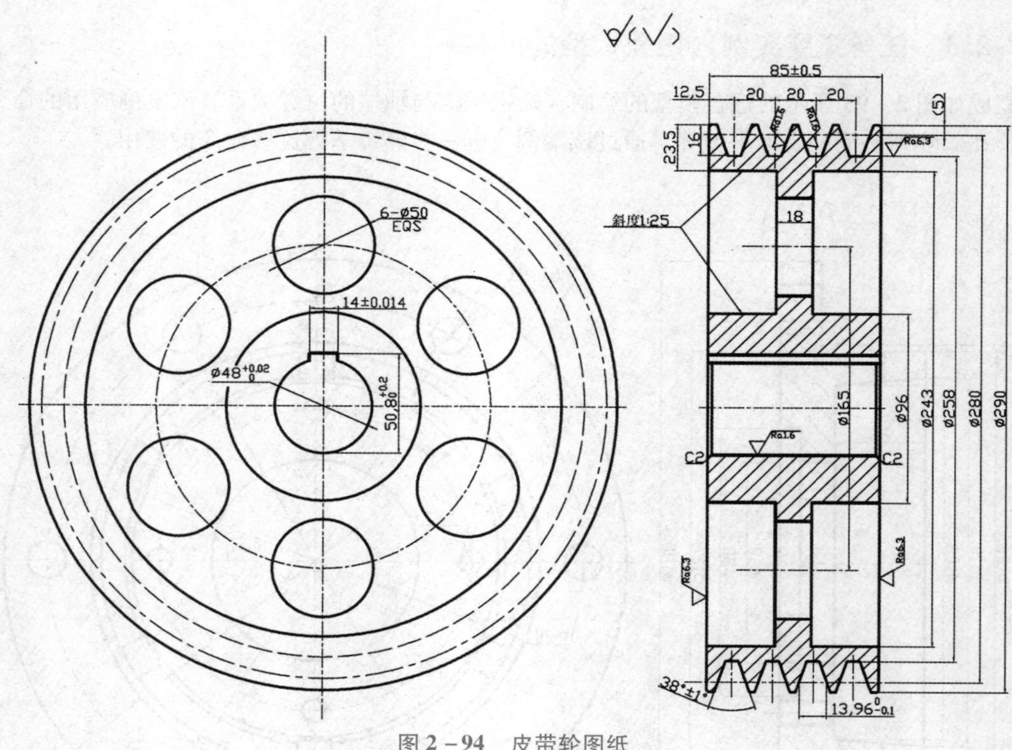

图 2－94　皮带轮图纸

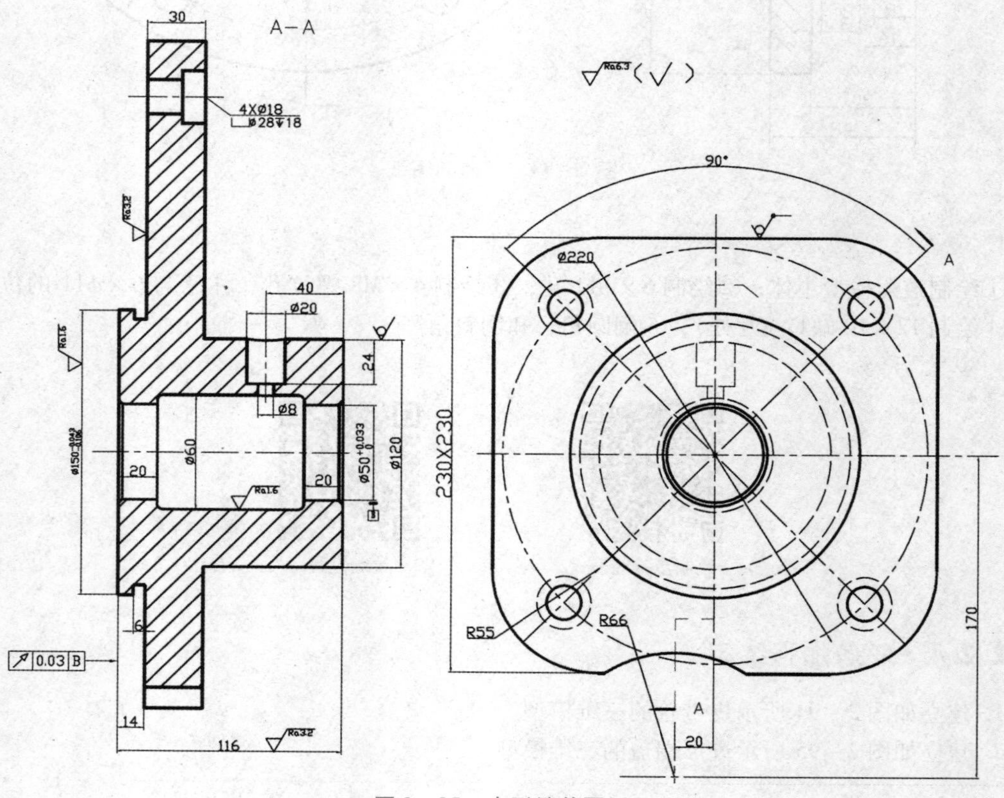

图 2－95　方形端盖图纸

思考与练习

学习笔记

小贴士：盘盖类零件呈现扁平的盘状，主体部分多为回转体，径向尺寸远大于其轴向尺寸，多为铸件。绘制此类零件时，要注意剖视图中传递的信息，明确各视图间的位置关系，先绘主要特征，再绘次要特征。注意技术要求中包含的信息，尤其注意拔模斜度等。相似特征注意用镜像、阵列等关联复制命令，提高绘图速度。

1. 绘制盘盖类零件的常用步骤是什么？

2. 同步建模的方法有哪几种？通常用于什么场合？

3. 生产中常见的盘盖类零件有哪些？（头脑风暴题）

任务 3　叉架类零件实体建模

某汽车企业在进行机械式变速操纵装置的设计时，出现了原换挡摇臂支架在装配时与周边零部件干涉，导致无法换挡的现象，故设计人员对原摇臂支架结构进行了优化，现需验证优化后的支架安装后是否解决了干涉问题，因此需绘制新的摇臂支架的三维模型进行仿真验证。摇臂支架二维图如图 2－96 所示。

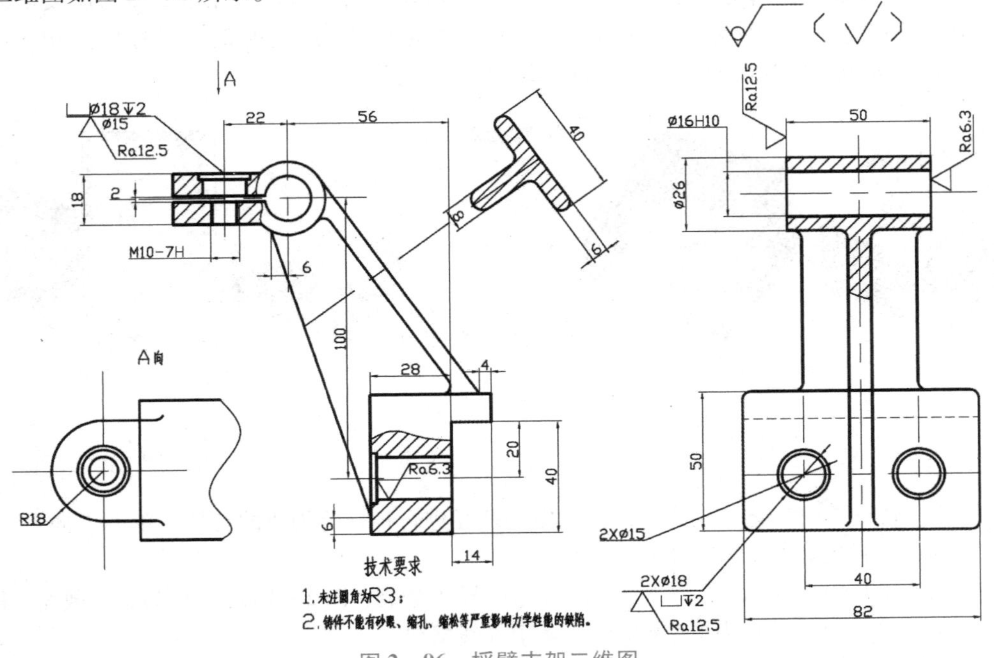

图 2－96　摇臂支架二维图

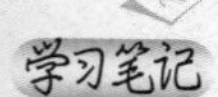

2.3.1 知识链接

实体建模常用命令的用法与技巧如下。

1. 抽壳

使用“抽壳”命令可以根据为壁厚指定的值抽空实体或在其四周创建壳体。

单击“插入”→“偏置/缩放”→“抽壳”，弹出如图2-97所示对话框。

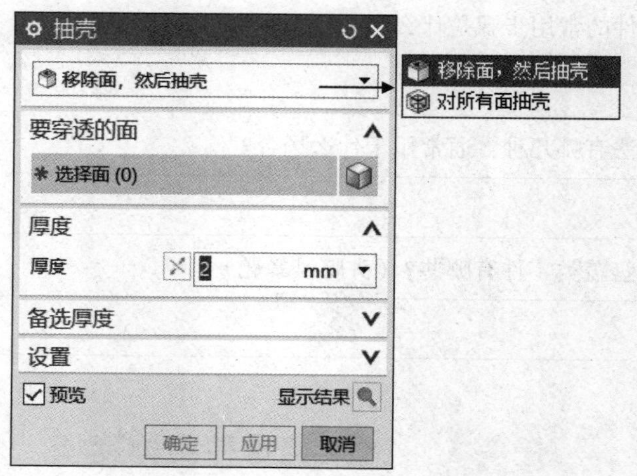

图2-97 “抽壳”命令对话框

• 移除面，然后抽壳：指定在执行抽壳之前移除要抽壳的体的某些面。首先选择要移除的两个面，然后输入厚度值即可，还可创建厚度不一致的抽壳。如图2-98（a）和图2-98（b）所示，选择面1和面2，厚度输入2，则面1和面2被移除。

• 对所有面抽壳：指定抽壳体的所有面而不移除任何面，但是只保留壁厚为所设定值的空腔体。如图2-98（c）所示，对所有面抽壳，选择体为实体，厚度为2；按快捷键Ctrl+H截取截面，实体已变成壁厚为2的空腔体，如图2-98（d）所示。

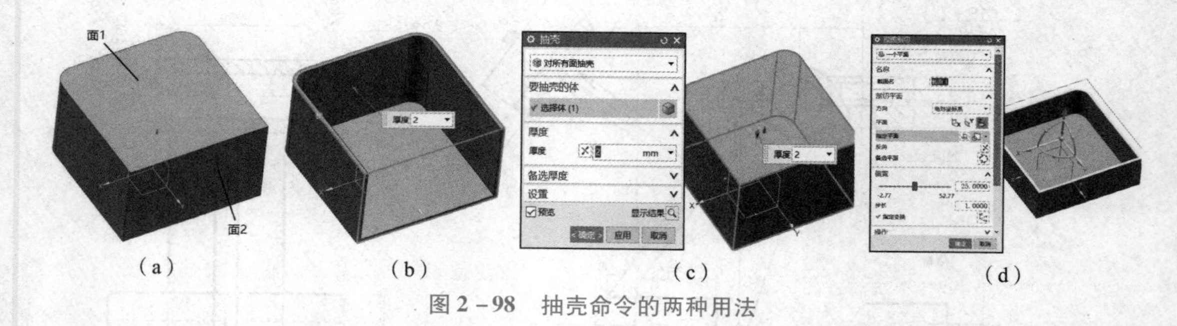

图2-98 抽壳命令的两种用法

2. 扫掠

“扫掠”特征是将选定的轮廓曲线沿指定的路径进行扫描所创建的特征。单击“插入”→“扫掠”→“扫掠”，弹出如图2-99所示对话框。

如图2-100（a）所示，为1个截面，1条引导线情况；图2-100（b）为2个截面，1条引导线情况；图2-100（c）为2个截面，2条引导线情况。

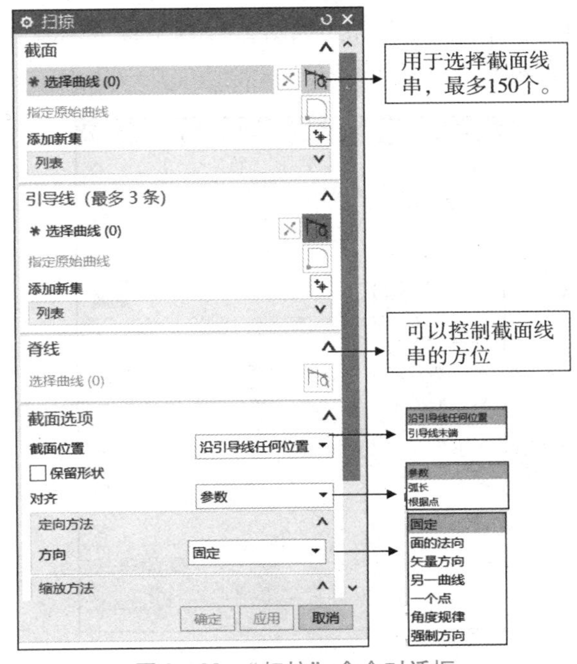

图 2－99 “扫掠”命令对话框

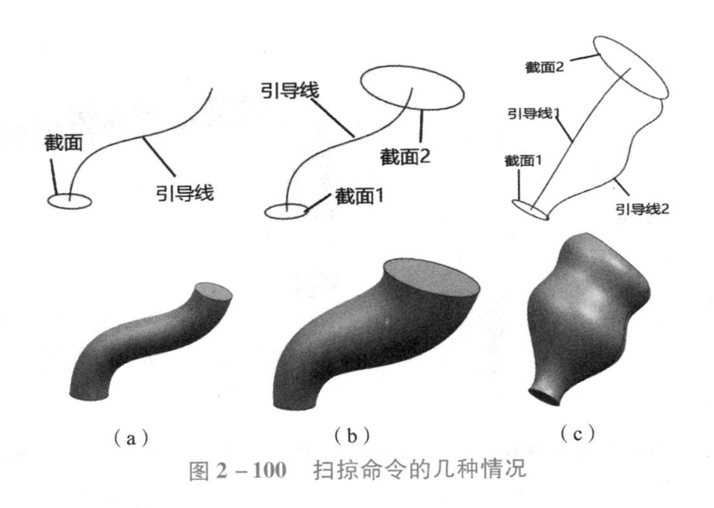

图 2－100 扫掠命令的几种情况

3. 沿引导线扫掠

单击“插入”→“扫掠”→“沿引导线扫掠”，弹出如图 2－101 所示对话框。

- 截面：曲线可以封闭或开放，可以是圆弧、矩形或其他任意形状，只能选择 1 条。
- 引导线：可以是直线、曲线或圆弧线，为了避免自相交，引导线要圆滑过渡且为开放曲线。

如图 2－102（a）所示，分别选择截面和引导线，完成后模型如图 2－102（b）所示。

4. 管

“管”是以圆形截面为扫掠对象，沿一条指定的路径（即引导线）扫描生成实心或空心的管

学习笔记

子。单击“插入”→“扫掠”→“管”，弹出如图 2-103（a）所示对话框。路径选择现有曲线，设置外径为 10，输出“单段”，单击显示结果，如图 2-103（b）和图 2-103（c）所示。若内径设置为 8，则输出空心管，如图 2-103（d）所示。

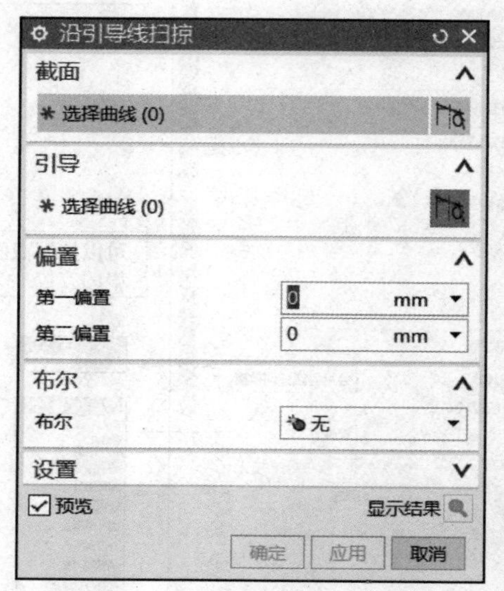

图 2-101　“沿引导线扫掠”命令对话框

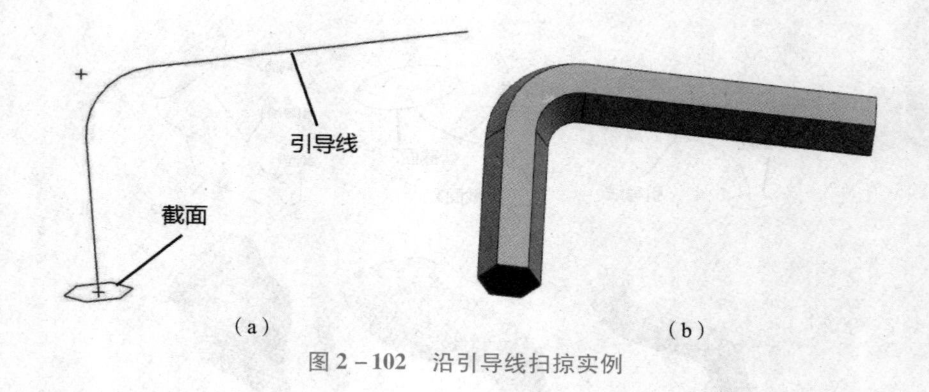

（a）　　（b）

图 2-102　沿引导线扫掠实例

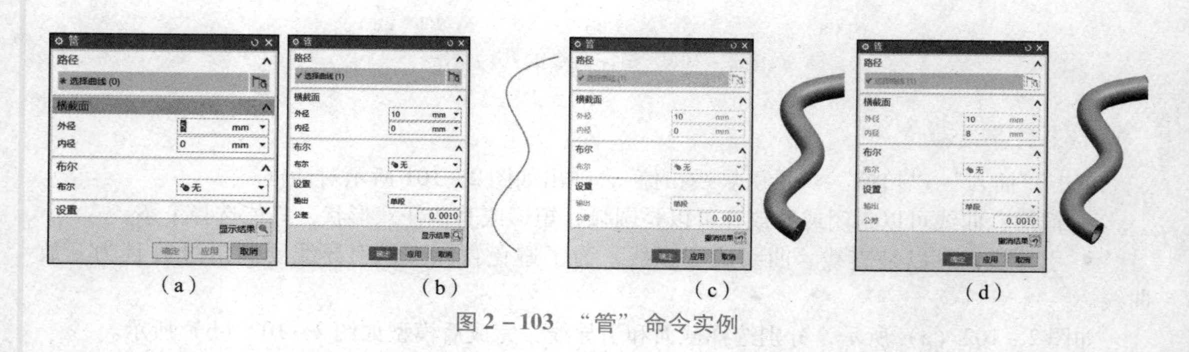

（a）　　（b）　　（c）　　（d）

图 2-103　“管”命令实例

5. 筋板

通过拉伸一个平的截面与实体相交来添加薄壁筋板或网格筋板。筋板特征的截面草图可以是封闭的，也可是不封闭的；其区别在于筋板特征的方向有两个，并且截面可以是一条或多条曲线。单击“插入”→“设计特征”→“筋板”，弹出如图 2－104 所示对话框。

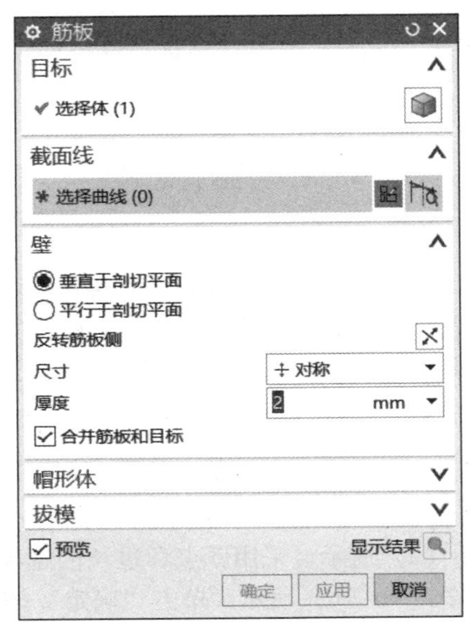

图 2－104 “筋板”命令对话框

学习笔记

• 目标：为现在已经存在的实体，即要建立筋板的实体。

• 截面线：为生成筋板的截面线，可以是开放曲线，也可是封闭曲线。

1）如图 2－105（a）所示，选择现有体和截面线。

2）截面线选择现有的曲线，若选择封闭曲线，壁选择“垂直于剖切平面”，厚度为 2，则生成的筋板如图 2－105（b）所示。

3）若选择封闭曲线，壁选择“平行于剖切平面”，则会出现如图 2－105（c）所示的警报，此时只能选择开放曲线。选择单条开放曲线，生成的筋板如图 2－105（d）所示。

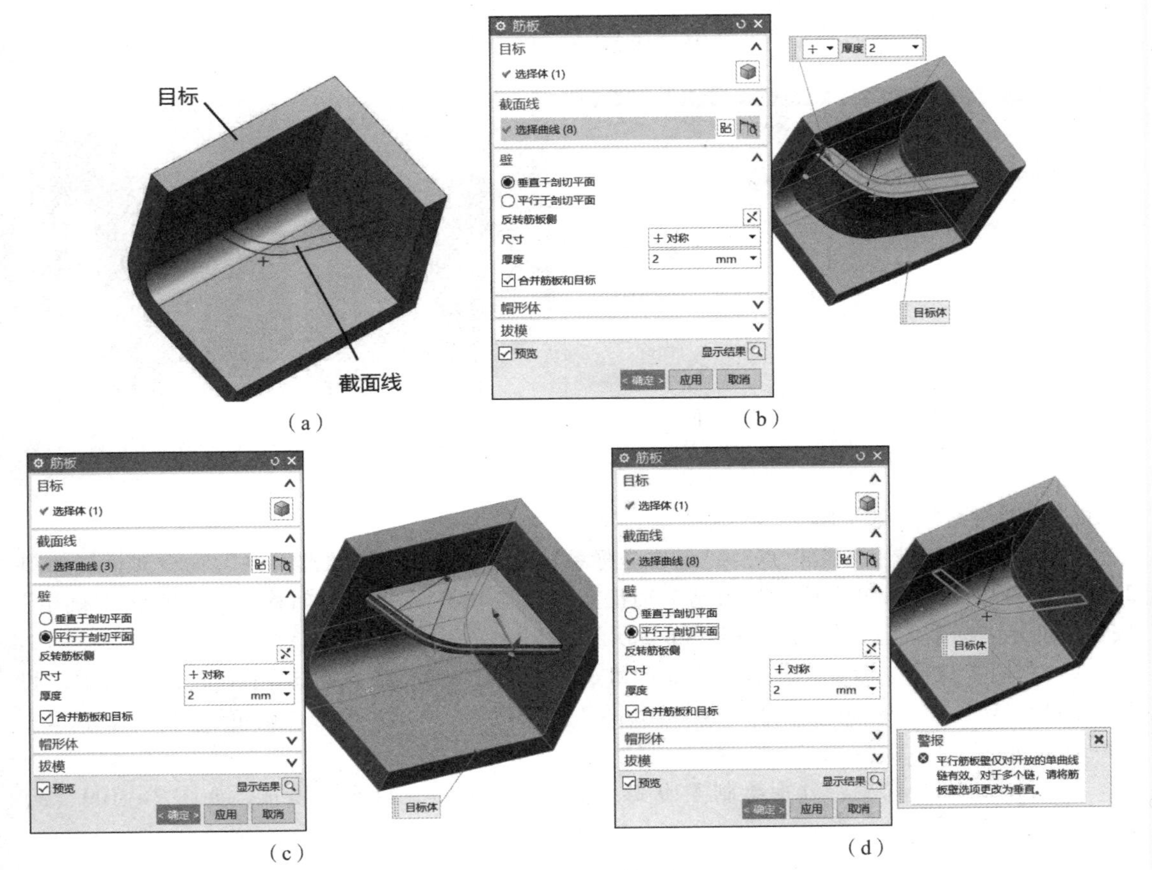

图 2－105 筋板实例

学习笔记

小贴士：使用“筋板”命令时，注意建立筋板的方向，平行于剖切平面必须选择开放曲线。筋板厚度可根据需求设置。

2.3.2 任务实施过程

1. 绘制摇臂支架的步骤

①利用长方体命令和拉伸命令，绘制支架下部；②创建基准坐标系，确定支架上部 $\phi26$ 孔的位置；③利用拉伸和孔命令，创建支架上部特征；④利用孔命令，创建支架下部 $\phi18$ 沉头孔特征；⑤利用拉伸命令创建中部筋板；⑥利用筋板命令创建立筋板；⑦倒圆角。

2. 绘制摇臂支架的详细过程

（1）创建支架下部主体

1）单击“插入”→“设计特征”→“长方体”命令，弹出“长方体”命令对话框，如图 2-106（a）所示，采用原点和边长的选项，长、宽、高分别设置为 82、50、42；点的坐标设置如图 2-106（b）所示，单击“确定”按钮生成长方体，如图 2-106（c）所示。

单击“绘制截面”图标，弹出图 2-106（b）所示对话框，单击 *XY* 平面作为草绘平面，单击“确定”按钮进入草图环境。

2）绘制 14×40 长方体，布尔运算“求差”，结果如图 2-106（d）所示。

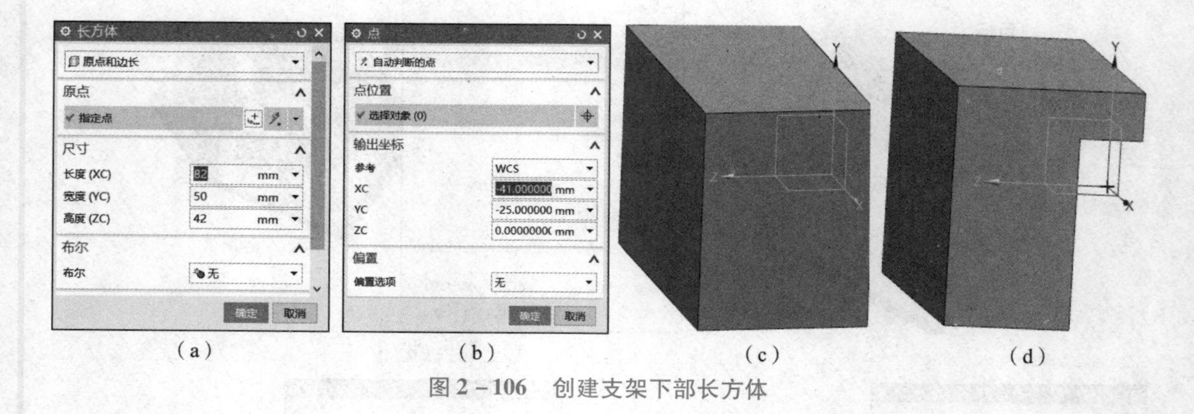

（a）（b）（c）（d）

图 2-106 创建支架下部长方体

（2）创建支架上部主体

1）单击“插入”→“基准/点”→“基准坐标系”命令，弹出“基准坐标系”命令对话框如图 2-107（a）所示。采用“动态”控制 *Y* 轴正方向移动 100，*Z* 轴正方向移动 56，单击“确定”按钮，创建坐标系位置，如图 2-107（b）所示。

2）利用“拉伸”命令，分别绘制 $\phi16$ 和 $\phi26$ 特征，*A* 向特征，如图 2-108（a）所示。利用“同步建模”→“替换面”命令，面选择如图 2-108（b）所示，单击“确定”按钮，如图 2-108（c）所示。

3）利用“孔”命令，分别绘制 M10 螺纹孔，$\phi18$ 和 $\phi15$ 沉头孔特征，如图 2-109（a）所示。

（3）创建支架中部筋板特征

1）利用“拉伸”命令，绘图截面为 *YZ* 平面，绘制如图 2-110（a）所示的截面，对称拉伸，距离设置为 20，如图 2-110（b）所示，与支架上部特征进行“求和”布尔运算。

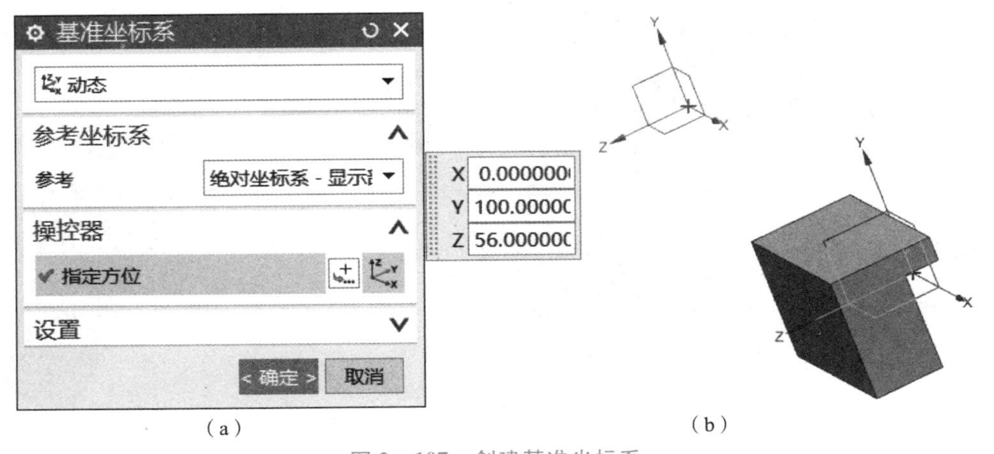

图 2－107　创建基准坐标系

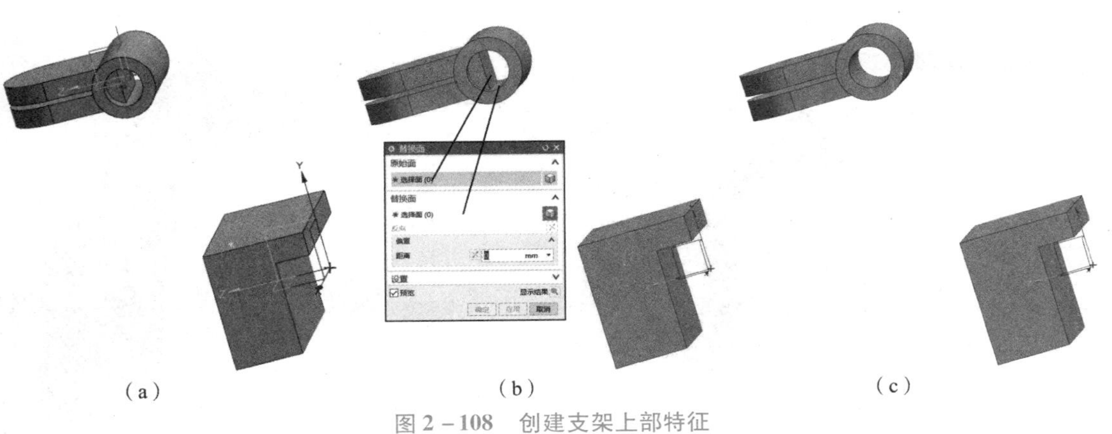

图 2－108　创建支架上部特征

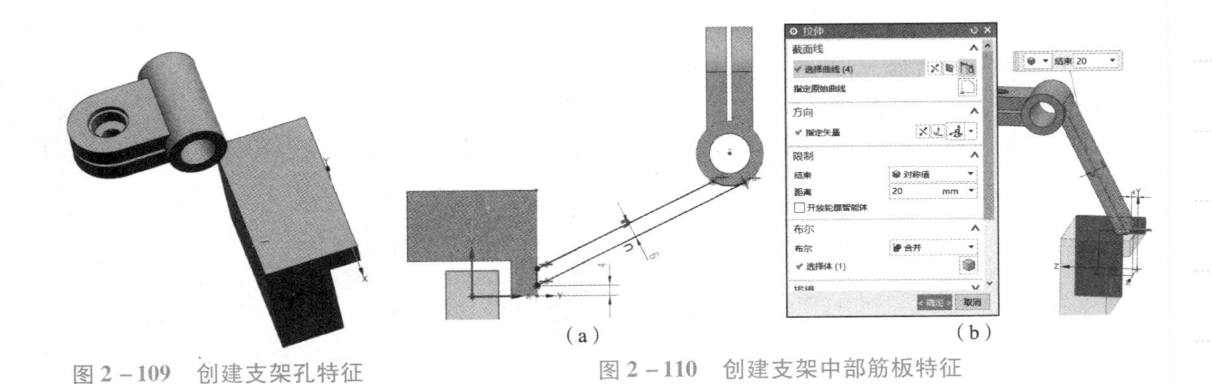

图 2－109　创建支架孔特征

图 2－110　创建支架中部筋板特征

2）单击“插入”→“组合”→“合并”，弹出如图 2－111（a）对话框，“目标”选择支架上部，“工具”选择支架下部，单击“确定”按钮，如图 2－111（b）所示。

3）单击“插入”→“设计特征”→“筋板”，弹出如图 2－112（a）对话框。目标选择上述合并的实体，单击“绘制截面”按钮，选择 *YZ* 面，绘制如图 2－112（b）所示的截面，设置“平行于剖切平面”，厚度为 8，单击“确定”按钮，立筋板如图 2－112（c）所示。

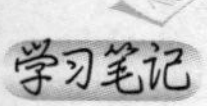

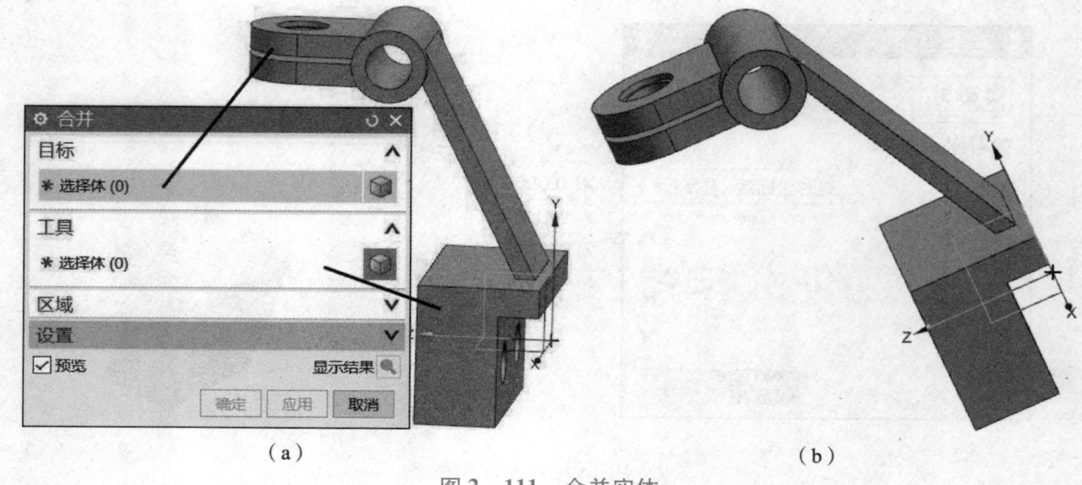

（a）　　　　　　　　　　　　（b）

图 2－111　合并实体

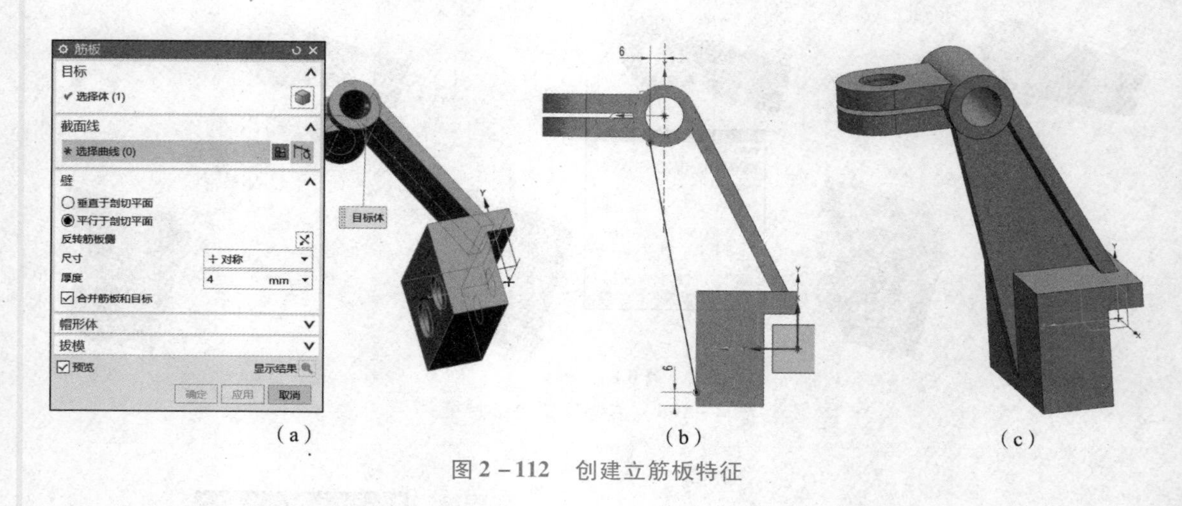

（a）　　　　　　　　（b）　　　　　　　　（c）

图 2－112　创建立筋板特征

（4）创建剩余特征

1）利用“孔”命令，选择“沉头孔”，尺寸设置如图 2－113（a）所示，单击“绘图截面”按钮，绘制如图 2－113（b）所示的孔中心点，单击“完成”按钮，沉头孔如图 2－113（c）所示。

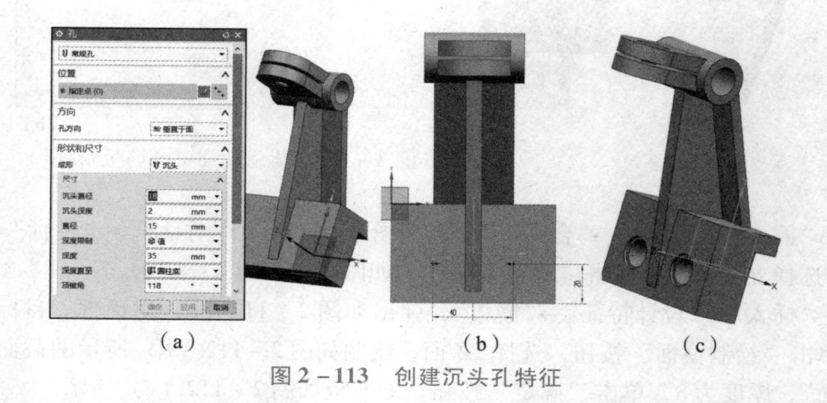

（a）　　　　　　（b）　　　　　　（c）

图 2－113　创建沉头孔特征

2）创建“倒圆角”特征，创建完成的模型如图 2－114 所示。

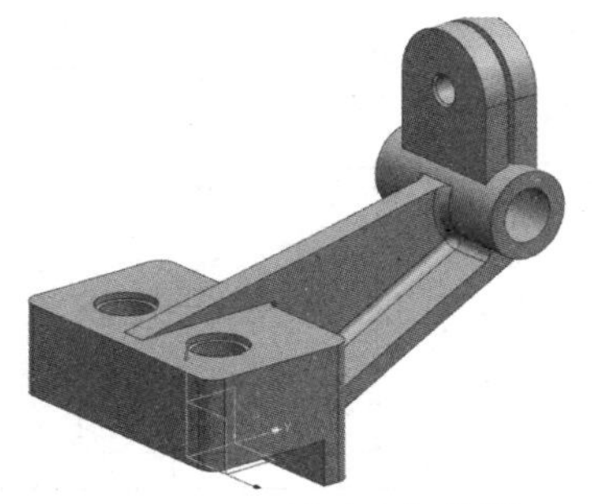
图 2－114 摇臂支架模型

学习笔记

2.3.3 任务拓展实例（转接支架的绘制）

在管道输送或支撑时，为了更好地改变管道内流体速度，经常需设计管道支架来过渡。图 2－115 所示是一个将圆形管道转换为矩形管道的转接支架，绘制此模型，发送至总工程师，装配至整机三维以验证转接支架长度和角度的合理性。该案例应用的命令有拉伸、扫掠、孔等。

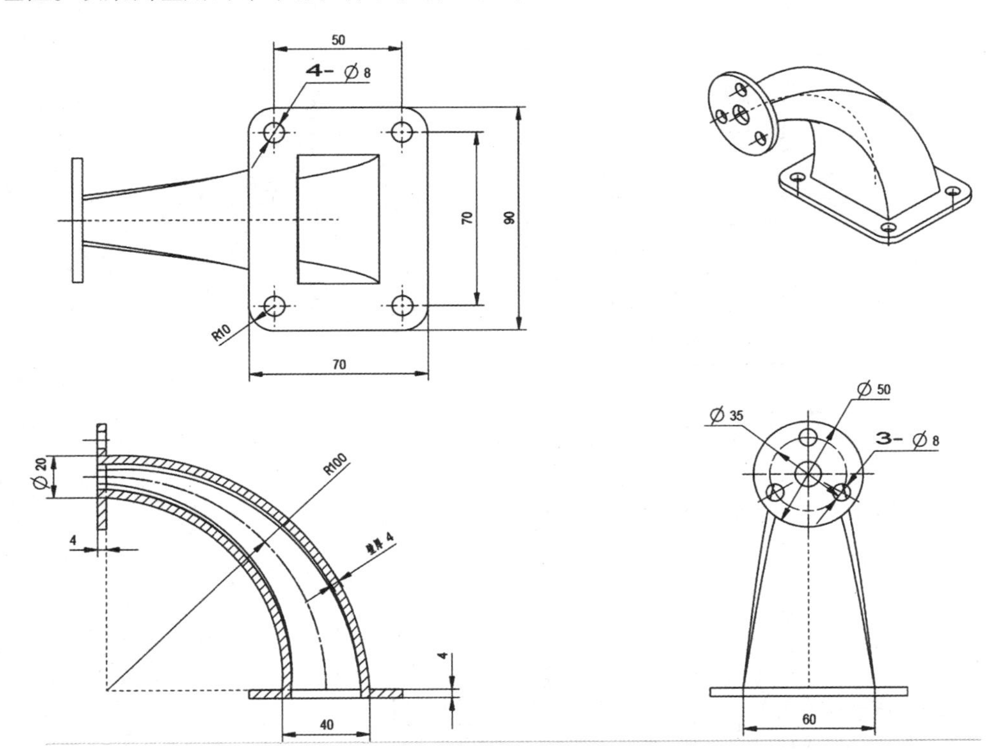

图 2－115 转接支架图纸

1. 转接支架模型绘制思路

①绘制转接支架模型主体；②绘制两端连接支座；③抽壳；④倒圆角。

2. 绘制步骤

绘制步骤简表

绘制过程

2.3.4 任务加强练习

1. 建立如图 2－116 所示支撑座的三维模型。

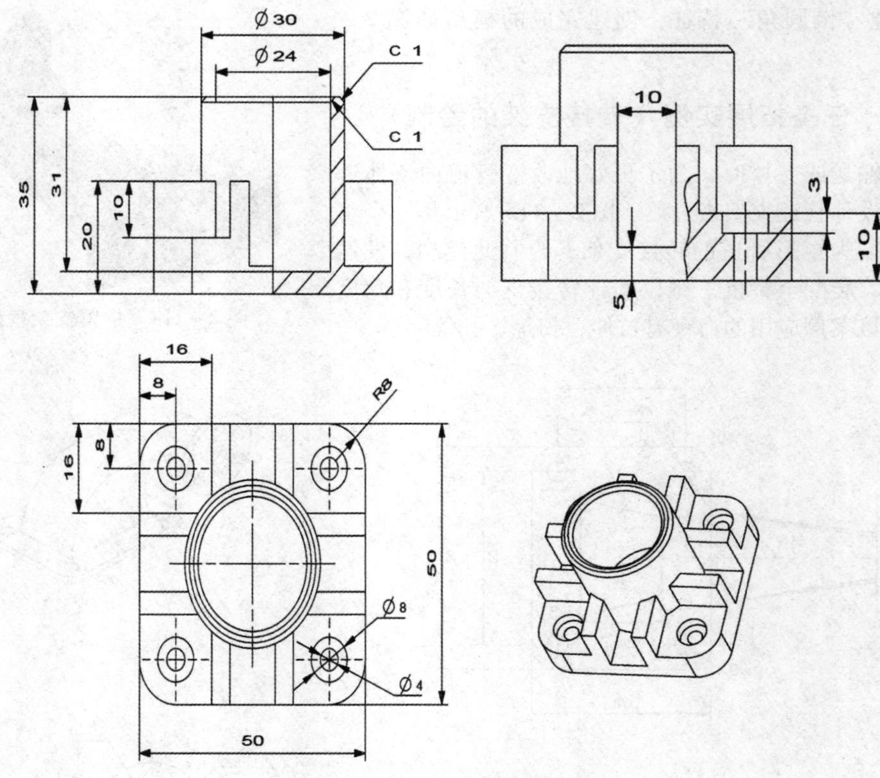

图 2－116　支撑座图纸

2. 建立如图 2－117 所示转接管的三维模型。

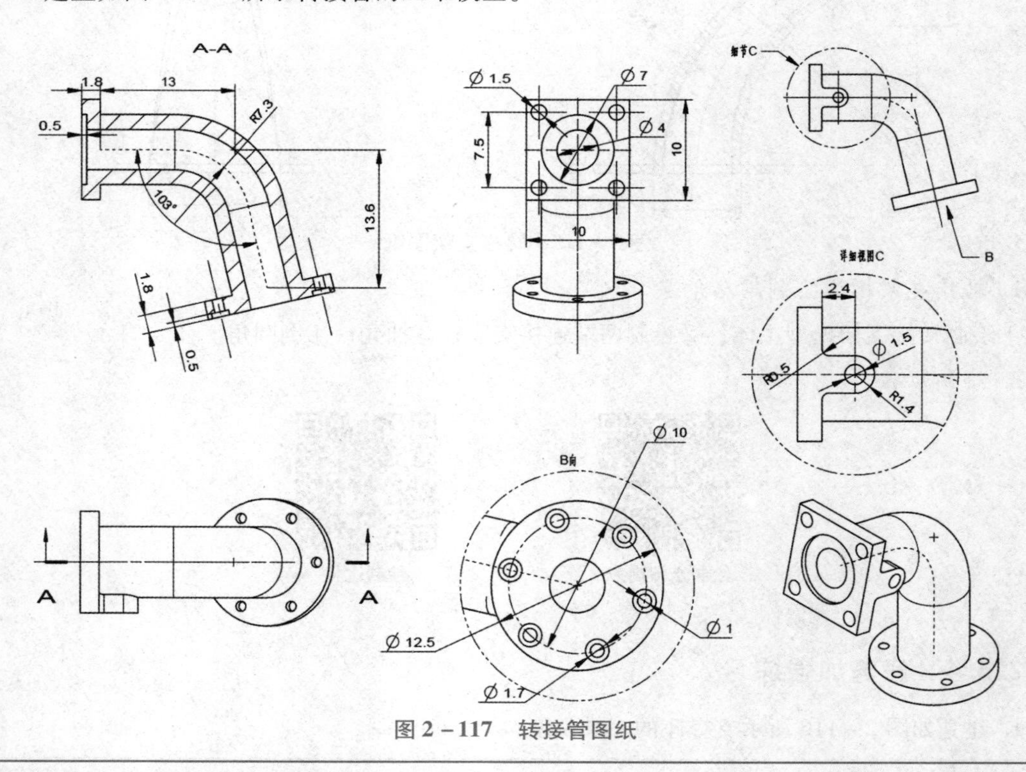

图 2－117　转接管图纸

学习笔记

评价与反思

小贴士：叉架类零件连接部分多是肋板结构，并且形状弯曲、扭斜的较多，支持部分和工作部分细节结构也较多，如存在圆孔、螺孔、油槽、油孔等。叉架类零件的结构形状较复杂，表达视图数量多在两个以上。绘制此类模型时，要注意各视图间的对应关系，尤其注意局部剖视、旋转剖视的旋转方向、向视图的位置等，先绘主体部分，建立主体框架，再绘制细节特征。注意筋板的方向、技术要求中的关键信息等。

思考与练习

1. 使用扫掠命令时，最多可选择多少个截面曲线？

2. 请描述扫掠命令和管命令的区别。

3. 生产中常见的叉架类零件有哪些？（头脑风暴题）

任务 4　箱体类零件实体建模

某农机企业设计了一套一级减速器用于花生收获机上，但是试制时出现齿轮安装后，与箱体周边间隙过小，产生异响现象，因此需建立减速器整套图纸的三维模型，查找问题原因，你负责减速器箱体的模型绘制。减速器箱体二维图如图 2－118 所示。

2.4.1　知识链接

实体建模常用命令的用法与技巧如下。

1. 修剪体

使用修剪体可以使用一个面或基准平面修剪一个或多个目标体。选择要保留的体的一部分，并且被修剪的体具有修剪几何体的形状。法向矢量的方向确定保留目标体的哪一部分。

单击“插入”→“修剪”→“修剪体”，弹出如图 2－119（a）对话框。“目标”选择实体，“工具”选择基准面或现有的面，此处选择片体，如图 2－119（a）所示；单击“确定”按钮，实体便被片体修剪开，可以选择保留或删除的部分，如图 2－119（b）所示。

小贴士：当使用面修剪实体时，面的大小必须足以完全切过体，即面大小要超过实体的截面。基准面是无穷大的，所以基准面的大小一定会大于实体面大小。

2. 拆分体

使用拆分体命令，可以将一个体拆分成多个体。

单击“插入”→“修剪”→“拆分体”，弹出如图 2－120（a）所示对话框。“目标”选择实体，

学习笔记

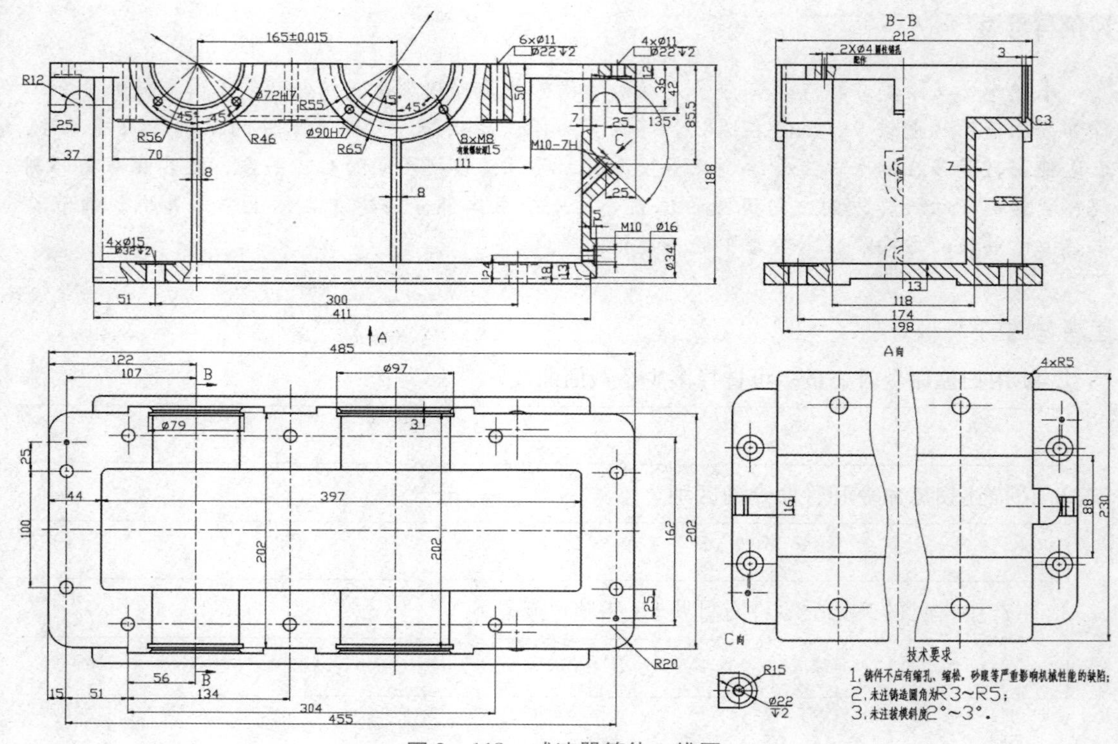

图 2－118 减速器箱体二维图

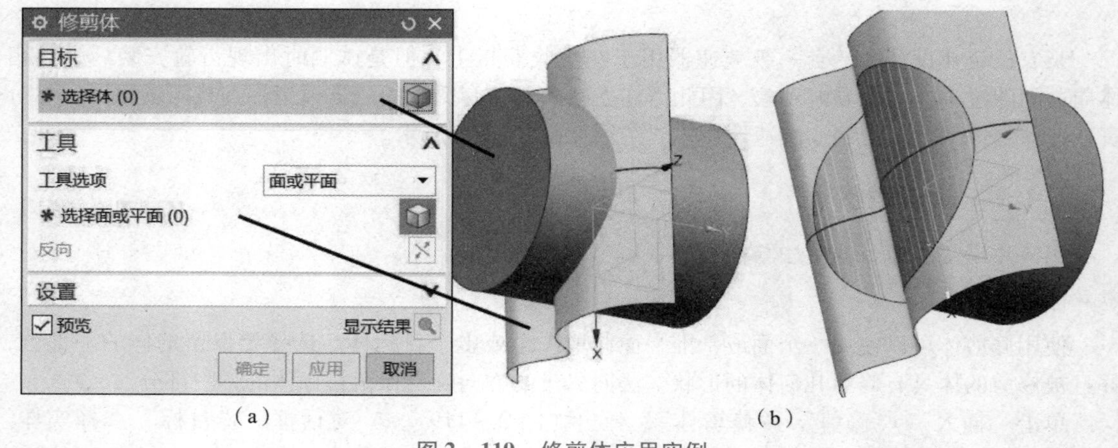

图 2－119 修剪体应用实例

“工具”选择基准面或现有的面，此处选择片体，如图 2－120（a）所示；单击“确定”按钮，实体便被片体拆分成两个体，如图 2－120（b）所示，此时实体外观未发生变化，按隐藏快捷键 Ctrl + B，对象选择右侧体，如图 2－120（c）所示，单击“确定”按钮，结果如图 2－120（d）所示。

3. 删除体

使用删除体命令，可以将一个体或多个体删除掉。

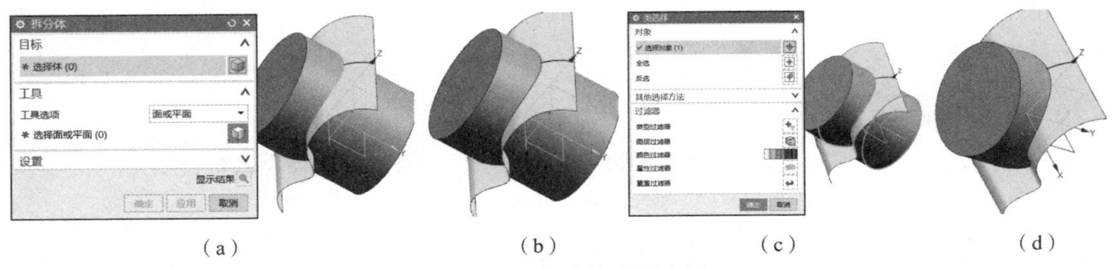

(a) (b) (c) (d)

图 2－120　拆分体应用实例

单击“插入”→“修剪”→“删除体”，弹出如图 2－121（a）所示对话框。使用上面的已经拆分成两个实体的实体，“选择要删除的体”选择左侧实体，单击“确定”按钮，结果如图 2－121（b）所示。

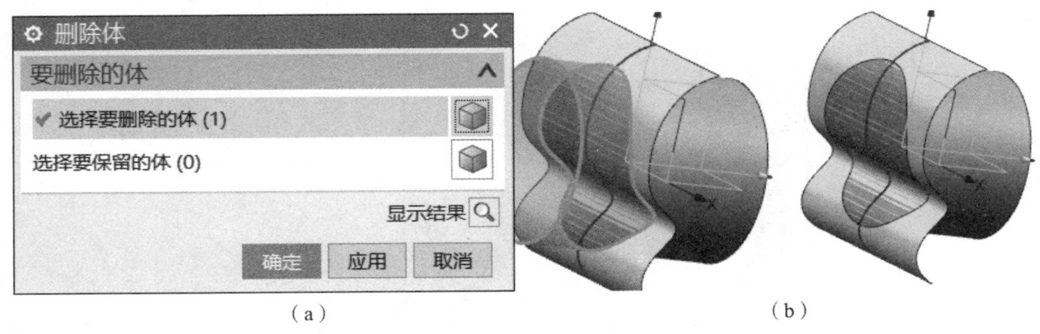

(a) (b)

图 2－121　删除体应用实例

4. 镜像特征

使用“镜像特征”命令可以用通过基准平面或平面镜像选定特征的方法来创建对称模型。

单击“插入”→“关联复制”→“镜像特征”，弹出如图 2－122（a）所示对话框。“要镜像的特征”选择 3 个圆和 1 个方孔，“镜像平面”选择 *YOZ* 基准平面，如图 2－122（a）所示，单击“确定”按钮，结果如图 2－122（b）所示。

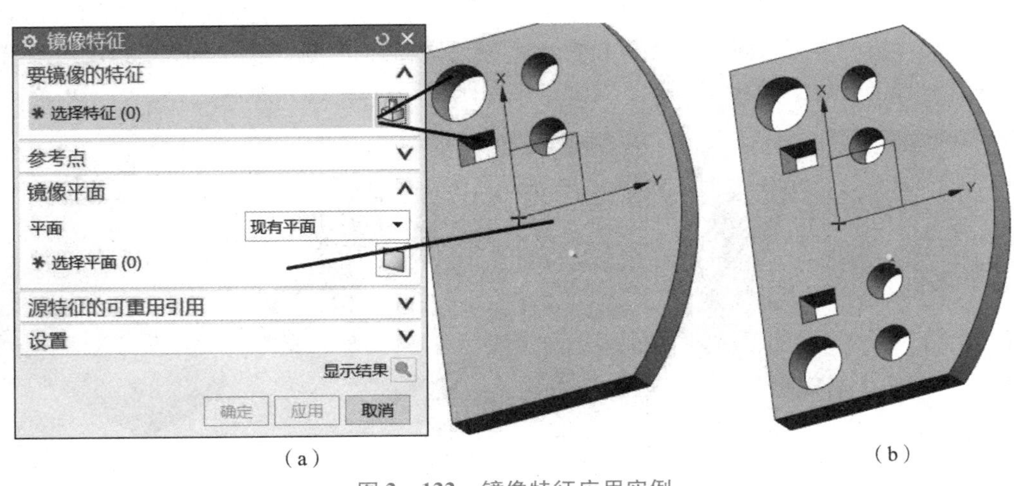

(a) (b)

图 2－122　镜像特征应用实例

小贴士：镜像特征时，“要镜像的特征”和父特征（一般是在特征树的最前面）不得处于同一特征树层中，否则无法选择“要镜像的特征”。

5. 拔模

使用“拔模”命令可以在分型面的两侧匹配拔模斜度，自动将拔模下侧材料填充。

单击“插入”→“细节特征”→“拔模”，弹出如图 2－123 所示对话框。

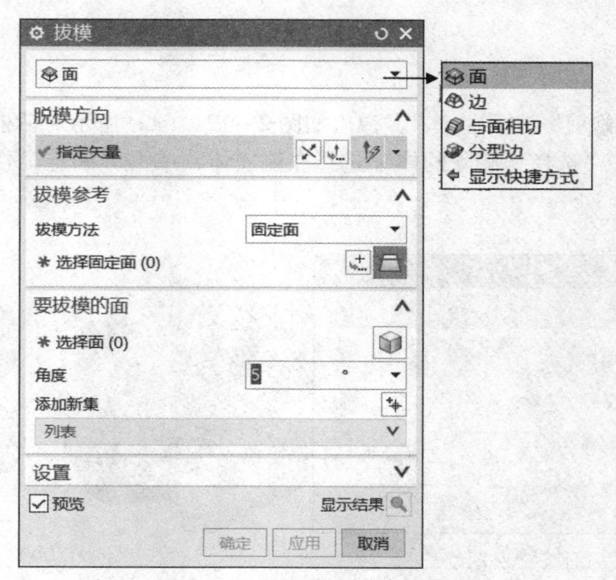

图 2－123　拔模命令对话框

“拔模”命令共有 4 种拔模操作类型：“面”“边”“与面相切”以及“分型边”，其中前两种操作最为常用。

- 面：从固定平面开始，与拔模方向成一定的拔模角度，对指定的实体进行拔模操作。
- 边：从一系列实体的边缘开始，与拔模方向成一定的拔模角度，对指定的实体进行拔模操作。

单击“插入”→“细节特征”→“拔模”，弹出如图 2－124（a）所示对话框。“脱模方向”选择面的法向，“拔模方法”固定面选择上平面，“要拔模的面”选择侧平面，“角度”设置 5°，如图 2－124（b）所示，单击“确定”按钮，结果如图 2－124（c）所示。

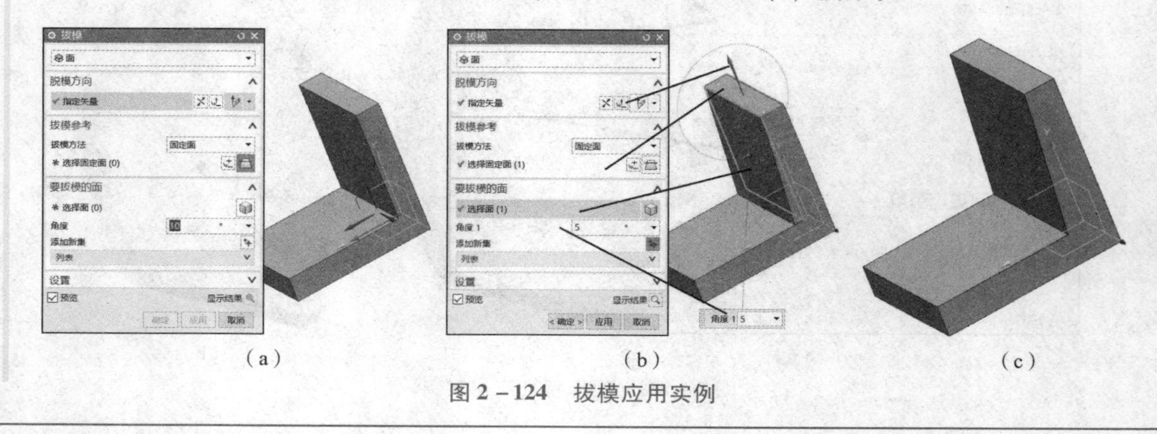

（a）　（b）　（c）

图 2－124　拔模应用实例

2.4.2 任务实施过程

1. 绘制减速器箱体的步骤

①创建箱体主体；②创建箱体上孔特征；③创建筋板、拔模、圆角、倒角特征。

2. 绘制减速器箱体的详细过程

（1）创建箱体主体

1）单击“插入”→“设计特征”→“长方体”命令，采用原点和边长选项，长、宽、高分别设置为411、230、18，如图2-125（a）所示；点的坐标设置如图2-125（b）所示，单击“确定”按钮生成长方体，如图2-125（c）所示。

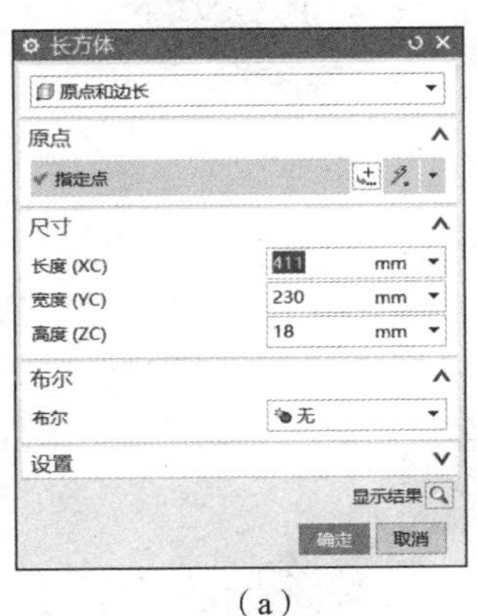

（a）

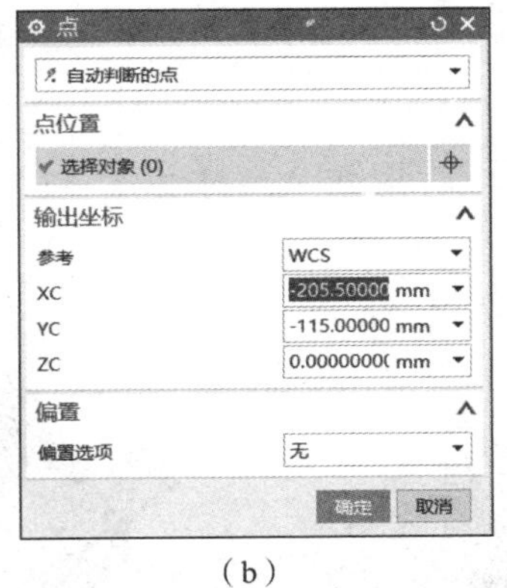

（b）

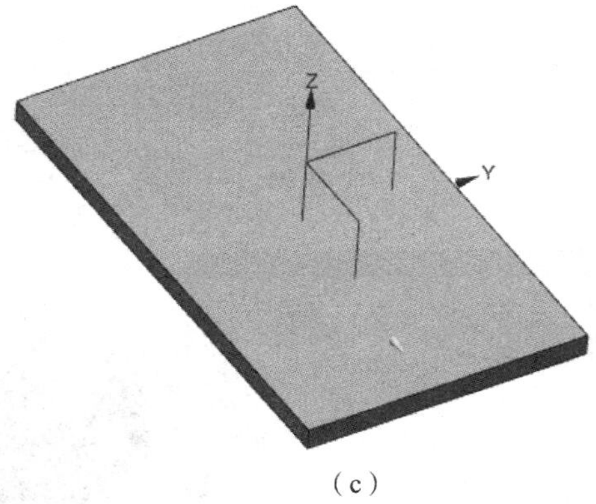

（c）

图2-125 创建箱体下部长方体

2）利用“拉伸”命令，从中心绘制411×118矩形，拉伸距离158，如图2-126所示。

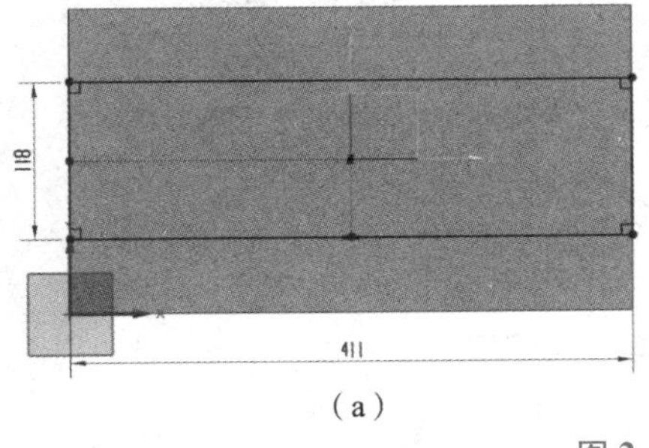

（a）

（b）

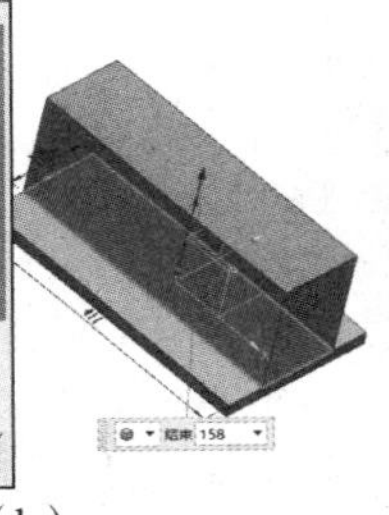

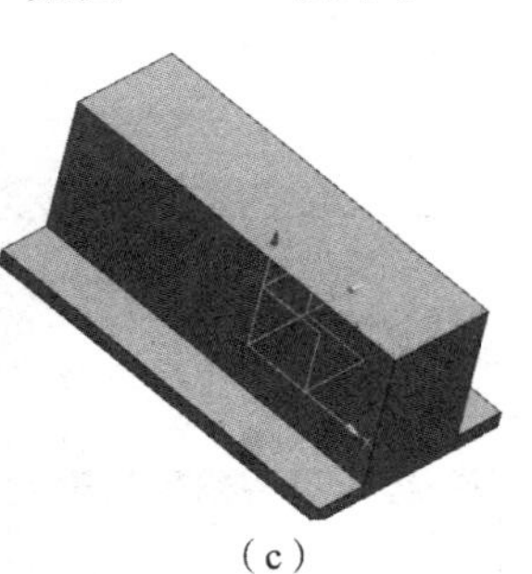

（c）

图2-126 创建箱体中部长方体

3）同理，从中心绘制485×202矩形，高为12，布尔运算“合并”，如图2-127所示。

4）同理，从中心绘制397×104矩形，高为170，布尔运算“减去”，如图2-128所示。

5）利用“长方体”命令，采用原点和边长选项，长、宽、高分别设置为411、118、5，如图2-129（a）所示；点的坐标设置如图2-129（b）所示，布尔运算“减去”，创建长方体，如图2-129（c）所示。

6）利用“拉伸”命令，绘制如图2-130（a）所示截面，拉伸距离47，布尔运算“合并”，结果如图2-130（a）和图2-130（b）所示。

7）利用“镜像特征”命令，“要镜像的特征”选择步骤6）绘制的轴承座，“镜像平面”选择如图2-131（a）所示平面，确定结果如图2-131（b）所示。

学习笔记

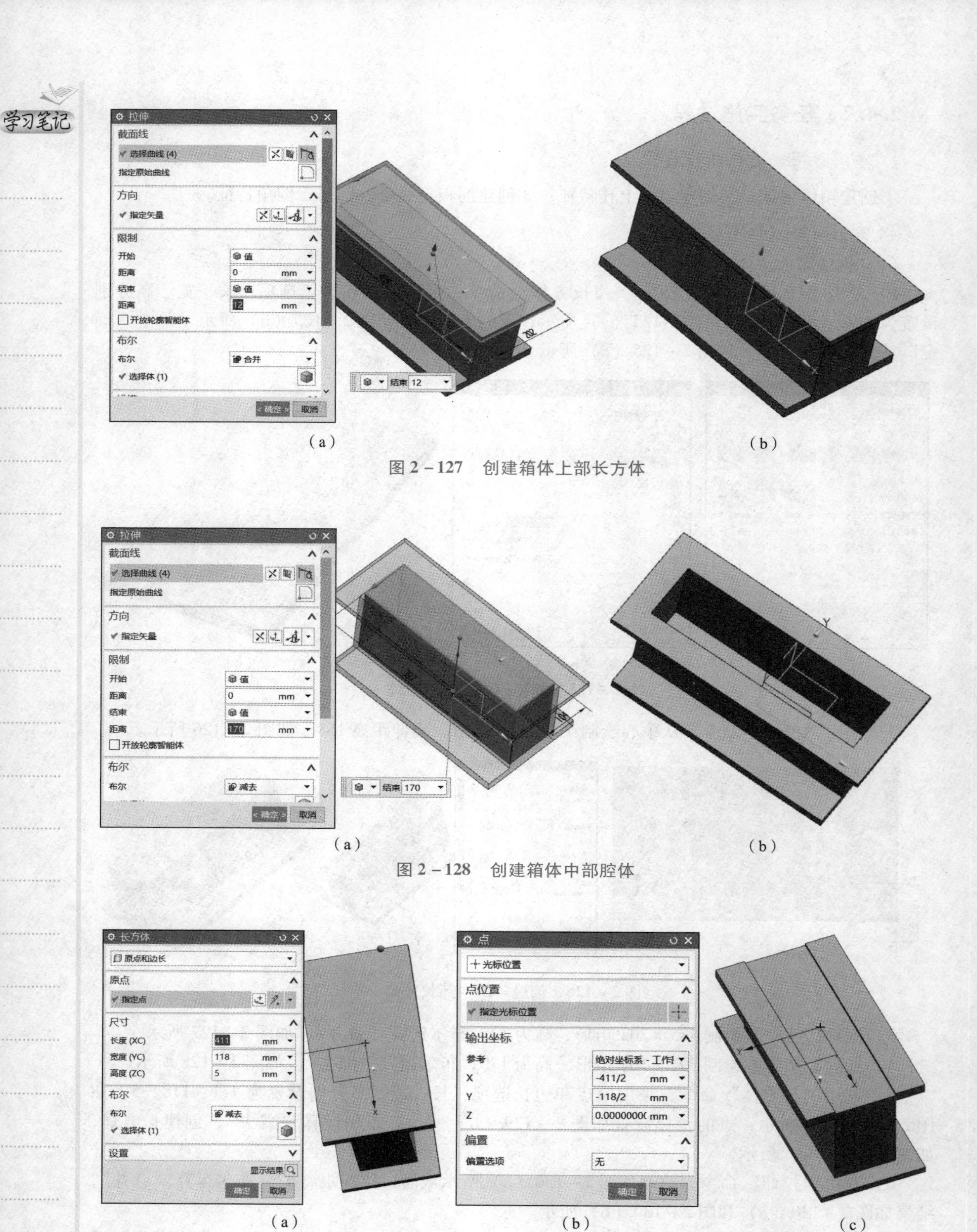

(a)　　　　　　　　　　(b)

图 2－127　创建箱体上部长方体

(a)　　　　　　　　　　(b)

图 2－128　创建箱体中部腔体

(a)　　　　　　　　　　(b)　　　　　　　　　　(c)

图 2－129　创建箱体底部空腔

学习笔记

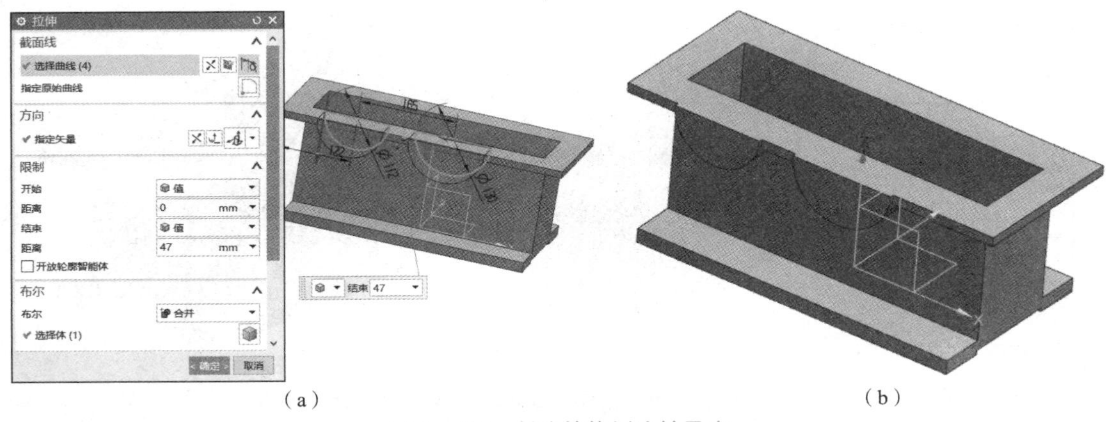

(a)　　　　(b)

图 2-130　创建箱体侧边轴承座

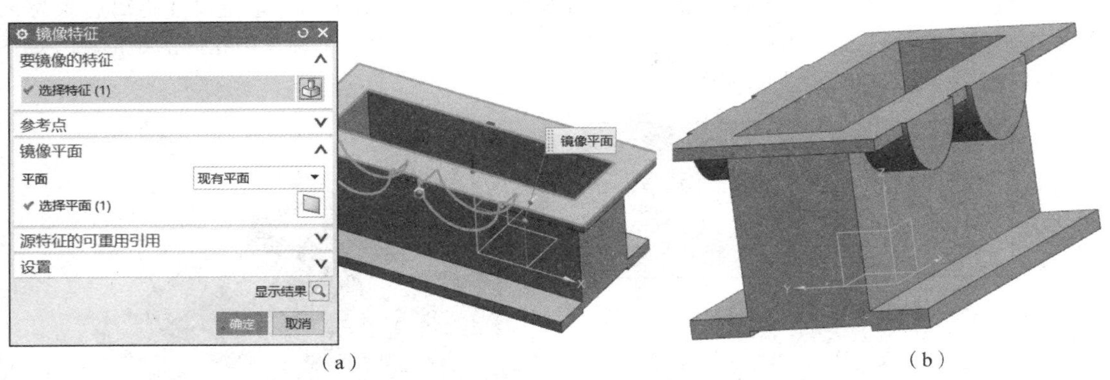

(a)　　　　(b)

图 2-131　创建轴承座镜像特征

8）利用“圆柱”命令，用“轴、直径和高度”选项，“指定矢量”选择 *YC* 轴，“指定点”选择轴承座的圆心点，尺寸设置如图 2-132（a）所示，“布尔运算”选择“减去”，单击“确定”按钮，结果如图 2-132（b）所示。同理，绘制第 2 个轴承座孔，如图 2-132（c）和图 2-132（d）所示。

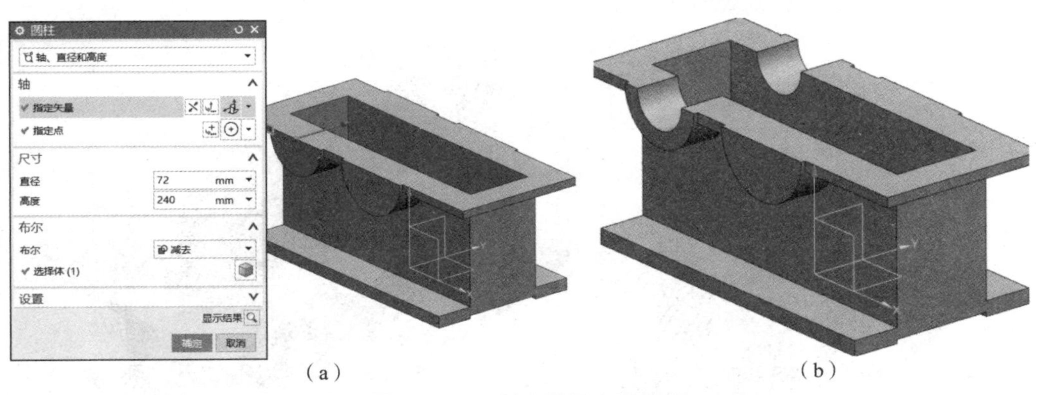

(a)　　　　(b)

图 2-132　创建轴承座孔特征

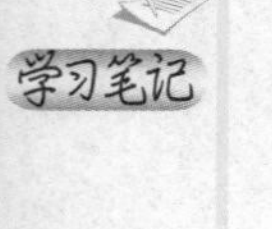

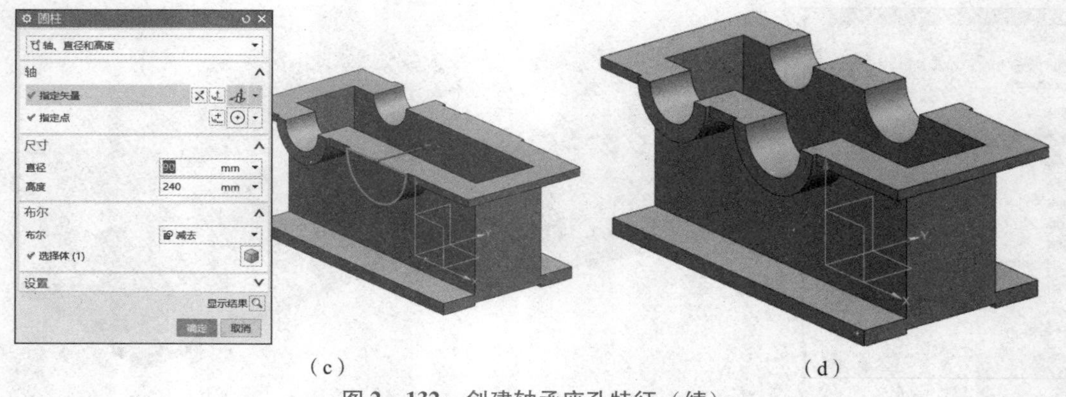

（c）　　　　　　　　　　　　　　（d）

图 2－132　创建轴承座孔特征（续）

9）利用“矩形槽”命令创建挡圈槽，尺寸如图 2－133（a）所示，定位尺寸距离边缘为 5，单击“确定”按钮，结果如图 2－133（b）所示。同理，绘制第 2 个轴承座孔内的矩形槽，如图 2－133（c）和图 2－133（d）所示。

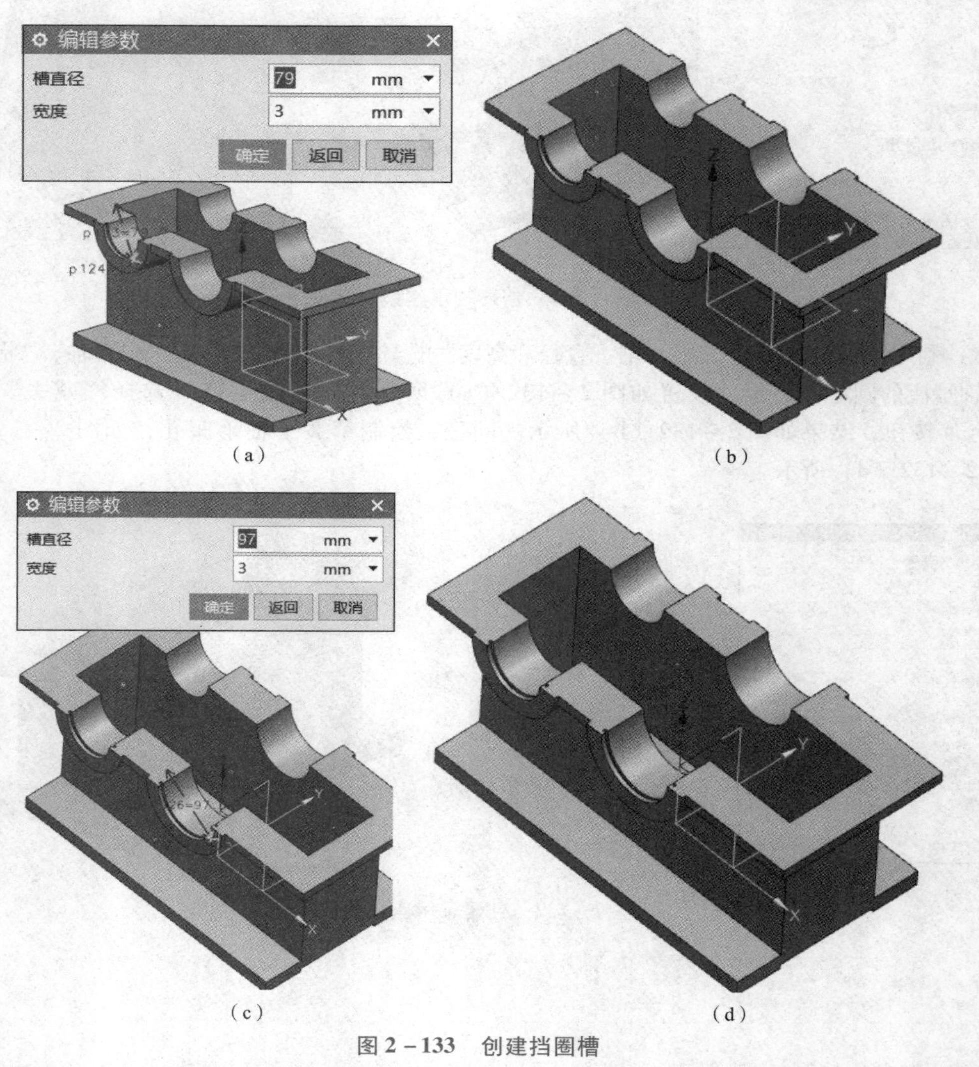

（a）　　　　　　　　　　　　　　（b）

（c）　　　　　　　　　　　　　　（d）

图 2－133　创建挡圈槽

10）利用“镜像特征”命令，“要镜像的特征”选择步骤9）绘制的挡圈槽，“镜像平面”选择如图2－134（a）所示平面，结果如图2－134（b）所示。

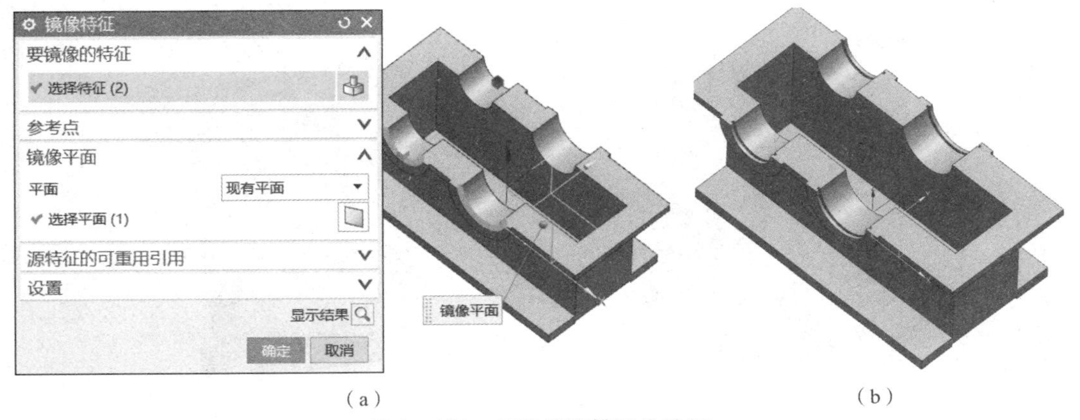

（a）（b）

图2－134　创建挡圈槽镜像特征

11）利用“拉伸”命令，“绘制截面”如图2－135（a）所示，“拉伸距离”设置选择“直至延伸部分”，“布尔运算”为“合并”，单击“确定”按钮，结果如图2－135（b）所示。

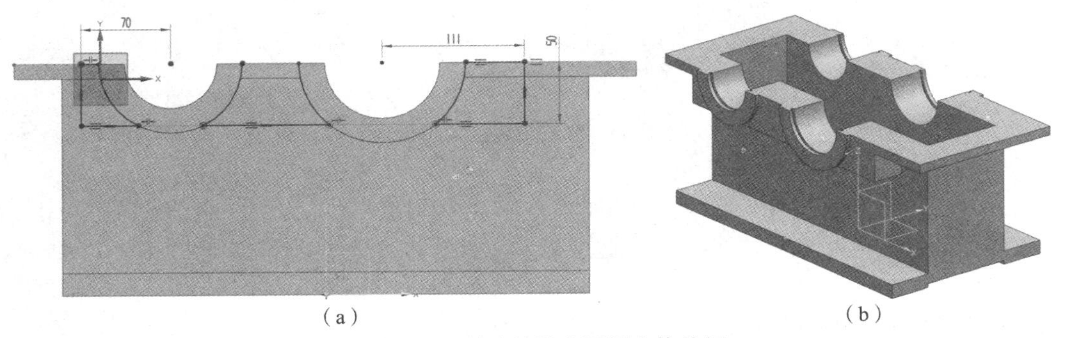

（a）（b）

图2－135　创建轴承座下侧实体特征

12）利用“镜像特征”命令，“要镜像的特征”选择步骤11）绘制的实体特征，“镜像平面”选择如图2－136（a）所示平面，结果如图2－136（b）所示。

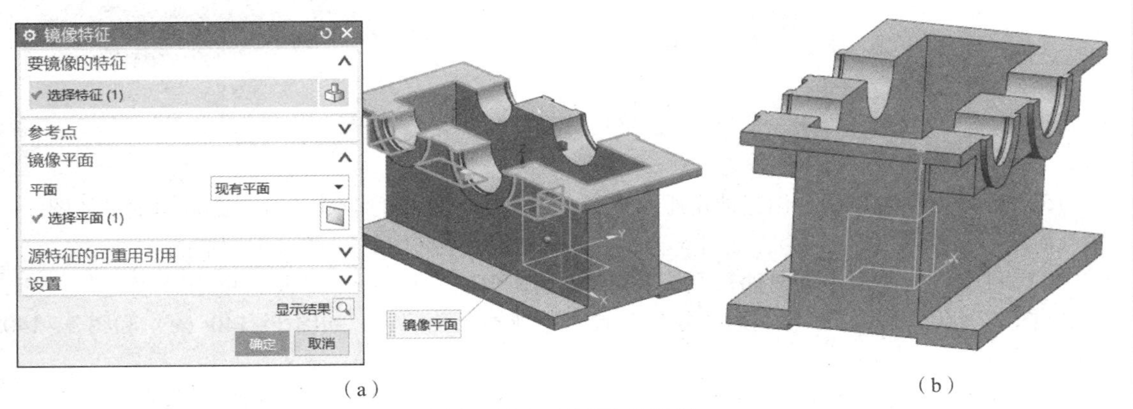

（a）（b）

图2－136　创建镜像特征

学习笔记

13）利用“拉伸”命令，“绘制截面”如图2－137（a）所示，“拉伸距离”为对称值，设置为8，“布尔运算”为“合并”，结果如图2－137（b）所示。

利用“镜像特征”命令，如图2－137（c）和图2－137（d）所示。

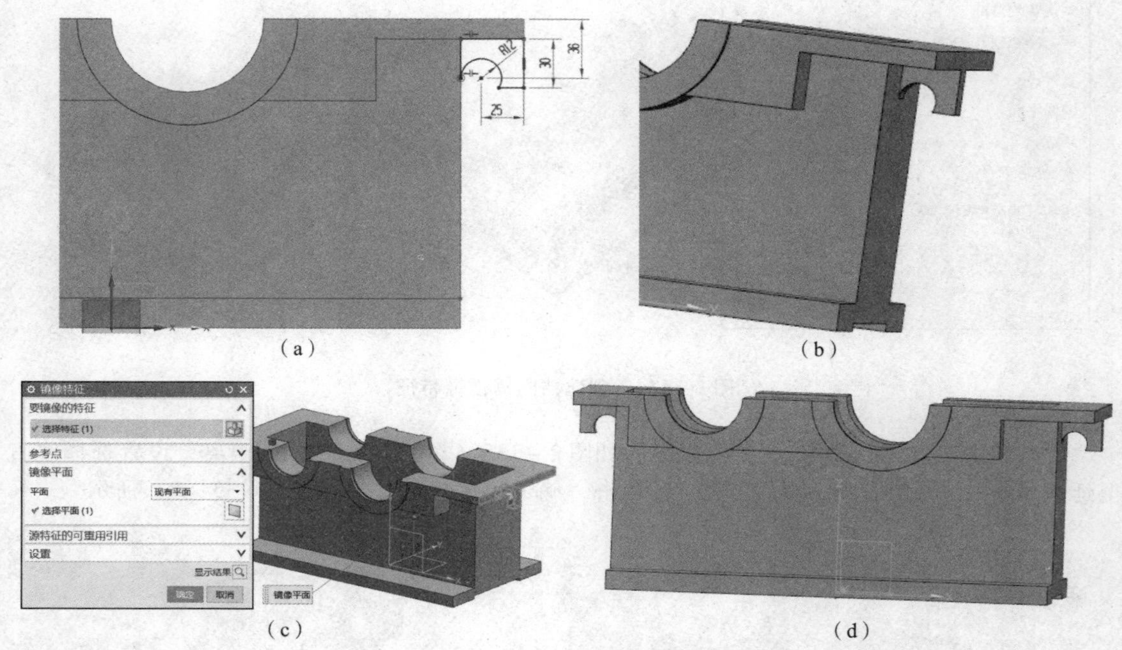

（a）　（b）

（c）　（d）

图2－137　创建挂钩特征

14）利用“基准坐标系”命令，创建基准坐标系，利用“动态方式”数值输入，单击*ZOX*间的旋转拖动柄，角度输入“－45”，创建坐标系，如图2－138（a）和图2－138（b）所示。

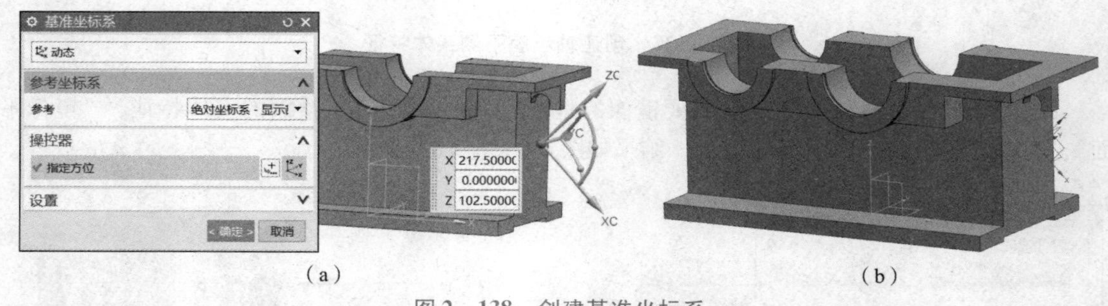

（a）　（b）

图2－138　创建基准坐标系

15）利用“拉伸”命令创建油尺座，选择上述基准坐标系的*YOX*平面，绘制截面，如图2－139（a）所示，距离限制“直至延伸部分”，完成的油尺座如图2－139（b）所示。

16）利用“孔”命令创建油尺孔，尺寸设置如图2－140（a）所示，单击“确定”按钮，结果如图2－140（b）所示。利用“拉伸”命令创建油尺孔沉台，如图2－140（c）和图2－140（d）所示。

17）利用“拉伸”和“孔”命令创建放油塞凸台、螺纹孔和沉台，如图2－141所示。

学习笔记

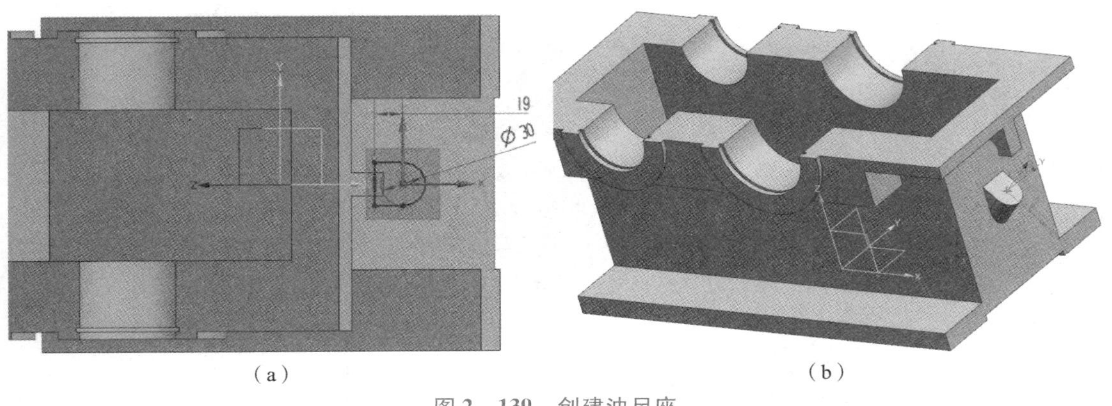

(a)　　　　(b)

图 2－139　创建油尺座

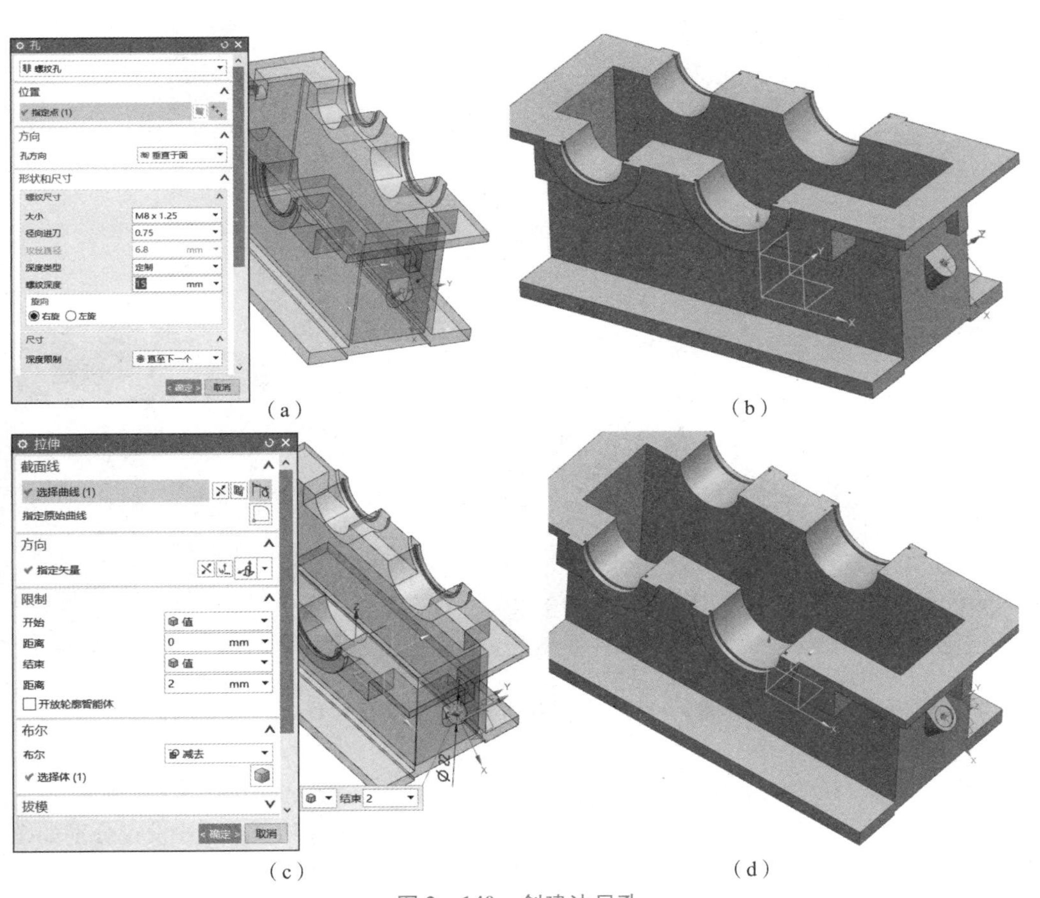

(a)　　　　(b)

(c)　　　　(d)

图 2－140　创建油尺孔

(2) 创建箱体上孔特征

1) 利用“孔”和“阵列特征”命令，创建箱体与箱盖安装孔组 1，尺寸设置分别如图 2－142 (a)～(d) 所示。

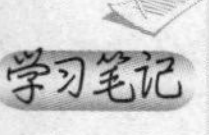

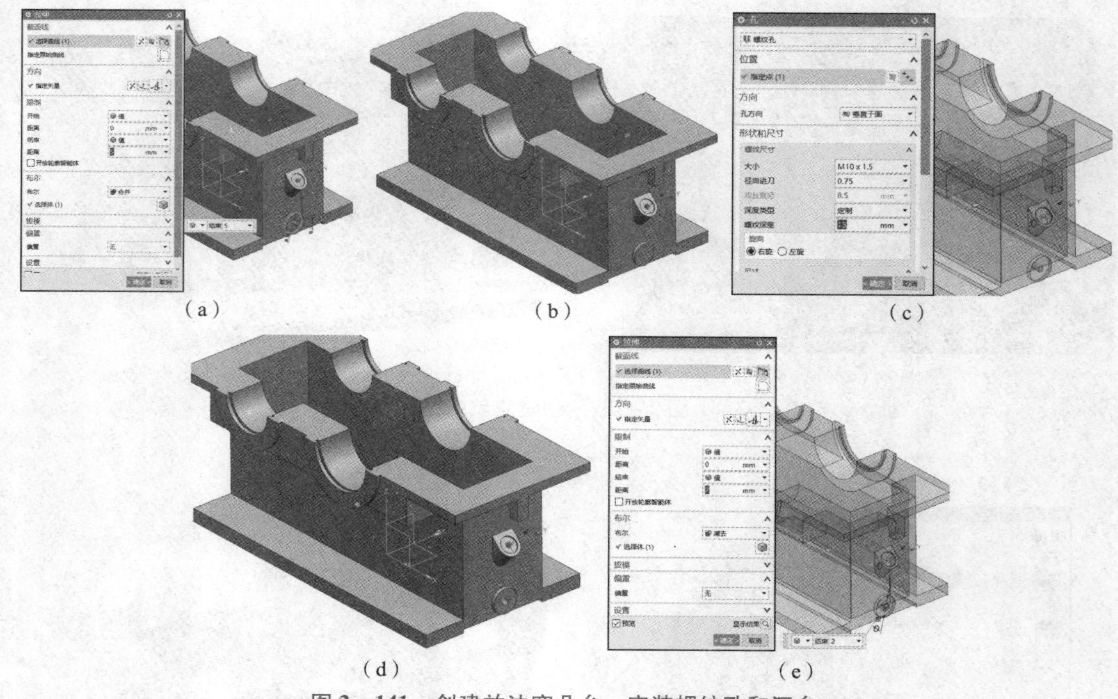

图 2-141　创建放油塞凸台、安装螺纹孔和沉台

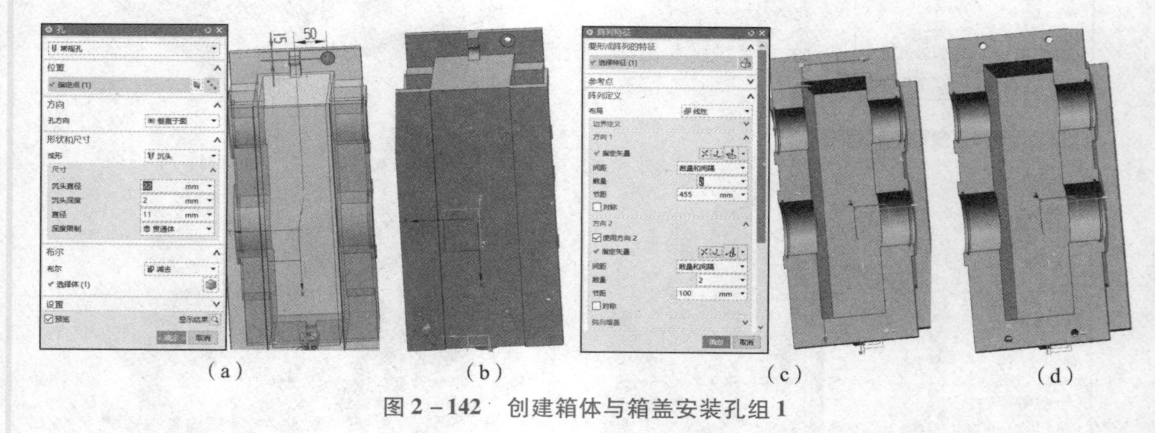

图 2-142　创建箱体与箱盖安装孔组 1

2）利用“孔”和“镜像特征”，绘制轴承端盖安装孔，尺寸设置如图 2-143 所示。

3）利用“孔”和“阵列特征”命令，创建箱体与箱盖安装孔组 2，尺寸设置分别如图 2-144（a）~（f）所示。

4）同理，利用“孔”和“阵列特征”命令，创建箱体与支座安装孔，尺寸设置分别如图 2-145（a）~（d）所示。

5）同理，利用“孔”命令，创建圆柱定位销孔，尺寸设置分别如图 2-146 所示。

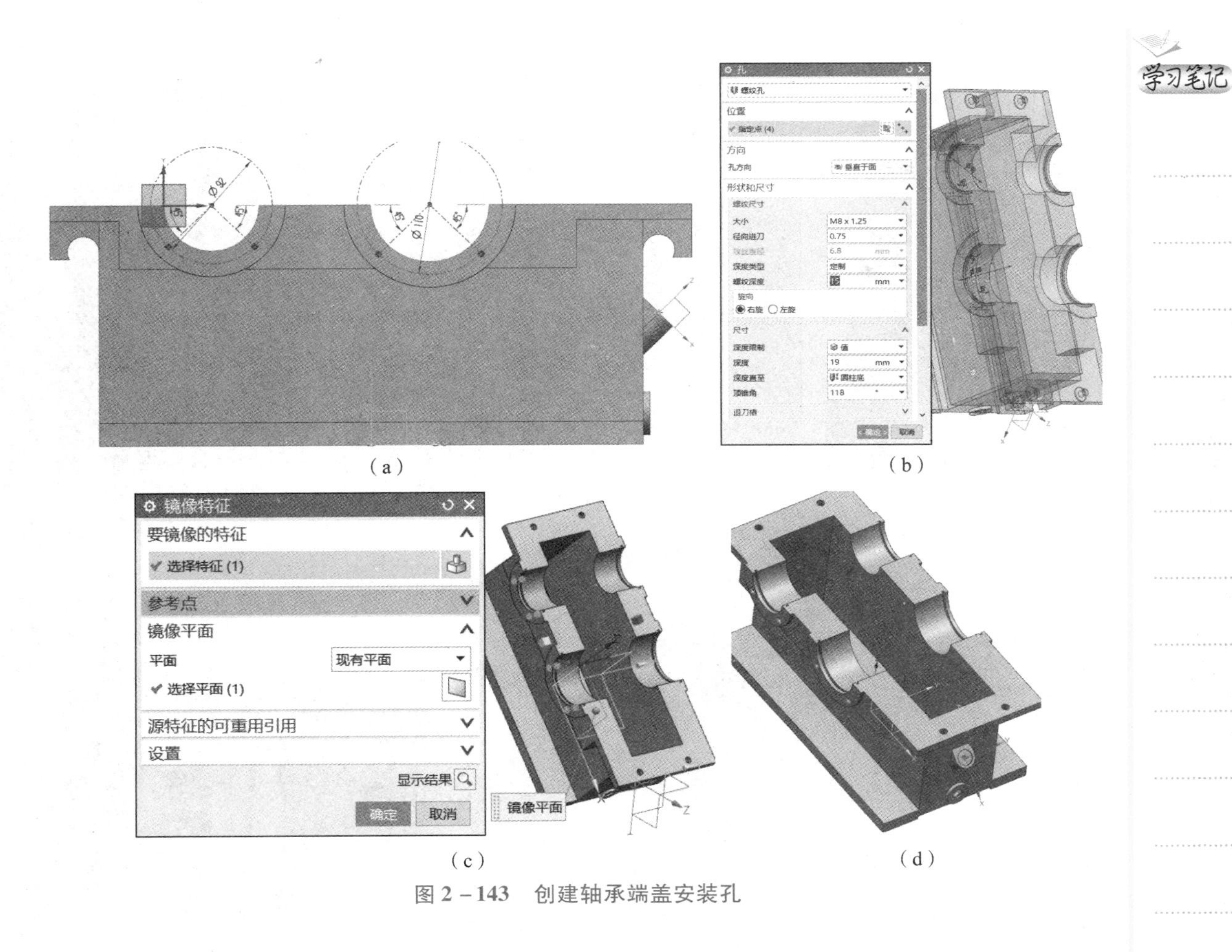

(a) (b)

(c) (d)

图 2-143 创建轴承端盖安装孔

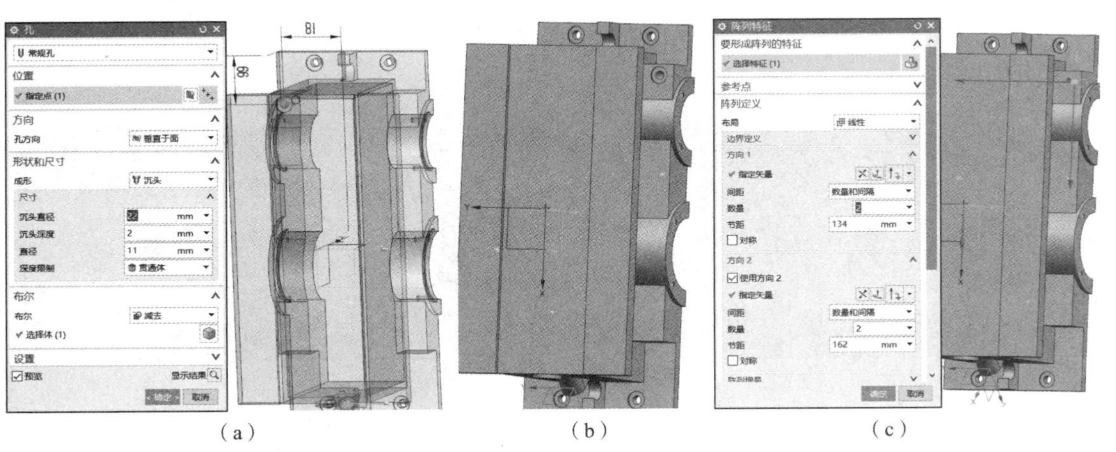

(a) (b) (c)

图 2-144 创建箱体与箱盖安装孔组 2

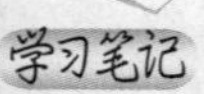

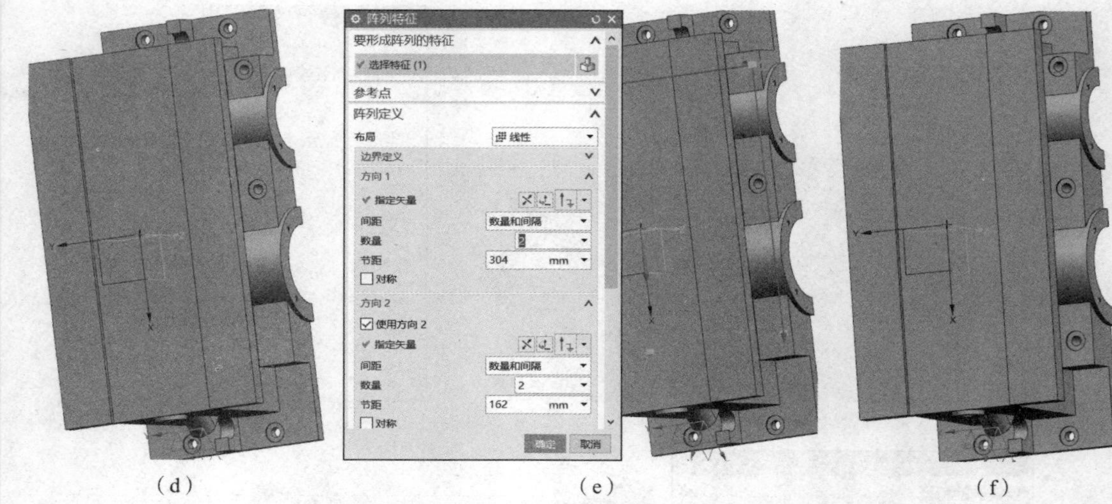

（d）　　　　（e）　　　　（f）

图 2－144　创建箱体与箱盖安装孔组 2（续）

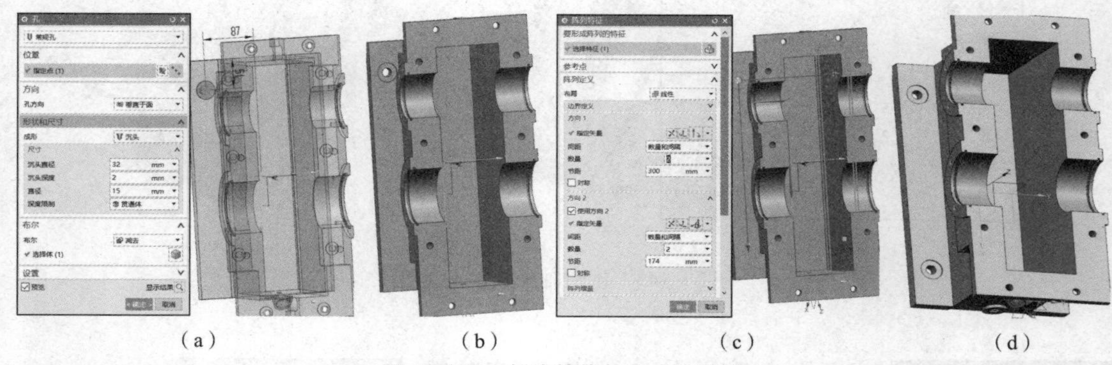

（a）　　　　（b）　　　　（c）　　　　（d）

图 2－145　创建箱体与支座安装孔

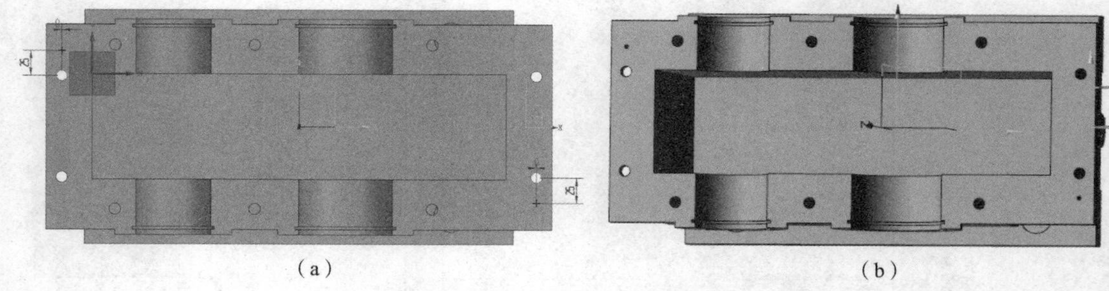

（a）　　　　（b）

图 2－146　创建圆柱定位销孔

（3）创建筋板、拔模、圆角、倒角等特征

1）创建筋板特征。

利用“基准平面”“筋板”和“镜像特征”命令创建筋板，尺寸设置分别如图 2－147（a）～（j）所示。

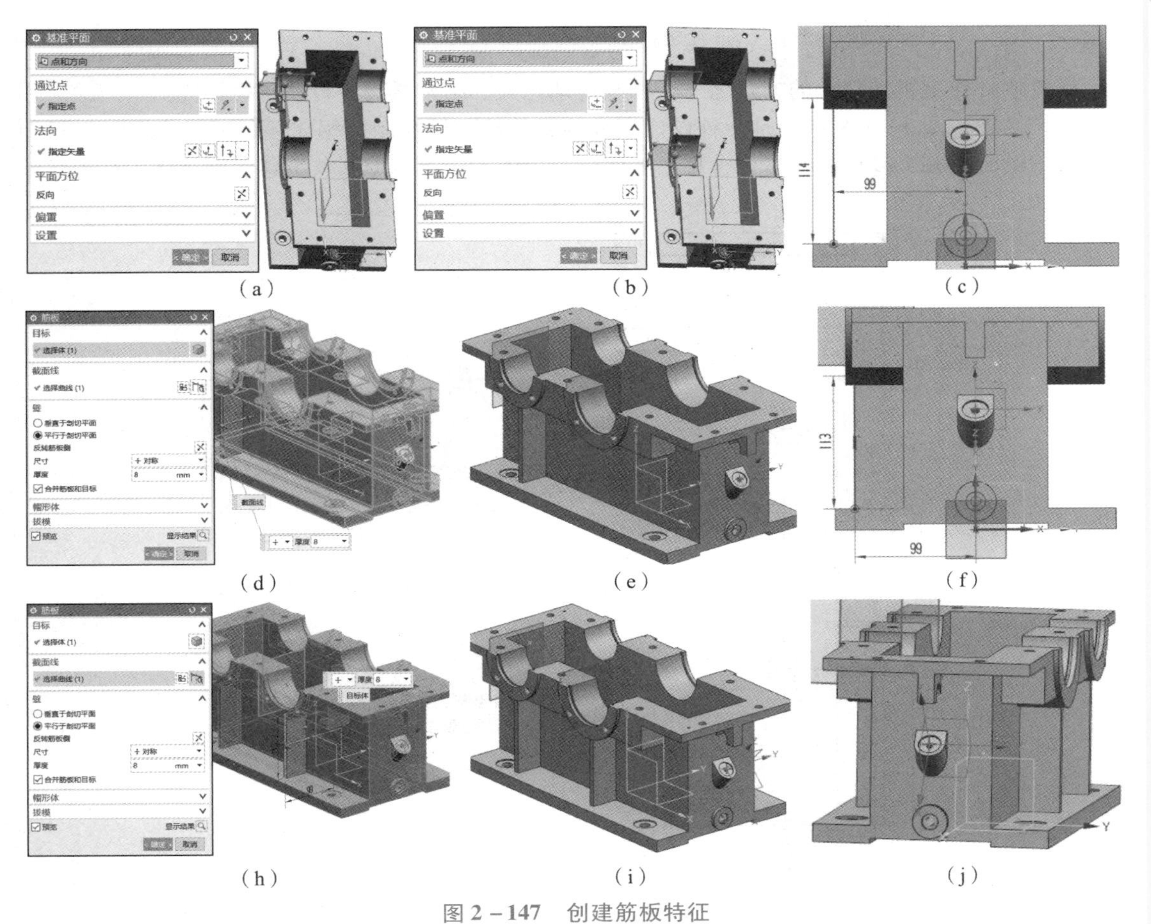

图 2－147　创建筋板特征

2）创建圆角、倒角、拔模等特征。

利用“拔模”“筋板”和“镜像特征”命令创建筋板，尺寸设置分别如图 2－148（a）～（c）所示，建模完成的箱体如图 2－148（c）所示。

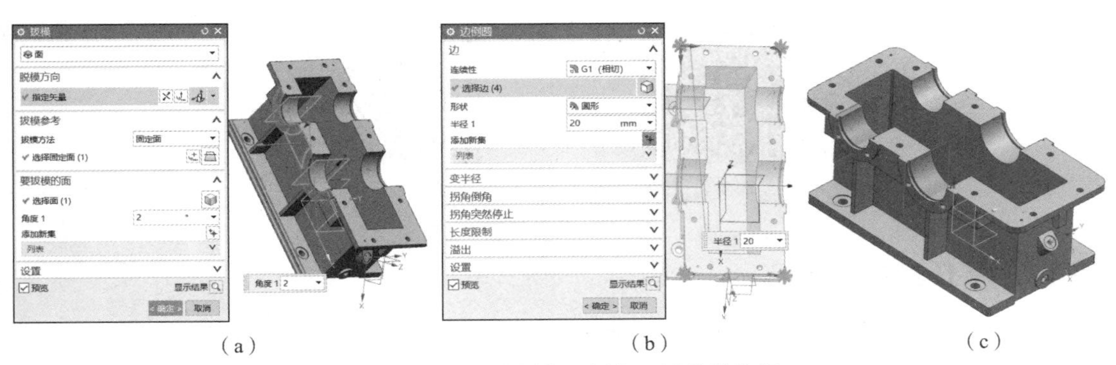

图 2－148　创建圆角、倒角、拔模等特征

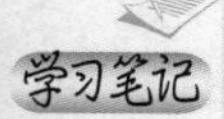

2.4.3 任务拓展实例（蜗轮箱的绘制）

蜗轮蜗杆作为机械传动的方式之一，具有传动比大、结构紧凑、传动平稳等优点，广泛应用于各类产品中。图 2－149 所示是一种设计完成的蜗轮箱，试绘制此蜗轮箱的三维模型，进行箱体装配与动画仿真，验证结构是否合理。该案例应用的命令有拉伸、长方体、圆柱体、孔等。

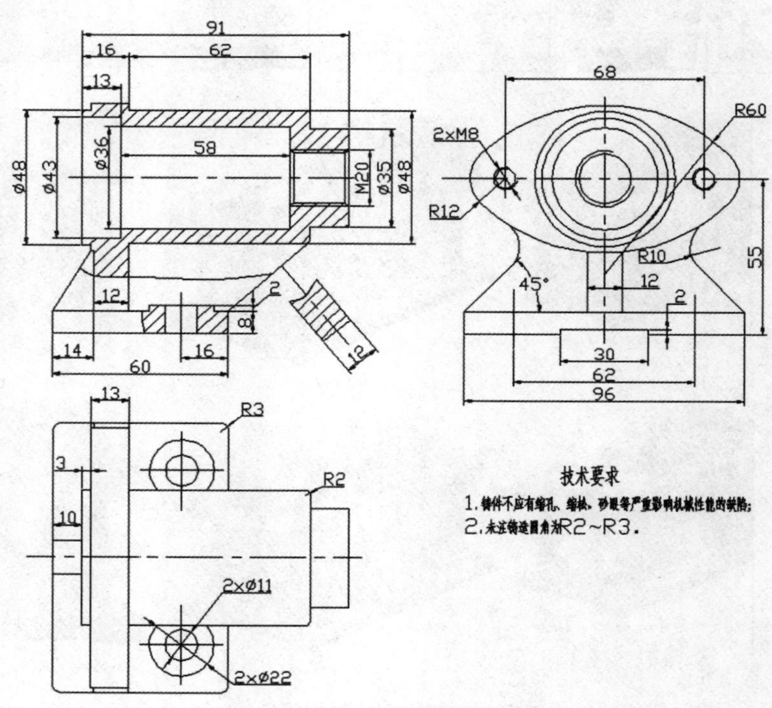

图 2－149　蜗轮箱图纸

1. 蜗轮箱模型绘制思路

①绘制蜗轮箱主体；②绘制筋板、孔、圆角等次要特征。

2. 绘制步骤

绘制步骤简表

绘制过程

2.4.4 任务加强练习

1. 建立如图 2－150 所示箱体 1 的三维模型。
2. 建立如图 2－151 所示箱体 2 的三维模型。

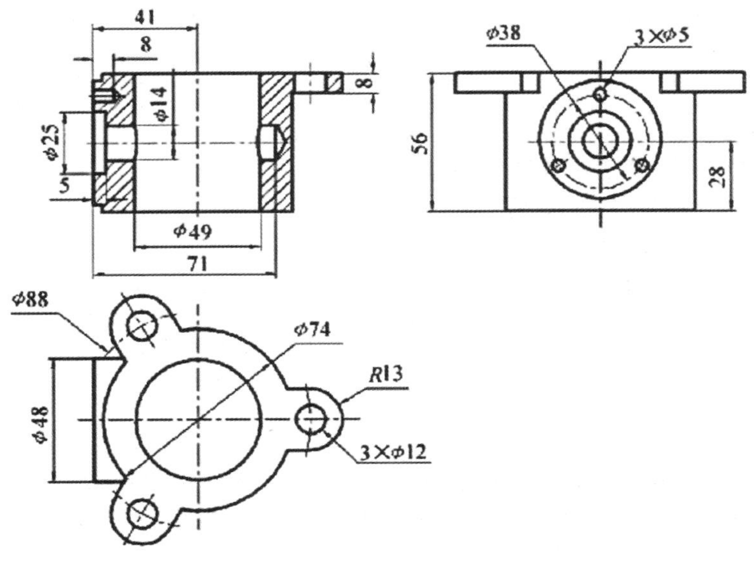

图 2－150 箱体 1 图纸

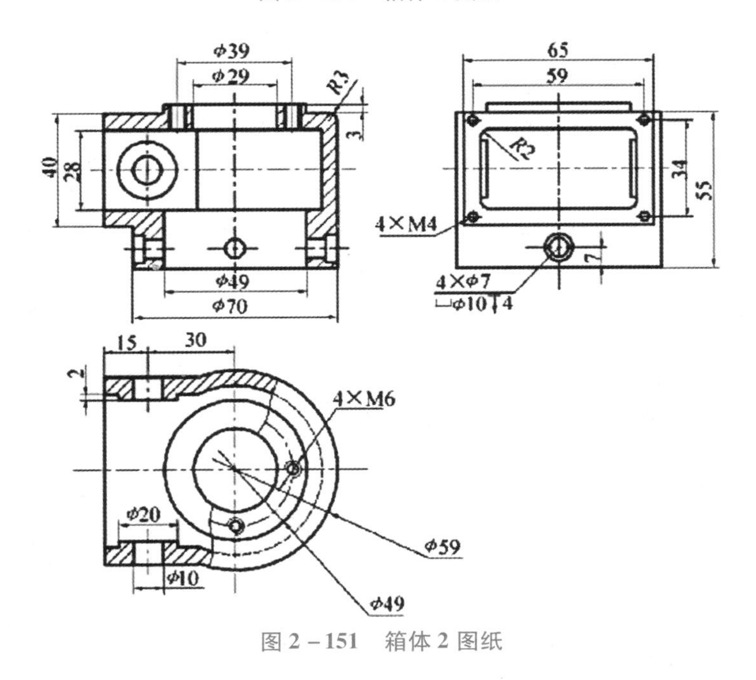

图 2－151 箱体 2 图纸

思考与练习

小贴士：箱体类零件通常是部件的主体，有较大的空腔，用于支撑、包容、保护相关零件。箱体类零件结构形状一般比较复杂，上面常布置有形状、大小各异的孔、凸台、肋板、底板等结构。绘制此类模型时，首先看懂各视图间对应关系，尤其注意局部剖视图、向视图等视图包含的信息等，先绘主体，建立箱体主体框架，再利用布尔运算绘制细节特征，如筋板、油孔、螺纹孔等。圆角大小、拔模斜度等信息常包含于技术要求中。

学习笔记

学习笔记

1. 应用修剪体命令时，所选工具面是否必须要大于实体的截面？若不满足此条件，会有什么结果？

2. “合并”命令可否用于实体和片体间的合并？

3. 生产中常见的箱体类零件有哪些？任意说出 3 种。（头脑风暴题）

项目小结

本项目通过知识链接、任务实施过程、任务拓展实例和任务加强练习等环节，分类介绍了轴类零件、盘盖类零件、叉架类零件、箱体类零件的常用绘制步骤及实体建模命令。通过本项目的学习，要掌握实体建模常用命令的操作步骤和注意事项、草图修改及编辑的方法。通过对大量命令的详细介绍和对应案例的练习与操作，熟练掌握拉伸、旋转、孔、阵列特征、镜像特征、筋板、长方体等实体建模的命令，移动面、替换面等同步建模命令。三维建模是本教材中的重点和难点，掌握了三维实体建模的常用命令，能建立大多数实体的模型，熟练掌握这些命令，不但能根据设计要求建立相应模型，而且能提升绘图速度和软件应用能力。

岗课赛证

UG NX 软件在支撑就业岗位方面，以及职业院校技能大赛，省级、国家级等技能大赛等方面，起着重要的作用；在证书考取方面等有着广阔的应用场景和范围。

（1）UG NX 软件对应的行业有装备制造业、汽车行业、模具行业等，匹配的就业岗位有工业设计、产品设计、工艺设计等；UG NX 软件在诸多中外大型企业中有着广泛的应用，如波音、丰田、福特、宝马、奔驰、潍柴等著名企业。

图 2－152 所示为某型汽车曲轴箱图纸，图 2－153 所示为某型汽车火花塞图纸。

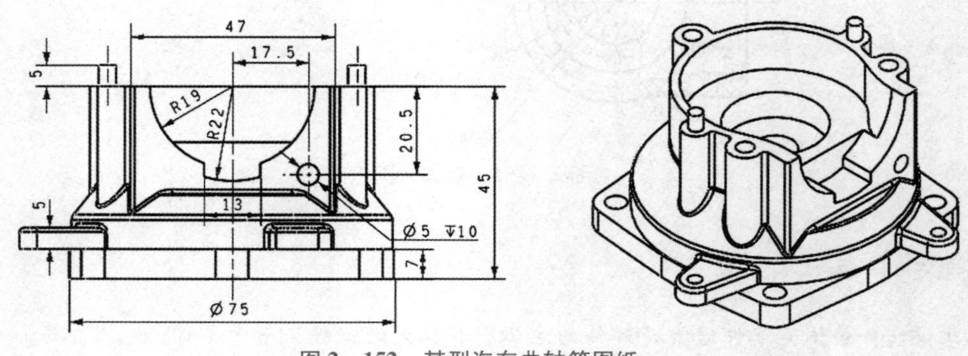

图 2－152　某型汽车曲轴箱图纸

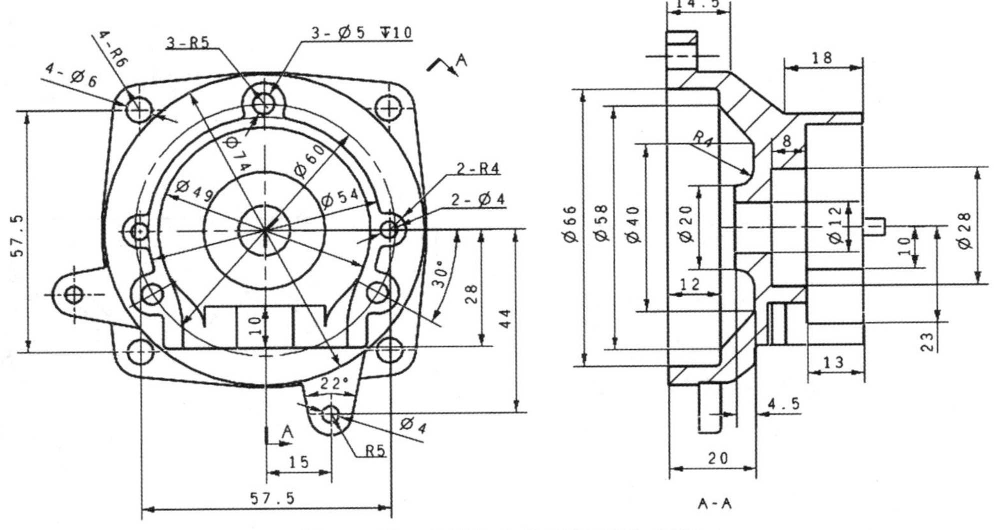

图 2－152　某型汽车曲轴箱图纸（续）

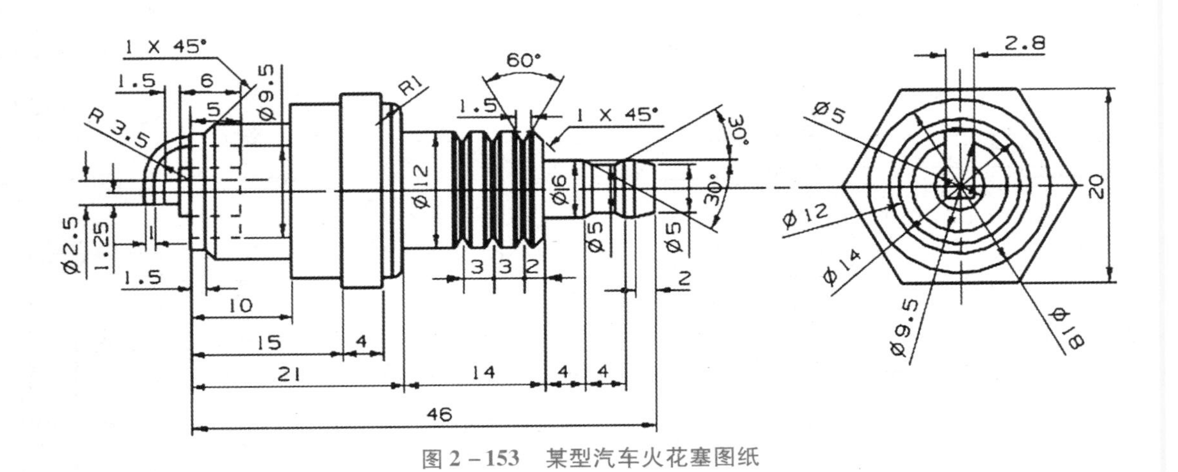

图 2－153　某型汽车火花塞图纸

(2) UG NX 软件在世界技能大赛、全国三维数字化创新设计大赛、全国大学生机械创新设计大赛、全国职业院校技能大赛、行业赛、省技术技能大赛中，有着广泛的应用。图 2－154 和图 2－155 所示为 2022 年全国职业院校技能大赛复杂部件数控多轴联动加工技术赛项样题。

(3)《数控车铣加工职业技能等级标准》标准代码：460018。

本标准的考核要求是：能够独立完成机械部件的三维模型设计及数字化制造。运用几何设计和曲面设计等方法，构建机械零件和曲面模型，完成机械部件的数字化设计，编制机械产品加工工艺方案、工艺规程与工艺定额等工艺文件。通过自动编程，完成曲面类、异形类和支架类复杂零件数控铣削编程，并完成曲面模型加工验证。

数控车铣加工职业技能等级标准

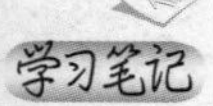

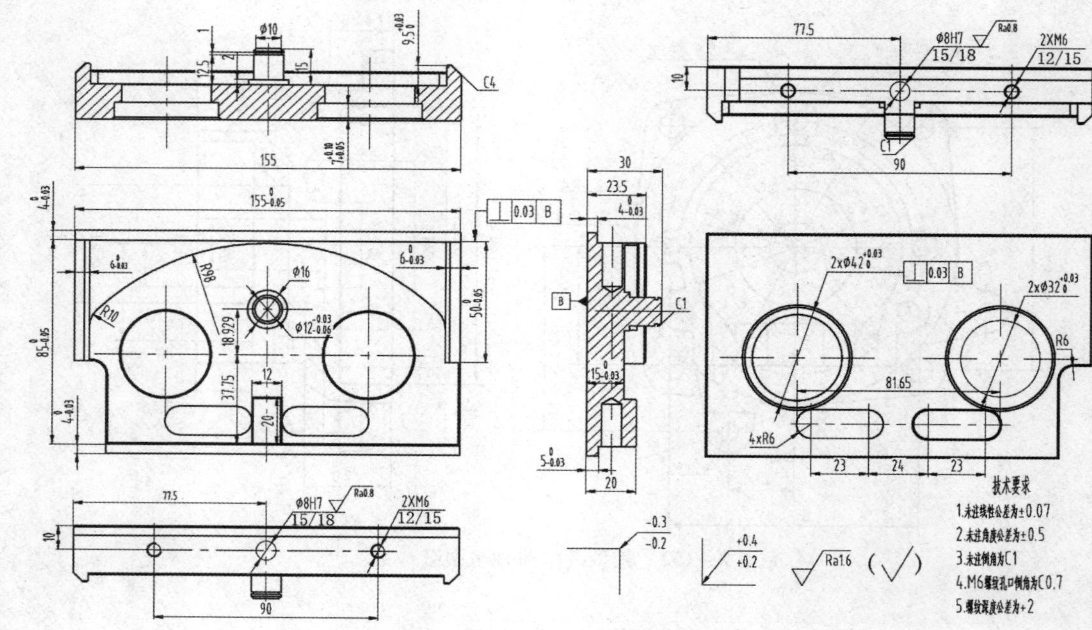

图 2－154　右侧板

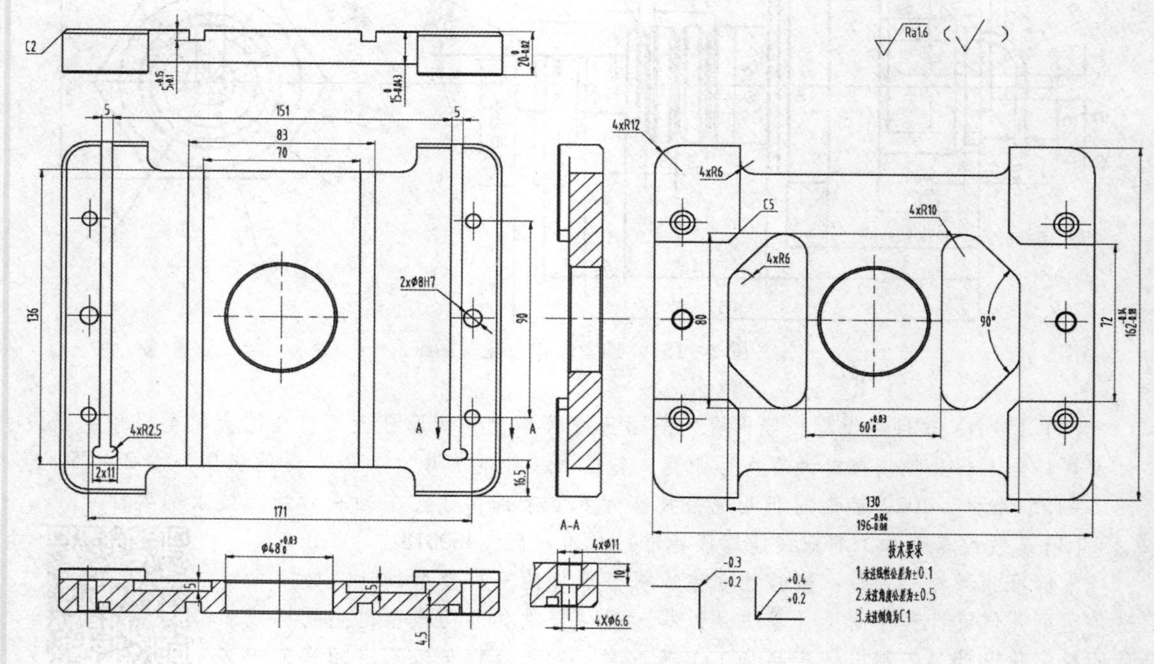

图 2－155　底板

心无旁骛做实业、用澎湃动力装备中国重卡中国轮船——潍柴动力

学习笔记

大国工匠2018年度人物——王树军	
2019中国品牌强国盛典——十大年度榜样品牌：潍柴动力	
潍柴：13年磨一剑　重型商用车动力总成获国家科技进步一等奖	
潍柴70周年宣传片	
潍柴青年科技创新团队　“三高”试验队：挑战生命的极限	

项目考核

一、选择题

1. UG建立实体模型时，以下描述正确的是（　　）。

A. 基于特征建立模型　　B. 参数化驱动

C. 全数据相关　　D. 以上都对

2. 下列选项中，对于拉伸特征的说法，正确的是（　　）。

A. 对于拉伸特征，草绘截面必须是封闭的

B. 对于拉伸特征，草绘截面可以是封闭的，也可以是开放的

C. 拉伸特征只可以产生实体特征，不能产生曲面特征

D. 拉伸的方向只能垂直于草图平面

3. 基准面的作用是（　　）。

A. 作为草图的放置面　　B. 作为定位基准

C. 可减少特征间父子关系　　D. 以上都对

学习笔记

4. 下列不是基本体素类型的是（　　）。

A. 块　　B. 圆锥体　　C. 圆柱体　　D. 凸台

5. 下列类型不是创建基准面的类型的是（　　）。

A. 点和方向　　B. 三点　　C. 在曲线上　　D. 曲线和点

6. 以下说法错误的是（　　）。

A. 实体与实体可以进行合并的布尔操作　　B. 实体与片体不可以进行合并的布尔操作

C. 片体与片体可以进行合并的布尔操作　　D. 实体与实体可以进行减去的布尔操作

7. 用旋转命令绘制特征时，可以选用（　　）作为旋转矢量。

A. 基准坐标系轴　　B. 草图自身的直线

C. 建立的基准轴　　D. 以上都可以

二、判断题

1. 在使用拉伸命令时，可根据设计需要任意设置拉伸距离。（　　）

2. 使用旋转命令时，草绘截面必须是封闭的。（　　）

3. 孔命令不能创建底部为平面的孔。（　　）

4. 在使用旋转命令建模时，草绘截面相同，指定的旋转轴矢量相同，但指定的旋转基点不同，所形成的实体或片体结果可能不同。（　　）

5. 拆分体是将实体一分为二，两侧都保留。（　　）

6. 隐藏特征是将实体模型临时移除一个或多个特征，即取消它们的显示。（　　）

7. 沿引导线扫掠时，截面可以是封闭或开放曲线，并且只能选择 1 条截面曲线。（　　）

8. 建模命令快捷键可根据需求任意定制。（　　）

三、绘制如图 2－156～图 2－159 所示零件的模型

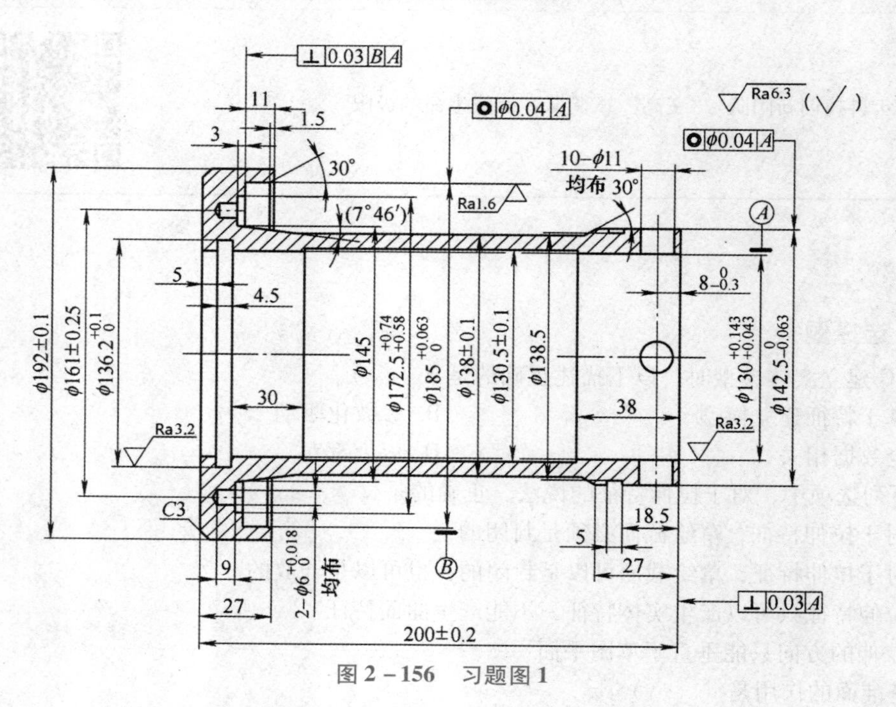

图 2－156　习题图 1

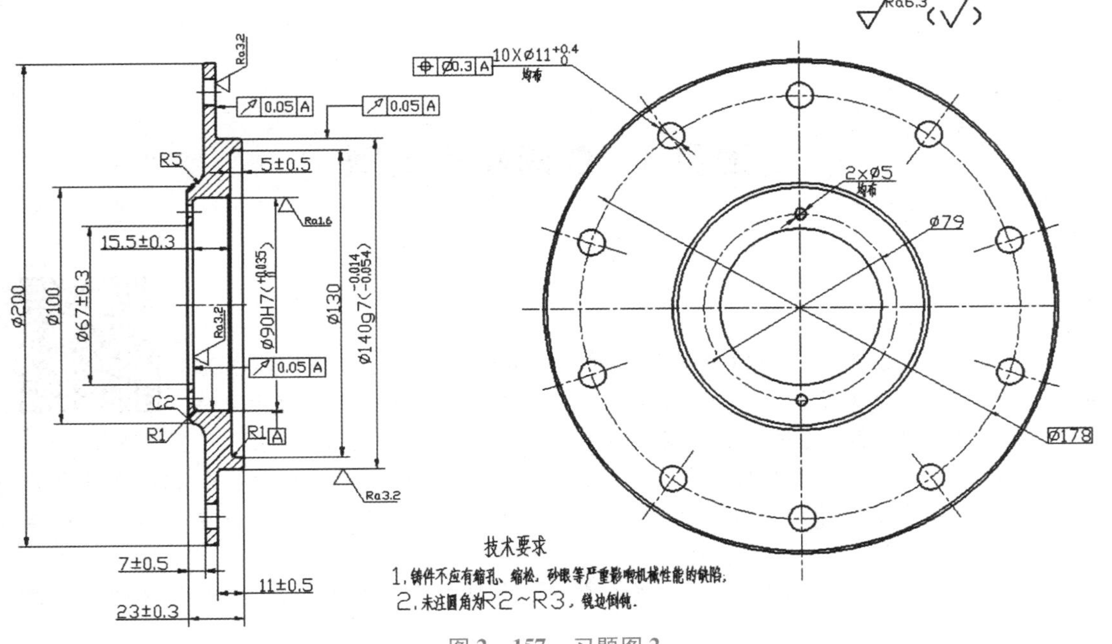

图 2-157　习题图 2

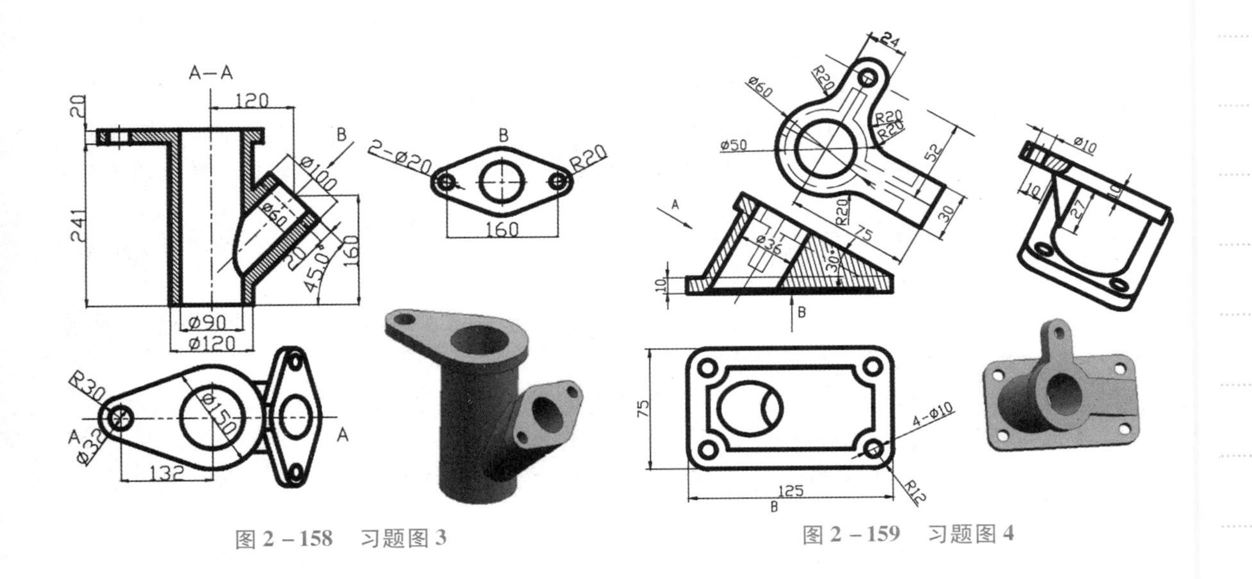

图 2-158　习题图 3

图 2-159　习题图 4

项目3　曲面建模实例

项目描述 

课程思政案例3

曲面也称为自由曲面，是UG NX软件的重要组成部分，是体现UG NX软件三维设计能力的重要标志之一。使用曲面建模功能可以完成实体建模无法完成的三维设计项目，因此掌握曲面建模对造型工程师来说至关重要。

UG NX提供了多种曲面建构的方法，功能强大，使用方便。大多数曲面在UG NX中是作为特征存在的，因此编辑曲面也非常方便。但要正确使用曲面造型功能，需要了解曲面的构成原理。

UG NX曲面常用于实体建模无法完成的特征，如鼠标表面的建立、汽车车身的建立、汽车后视镜壳的建立、吹风机机壳的建立等。

学习目标

1. 能理解曲面建模原理和曲面建模功能。
2. 能熟练使用掌握基于点构建曲面的工具：通过点、从极点和从点云。
3. 能熟练使用基于曲线构建曲面的工具：直纹面、通过曲线组、通过曲线网格、扫掠。
4. 能熟练使用曲面操作工具：桥接曲面、延伸曲面、N边曲面、偏置曲面、修剪的片体、修剪和延伸。
5. 能熟练使用曲面编辑工具：移动定义点、移动极点、扩大、等参数修剪/分割、边界。
6. 能熟练使用曲面分析工具：剖面分析、高亮线分析、曲面连续性分析、半径分析、反射分析、斜率分析、距离分析、拔模分析。
7. 认同质量是产品的生命线，是企业生存之本。
8. 养成干一行、爱一行、专一行、精一行的工作态度。
9. 养成热爱产品，热爱岗位，认同企业文化，追求新技术、新工艺、新方法的工作作风。
10. 树立全面质量管理意识，追求创新和团队协作。

任务1　雨伞骨架及曲面建模

某雨伞制造企业接到一批订单，需制造一批雨伞，图纸要求如图3-1所示，现总工程师要求你尽快做出雨伞的曲面建模，查看其尺寸是否合理，同时计算雨伞表面积，从而确定进料量。雨伞骨架图纸如图3-1所示。

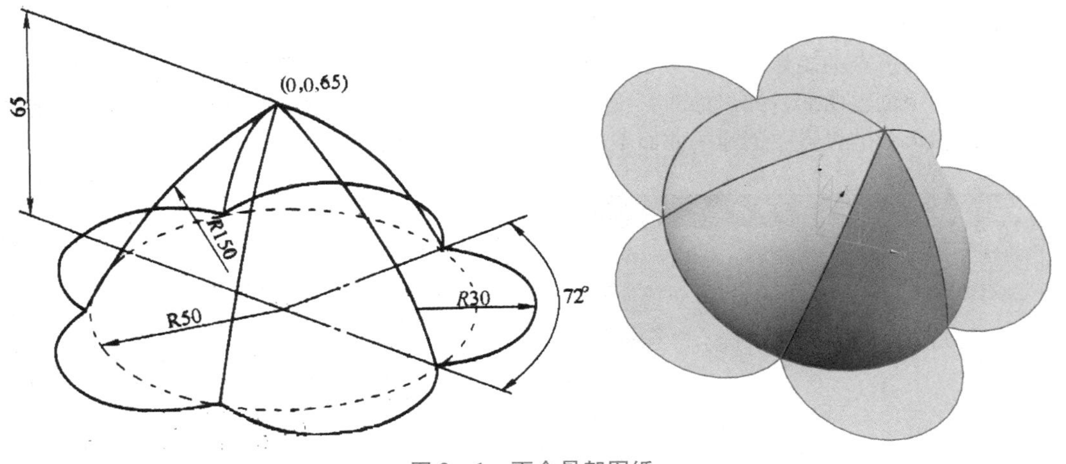

图 3－1　雨伞骨架图纸

3.1.1　知识链接

曲面建模是指由多个曲面组成立体模型的过程。但是创建的每一张曲面都是通过点创建曲线再来创建曲面的，也可以通过抽取或使用视图区已有的特征边缘线创建曲面。所以一般曲面建模的过程如下所示：

1）首先创建曲线。可以由空间点相连得到曲线，也可以从光栅图像中勾勒出用户所需曲线。

2）根据创建的曲线，利用过曲线、直纹、过曲线网格、扫掠等选项创建产品的主要曲面。

3）利用桥接面、二次截面、软倒圆、N 边曲面选项，对前面创建的曲面进行过渡接连、编辑或者光顺处理，最终得到完整的产品模型。

曲面建模常用命令的用法与技巧如下。

1. 由点构建曲面

（1）通过点

通过矩形阵列点来创建曲面。在“曲面”工具条上，以点数据来构建曲面的命令有通过点和从极点。单击“插入”→“曲面”→“通过点”命令，弹出如图 3－2 所示对话框。各选项含义如下：

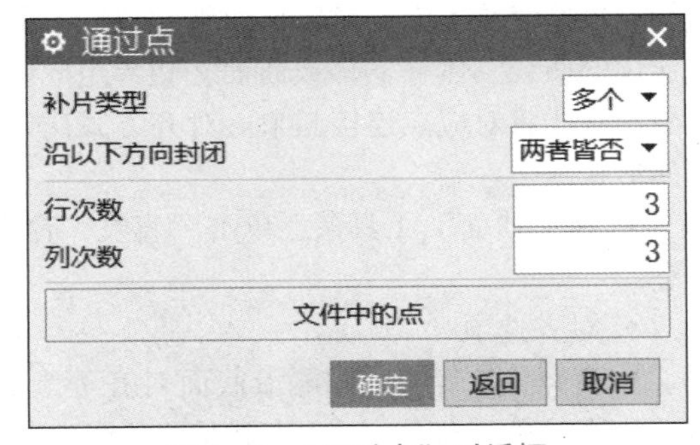

图 3－2　“通过点”对话框

- 补片类型：可以创建包含单个补片或多补片的体。有两种选择：
  - 单个：表示曲面将由一个补片构成。
  - 多个：表示曲面由多个补片构成。
- 沿以下方向封闭：当“补片类型”选择为“多个”时，激活此选项。有四种选择：
  - 两者皆否：曲面沿行与列方向都不封闭。
  - 行：曲面沿行方向封闭。
  - 列：曲面沿列方向封闭。
  - 两者皆是：曲面沿行和列方向都封闭。

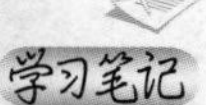

学习笔记

• 行阶次/列阶次：指定曲面在 U 向和 V 向的阶次。

(2) 从极点

用定义曲面极点的矩形阵列点创建曲面。通过若干组点来创建曲面，这些点作为曲面的极点。利用该命令创建曲面，弹出的对话框及曲面创建过程与“通过点”相同。区别在于定义点作为控制曲面形状的极点，创建的曲面不会通过定义点，如图 3-3 所示。

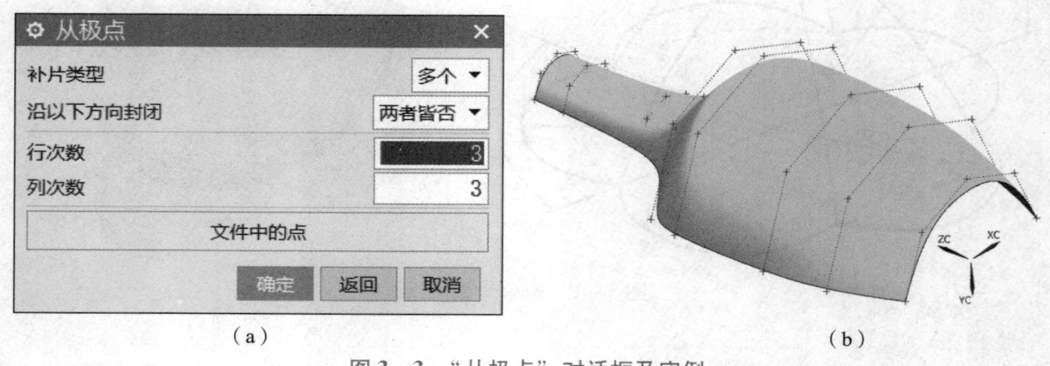

(a) (b)

图 3-3 “从极点”对话框及实例

小贴士：①同样一组点，利用“通过点”和“从极点”两种方法创建的曲面曲率区别很大，通常情况下，“通过点”创建的曲面的质量要优于“从极点”；②基于点方式创建的曲面是非参数化的，即生成的曲面与原始构造点不关联。当构造点编辑后，曲面不会产生关联性更新变化。

2. 由线构建曲面

在“曲面”工具条上以定义的曲线来创建曲面的工具有直纹面、通过曲线组、通过曲线网格、扫掠、剖切曲面等。

(1) 直纹面

在直纹形状为线性转换的两个截面之间创建体。“直纹面”又称为规则面，可看作由一系列直线连接两组线串上的对应点而编织成的一张曲面。每组线串可以是单一的曲线，也可以由多条连续的曲线、体（实体或曲面）边界组成。直纹面的建立应首先在两组线串上确定对应的点，然后用直线将对应点连接起来。对齐方式决定了两组线串上对应点的分布情况，直接影响直纹面的形状。

• 在“曲面”工具条上单击“直纹”命令图标，弹出如图 3-4 所示对话框。各选项含义如下：

• 对齐选项

■ 参数：按等参数间隔沿截面对齐等参数曲线。在 UG NX 中，曲线是以参数方程来表述的。参数对齐方式下，对应点就是两条线串上的同一参数值所确定点。

■ 弧长：两条线串都进行 n 等分，得到 $n+1$ 个点，用直线连接对应点即可得到直纹面。n 的数值是系统根据公差值自动确定的。

■ 根据点：由用户直接在两线串上指定若干个对应的点作为强制对应点。

■ 脊线、距离、角度：在脊线上悬挂一系列与脊线垂直的平面，这些平面与两线串相交就得到一系列对应点。距离对齐方式与角度对齐方式可看作是脊线对齐方式的特殊情况，距离对齐方式相当于以无限长的直线为脊线，角度对齐方式相当于以整圆为脊线。

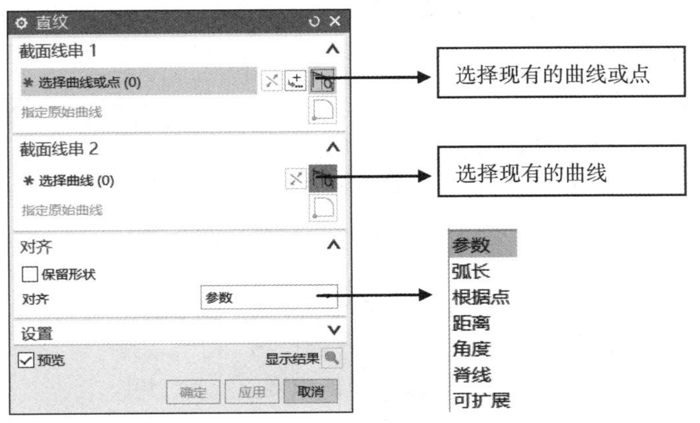

图 3－4 “直纹”对话框

举例如下：单击“直纹”命令，弹出如图 3－4 所示对话框。

1）指定两条线串：分别选择图 3－5（a）所示线串。每条线串选择完毕都要按中键确认，按下中键后，相应的线串上会显示一个箭头，如图 3－5（b）所示。

2）指定对齐方式及其他参数：“对齐”下拉列表中选择“参数”，其余采用默认值，单击“确定”按钮，结果如图 3－5（c）所示。

3）将“参数”对齐方式改为“脊线”：双击步骤（2）创建的直纹面，系统弹出“直纹面”对话框，将对齐方式改为“脊线”，并选择如图 3－5（d）所示的直线作为脊线，单击“确定”按钮即可创建脊线对齐方式下的直纹面，如图 3－5（e）所示。

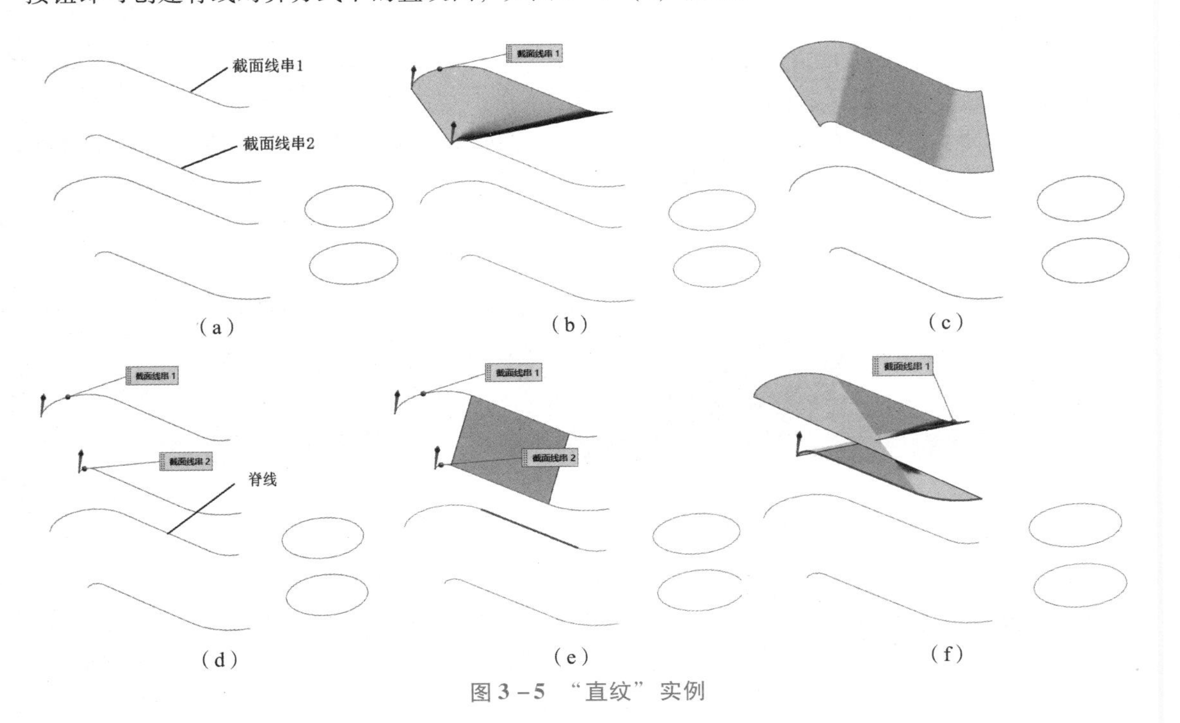

图 3－5 “直纹”实例

学习笔记

小贴士：对于大多数直纹面，应该选择每条截面线串相同端点，以便得到相同的方向，否则会得到一个形状扭曲的曲面，如图3－5（f）所示。

（2）通过曲线组

使用“通过曲线组”命令可以通过一组或多组截面线串来创建片体或实体。单击“插入”→“网格曲面”→“通过曲线组”命令，弹出如图3－6所示对话框。各选项含义如下：

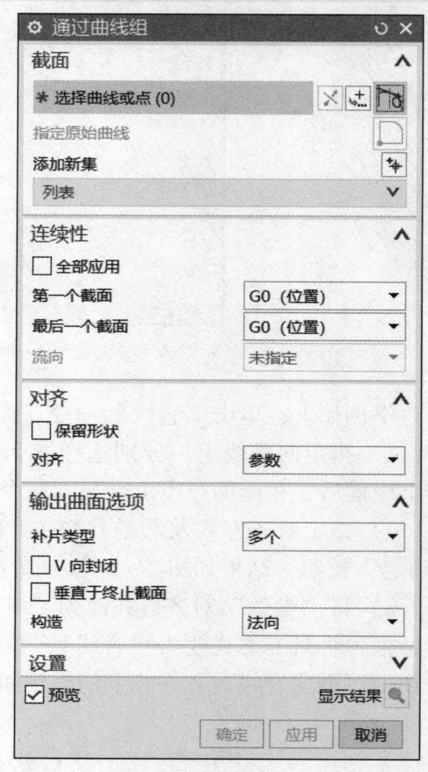

图3－6 “通过曲线组”对话框

● 截面：“截面”选项区的作用是选择曲线组，所选择的曲线将自动显示在曲线列表框中。当用户选择第一组曲线后，需单击“添加新集”按钮，或者单击中键，才能进行第二组、第三组截面曲线的选择。

● 连续性：选择第一个和/或结束曲线截面处的约束面，然后指定连续性。

■ 全部应用：将相同的连续性应用于第一个和最后一个截面线串。

■ 第一个截面/最后一个截面：选择的G0、G1或G2连续性。如果选中了“全部应用”复选框，则选择一个便可更新这两个设置。

● 对齐：作用是控制相邻截面线串之间的曲面对齐方式。

● 输出曲面选项

■ 补片类型：补片类型可以是单个或多个。补片类似于样条的段数。多补片并不意味着是多个面。

■ *V*向封闭：控制生成的曲面在*V*向是否封闭，即曲面在第一组截面线和最后一组截面线之间是否也创建曲面，如图3－7（b）和图3－7（c）所示。

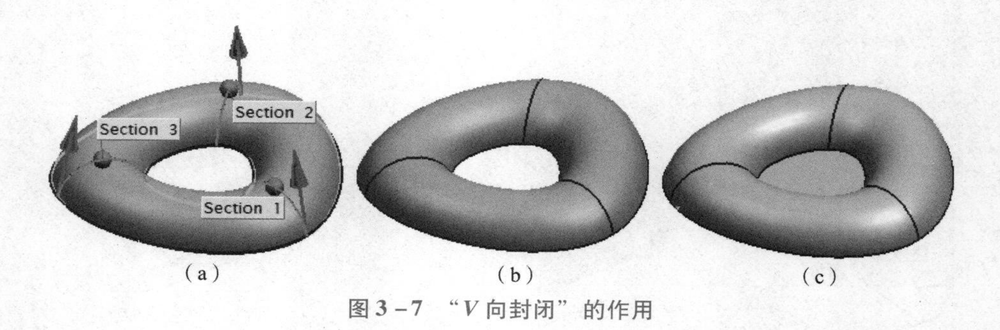

（a）（b）（c）

图3－7 “*V*向封闭”的作用

举例如下：单击“通过曲线组”命令，弹出如图3－6所示对话框。

1）选择截面线串：如图3－8（a）所示，每条截面线串选择完毕后，均需按中键确定，或者单击“添加新集”按钮，相应的截面线串会自动添加到“通过曲线组”对话框的列表框中。

2）设置参数：选择“对齐”方式为“参数”，在“第一个截面”和“最后一个截面”的下拉列表中分别选择“G1（相切）”，并选择如图3－8（b）所示的相切面。

3）单击“确定”按钮，结果如图3－8（c）所示。

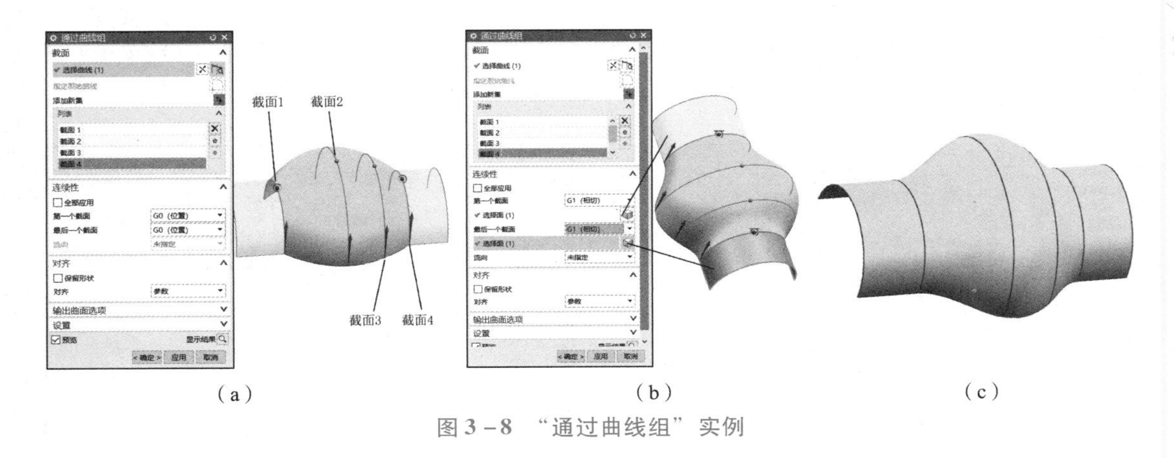

（a）　　（b）　　（c）

图 3－8　“通过曲线组”实例

（3）通过曲线网格

“通过曲线网格”是根据所指定的两组截面线串来创建曲面。第一组截面线串称为主线串，是构建曲面的 U 向；第二组截面线称为交叉线，是构建曲面的 V 向。由于定义了曲面 U、V 方向的控制曲线，因而可更好地控制曲面的形状。

主线串和交叉线串需要在设定的公差范围内相交，且应大致互相垂直。每条主线串和交叉线都可由多段连续曲线、体（实体）边界组成，主线串第一条和最后一条也可以是点。

举例如下：单击“通过曲线网格”命令，弹出如图 3－9（a）所示对话框。

1）指定主曲线：如图 3－9（b）所示，选择“点 1”为第 1 条主曲线，按中键；选择“曲线 6”作为第 2 条主曲线，按中键；再按一次中键，表示主曲线已经选择完毕。选择“点”作为主线串时，可先将“选择条”中的“捕捉点”方式设置为“端点”方式。

2）指定交叉曲线：分别选择曲线 1、2、3、4、5 作为交叉曲线，每条交叉曲线选择完毕后，均需按一次中键，如图 3－9（c）所示。

3）设置参数：在“输出曲面选项”选项组中，在“着重”下拉列表框中选择“两者皆是”；在“设置”组中，将“交点”值默认。

4）单击“确定”按钮，结果如图 3－9（d）所示。

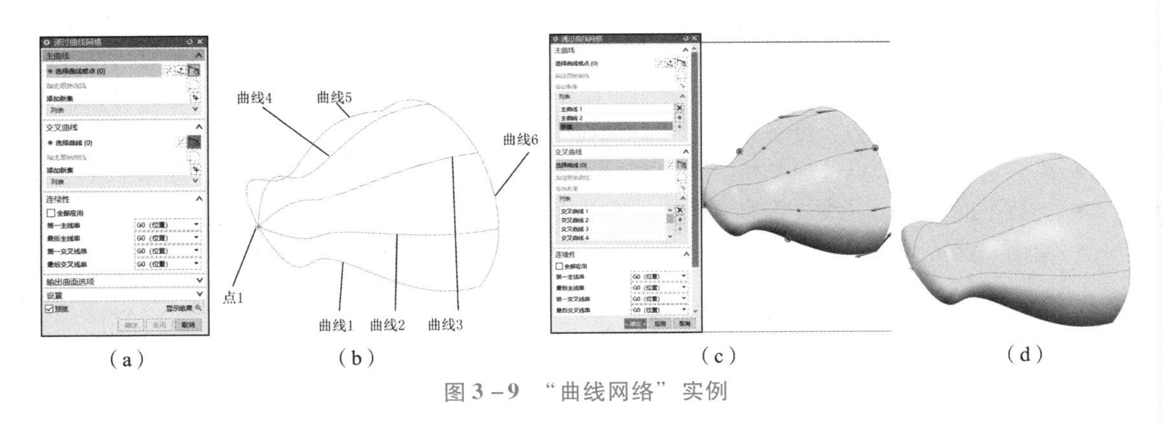

（a）　　（b）　　（c）　　（d）

图 3－9　“曲线网络”实例

3. 曲线工具栏介绍

三维建模中应用曲线工具栏可以创建任意复杂的三维线架，三维线架创建完成后，使用上

学习笔记

述讲解的曲面命令可创建曲面，点、线特征是创建面特征的基础，UG NX 中有独立的曲线工具栏。单击“插入”→“曲线”命令，可展开“曲线”工具栏，如图 3－10（a）所示。或单击“曲线”工具栏，同样可展开“曲线”下常用命令，如图 3－10（b）所示。

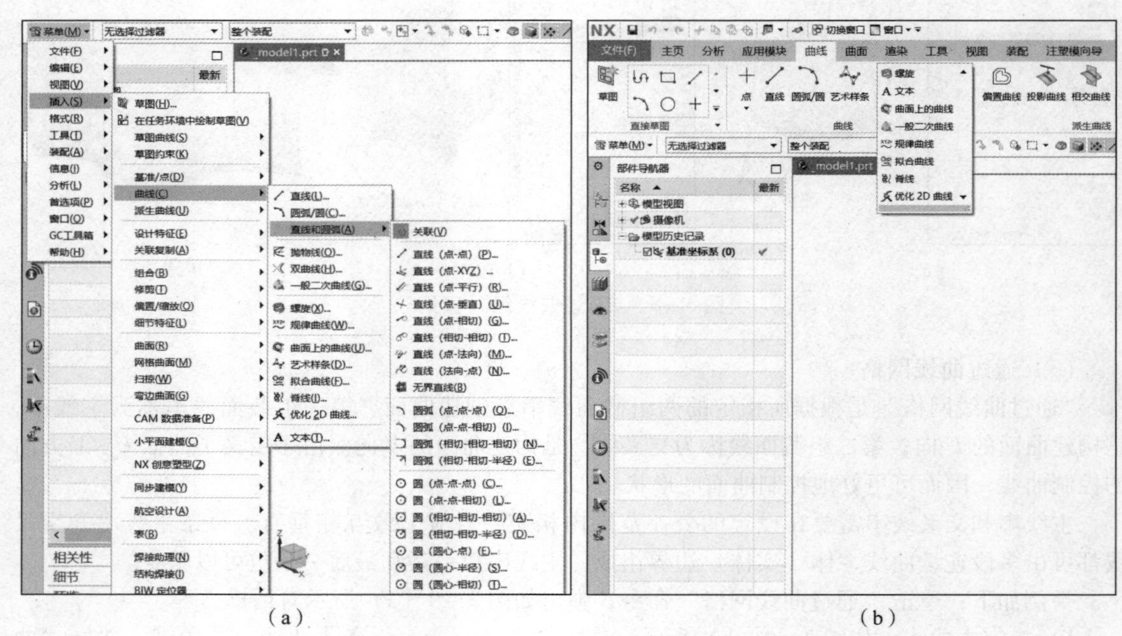

（a）　　　　　　　　　　　　　　　　（b）

图 3－10　“曲线”工具栏

“曲线”工具栏下的命令与“草图”及“在任务环境中绘制草图”不同之处：

1）“曲线”下的命令可以绘制空间直线、圆弧等，不需指定绘制平面；而“草图”和“在任务环境中绘制草图”在绘制直线、圆弧时，需首先指定截面所在平面，且绘制的直线等均在此平面上；前者更灵活。

2）“曲线”下的命令在绘制空间直线、圆弧或矩形前，需事先规划好上述特征的走向和位置，一旦绘制完成，较难编辑，而“草图”和“在任务环境中绘制草图”中绘制的直线等草绘特征，较容易地添加约束、改变尺寸等。

举例如下：单击“插入”→“曲线”→“直线”命令，弹出如图 3－11（a）所示的对话框。

- 起点选项：可以是自动判断，现有的点或相切点。单击“点”按钮，在弹出的对话框中可以根据 16 种方式创建点。此处单击“坐标原点”。
- 终点选项：同起点选项。如图 3－11（b）所示，单击拖动，确定直线长度为 80 mm。
- 支持平面：确定直线放置的平面。此处平行于 Z 轴。
- 限制：确定直线的长度。单击“确定”按钮绘制直线，如图 3－11（c）所示。

4. 基于已有曲面构成新曲面

（1）延伸曲面

“延伸曲面”就是在已有曲面的基础上，将曲面的边界或曲面上的曲线进行延伸，生成新的曲面。单击“曲面”→“延伸曲面”命令图标“”，弹出如图 3－12 所示的对话框。

- 延伸方法选项

■ 相切：从指定的曲面边缘沿着曲面的切向方向延伸，生成一个与该曲面相切的延伸面。相切延伸在延伸方向的横截面上是一条直线。单击曲面边缘，方法选择“相切”，长度输入

学习笔记

（a）

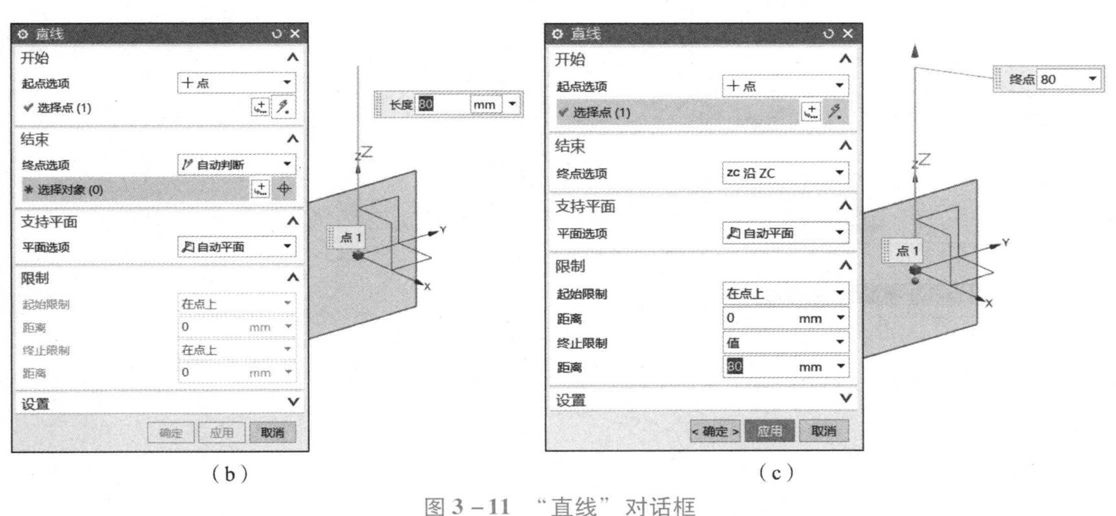

（b）　　　　　　　　　　　　　　　　（c）

图 3－11　“直线”对话框

15 mm，结果如图 3－13（a）所示。

■ 圆形：从指定的曲面边缘，沿着曲面的切向方向延伸，生成一个与该曲面相切的延伸面。圆弧延伸部分的横截面是一段圆弧，圆弧的半径与曲面边界处的曲率半径相等，需注意的是圆弧延伸的边界必须是等参数边，且不能被修剪过。单击曲面边缘，方法选择“圆弧”，长度输入 15 mm，结果如图 3－13（b）所示。

小贴士：要注意的是延伸生成的是新曲面，而不是原有曲面的伸长。

（2）*N* 边曲面

“*N* 边曲面”允许用形成一简单闭环的任意数目曲线构建一曲面，可以指定与外侧面的连续性。单击“插入”→“网格曲面”→“*N* 边曲面”命令或单击“曲面”工具条上的“*N* 边曲面”命

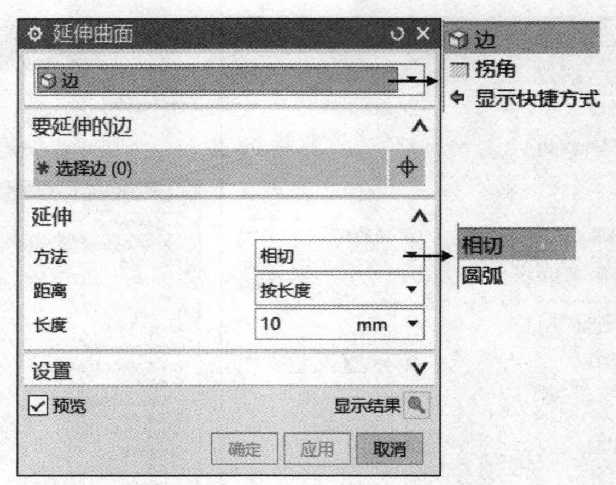

图 3－12 “延伸曲面”对话框

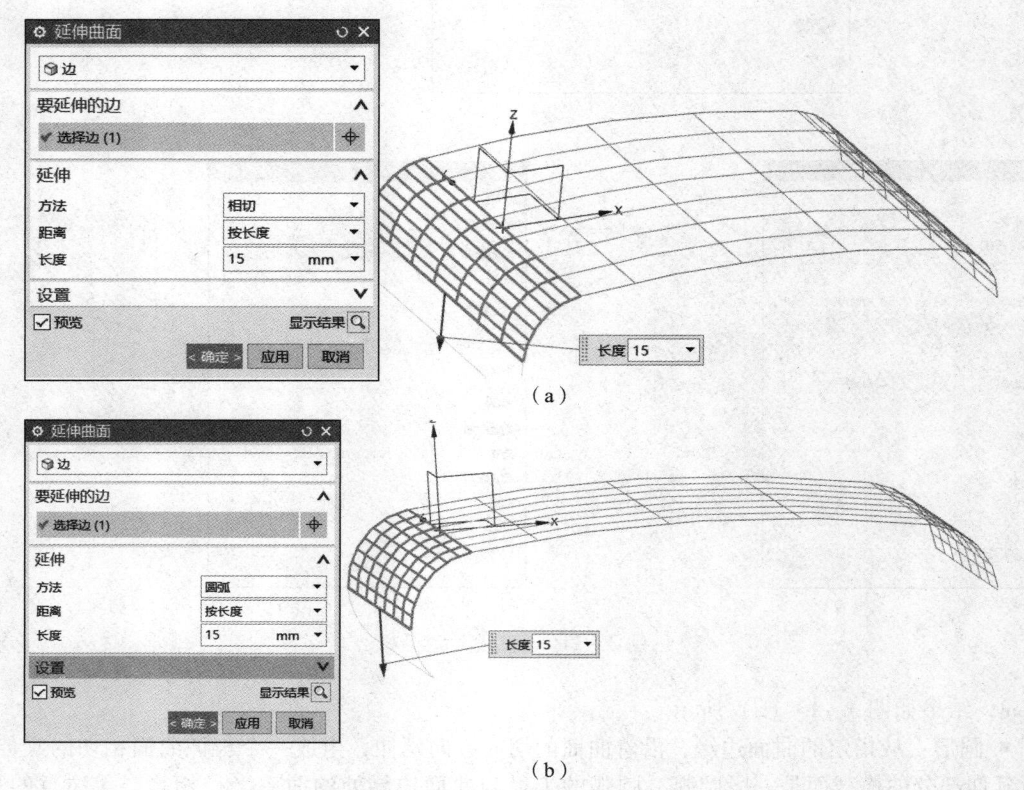

图 3－13 “延伸曲面”实例

令图标“”，弹出如图 3－14 所示对话框。

对话框中主要选项含义如下：

- 类型：可以创建两种类型的 N 边曲面，如图 3－15 所示。
- 已修剪：根据选择的封闭曲线建立单一曲面。
- 三角形：根据选择的封闭曲线创建曲面，由多个单独的三角曲面片组成。这些三角曲面

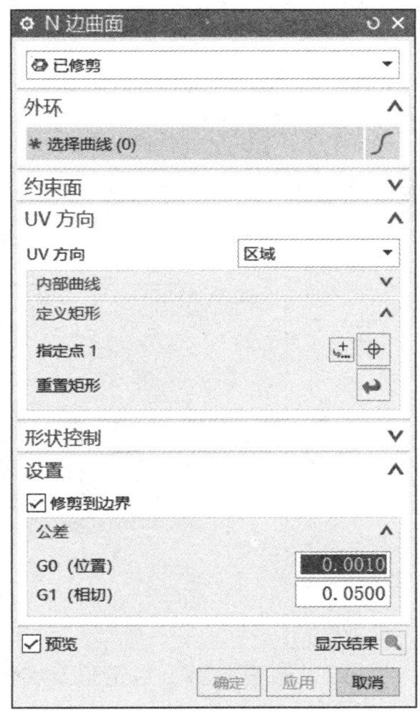

图 3－14 “*N* 边曲面”对话框

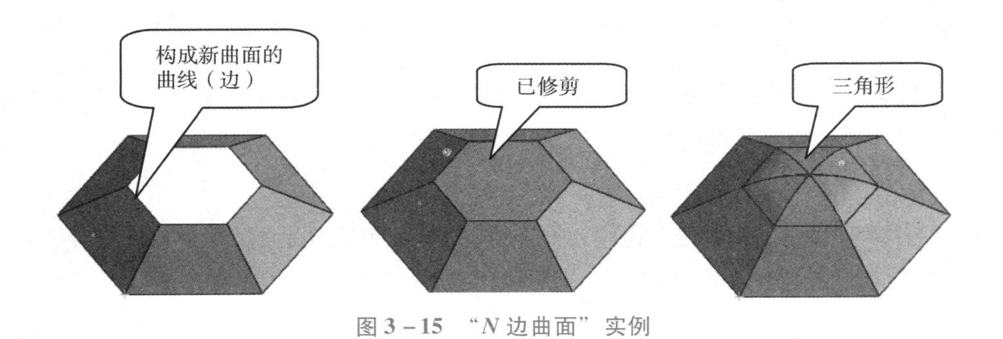

图 3－15 “*N* 边曲面”实例

片体相交于一点，该点称为 *N* 边曲面的公共中心点。

- 外环：选择定义 *N* 边曲面的边界曲线。
- 约束面：选取约束面的目的是通过选择的一组边界曲面，来创建位置约束、相切约束或曲率连续约束。
- 形状控制：选取“约束面”后，该选项才可以使用。在该下拉列表中，可以选择的列表项包括 G0、G1 和 G2 三种。
- 设置：主要控制 *N* 边曲面的边界。

■ 修剪到边界：仅当类型设置为“已修剪”时才显示。如果新的曲面是修剪到指定边界曲线或边，则选中此复选框。

■ G0（位置）：通过仅基于位置的连续性（忽略外部边界约束）连接轮廓曲线和曲面。

■ G1（相切）：通过基于相切于边界曲面的连续性连接曲面的轮廓曲线。

（3）偏置曲面

将指定的面沿法线方向偏置一定的距离，生成一个新的曲面。在偏置操作过程中，系统会临

学习笔记

时显示一个代表基面法向的箭头，双击该箭头可以沿着相反的方向偏置。若要反向偏置，也可以直接输入一个负值。

举例如下：

1）单击“插入”→“偏置/缩放”→“偏置曲面”命令，弹出如图 3 – 16 所示对话框。

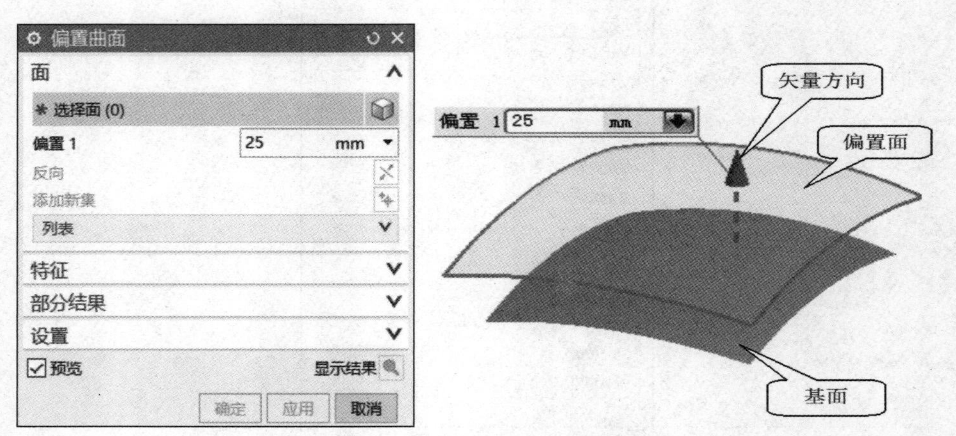

图 3 – 16 “偏置曲面”对话框及实例

2）选择要偏置的面。输入偏置距离为 25。单击“确定”按钮，即可完成偏置曲面的创建。

小贴士：向曲面内凹方向偏置时，过大的偏置距离可能会产生自交，导致不能生成偏置曲面。

偏置曲面与基面之间具有关联性，因此，修改基面后，偏置曲面跟着改变，但修剪基面，不能修剪偏置曲面；删除基面，偏置曲面也不会被删除。

（4）修剪的片体

“修剪的片体”是指利用曲线、边缘、曲面或基准平面去修剪片体的一部分。单击“插入”→“修剪”→“修剪片体”命令，弹出如图 3 – 17（a）所示对话框。

该对话框中各选项含义如所示。

- 目标：要修剪的片体对象。
- 边界：去修剪目标片体的工具如曲线、边缘、曲面或基准平面等。
- 投影方向：当边界对象远离目标片体时，可通过投影将边界对象（主要是曲线或边缘）投影在目标片体上，以进行投影。投影的方法有垂直于面、垂直于曲线平面和沿矢量。
- 区域：要保留或是要移除的那部分片体。
- ■ 保留：选中此单选按钮，保留光标选择片体的部分。
- ■ 舍弃：选中此单选按钮，移除光标选择片体的部分。
- 保存目标：修剪片体后仍保留原片体。

举例如下：

1）单击“插入”→“修剪”→“修剪片体”命令，弹出如图 3 – 17（a）所示对话框。

2）用基准平面修剪片体：首先选择要被修剪的曲面，然后选择基准平面作为目标体，单击“应用”按钮，即可用所选基准平面修剪片体，如图 3 – 17（b）所示。

3）用曲线修剪片体：如图 3 – 18 所示，选择曲面为目标片体，曲线为边界，在“选择区域”组中选择“舍弃”单选按钮，单击“确定”按钮，即可用所选曲线修剪片体。

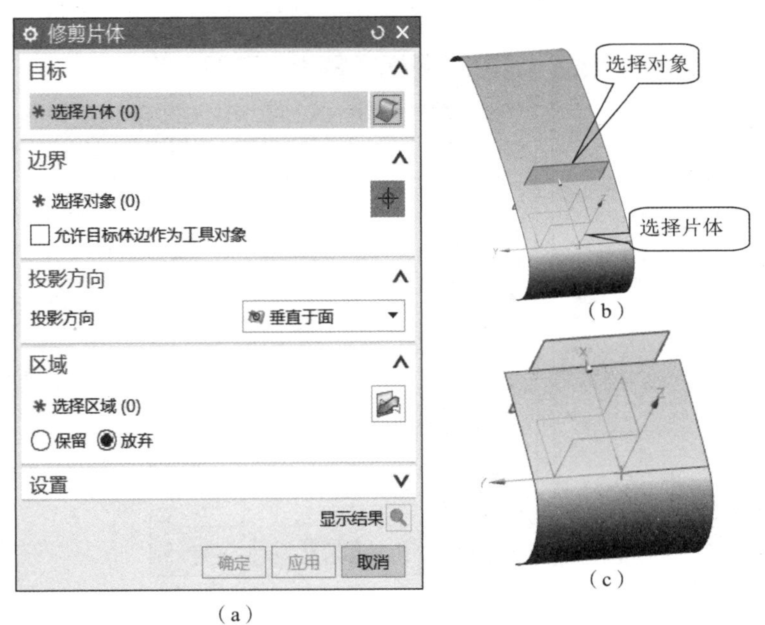

（a）（b）（c）

图 3－17 “修剪片体”对话框及实例

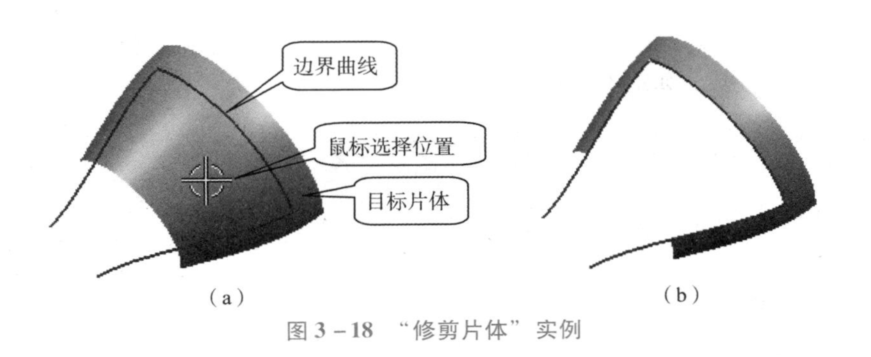

（a）（b）

图 3－18 “修剪片体”实例

小贴士：在使用“修剪片体”命令进行操作时，应注意修剪边界对象必须要超过目标体的范围，否则无法进行正常操作。另外，基准平面边界是无限的。

3.1.2 任务实施过程

1. 绘制雨伞曲面的步骤

①绘制雨伞主线架；②绘制雨伞边线框；③绘制雨伞曲面。

2. 绘制雨伞曲面的详细过程

（1）新建文件

单击“新建”图标，创建一个文件名为“雨伞曲面.prt”的文件。

（2）绘制雨伞主线架

1）单击“插入”→“曲线”→“圆弧/圆”命令，弹出“圆弧/圆”命令对话框，如图 3－19（a）所示。选择“从中心开始的圆弧/圆”，中心点选择坐标原点，半径输入 50 mm，限制勾选

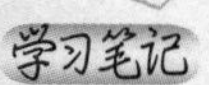

“整圆”复选框，单击“应用”按钮，完成 *R*50 圆的绘制。

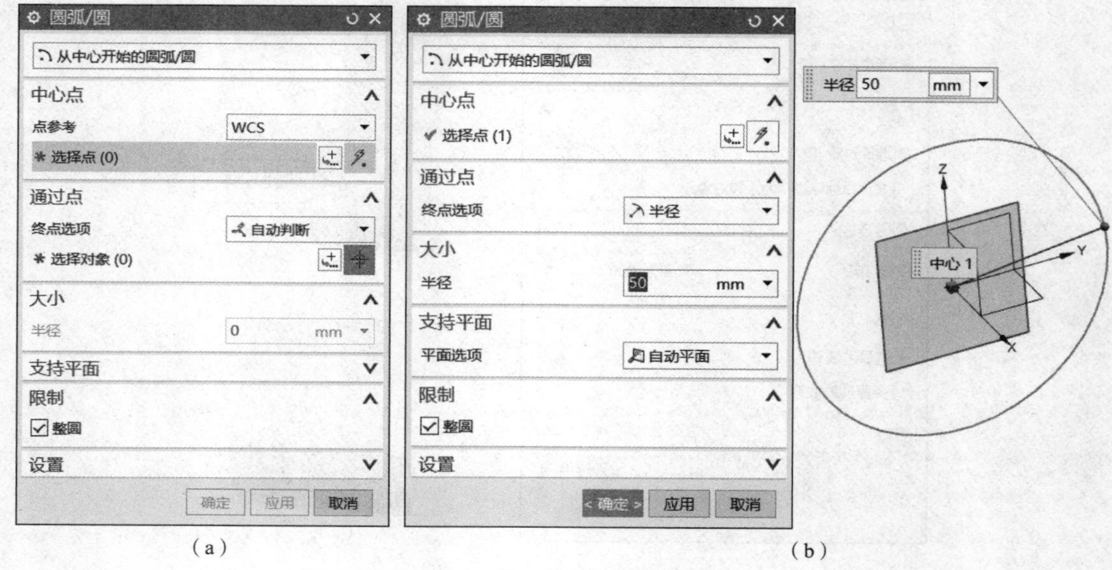

图 3－19　绘制 *R*50 整圆

2）单击“编辑”→“曲线”→“分割”命令，弹出“分割曲线”对话框，段数设置为 5，如图 3－20（a）所示，单击 *R*50 圆弧，弹出提示，如图 3－20（b）所示，单击“是”按钮，单击“应用”按钮，分割完成，如图 3－20（c）所示。

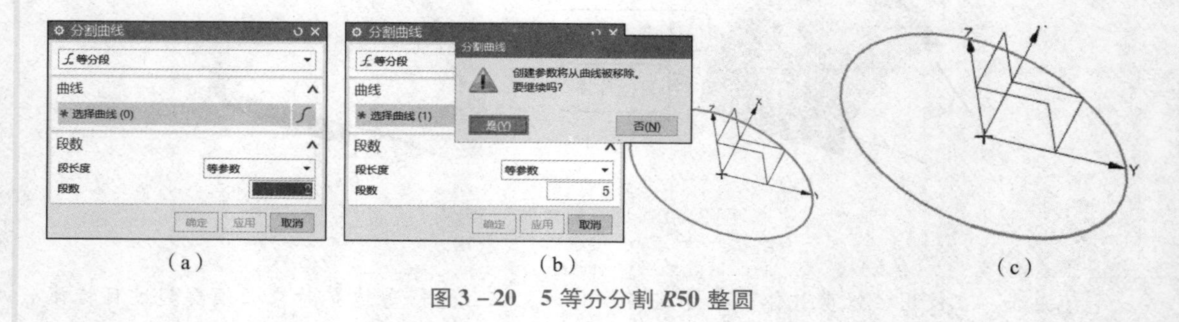

图 3－20　5 等分分割 *R*50 整圆

3）单击工具栏上“点”命令图标，弹出“点”对话框，如图 3－21（a）所示。*X*、*Y*、*Z* 分别对应输入 65、0、0，单击“确定”按钮点绘制完成，如图 3－21（b）所示。

4）单击“基准平面”命令，选择“自动判断”，分别选择原点，（65，0，0）点和任意一段圆弧的起点，创建平面，如图 3－22 所示。

5）单击“插入”→“曲线”→“圆弧/圆”命令，弹出“圆弧/圆”命令对话框，选择“三点画圆弧”，起点选择“点 1”，终点选择“点 2”，支持平面选择“选择平面”，选择上述建立的基准平面 1，半径输入 150 mm，单击完成 *R*150 圆弧的绘制。如图 3－23 所示。

6）单击“编辑”→“移动对象”命令，弹出“移动对象”命令对话框，如图 3－24（a）所示。“对象”选择 *R*150 圆弧，运动选择“角度”，指定矢量终点选择“*X* 轴”，角度输入 72°，结果勾选“复制原先的”，非关联副本数设置为“4”，单击“确定”按钮，完成另 4 个 *R*150 圆弧的绘制，如图 3－24（b）所示。

(a)　　(b)

图 3－21　绘制点

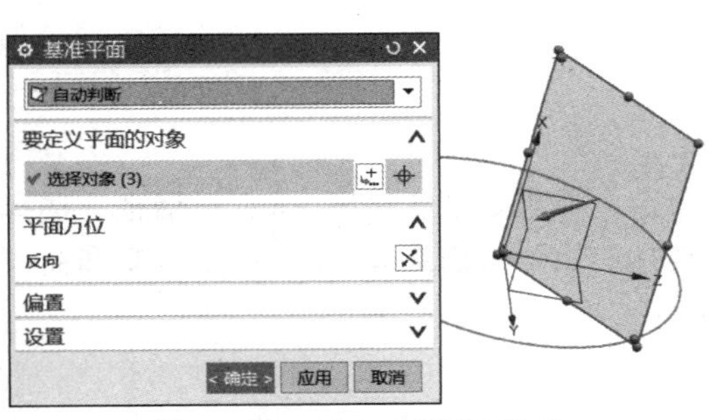

图 3－22　创建“基准平面”

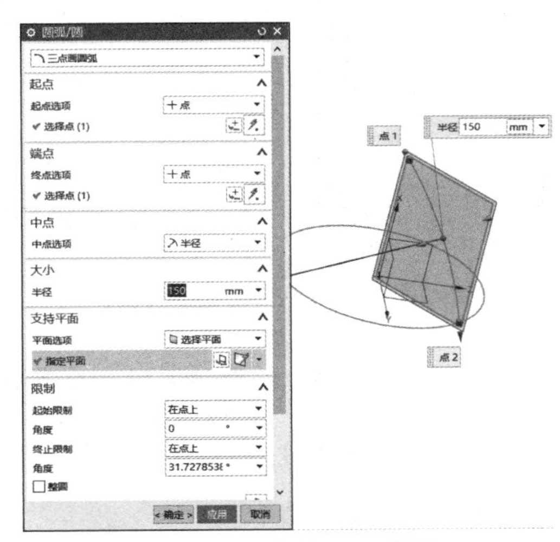

图 3－23　绘制 *R*150 圆弧

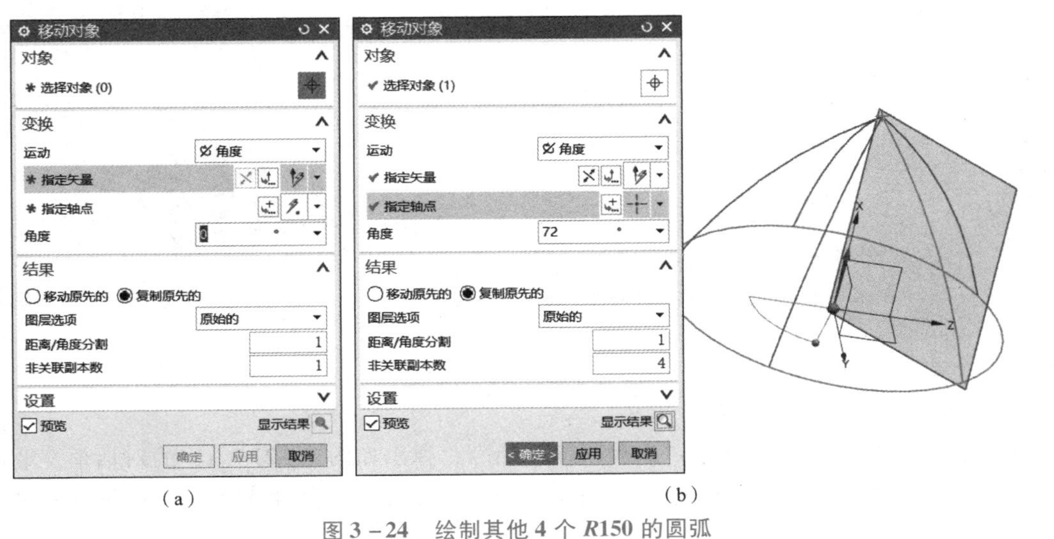

(a)　　(b)

图 3－24　绘制其他 4 个 *R*150 的圆弧

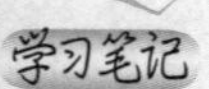

(3) 绘制雨伞边线框

1) 单击“插入”→“曲线”→“圆弧/圆”命令，弹出“圆弧/圆”命令对话框，选择“三点画圆弧”，起点选择“点 1”，终点选择“点 2”，支持平面选择“选择平面”，选择 *YOZ* 面，半径输入 30 mm，单击“应用”按钮，完成 *R*30 圆弧的绘制。如图 3－25 (a) 所示。

2) 单击“编辑”→“移动对象”命令，弹出“移动对象”命令对话框。“对象”选择 *R*30 圆弧，运动选择“角度”，指定矢量终点选择“*X* 轴”，角度输入 72°，结果勾选“复制原先的”，非关联副本数设置为“4”，确定完成另 4 个 *R*30 圆弧的绘制。如图 3－25 (b) 所示。

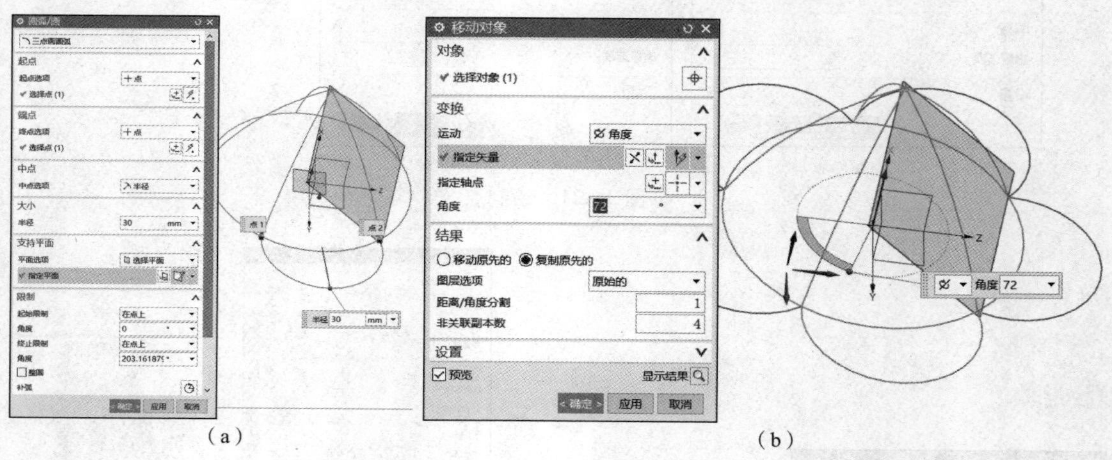

图 3－25　创建 4 个 *R*30 圆弧

(4) 绘制曲面

1) 单击“插入”→“网格曲面”→“*N* 边曲面”命令，弹出如图 3－26 (a) 对话框，选择“已修剪”，设置勾选“修剪到边界”选项，外环“选择曲线”分别选择曲线 1、曲线 2 和曲线 3；单击“确定”按钮，创建如图 3－26 (b) 所示曲面。

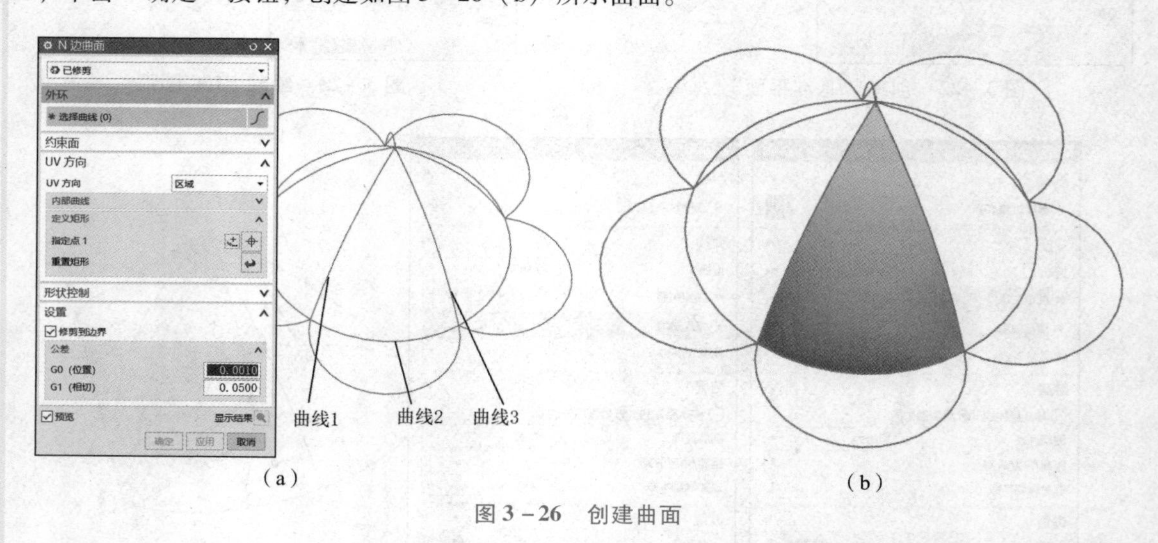

图 3－26　创建曲面

2) 单击“插入”→“曲面”→“有界平面”命令，弹出如图 3－27 (a) 的对话框，平截面“选择曲线”分别选择曲线 4 和曲线 5；单击“确定”按钮，创建有界平面，如图 3－27 (b) 所示。

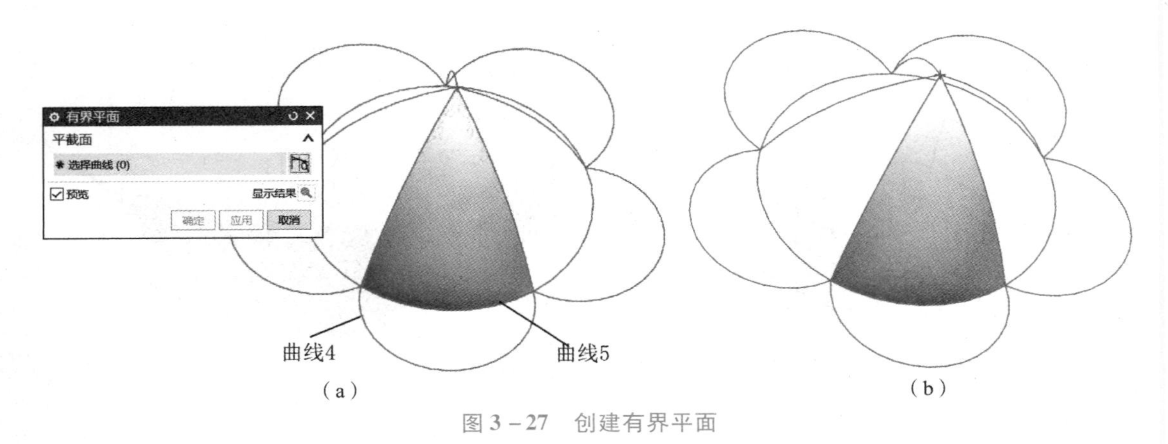

(a)　　　　(b)

图 3－27　创建有界平面

3）单击“编辑”→“移动对象”命令，弹出“移动对象”命令对话框。“对象”选择步骤1）创建的曲面，运动选择“角度”，指定矢量终点选择“*X* 轴”，角度输入 72°，结果勾选“复制原先的”，非关联副本数设置为“4”，单击“确定”按钮，完成另 4 个曲面的绘制，如图 3－28（a）所示。同理，完成步骤 2）4 个有界平面的创建，如图 3－28（b）所示。

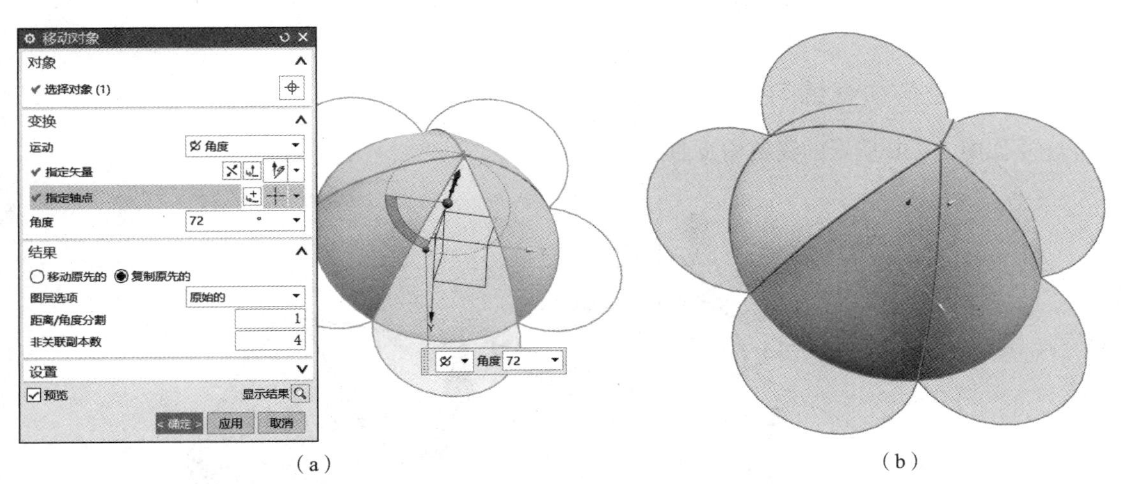

(a)　　　　(b)

图 3－28　创建 4 个曲面和 4 个有界平面

创建完成的雨伞曲面如图 3－28（b）所示。

3.1.3　任务拓展实例（花盆曲面的创建）

现需设计一款花盆，图纸如图 3－29 所示，请帮助花盆工艺师完成花盆线架构及曲面的建立。该案例应用的命令有曲线圆弧、曲线倒圆角、修剪直线、*N* 边曲面、网格曲面、镜像特征等。

1. 花盆曲面的建立思路

①绘制花盆线架构；②绘制花盆曲面。

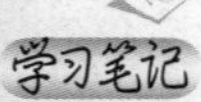

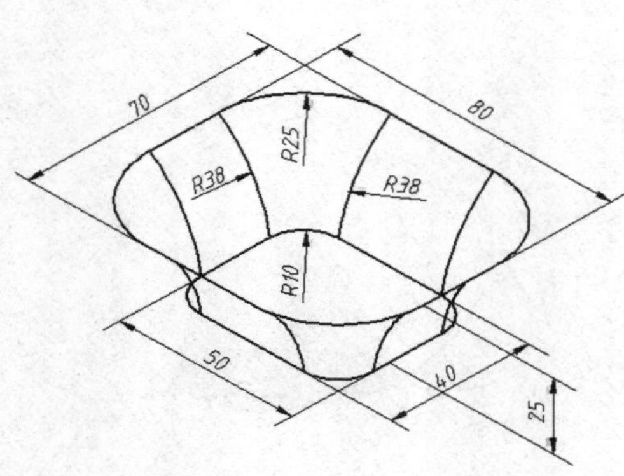

图 3-29 花盆曲面的建立

2. 绘制步骤

绘制步骤简表

绘制过程

3.1.4 任务加强练习

建立如图 3-30 所示的线架构及曲面。

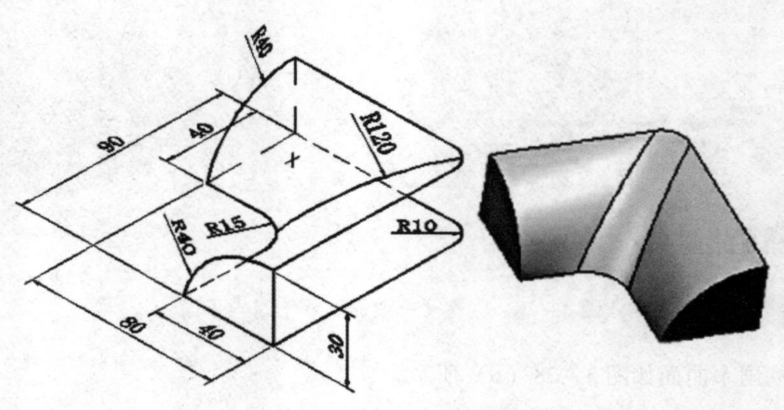

图 3-30 线架构及曲面

思考与练习

小贴士：绘制曲面线架构时，常用命令为空间曲线中的直线和圆弧，绘制圆弧时，注意“三点绘制圆弧”和“从中心开始的圆弧/圆”的用法。灵活使用平面来确定圆弧的方位。

1. 曲面建模常用的方法有哪几种？

2. 通过曲线组最多可选择多少组曲线生成曲面?

3. 移除参数是否可逆?通常用于什么场合?

任务2 吊钩零件的曲面及实体建模

某起重机械的吊钩在使用时,出现了吊钩断裂现象,现需全面分析断裂原因,需创建吊钩的三维模型,进行有限元分析其强度情况。吊钩的图纸如图 3-31 所示。

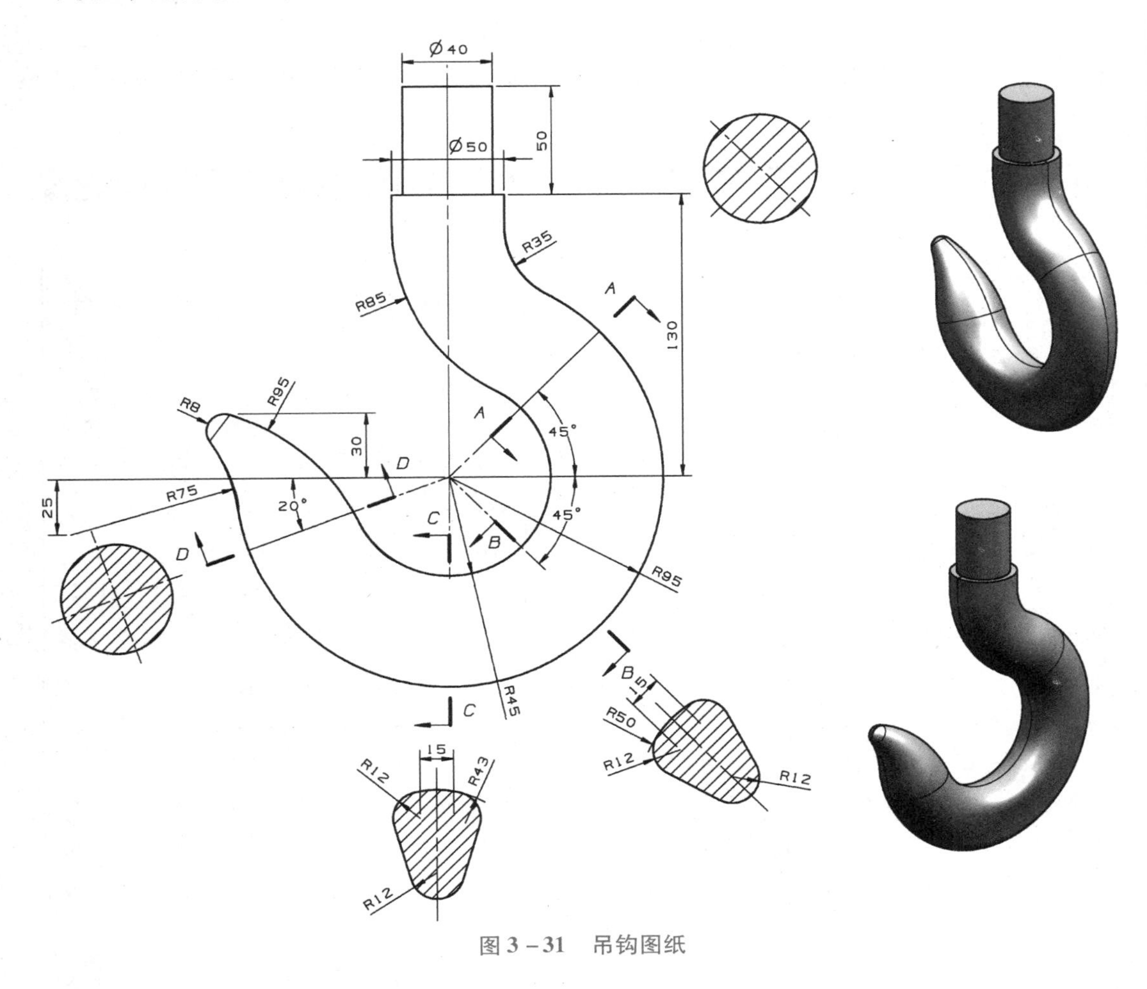

图 3-31 吊钩图纸

3.2.1 知识链接

编辑曲面

通常设计工作不是一蹴而就的,而是需要根据实际进行一定的修改,曲面建模同样如此。

学习笔记

UG NX 系统提供两种曲面编辑方式：一种是参数化编辑，另一种是非参数化编辑。

参数化编辑：大部分曲面具有参数化特征，如直纹面、通过曲面组曲面、扫掠面等。这类曲面可通过编辑特征的参数来修改曲面的形状特征。

非参数化编辑：非参数化编辑适用于参数化特征与非参数化特征，但特征被编辑之后，特征的参数将丢失，即通常所说的去参。在非参数化编辑中，系统会弹出如图 3－32 所示的“确认”对话框，以提示此操作将移除特征的参数。

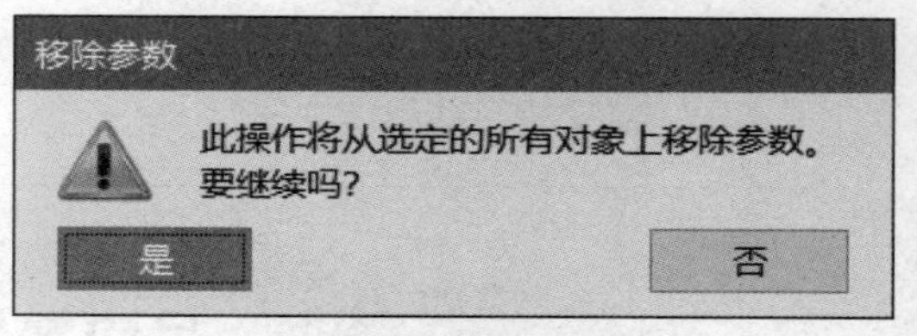

图 3－32　非参数化编辑

单击“菜单”→“编辑”→“曲面”或单击曲面工具栏中的“编辑”菜单，可看到编辑曲面的常用命令，如图 3－33 所示。此处介绍其中的几个常用命令。

1. X 型

该命令通过编辑样条和曲面的控制点来改变曲面的形状，包括平移、旋转、缩放、垂直于曲面移动，以及极点平面化等变换类型。主要用于复杂曲面的局部变形操作。单击“菜单”→“编辑”→“曲面”→“X 型”，弹出如图 3－34 所示对话框。

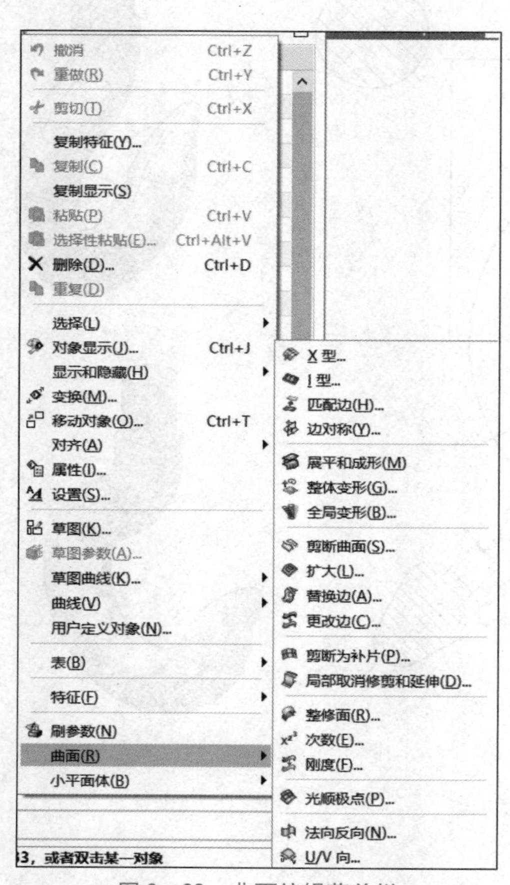

图 3－33　曲面编辑菜单栏

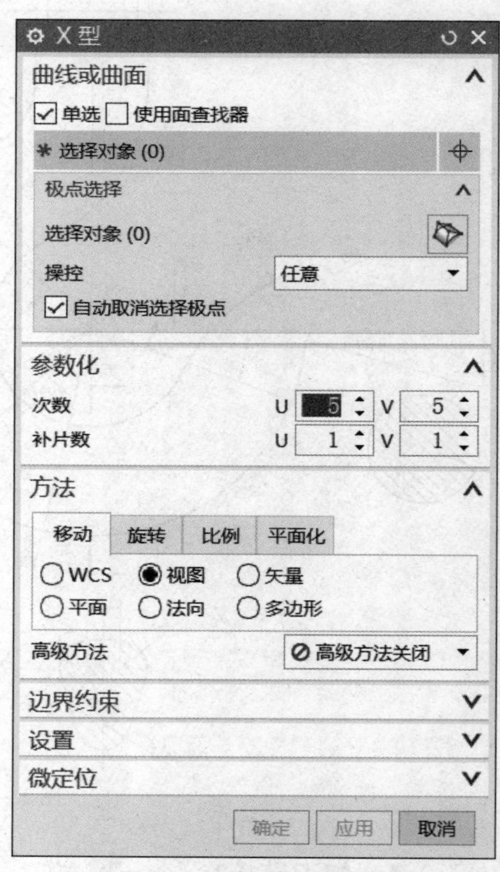

图 3－34　“X 型”对话框

• 选择对象：可以是三次多项式或常规 B 曲面，或者曲线。点手柄、极点手柄和多义线显示在目标实体上。

学习笔记

● 操控：选择要变换的点手柄、极点手柄或多义线。可以选择极点和多义线的任意组合。如图 3－35 所示，拖动极点可改变曲面的形状。

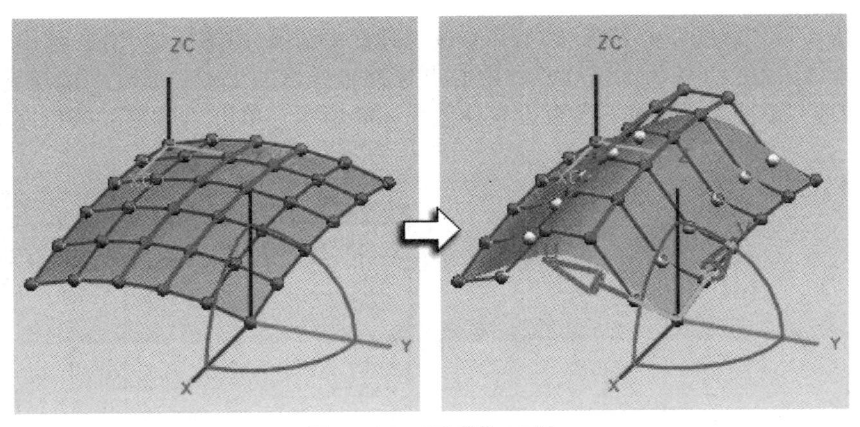

图 3－35 “X 型”实例

2. 扩大

“扩大”是指将未修剪过的曲面扩大或缩小。扩大功能与延伸功能类似，但只能对未经修剪过的曲面扩大或缩小，并且将移除曲面的参数。单击“菜单”→“编辑”→“曲面”→“扩大”，弹出如图 3－36 所示对话框。

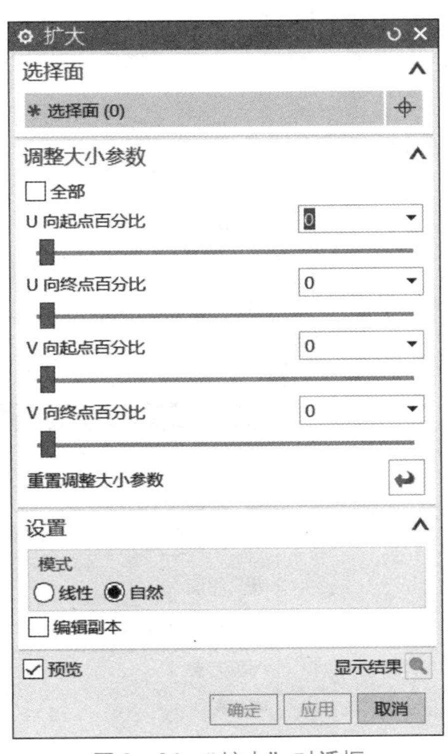

图 3－36 “扩大”对话框

该对话框中各选项含义如下：

● 选择面：选择要扩大的面。

● 调整大小参数：设置调整曲面大小的参数。

■ 全部：选择此复选框，若拖动下面的任一数值滑块，则其余数值滑块一起被拖动，即曲面在 *U*、*V* 方向上被一起放大或缩小。

■ *U* 向起点百分比/*U* 向终点百分比/*V* 向起点百分比/*V* 向终点百分比：指定片体各边的修改百分比。

■ 重置调整大小参数：使数值滑块或参数回到初始状态。

● 模式：共有线性和自然两种模式。

3.2.2 任务实施过程

1. 绘制吊钩零件的步骤

①利用旋转命令，绘制轴承盖主体；②利用拉伸、圆角和阵列特征创建中间 6 个减重口；③利用拉伸命令，创建四周 6×*R*12 特征；④利用孔命令，创建 6 个沉头孔；⑤倒圆角和斜角。

2. 绘制吊钩零件的详细过程

(1) 新建文件

单击“新建”图标，创建一个文件名为“吊钩 . prt”的文件。

学习笔记

(2) 绘制吊钩截面草图

单击"插入"→"在任务环境中绘制草图"，绘制如图 3-37 所示的吊钩截面草图。

(3) 绘制截面 1

单击"插入"→"曲线"→"圆弧/圆"命令或工具栏中圆弧/圆图标"⌒"，弹出"圆弧/圆"对话框；选择"从中心开始的圆弧/圆"，中心点选择直线段的中点，通过点选择直线的端点，"限制"栏勾选"整圆"复选框，参数设置如图 3-38 所示，单击"确定"按钮完成截面 1 的绘制。

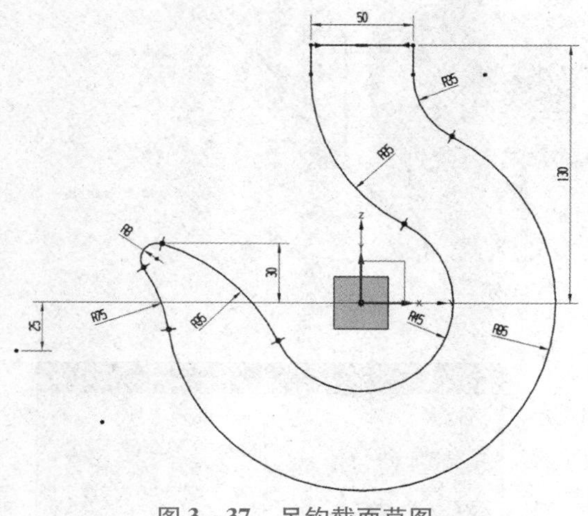

图 3-37　吊钩截面草图

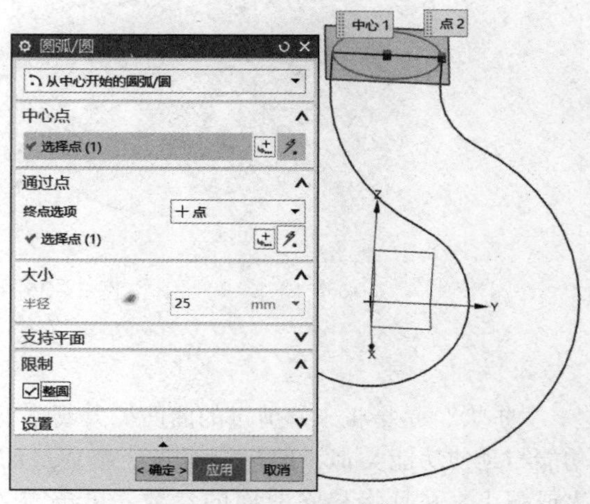

图 3-38　绘制截面 1

(4) 创建基准平面 1

单击"基准平面"图标"▱"，弹出"基准平面"对话框；"创建方法"选择"二等分"；"第一平面"选择 *XC-YC* 平面；"第二平面"选择 *XC-ZC* 平面，如图 3-39 所示，单击"确定"按钮完成创建。

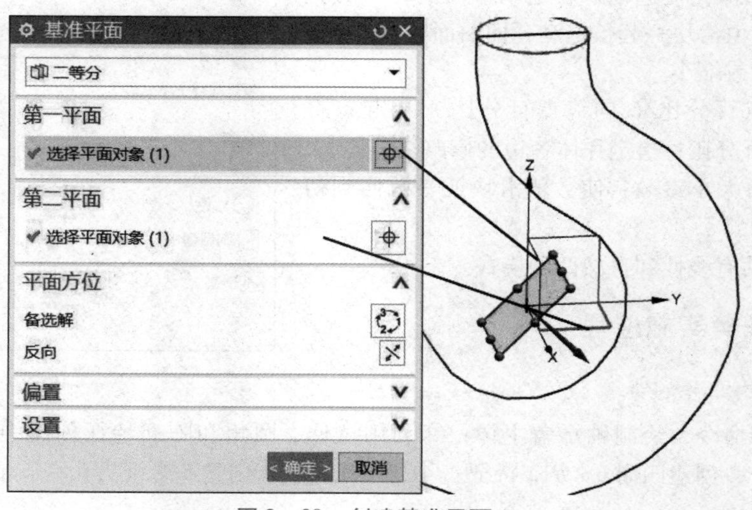

图 3-39　创建基准平面 1

(5) 绘制截面 2

以基准平面 1 为草图平面创建草图，进入草图；单击"交点"▱，弹出"交点"对话框，

“要相交的曲线”选择内侧圆弧，如图3－40（a）所示，单击“应用”按钮完成交点1的创建；用同样的方法创建交点2，“要相交的曲线”选择外侧圆弧，如图3－40（b）所示，单击“确定”按钮完成交点2创建。绘制圆，添加约束，圆约束到两个交点上，圆心约束到 *YC* 轴上，如图3－40（c）所示，单击“完成草图”按钮。

学习笔记

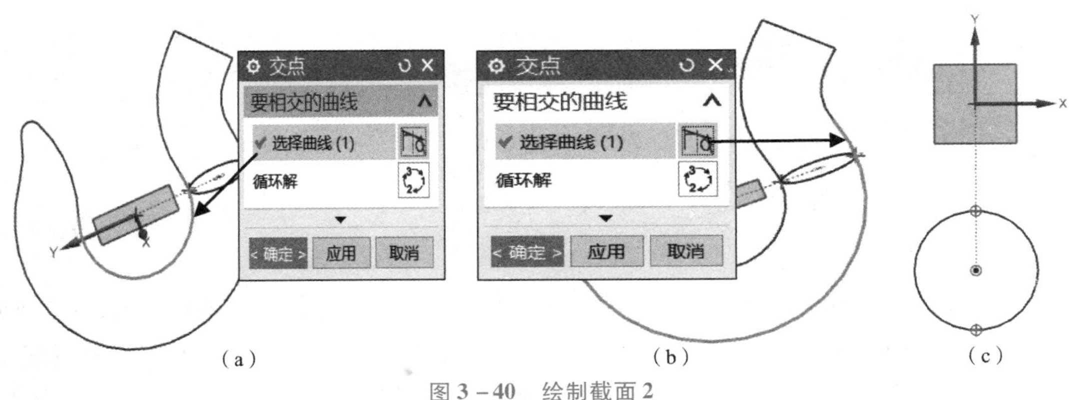

图3－40　绘制截面2

（6）创建基准平面2

单击“基准平面”图标“□”，弹出“基准平面”对话框；“创建方法”选择“成一角度”；“平面参考”选择 *XC－YC* 平面；“通过轴”选择 *X* 轴，“角度选项”选择“值”，“角度”输入45°，如图3－41所示。单击“确定”按钮完成基准平面的创建。

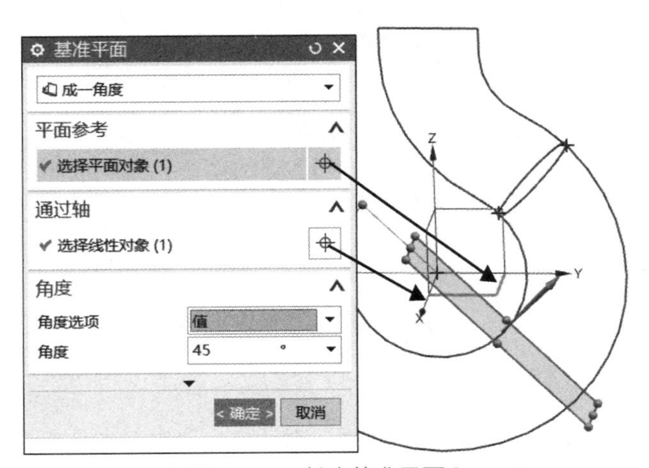

图3－41　创建基准平面2

（7）创建截面3

以基准平面2为草图平面创建草图，进入草图；选择“交点”，弹出“交点”对话框，“要相交的曲线”选择内侧圆弧，如图3－42（a）所示，单击“应用”按钮完成交点1的创建。

用同样的方法创建交点2，“要相交的曲线”选择外侧圆弧，如图3－42（b）所示，单击“确定”按钮完成交点2创建。绘制截面3，添加约束，将 *R*50 和 *R*12 两个圆弧约束到创建的2个交点上，圆弧的圆心约束到 *YC* 轴上，如图3－42（c）所示，单击“完成草图”按钮。

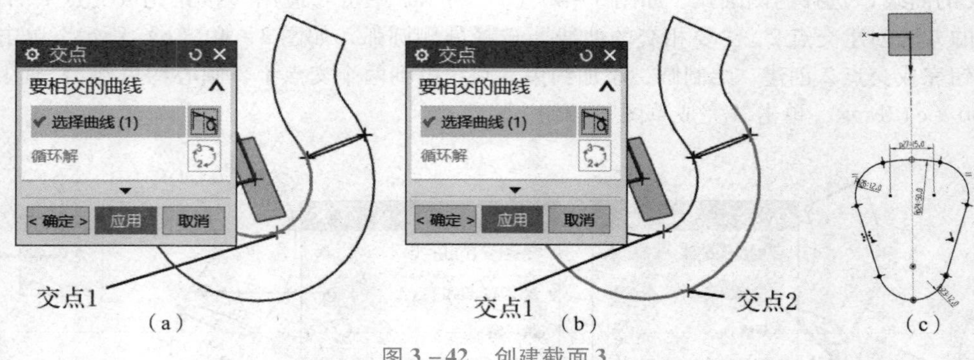

(a) (b) (c)

图 3-42 创建截面 3

(8) 创建截面 4

以 XC-ZC 基准平面为草图平面，进入草图；选择“交点”，弹出“交点”对话框，“要相交的曲线”选择内侧圆弧，如图 3-43（a）所示，单击“应用”按钮完成交点 1 的创建；使用同样方法创建交点 2，“要相交的曲线”选择外侧圆弧，如图 3-43（b）所示，单击“确定”按钮完成交点 2 创建。绘制截面 3，添加约束，将 R43 和 R12 两个圆弧约束到 2 个交点上，圆心约束到 YC 轴上，如图 3-43（c）所示，单击“完成草图”按钮。

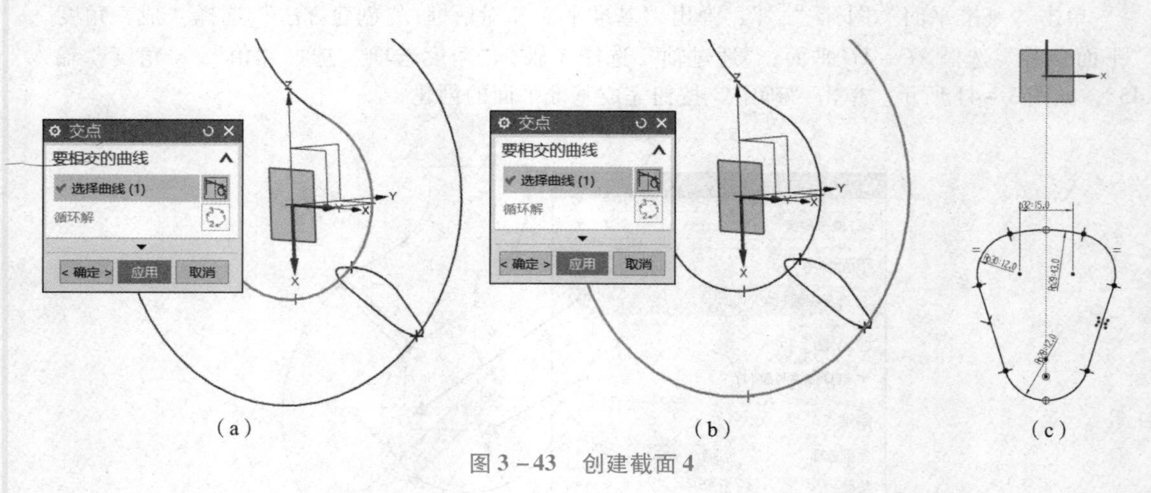

(a) (b) (c)

图 3-43 创建截面 4

(9) 创建基准平面 3

单击“基准平面”图标，弹出“基准平面”对话框；创建方法选择“成一角度”；“平面参考”选择 XC-YC 平面；“通过轴”选择 XC 轴，“角度选项”选择“值”，“角度”输入“-20”，如图 3-44 所示。单击“确定”按钮完成基准平面的创建。

(10) 创建截面 5

以基准平面 3 为草图平面创建草图 4，进入草图；选择“交点”，弹出“交点”对话框，“要相交的曲线”选择内侧圆弧，如图 3-45（a）所示，单击“应用”按钮完成交点的创建。

用同样的方法创建另一侧交点，“要相交的曲线”选择外侧圆弧，如图 3-45（b）所示，单击“确定”按钮完成交点创建。绘制圆，添加约束，圆约束到两个交点上，圆心约束到 YC 轴上，如图 3-45（c）所示，单击“完成草图”按钮。

(11) 绘制两垂直的直线

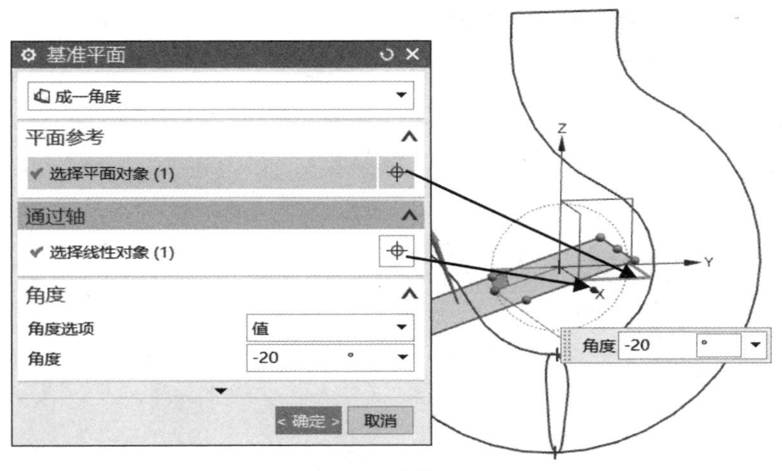

图 3-44 创建基准平面 3

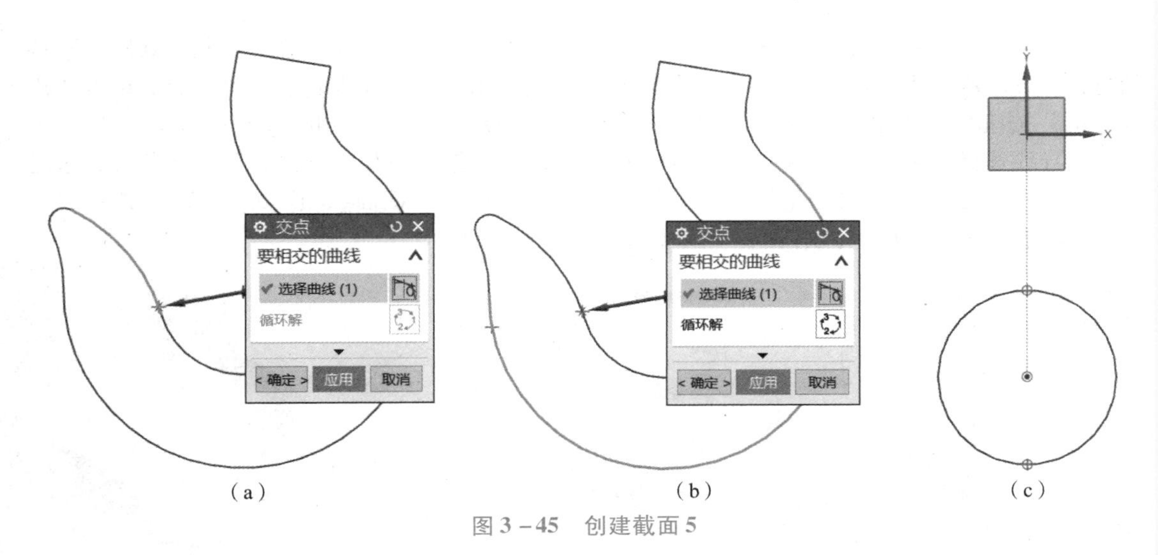

图 3-45 创建截面 5

以基准平面 $YC-ZC$ 为草图平面，创建草图。捕捉 $R8$ 圆弧的端点为起点，$R8$ 的另一端点为终点，绘制直线 1。绘制直线 2，添加约束，与直线 1 垂直，与 $R8$ 圆弧垂直，如图 3-46 所示。

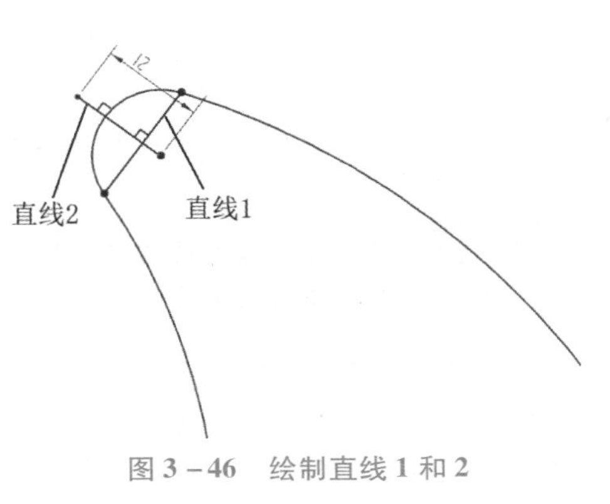

图 3-46 绘制直线 1 和 2

(12) 绘制吊钩尖部

单击“插入”→“设计特征”→“旋转”图标“”，过滤器选择“单条曲线”，打开“在相交处停止”图标“”，曲线选择 $R8$ 圆弧的一半，轴选择直线 2，限制“角度”输入“360”，“设置”→“体类型”选择“片体”，单击“确定”按钮完成旋转，如图 3-47 所示。

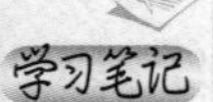

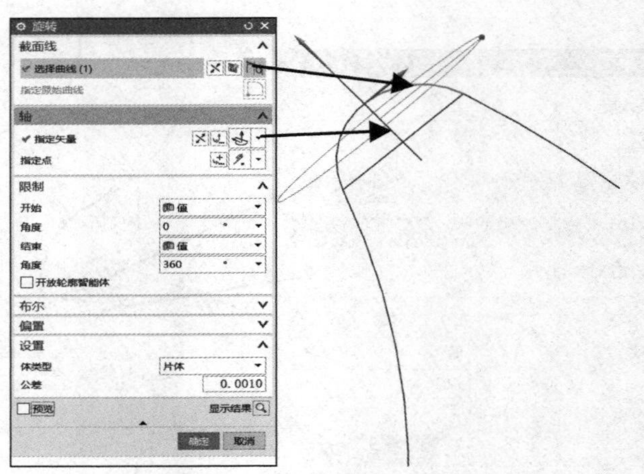

图 3－47　绘制吊钩尖部

（13）创建吊钩主体曲面

单击“插入”→“扫掠”→“扫掠”命令，弹出“扫掠”命令对话框，将“在相交处停止”按钮打开，过滤器选择“相切曲线”，选择截面 1 的一半，作为第一个截面，选择完成后单击“添加新集”按钮，用同样的方法选择其余 5 个截面，选择结果如图 3－48（a）所示。

引导线选择方法同截面选择方法，选择引导线之前，将“在相交处停止”按钮打开，过滤器选择“相切曲线”，选择结果如图 3－48（b）所示。单击“截面选项”→“插值”，选择“三次”，单击“确定”按钮完成扫掠，结果如图 3－48（c）所示。

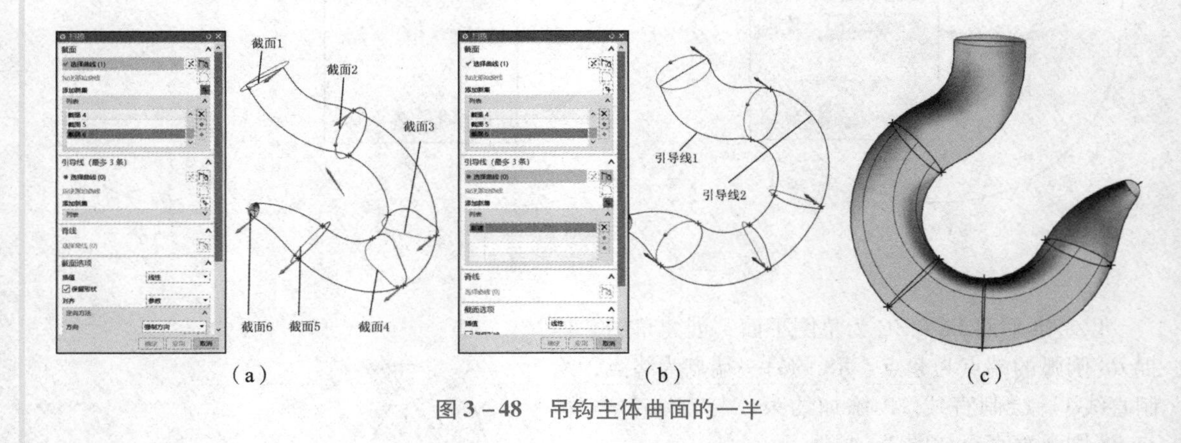

图 3－48　吊钩主体曲面的一半

小贴士：利用扫掠或通过曲线网格时，若有多个截面，选择截面曲线时，注意指示箭头的方向，要保证各截面箭头方向一致，得到的曲面才会顺滑，否则会出现扭曲现象。

（14）创建吊钩主体曲面的另一半

单击“插入”→“关联复制”→“镜像几何体”命令，弹出“镜像几何体”命令对话框，“要镜像的几何体”选择扫掠的曲面，“镜像平面”选择 *YC－ZC* 平面，结果如图 3－49 所示。

（15）创建有界平面

单击“插入”→“曲面”→“有界平面”命令，弹出“有界平面”对话框；“平截面”选择截面 1，结果如图 3－50 所示。

学习笔记

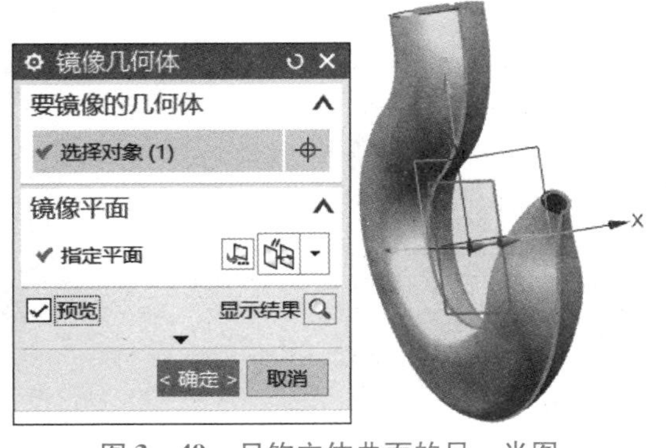

图 3－49　吊钩主体曲面的另一半图

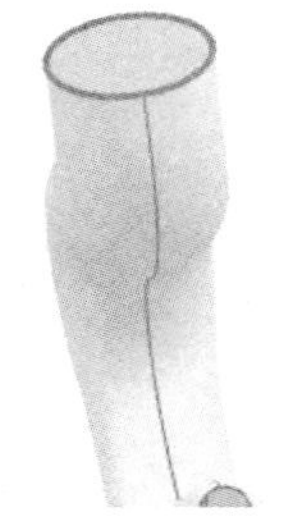

图 3－50　有界平面

(16) 缝合曲面

单击“插入”→“组合”→“缝合”命令，弹出“缝合”命令对话框；“目标”选择有界平面，“工具”选择其他所有片体，结果如图 3－51 所示。单击“确定”按钮完成缝合曲面。

(17) 创建拉伸特征

单击“主页”→“拉伸”命令，弹出“拉伸”对话框；以有界平面的边为截面曲线创建拉伸特征，调整方向，“结束距离”输入 50 mm，“布尔”选择合并，“偏置”选择“单侧”，“距离”输入 －5 mm，如图 3－52 所示。单击“确定”按钮完成创建。完成的吊钩模型如图 3－52 所示。

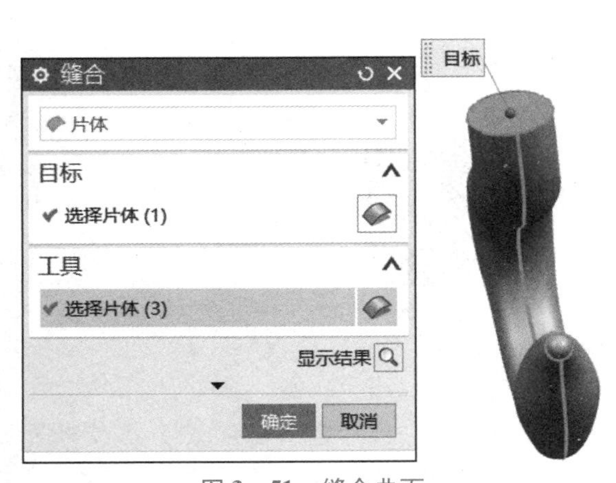

图 3－51　缝合曲面

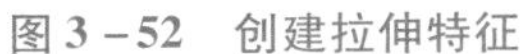

图 3－52　创建拉伸特征

3.2.3　任务拓展实例（连接器模型的创建）

在液压传动时，有时为了调整流量或实现两个不同形状管路的连接，经常会用到变截面的连接器。现有一种设计完成的连接器，如图 3－53 所示，要求建立此连接器的模型，装配到整机中查看功能是否有效。该案例应用的命令有曲线、通过曲线网格、镜像几何体、有界平面、缝合、抽壳等。

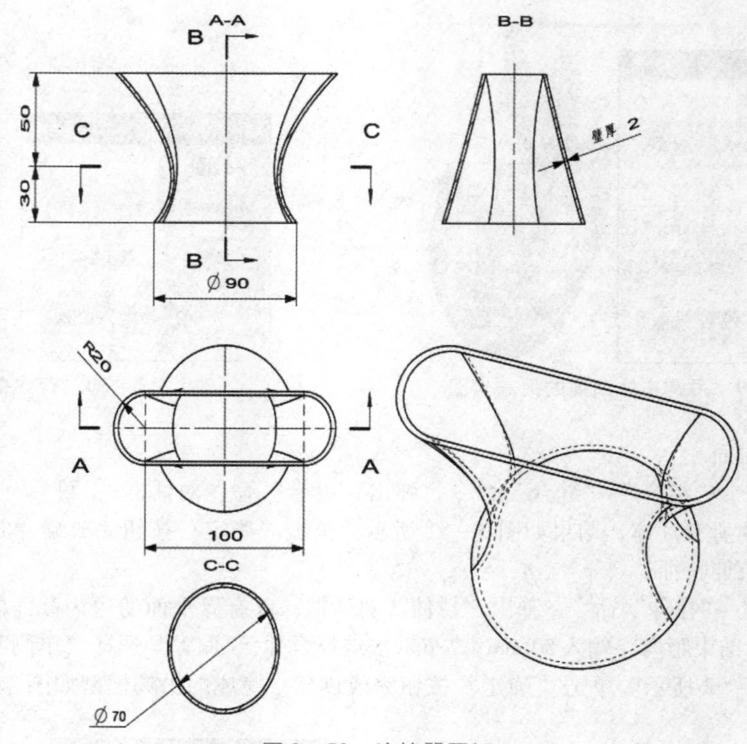

图 3-53 连接器图纸

1. 连接器绘制思路

①创建连接器横截面；②创建横截面与中性面的交点；③创建引导线；④创建连接器曲面本体；⑤创建连接器的顶部和底部平面；⑥缝合连接器；⑦抽壳。

2. 绘制步骤

绘制步骤简表

绘制过程

3.2.4 任务加强练习

建立如图 3-54 所示漏斗的模型。

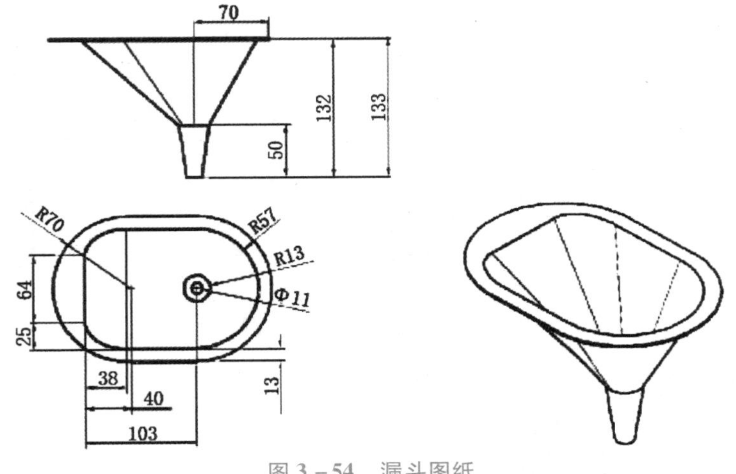

图 3－54 漏斗图纸

学习笔记

思考与练习

小贴士：曲面建模前，需详细分析零件图纸，确定曲面建模的顺序。通常是先建立曲面部分，缝合并实体化之后，再用传统的实体建模建立剩余部分的模型。

1. 简述扫掠曲面的含义，其引导线最多可以选择几条？

2. 简述构造曲面的一般原则。

3. 在缝合片体时，若提示不能缝合，应该怎么处理？（头脑风暴题）

任务3 汤勺零件的曲面及实体建模

某食品企业新设计了一种汤勺，现图纸已经设计完成，需制作产品宣传册，因此需要建立汤勺的模型，并进行渲染处理。汤勺的图纸如图 3－55 所示。

3.3.1 知识链接

曲面分析

建模时，经常需要对曲面进行形状分析和验证，以便保证所建立的曲面满足要求。常用的曲面分析工具有截面分析、高亮线分析、曲面连续性分析、半径分析、拔模分析、反射分析、斜率分析、距离分析等。

1. 截面分析

截面分析是用一组平面与需要分析的曲面相交，得到一组交线，然后分析交线的曲率、峰值

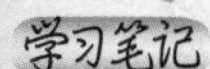

点和拐点等，从而分析曲面的形状和质量。

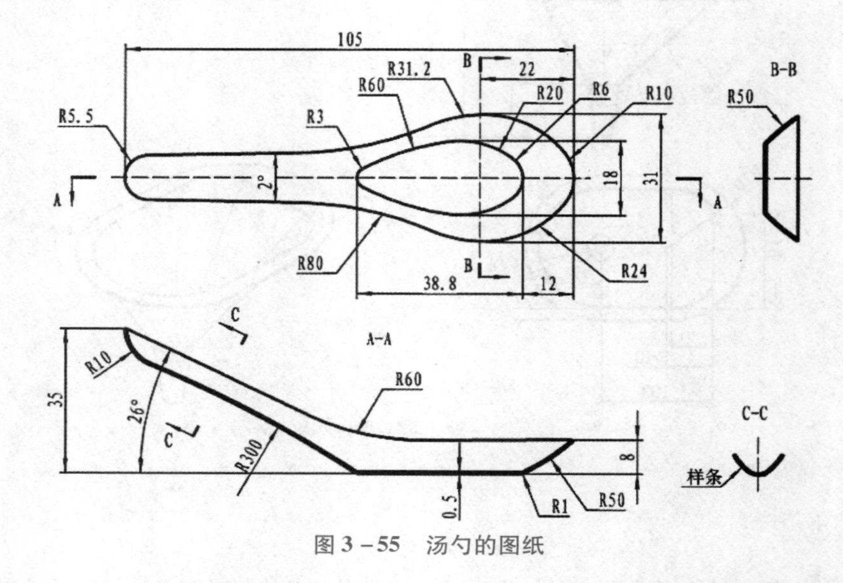

图 3 – 55　汤勺的图纸

单击“菜单”→“分析”→“形状”→“截面分析”命令，弹出如图 3 – 56 所示对话框。

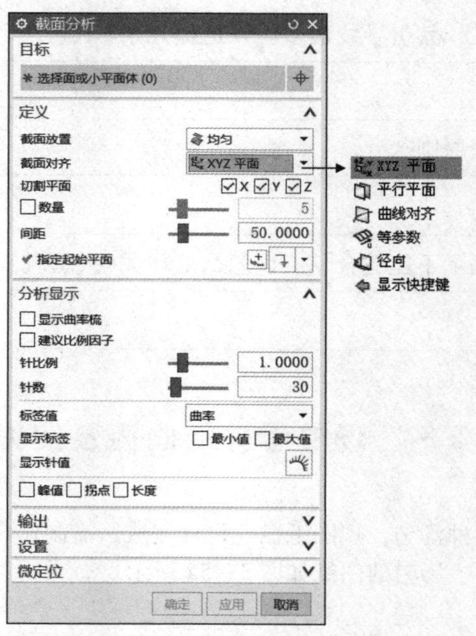

图 3 – 56　“截面分析”对话框

创建截面的方法有以下两种。

- 平行平面：剖切截面为一组指定数量或间距的平行平面，如图 3 – 57 所示。
- 曲线对齐：创建一组与所选择曲线垂直的截面，如图 3 – 58 所示。

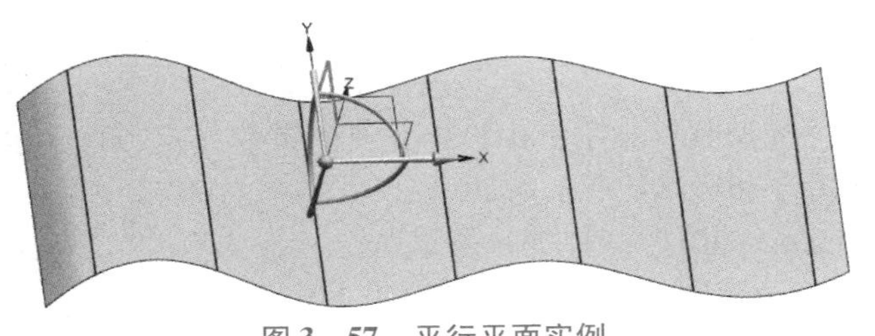

图 3－57　平行平面实例

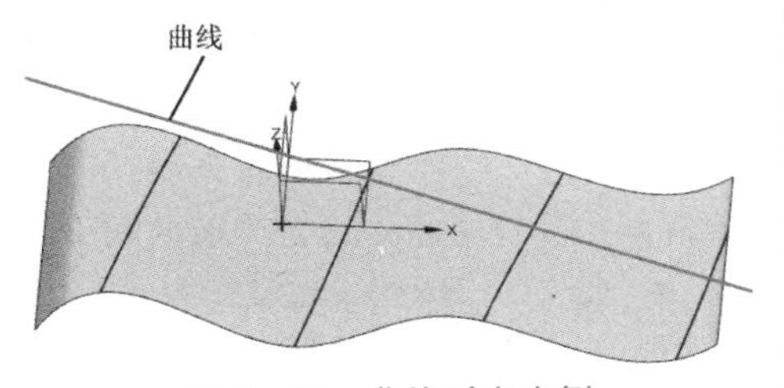

图 3－58　曲线对齐实例

2. 高亮线分析

高亮线是通过将一组特定的光源投射到曲面上，形成一组反射线来评估曲面的质量。旋转、平移、修改曲面后，高亮反射线会实时更新。

单击“菜单”→“分析”→“形状”→“高亮线”命令，弹出如图 3－59 所示对话框。

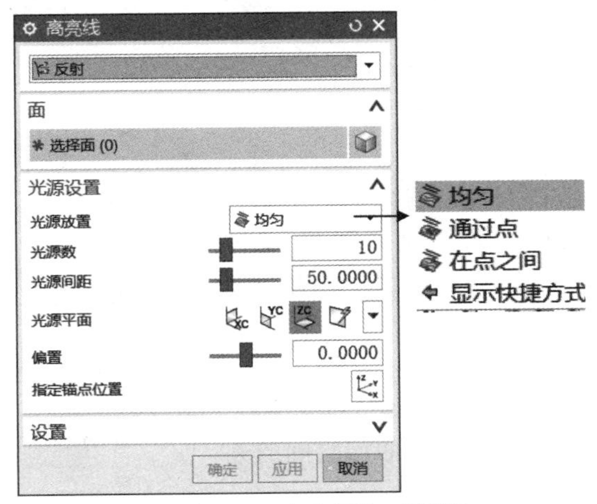

图 3－59　“高亮线”对话框

(1) 产生高亮线的两种类型

高亮线是一束光线投向所选择的曲面上，在曲面上产生反射线。“反射”类型是从观察方向查看反射线，随着观察方向的改变而改变；而“投影”类型则是直接取曲面上的反射线，与观察方向无关，如图 3－60 所示。

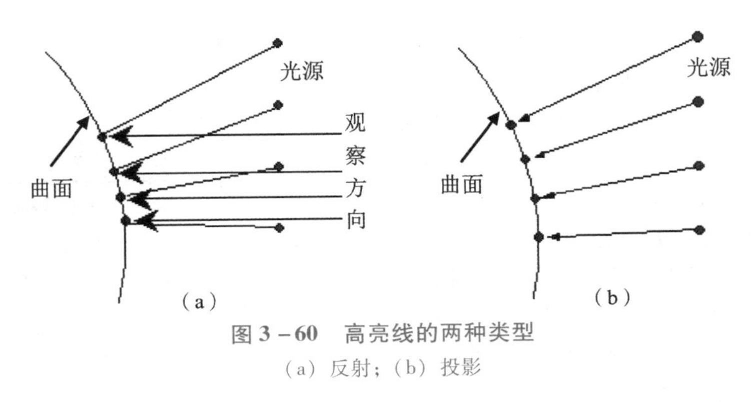

图 3－60　高亮线的两种类型

(a) 反射；(b) 投影

旋转坐标系的方向可以改变反射线的形状，同样，改变屏幕视角的方向也可以显示不同的反射

学习笔记

学习笔记

形状。但选择“锁定反射”复选框，使其锁定，那么旋转视角方向也不会改变反射线的形状。

（2）光源设置

• 均匀：一种等间距的光源，可以在“光源数”文本框中设定光束的条数（≤200），在“光源间距”文本框中设定光束的间距，如图 3－61（a）所示。

• 通过点：高亮线通过在曲面上指定的点，如图 3－61（b）所示。

• 在点之间：在用户指定的曲面上的两个点之间创建高亮线，如图 3－61（c）所示。

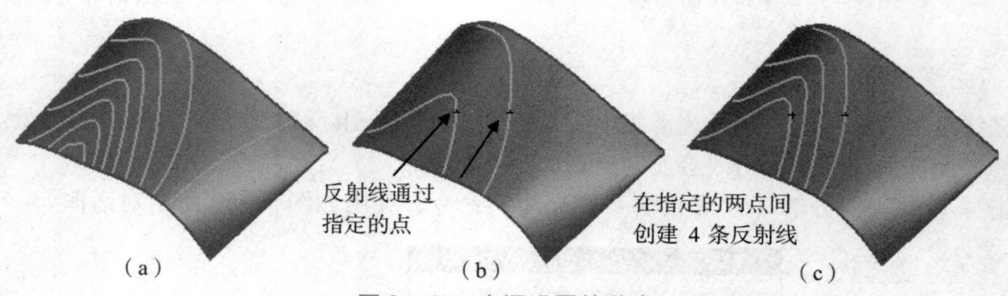

图 3－61　光源设置的种类

3. 曲面连续性分析

可以分析两组曲面之间的连续性，包括位置（G0）、相切（G1）、曲率（G2）以及流（G3）。单击“菜单”→“分析”→“形状”→“高亮线”命令，弹出如图 3－62 所示的对话框。

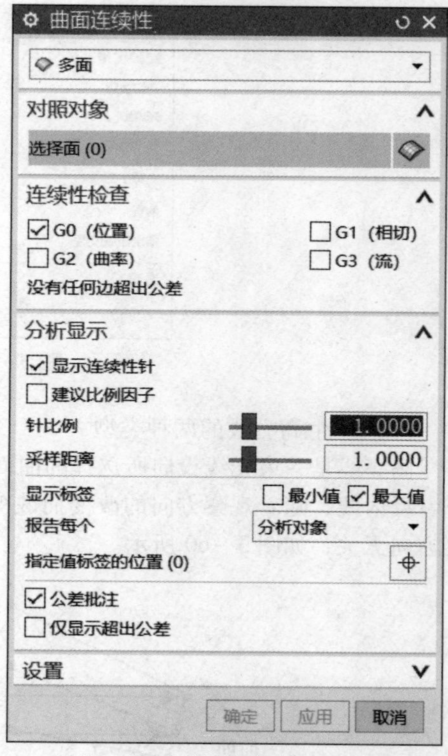

图 3－62　“曲面连续性”对话框

（1）类型

• 边到边：分析两组边缘线之间的连续性关系。

• 边到面：分析一组边缘线与一个曲面之间的连续性关系。

• 多面：将在选定面的所有相邻边上分析面之间的连续性。

“边到边”和“边到面”两个选项仅选择步骤不同，分析方法相同。

（2）对照对象

• 选择边 1：选择要充当连续性检查基准的第一组边；选择希望作为参考边的边相邻面。

• 选择边 2：如果正在使用的类型是边到边，则选择第二组边；如果正在使用的类型是边到面，则选择一组面，将针对这些面测量与第一组边的连续性。

（3）连续性检查

指定连续性分析的类型。

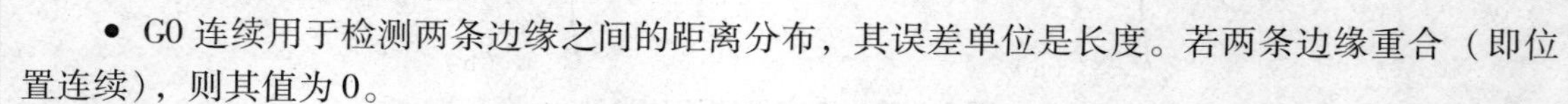

• G0 连续用于检测两条边缘之间的距离分布，其误差单位是长度。若两条边缘重合（即位置连续），则其值为 0。

• G1 连续用于检测两条边缘线之间的斜率连续性，斜率连续误差的单位是弧度。若两曲面在边缘处相切连续，则其值为 0。

• G2 连续用于检查两组曲面之间曲率误差分布，其单位是 1。进行曲率连续性分析时，可选用不同的曲率显示方式：截面、高斯、平均、绝对。

- G3 连续是检查两组曲面之间曲率的斜率连续性（曲率的变化率）。

（4）分析显示

- 显示连续性针：为当前选定的曲面边和连续性检查显示曲率梳。如果曲面有变化，梳状图会针对每次连续性检查动态更新。
- 建议比例因子：自动将比例设为最佳大小。
- 针比例：通过拖动滑块或输入值来控制曲率梳的比例或长度。
- 采样距离：通过拖动滑块或输入值来控制梳中显示的总齿数。
- 显示标签：显示每个活动的连续性检查梳的近似位置以及最小和/或最大值。

小贴士：可以使用键盘方向来更改针比例和采样距离，针比例或采样距离选项上必须有光标焦点。

4. 拔模分析

通常对于钣金成型件、汽车覆盖件模具、模塑零件，沿拔模方向的侧面都需要一个正向的拔模斜度，如果斜度不够或者出现反拔模斜度，那么所设计的曲面就是不合格的。拔模分析提供对指定部件反拔模状况的可视反馈，并可以定义一个最佳冲模冲压方向，以使反拔模斜度达到最小值。

举例如下：

1）单击“菜单”→“分析”→“形状”→“拔模分析”命令，弹出如图 3－63（a）所示对话框。

2）动态坐标系的 Z 轴就是分析中所使用的拔模方向。在“目标”选项中选择要分析的面，在“指定方位”中选择 Z 轴，曲面上颜色区域随之发生变化，如图 3－63（d）所示。

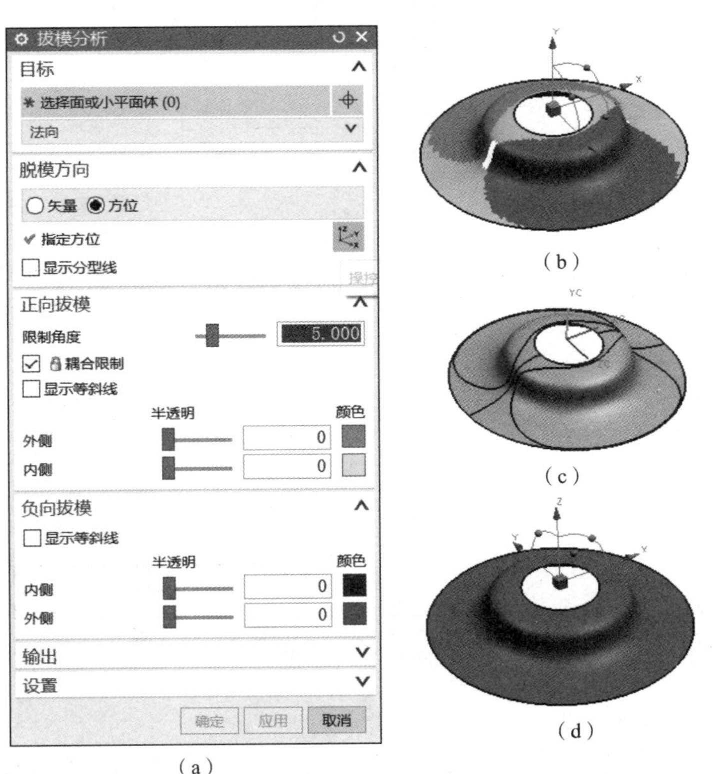

（a） （b） （c） （d）

图 3－63 “拔模分析”对话框及实例

小贴士：拔模分析中使用4种颜色来区分不同的拔模区域：曲面法向与拔模方向正向（*Z*轴正向）的夹角小于90°，默认用绿色表示；曲面法向与拔模负向（*Z*轴负向）的夹角小于90°，默认用红色表示；在红色和绿色之间可以设置过渡区域，可以设置 -15°~0 及 0~15°作为过渡区域，改变该区域只需在对话框中拖动“限制”滑块即可。

3.3.2 任务实施过程

1. 绘制汤勺模型的步骤

①绘制汤勺的草图；②创建汤勺外轮廓曲线；③绘制汤勺把手的侧面轮廓；④绘制汤勺把手截面；⑤绘制汤勺侧面轮廓；⑥创建桥接曲线；⑦创建交点；⑧绘制艺术样条线；⑨生成通过曲线网格面1；⑩修剪体；⑪生成通过曲线网格曲面2；⑫生成通过曲线网格面3；⑬创建汤勺底部面；⑭生成*N*边曲面；⑮缝合曲面；⑯实体抽壳。

2. 绘制汤勺模型的详细过程

（1）绘制汤勺的草图

1）选择 *XC-YC* 平面，进入草图绘制环境，绘制汤勺的最大轮廓草图，如图3-64所示。

2）再次选择 *XC-YC* 平面，进入草图绘制环境，绘制汤勺底的轮廓草图，如图3-65所示。

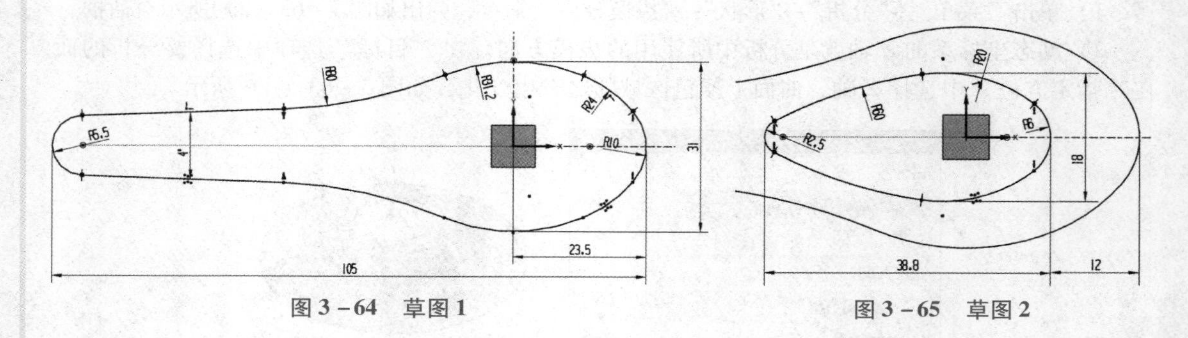

图3-64　草图1　　　　图3-65　草图2

3）选择 *XC-ZC* 平面，进入草图绘制环境，绘制汤勺上边缘轮廓草图，如图3-66所示。

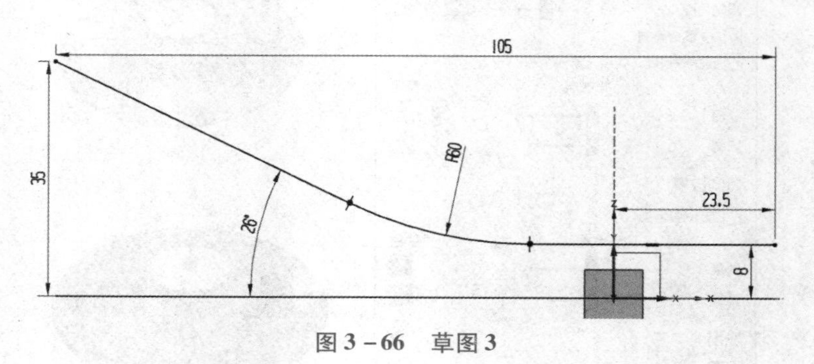

图3-66　草图3

（2）创建汤勺外轮廓曲线

单击“菜单”→“插入”→“派生曲线”→“组合投影”命令，弹出“组合投影”命令对话框，如图3-67（a）所示，曲线1选择草图1，曲线2选择草图2，结果如图3-67（b）所示。

学习笔记

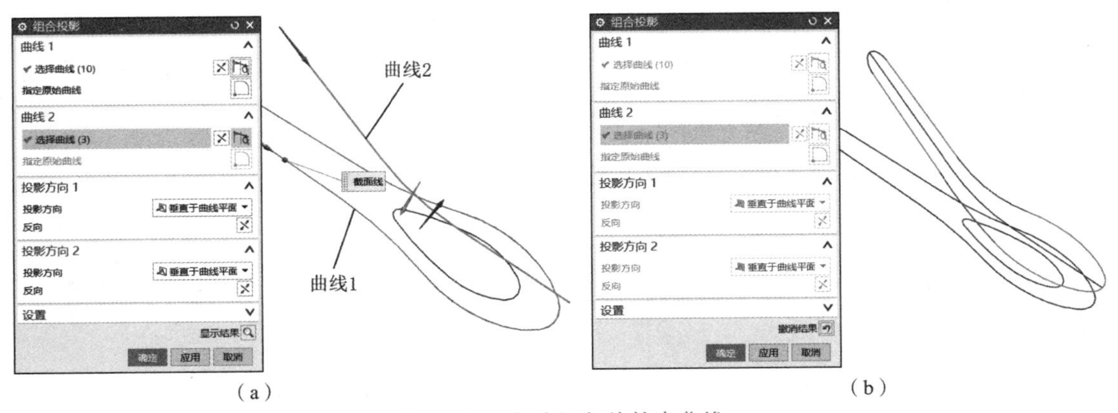

图 3－67　创建汤勺外轮廓曲线

(3) 绘制汤勺把手的侧面轮廓

选择 *XC－ZC* 平面，进入草图绘制环境，单击“草图工具”→“交点”命令图标，选择曲线，如图 3－68（a）所示，创建 *XC－ZC* 平面与所选圆弧的交点 1，同理，创建 *XC－ZC* 平面与另一端圆弧的交点 2。

选择“圆弧”命令，用“三点定圆弧”方法绘制 *R*10 圆弧，起点约束至上边缘轮廓的起点，约束圆心与起点水平，标注尺寸 *R*10；同理，用“三点定圆弧”方法绘制 *R*300 圆弧，一端与 *R*10 圆弧相切，终点与刚创建的交点 1 重合；同理，创建圆弧 *R*50，圆弧两端约束至交点 1 和交点 2 上，如图 3－68（b）所示。

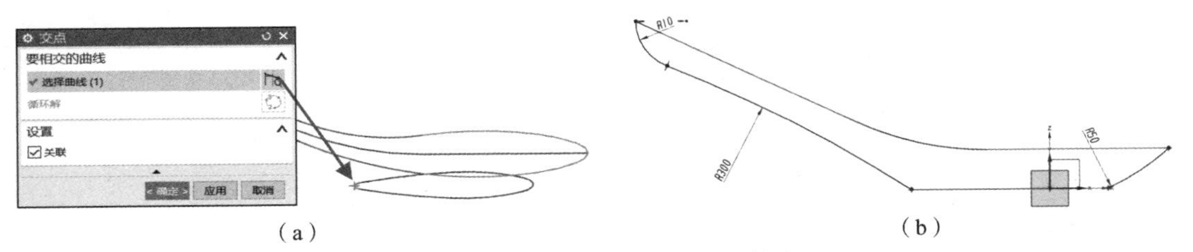

图 3－68　绘制汤勺把手的侧面轮廓

(4) 绘制汤勺把手截面

单击“基准平面”，弹出“基准平面”对话框，方法选择“曲线上”，曲线选择中间轮廓的直线，位置选择“弧长”，弧长输入 25 mm，方向选择“垂直于路径”，如图 3－69 所示。单击“确定”按钮，完成基准平面的创建。

单击“主页”→“草图”命令，打开“草图”命令对话框，选择上述创建的基准平面作为草图平面，单击“草图工具”交点命令图标，分别创建与最大轮廓线及侧面轮廓线的 3 个交点，结果如图 3－70（a）所示。

绘制半径为 *R*10 及 *R*4 三段圆弧，然后镜像曲线，获得草图曲线，如图 3－70（b）所示，*R*10 端点约束在刚创建勺子轮廓线的交点 1 和 2 上，*R*4 圆弧经过侧面轮廓的交点 3，*R*4 圆心约束到 *X* 坐标轴上。单击完成草图。

(5) 绘制汤勺侧面轮廓

选择 *YC－ZC* 平面，进入草图绘制环境，单击“草图工具”交点命令图标，分别创建 *YC－ZC* 平面与汤勺顶部轮廓及底部轮廓的交点 1 和 2，如图 3－71（a）所示。创建一个 *XC－ZC* 平

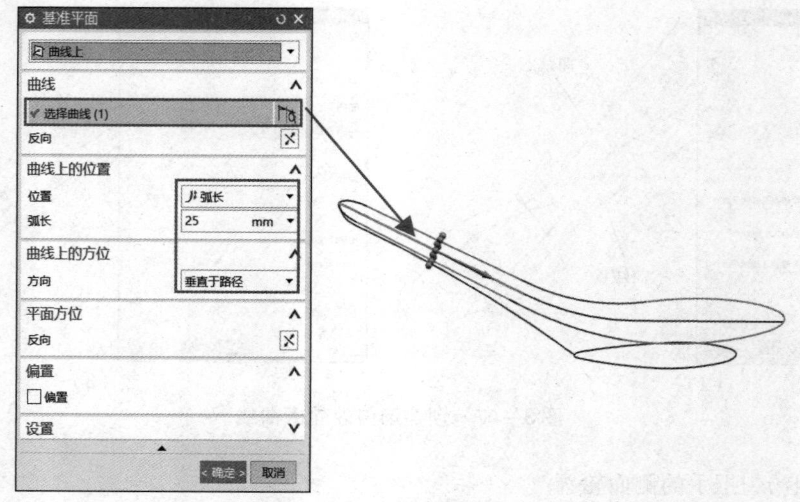

图 3－69　创建基准平面

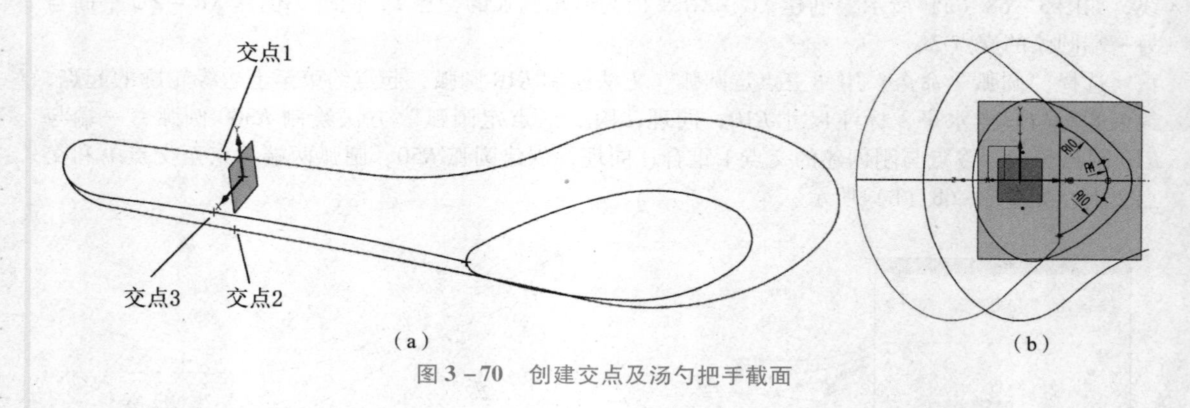

图 3－70　创建交点及汤勺把手截面

面与所选圆弧的交点 3。

单击“圆弧”命令，用“三点定圆弧”的方法绘制 $R50$ 圆弧，起点与终点分别约束至刚创建的交点 1 和 2 上，然后镜像曲线，获得草图曲线，如图 3－71（b）所示。

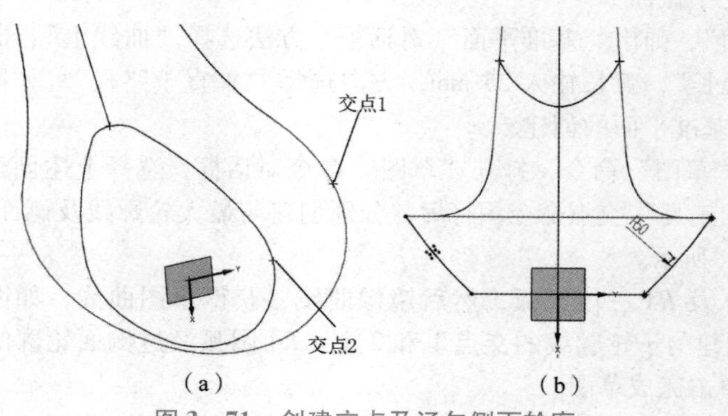

图 3－71　创建交点及汤勺侧面轮廓

(6) 创建桥接曲线

单击“主页”→“曲线”→“桥接曲线”命令，打开“桥接曲线”对话框。分别选择勺子的两端曲线作为桥接曲线的截面线，最终获得桥接曲线，如图 3-72 所示，单击“确定”按钮完成。

(7) 创建交点

在“主页”里，单击“点”命令图标“+”，弹出“点”对话框，创建方式选择“交点”；“曲线、曲面或平面”选择 *YC-ZC* 平面，“要相交的曲线”选择上述桥接曲线，如图 3-73 所示，单击“确定”按钮完成。

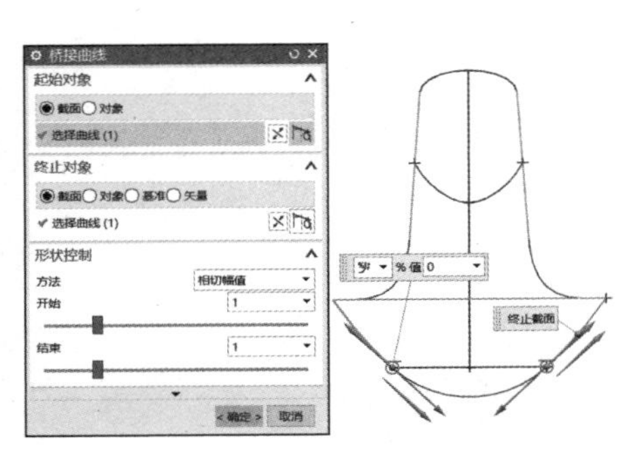

图 3-72 创建桥接曲线

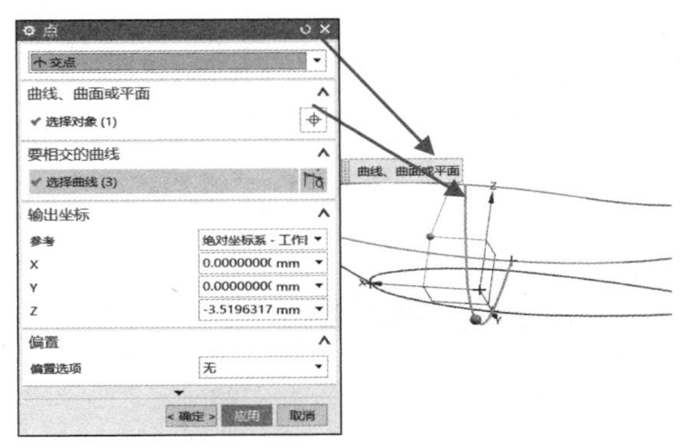

图 3-73 创建交点

(8) 绘制艺术样条线

单击“插入”→“曲线”→“艺术样条”，打开“艺术样条”对话框，用“通过点”的方式创建艺术样条曲线，勾选“约束到平面”，平面选择 *YC-ZC* 平面，选择勺子把底部轮廓线的端点，约束选择 G1，另一端约束到步骤 (7) 创建的交点，获得样条曲线，如图 3-74 所示，单击“确定”按钮。

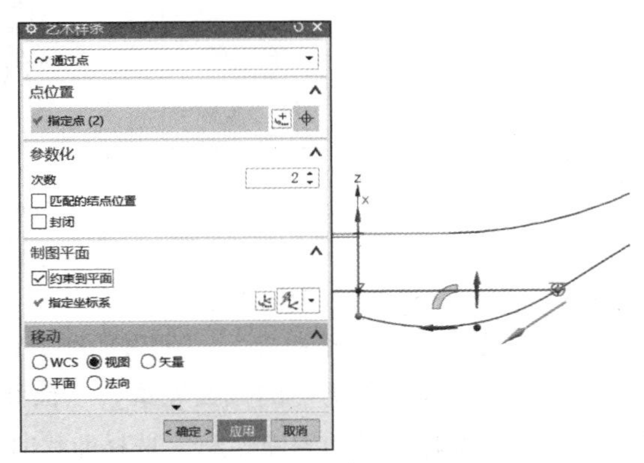

图 3-74 样条曲线

(9) 生成通过曲线网格面 1

单击“插入”→“网格曲面”→“通过曲线网格”命令，打开“通过曲线网格”对话框。主曲线 1 选择中间轮廓线的端点；主曲线 2 选择汤勺把手截面的三段圆弧，主曲线 3 选择勺体的三段圆弧，如图 3-75 (a) 所示；交叉曲线 1 选择左侧最外轮廓线，交叉曲线 2 选择中间轮廓线，交叉曲线 3 选择右侧最外轮廓，如图 3-75 (b) 所示，单击“确定”按钮完成。建立的曲线网格面如图 3-76 所示。

小贴士：选择曲线时，曲线选择方式改为“单条曲线”，“在相交处停止”按钮打开。

(10) 修剪体

单击“主页”→“曲面”→“修剪体”命令，打开“修剪体”对话框。参数设置如图 3-77 (a) 所示。目标体选择曲线网格面，工具体选择新建平面，指定 *XC-YC* 平面往上偏移 5 mm，选择修剪方向，单击“确定”按钮。修剪结果如图 3-77 (b) 所示。

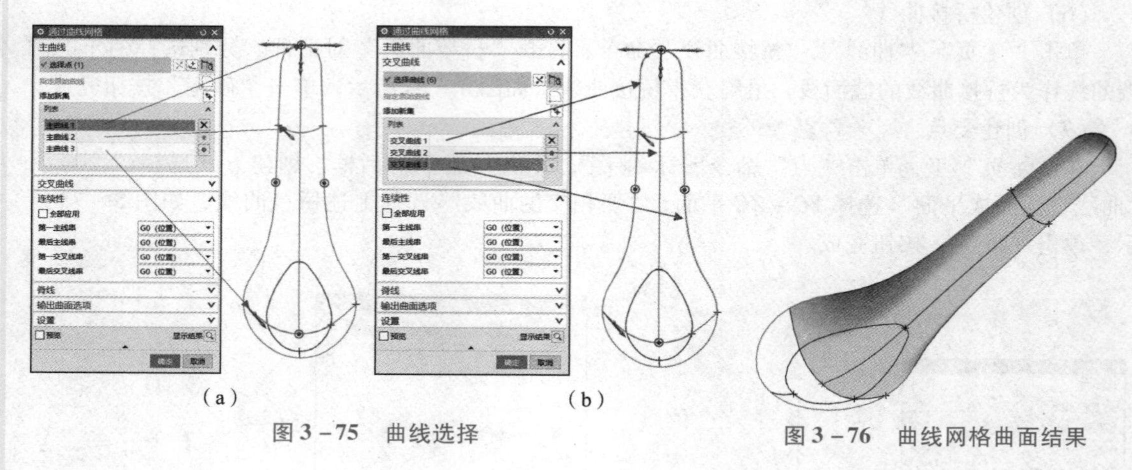

（a）　　（b）

图 3－75　曲线选择　　图 3－76　曲线网格曲面结果

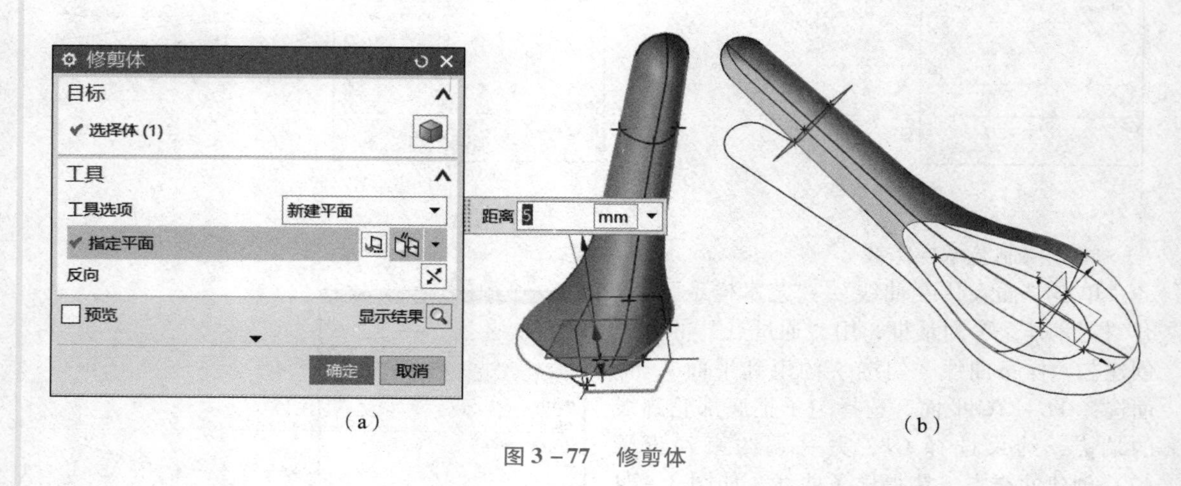

（a）　　（b）

图 3－77　修剪体

（11）生成通过曲线网格曲面 2

单击“插入”→“网格曲面”→“通过曲线网格”命令，打开“通过曲线网格”对话框。主曲线 1 选择步骤（10）修剪后的截面轮廓，主曲线 2 选择勺子底部截面，如图 3－78（a）所示；交叉曲线依次选择勺子的侧面轮廓（选择曲线时，在“相交处停止”按钮 ⊹ 打开），如图 3－78（b）所示；“连续性”第一主线串选择 G1 相切，“选择面”选择修剪体剩余部分，单击“确定”按钮。最终生成的曲线网格面如图 3－78（c）所示。

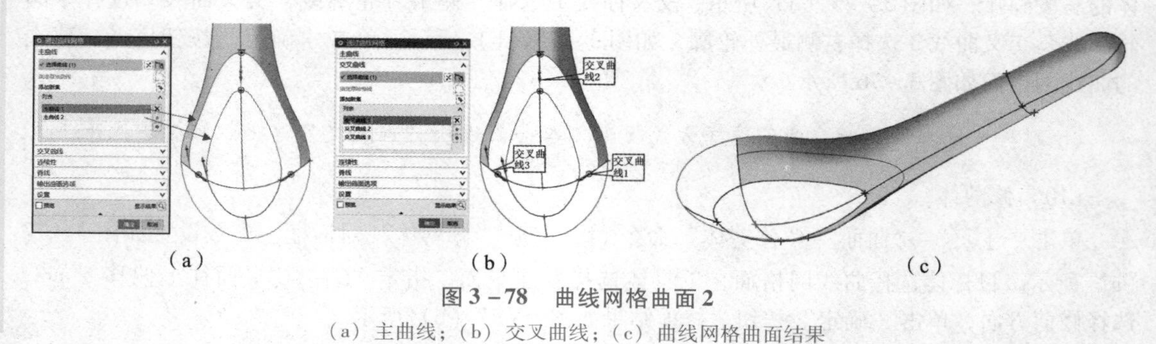

（a）　　（b）　　（c）

图 3－78　曲线网格曲面 2

（a）主曲线；（b）交叉曲线；（c）曲线网格曲面结果

(12) 生成通过曲线网格面 3

单击“插入”→“网格曲面”→“通过曲线网格”命令，打开“通过曲线网格”对话框。主曲线 1 选择勺体上边沿轮廓线，主曲线 2 选择勺底部剩余截面，如图 3－79 (a) 所示；交叉曲线 1 选择右侧最外轮廓线，交叉曲线 2 选择中间轮廓线，交叉曲线 3 选择左侧最外轮廓，如图 3－79 (b) 所示，“连续性”第一交叉曲线选择“G1 (相切)”，曲面选择如图 3－79 (c) 所示，最后交叉曲线选择“G1 (相切)”，曲面选择同上，单击“确定”按钮。最终生成的曲线网格面如图 3－79 (d) 所示。

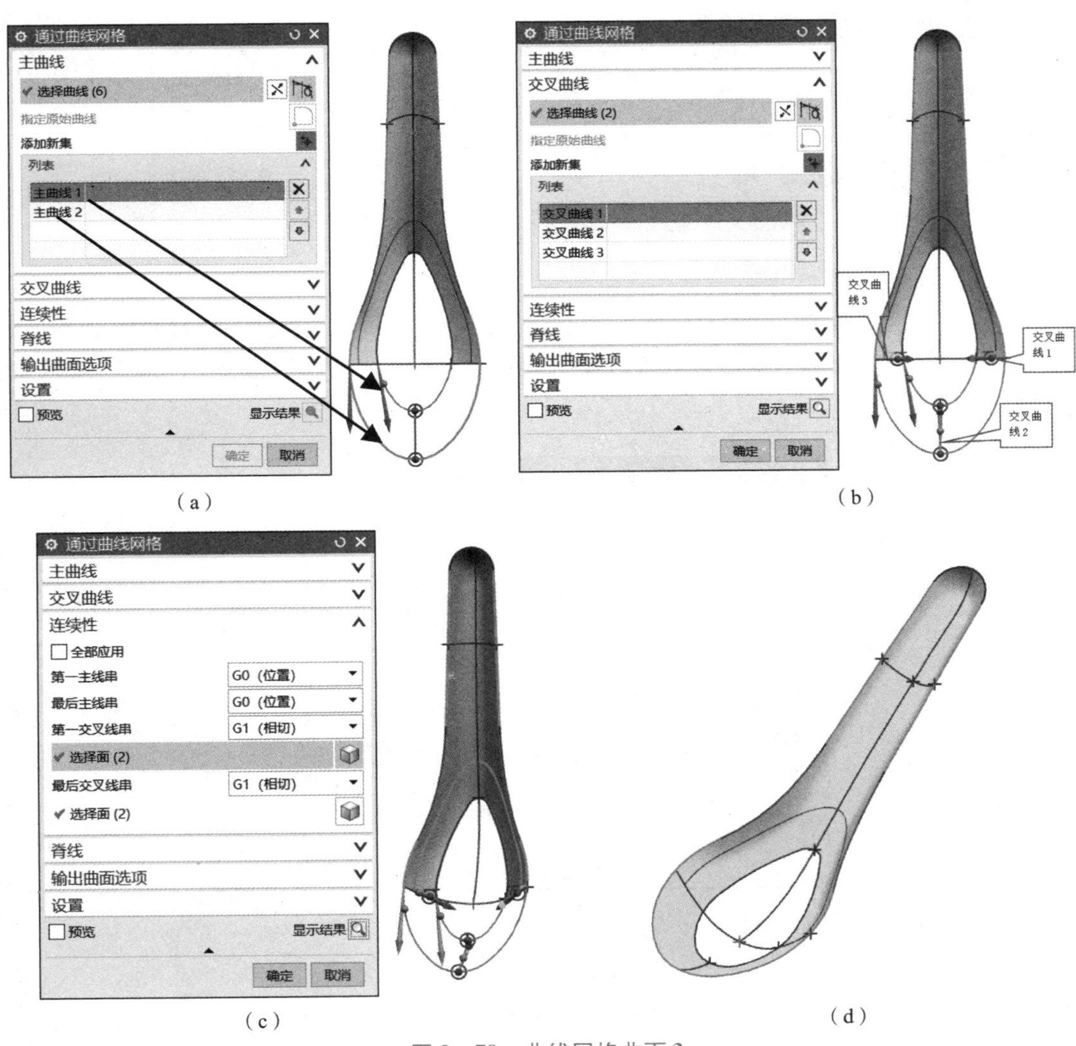

图 3－79 曲线网格曲面 3

(13) 创建汤勺底部面

单击“菜单”→“插入”→“曲面”→“有界平面”命令，打开“有界平面”对话框。截面曲线选择勺子底部轮廓曲线，如图 3－80 所示，单击“确定”按钮完成。

(14) 生成 *N* 边曲面

单击“菜单”→“插入”→“网格曲面”→“*N* 边曲面”命令，打开“*N* 边曲面”对话框。类型选择“已修剪”，截面曲线选择勺子外轮廓曲线，如图 3－81 所示，在“设置”选项里勾选“修

学习笔记

剪到边界”，单击“确定”按钮完成。

图 3－80　创建汤勺底部面

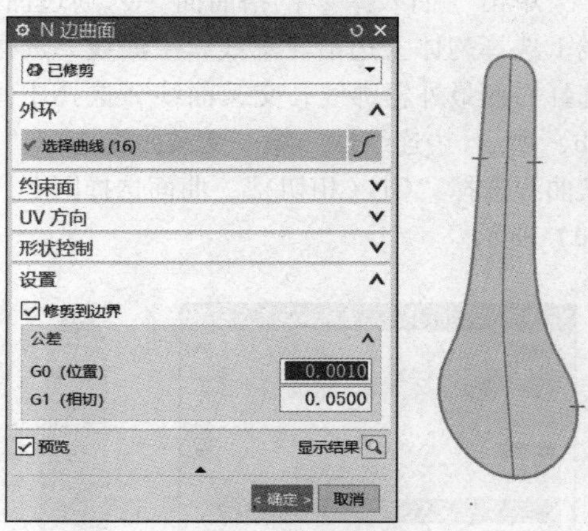

图 3－81　*N* 边曲面

（15）缝合曲面

单击“主页”→“曲面”→“缝合”命令，在弹出的对话框中，“目标”选择其中一个曲面，“工具”框选择剩余其他曲面，公差设置为 0.01 mm，如图 3－82 所示，单击“确定”按钮生成实体。

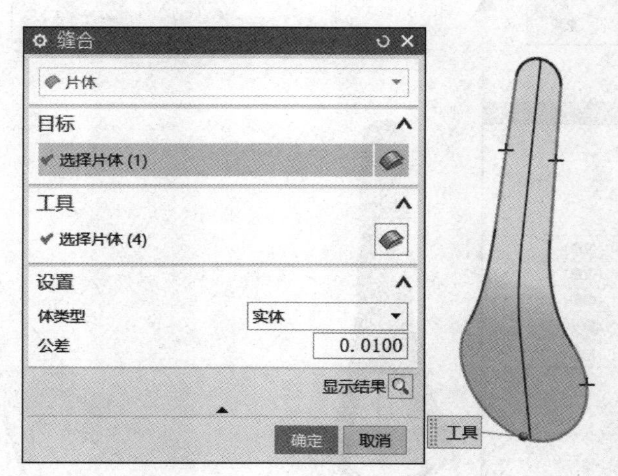

图 3－82　缝合曲面

（16）实体抽壳

单击“主页”→“抽壳”命令，选择实体上表面，设置厚度为 0.5 mm，如图 3－83（a）所示，单击“确定”按钮。抽壳完成的汤勺如图 3－83（b）所示。

3.3.3　任务拓展实例（吹风机头部的建模）

吹风机在工作时，将热风从吹风机头部吹出，因此设计的吹风机头部形状需满足吹风导向的要求，并且与吹风机本体能有效连接。图 3－84 所示为一种已经设计完成的吹风机头，要求绘制吹风机头的三维模型，装配到本体上，进行风向的分析。该案例应用的命令有旋转、通过曲线组、修剪片体、缝合、抽壳等。通过该案例，进一步熟练掌握这些命令的使用。

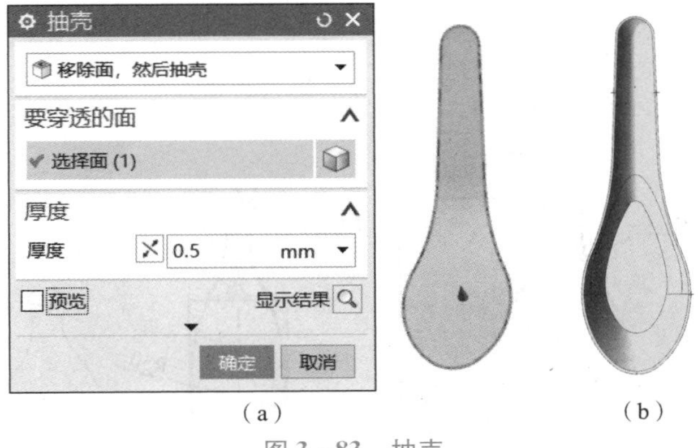

(a)　　　　　　　　(b)

图 3-83　抽壳

(a) 抽壳参数；(b) 抽壳结果

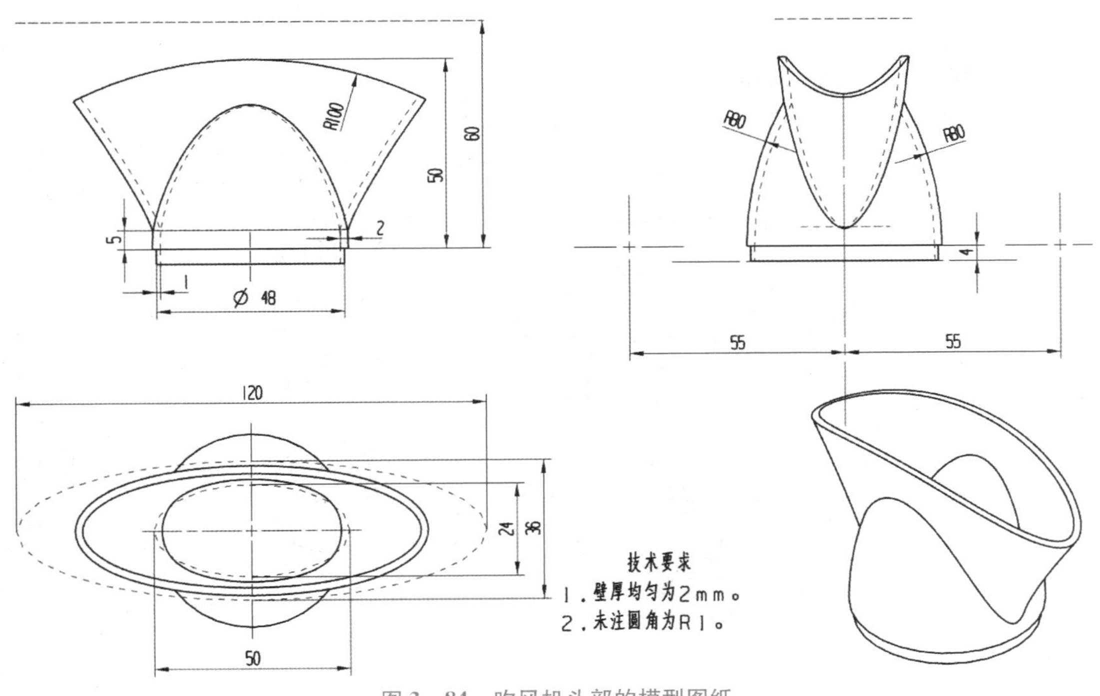

图 3-84　吹风机头部的模型图纸

1. 吹风机头部模型绘制思路

①绘制主体 1；②绘制主体 2；③修剪并绘制头部曲面；④绘制底部面；⑤缝合；⑥抽壳；⑦绘制连接部。

2. 绘制步骤

绘制步骤简表

绘制过程

学习笔记

3.3.4 任务加强练习

1. 建立如图 3-85 所示花瓶的模型。

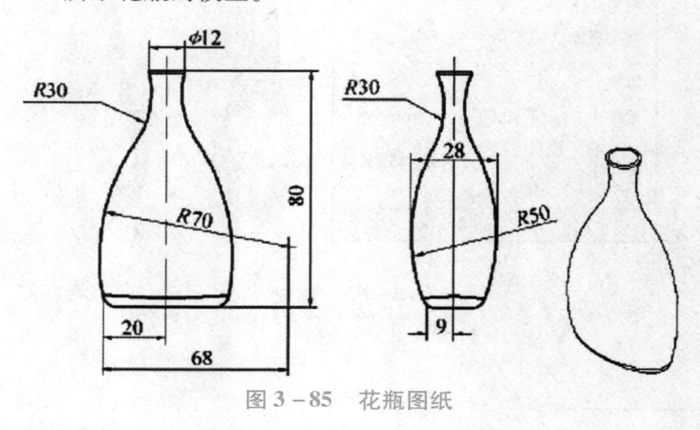

图 3-85 花瓶图纸

2. 建立如图 3-86 所示旋钮的模型。

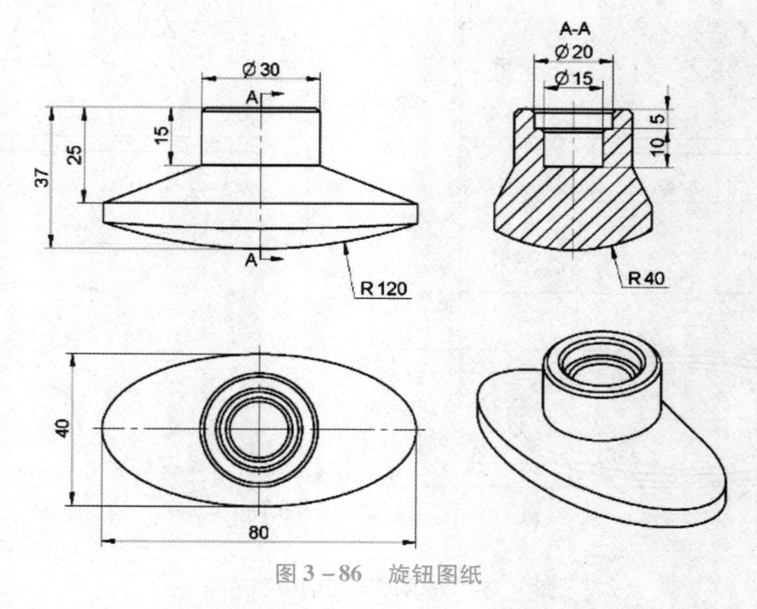

图 3-86 旋钮图纸

思考与练习

小贴士：在曲面建模时，需要注意以下几个基本原则：

1. 曲面建模不同于实体建模，其不是完全参数化的特征。

2. 创建曲面的边界曲线尽可能简单。一般情况下，曲线阶次不大于3。

3. 用于创建曲面的边界曲线要保持光滑连续，避免产生尖角、交叉和重叠。另外，在进行创建曲面时，需要对所利用的曲线进行曲率分析，曲率半径尽可能大，否则会造成加工困难和形状复杂。

4. 避免创建非参数化曲面特征。

5. 曲面要尽量简洁，面尽量做大。对不需要的部分要进行裁剪，曲面的张数要尽量少。

6. 根据不同部件的形状特点，合理使用各种曲面特征创建方法。尽量采用实体修剪，再采用挖空方法创建薄壳零件。

7. 曲面特征之间的圆角过渡尽可能在实体上进行操作。

8. 曲面的曲率半径和内圆角半径不能太小，设计时要充分考虑后续制造工艺性，半径要略大于标准刀具的半径，否则容易造成加工困难。

学习笔记

1. 使用扫掠命令创建曲面时，必须有截面和引导线，两者缺一不可，对吗？

2. 创建曲面时，曲面要尽量简洁，面尽量做大，这是为什么？

3. 如何分析产品中曲面的质量？有哪几种方法？（头脑风暴题）

项目小结

本项目通过知识链接、任务实施过程、任务拓展实例和任务加强练习等环节，分类介绍了曲面建模的一般步骤、曲面建模的常用命令、进行曲面质量分析的方法等。通过本项目的学习，要掌握曲面建模常用命令的操作步骤和注意事项、曲面修改及编辑的方法。通过对案例的练习与操作，要熟练掌握空间曲线、直纹、有界平面、通过曲线组、通过曲线网格等命令。

曲面建模在现代产品设计中，同样占据着越来越重要的地位，通过相应命令和案例的练习，不但能设计出满足使用功能的产品，更能设计出符合人机工学，更具市场竞争力的产品。

岗课赛证

UG NX 软件在支撑就业岗位方面，以及职业院校技能大赛，省级、国家级等技能大赛等方面，起着重要的作用；在证书考取方面等有着广阔的应用场景和范围。

（1）UG NX 软件对应的行业有装备制造业、汽车行业、模具行业等，匹配的就业岗位有工业设计、产品设计、工艺设计等；UG NX 软件在诸多中外大型企业中有着广泛的应用，如波音、丰田、福特、宝马、奔驰、潍柴等著名企业。

图 3－87 所示为某型号耳塞图纸。

（2）UG NX 软件在世界技能大赛、全国三维数字化创新设计大赛、全国大学生机械创新设计大赛、全国职业院校技能大赛、行业赛、省技术技能大赛中有着广泛的应用。图 3－88 所示为 2012 年山东省职业院校技能大赛机械产品数控加工项目样题。

（3）《工程机械数字化管理和运维职业技能等级标准》标准代码：460034。

工程机械数字化管理和运维职业技能等级标准

本标准的（中级）考核要求是：根据项目要求和相关指导文件，能够从事工程机械安装与调试、工程机械维护保养、工程机械维修等工作，完成工程机械发动机故障诊断与排除、数字化控制器的使用、工程机械底盘故障诊断与排除及云端数据接入、轮式工程机械底盘故障诊断与排除、履带式工程机械故障诊断与排除等工作任务。

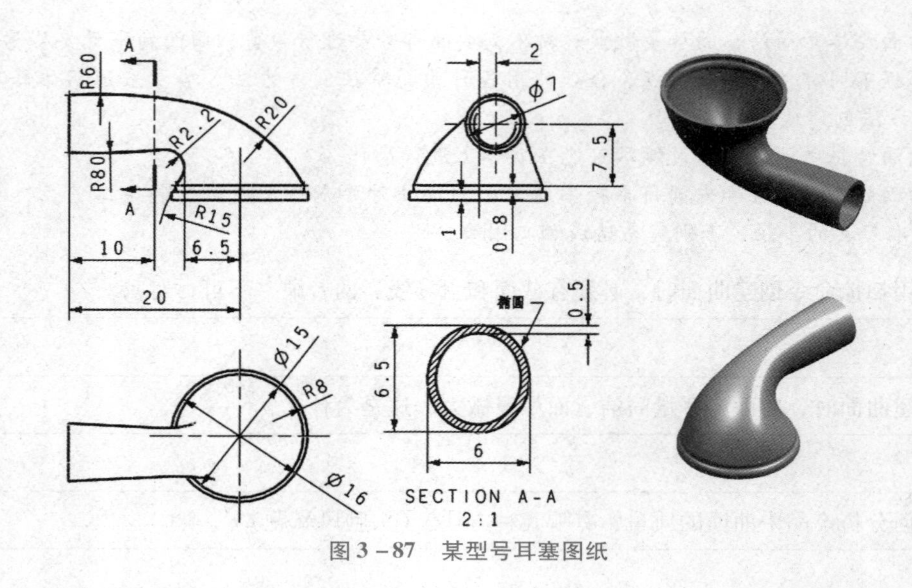

图 3-87　某型号耳塞图纸

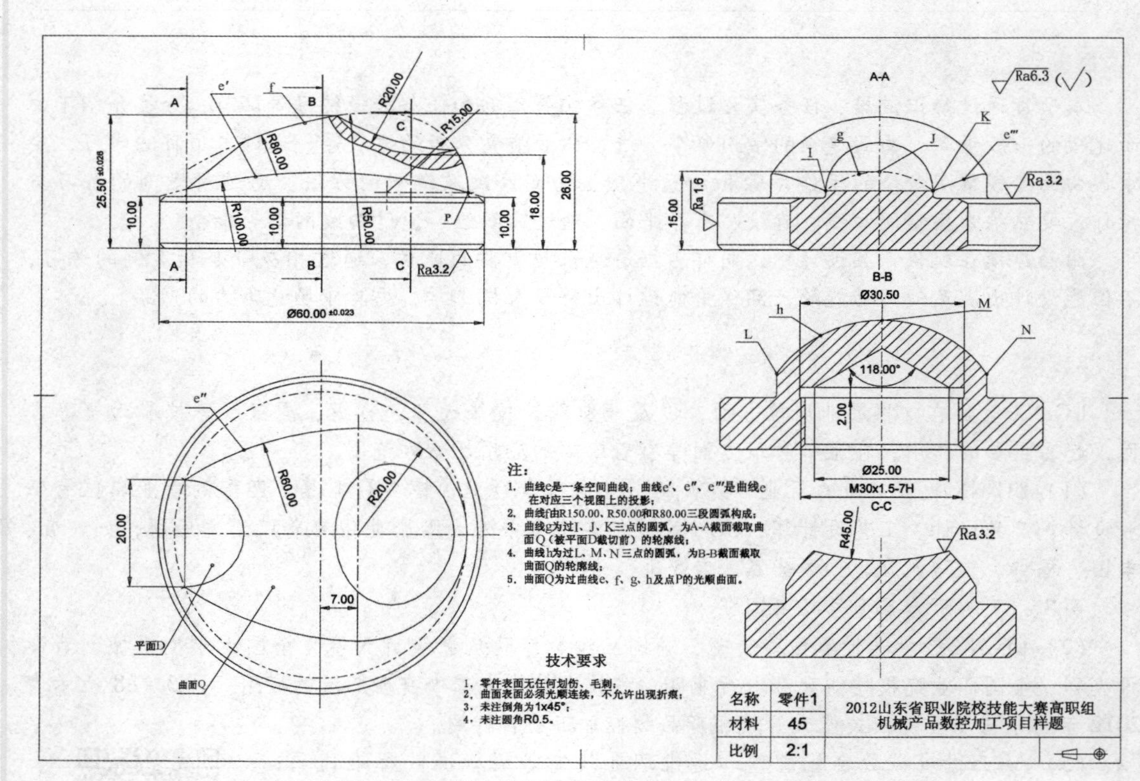

图 3-88　2012 年山东省职业院校技能大赛机械产品数控加工项目样题

学习笔记

唯实　创新　开放——中国兵器工业集团

［2021 年大国工匠年度人物］周建民：周氏精度　如琢如磨	
“独臂焊匠，为坦克‘缝制’钢铁外衣！”——卢仁峰	
中国兵器工业集团公司首席科学家、中国北方车辆研究所科技委委员杜志岐	
“钻头大王”的美誉享誉发明界——倪志福	
2020 年度全国三八红旗手标兵赵晶	

项目考核

一、选择题

1. 下列建立曲面的命令中，可以设置边界连续性约束的有（　　）。

A. 直纹面　　B. 通过曲线组　　C. 通过曲线网格　　D. 扫掠

2. 欲在两个面之间建立圆整而光滑的过渡面，而又需要定义相切曲线线串，那么可以使用（　　）自由形状特征来创建。

A. 面内曲线　　B. 桥接曲面　　C. 面倒圆　　D. 软倒圆

3. 使用修剪（Trimmed）的方法创建 N 边曲面时，以下（　　）是 UV 方位选项的内容。

A. 脊线　　B. 距离　　C. 矢量　　D. 面积

4. 绘制艺术样条曲线的类型方法有（　　）。

A. 通过极点　　B. 通过点　　C. 拟合曲线　　D. 与平面垂直

5. 可以将闭合的片体转化为实体，应采用的方法是（　　）。

A. 曲面缝合　　B. 修剪体　　C. 补片　　D. 布尔运算合并

学习笔记

6. 曲面建模中，扫掠所用的引导线可以由多段曲线组成，连续性要求是（　　）。

A. 一阶导数连续　　B. 二阶导数连续　　C. 三阶导数连续　　D. 四阶导数连续

7. 扫掠是使用轮廓曲线沿空间路径扫描而成的，其中扫掠路径称为引导线，最多为（　　）。

A. 1 条　　B. 2 条　　C. 3 条　　D. 4 条

二、判断题

1. 在 UG NX 中，UV 网格直观显示曲面的质量，改变 UV 网格就可以改变曲面的参数及质量。（　　）

2. 采用延伸曲面可对已有单一曲面上的边或曲线进行切向、法向的延伸，但不能进行角度的延伸。（　　）

3. 可以使用任意多个曲面创建偏置曲面特征，而且可以指定任意多个偏置距离。（　　）

4. N 边曲面有已修剪和三角形两种类型。（　　）

5. 利用曲线修剪功能时，选择要修剪的曲线时，应单击要保留的部位。（　　）

6. 修剪片体时，实体不能用来作为修剪边界。（　　）

7. 扩大可以改变一个曲面的大小，可以对其修剪，也可以不修剪。（　　）

三、绘制如图 3－89～图 3－91 所示零件的模型

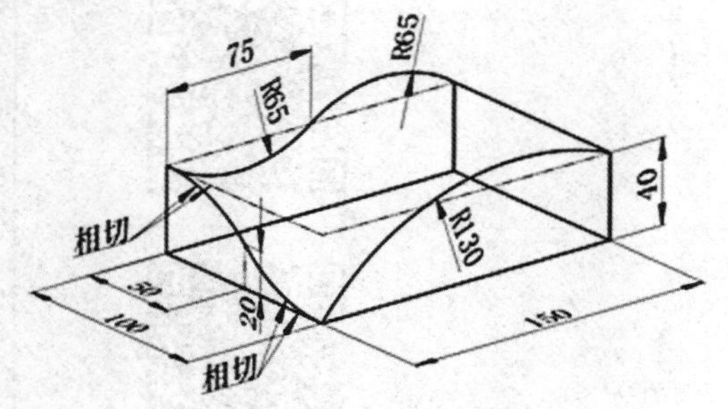

图 3－89　异形面图纸

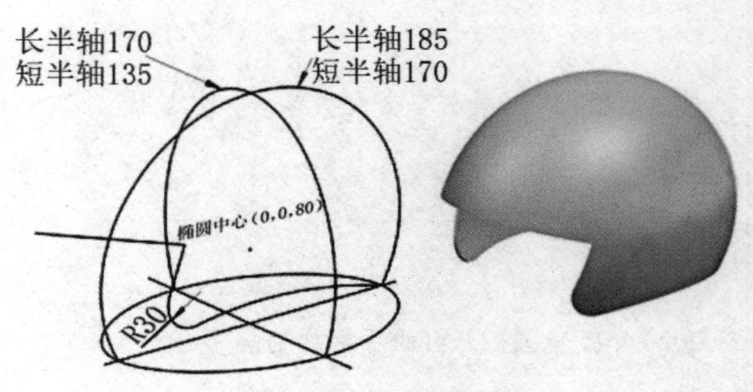

图 3－90　头盔图纸

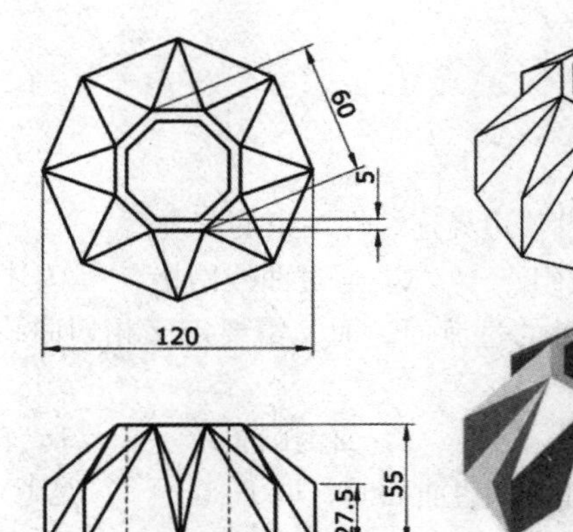

图 3－91　菱形体图纸

学习笔记

项目4　产品装配实例

课程思政案例4

项目描述

一台产品往往由数十个甚至上百个零部件组成，现场装配即是按照一定的装配工艺将产品的零部件按照一定的装配规律和装配顺序组装起来，使其形成一台功能性能齐全的产品。

传统设计时，设计阶段往往发现不了可能存在的全部问题，如零部件的空间位置关系、零部件间的运行极限位置等，在试装时才会暴露这些问题，根据试制问题反馈，返回来再修改设计，耗时耗力。

而数字化设计发展到今天，完全可以将上述问题在设计阶段避免，UG装配模块能够将产品的各零部件按照产品的实际要求快速地组合为一体，形成整体的产品结构。在装配过程中可能会发现干涉问题、间隙问题、运动部件的极限位置问题等，并且可将出现的问题在设计时便避免掉，缩短了产品设计时间，降低了设计成本，避免了人力、物力的浪费。基于以上特点，UG虚拟装配模块在现代设计中也变得越来越重要。

学习目标

1. 掌握UG NX虚拟装配的方法。
2. 掌握UG NX虚拟装配常用的约束类型及特点。
3. 掌握自底向上和自顶向下装配的区别及适用场合。
4. 掌握组件编辑的常用操作。
5. 掌握零件的定位方法。
6. 养成仔细研究产品的结构特点，根据产品特点选择对应处理策略的能力。
7. 养成严谨踏实、实事求是的科学态度和科学作风。
8. 具备缜密的思维、独到的洞察力、较强的创新能力。
9. 具备敬畏标准、尊重规律、质量第一的职场素养。

任务1　平口钳的装配

某型号平口钳在使用时，出现固定钳口和活动钳口最大开口宽度与设计值不符现象，为了查明是设计因素还是制造因素导致的此故障，需绘制此平口钳的装配模型，进行运动仿真模拟，排查现场制造零部件与设计值是否存在偏差。平口钳装配后的模型如图4－1所示。

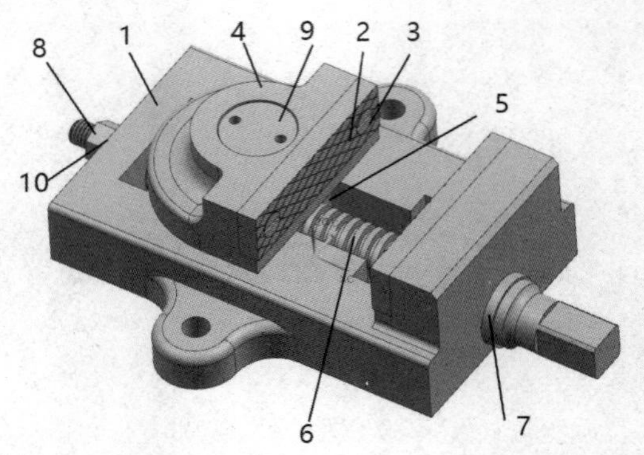

1—固定钳身；2—钳口板；3—螺钉 M6×16；4—活动钳口；5—丝杠螺母；
6—丝杠；7—垫圈 26；8—螺母 M12；9—固定螺钉；10—垫圈 12。

图 4－1　平口钳装配图

4.1.1　知识链接

装配建模界面及各工具栏功能

• 单击“文件”→“新建”，模板选择“装配”，输入文件名称，设置文件所放文件夹路径，单击“确定”按钮，进入装配建模界面，如图 4－2 所示。

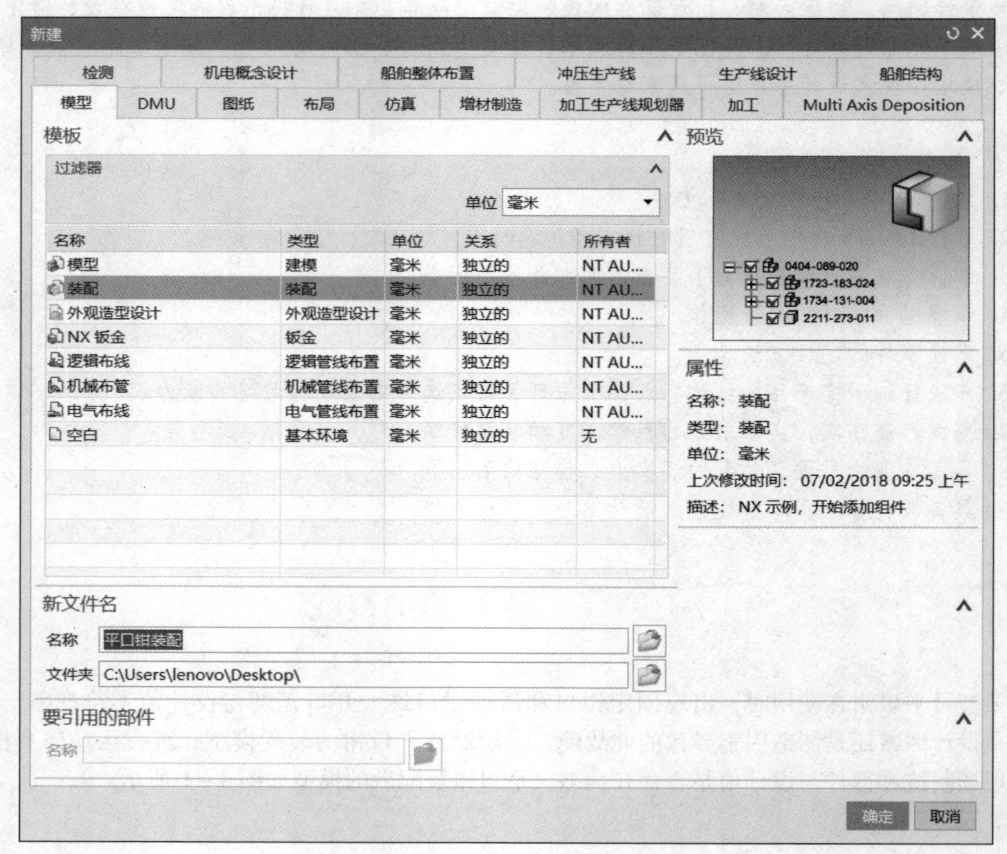

图 4－2　进入装配建模前的选项设置

学习笔记

• 进入装配建模后的界面如图 4－3 所示。在工具菜单上多一个装配工具栏。包含的内容有添加组件、新建组件、移动组件、添加装配约束、WAVE 几何链接器等。

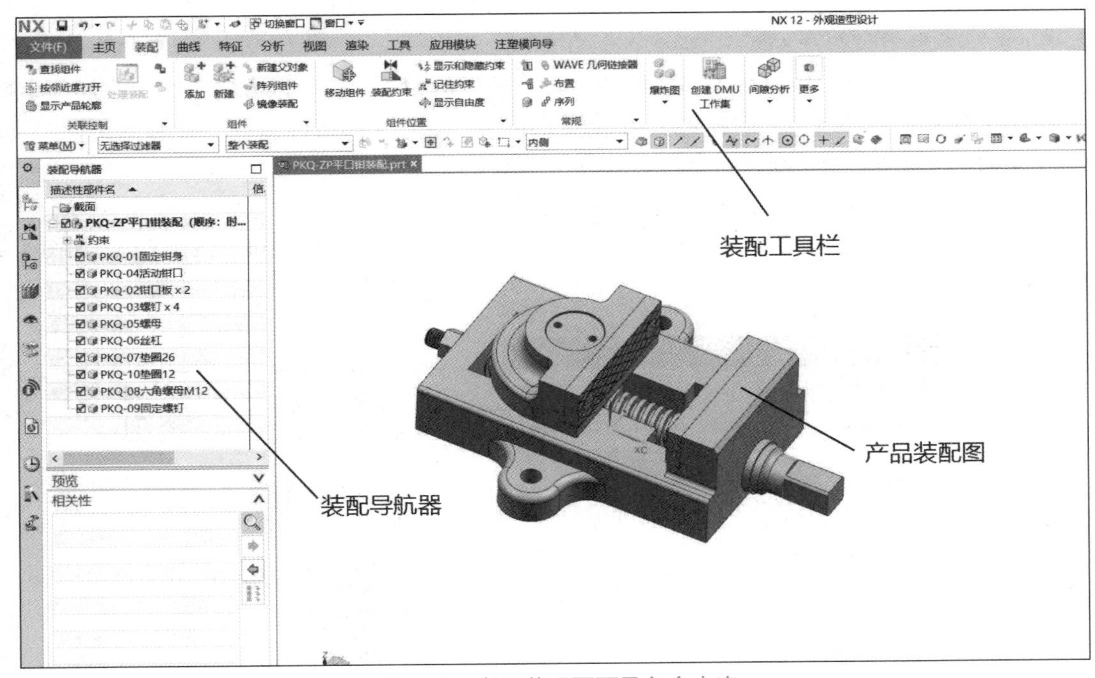

图 4－3　虚拟装配页面及包含内容

1. 添加组件

选择打开已有的零部件模型，并将此零部件添加到装配组件中。单击工具栏上的"添加组件"图标或单击"菜单"→"装配"→"组件"→"添加组件"，弹出如图 4－4 所示对话框。

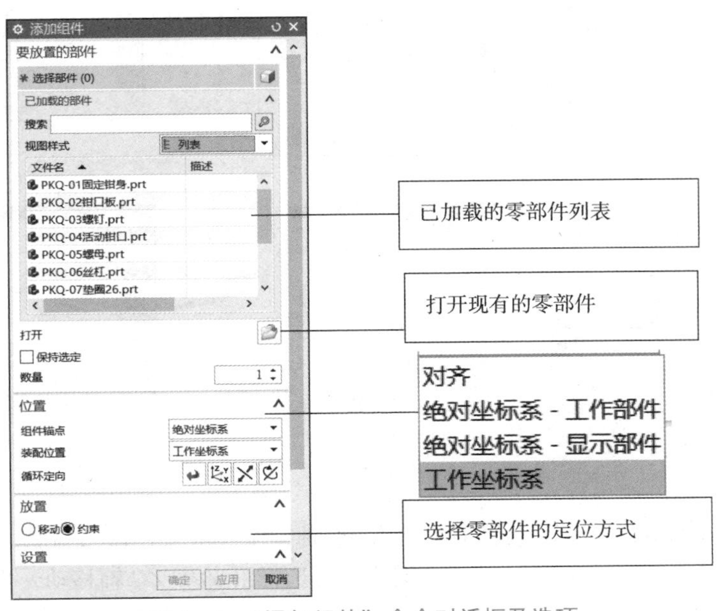

图 4－4　"添加组件"命令对话框及选项

学习笔记

- “打开”选项：可打开现有的零部件。
- “装配位置”选项：选择部件的放置初始位置，后续可利用“移动组件”命令进行调整。
- “放置”选项：选择零部件的定位方式，有“移动”和“约束”两个选项。

2. 移动组件

通过对零部件位置的拖拽（平移或旋转）进行装配的初始定位，以方便后续的添加约束操作。单击工具栏“移动组件”图标或单击“菜单”→“装配”→“组件位置”→“移动组件”，弹出如图 4－5（a）所示对话框。

- “要移动的组件”选项：单击选择要移动的组件。
- “变换”选项：“运动”选项常用的有“动态”“距离”“角度”和“点到点”，如图 4－5（a）所示。

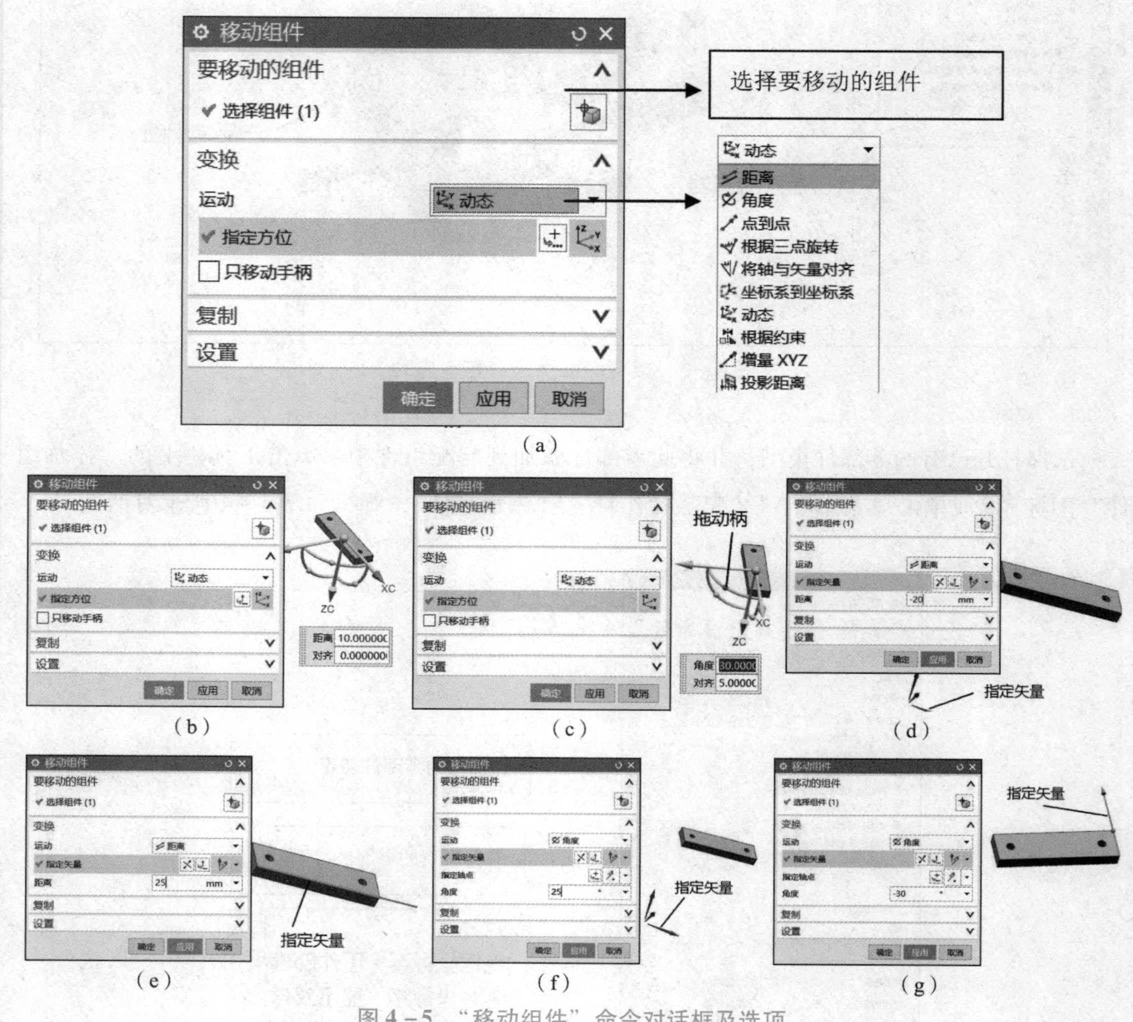

（a）（b）（c）（d）（e）（f）（g）

图 4－5 “移动组件”命令对话框及选项

- “运动”选项选择“动态”，此时若单击 *XC* 轴，输入距离“10”，则选中的模型向 *XC* 轴正方向移动 10 mm，如图 4－5（b）所示。同样，可选择沿 *YC*、*ZC* 轴移动，当输入距离值为负值时，沿负方向移动。若选择 *XC* 与 *YC* 间的拖动柄，可将组件绕 *ZC* 轴旋转，单击“拖动柄”，输入角度“30”，单击“确定”按钮，则组件绕 ZC 逆时针旋转 30°，如图 4－5（c）所示；当输入角度为负值时，绕顺时针旋转。

- “运动”选项选择“距离”，此时指定矢量可以选择绘图窗口中的坐标系对应的 XC、YC 或 ZC 轴，并输入相应距离，如 －20，则可沿选中的坐标轴移动 －20 mm，如图 4－5（d）所示。此时也可选择组件自身的边线或面的矢量，如图 4－5（e）所示。选择边线，输入距离 25，单击“确定”按钮则组件沿边线方向移动 25 mm。
- “运动”选项选择“角度”，此时指定矢量可以选择绘图窗口中的坐标系对应的 XC、YC 或 ZC 轴，并输入角度，如 25°，指定轴点为坐标原点，则可绕选中的坐标轴逆时针旋转 25°，如图 4－5（f）所示，此时也可选择组件自身的边线或面的矢量，如图 4－5（g）所示，选择边线，指定轴点为坐标原点，输入 －30°，单击“确定”按钮则组件绕边线顺时针方向旋转 30°。

3. 装配约束

组件之间建立相互约束条件，以确定组件在装配体中的相对位置，主要是通过约束部件之间的自由度来实现的。这是装配模块的核心功能，通过该功能可以模拟真实场景来定义零部件间的空间位置关系，常用的有接触对齐、同心、距离、固定、垂直、平行、中心、角度等。单击工具栏“装配约束”图标或单击“菜单”→“装配”→“组件位置”→“装配约束”，弹出如图 4－6 所示对话框，UG NX 12.0 将所有约束以图标形式集成到一个对话框中，选择不同的约束图标，相应的选项有所不同。

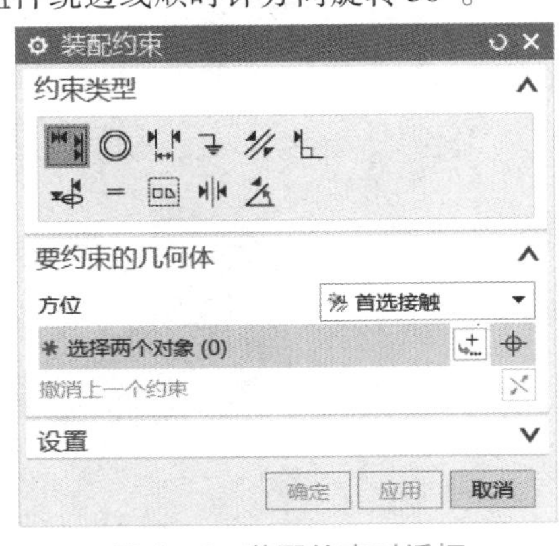

图 4－6　装配约束对话框

（1）接触对齐

约束两个对象使之相互接触或对齐。单击“接触对齐”图标，其中的选项如图 4－7 所示。

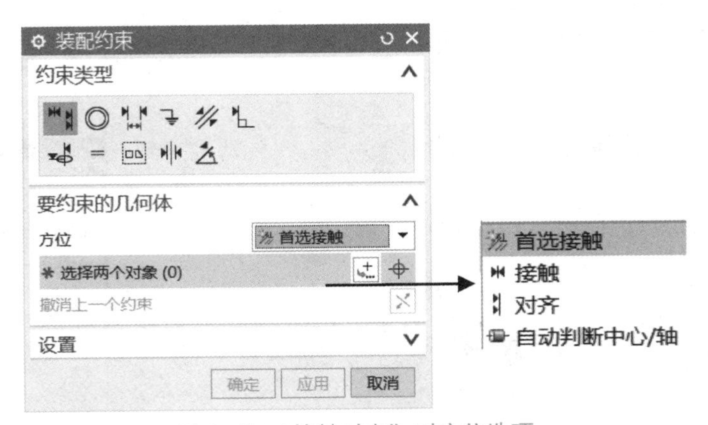

图 4－7　“接触对齐”时方位选项

“要约束的几何体”中“方位”下拉列表选项含义如下：

1）首选接触：当“接触”和“对齐”都存在时，首选“接触”约束，这是系统默认选项。在大多数模型中，接触约束比对齐约束更常用。

2）接触：设置接触约束对象，使所选对象曲面法向在反方向上，如图 4－8（a）～（e）所示。两个对象分别选择面 1 和面 2，结果如图 4－8（c）所示。若两个对象分别选择面 1 和面 3，结果如图 4－8（e）所示。即不管如何选择，结果总是两个对象的法向在相反的方向上。

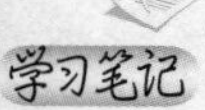

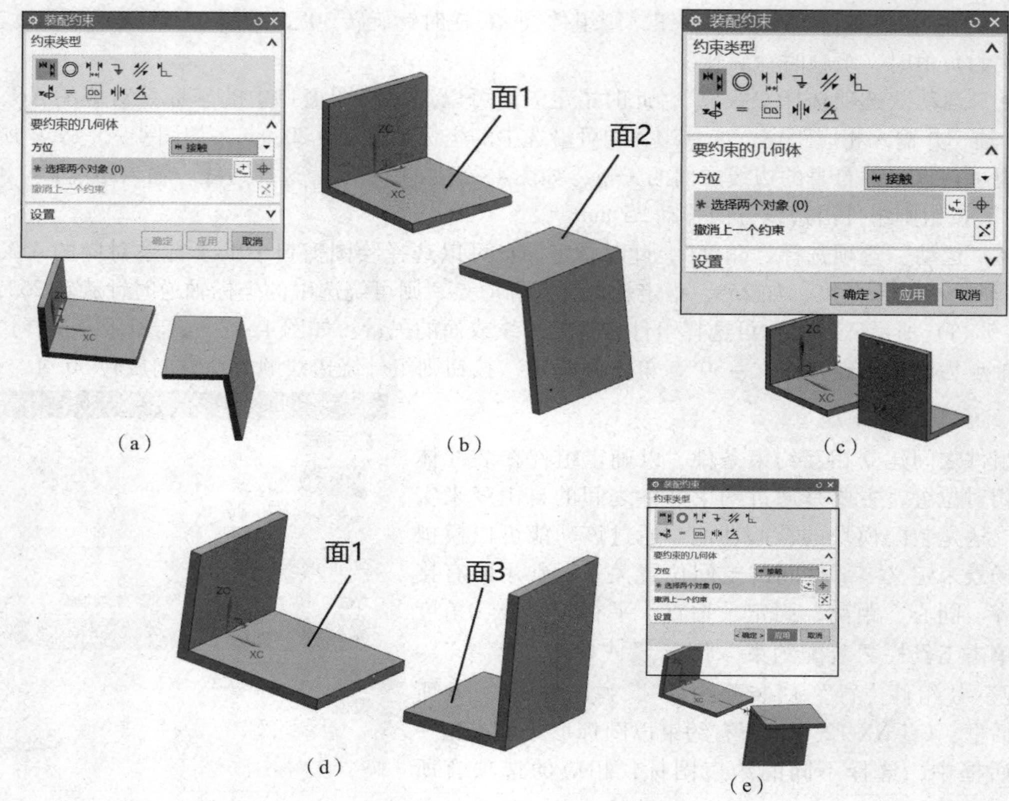

图 4-8 “接触”选项的用法

3）对齐：设置对齐约束对象，使所选对象曲面法向在相同的方向上。对齐约束的两个对象不管如何选择，两个对象的法向都在相同的方向上。

4）自动判断中心/轴：指定在选择圆柱面或圆锥面时，UG NX 将使用面的中心或轴而不是面本身作为约束，如图 4-9（a）~（c）所示。

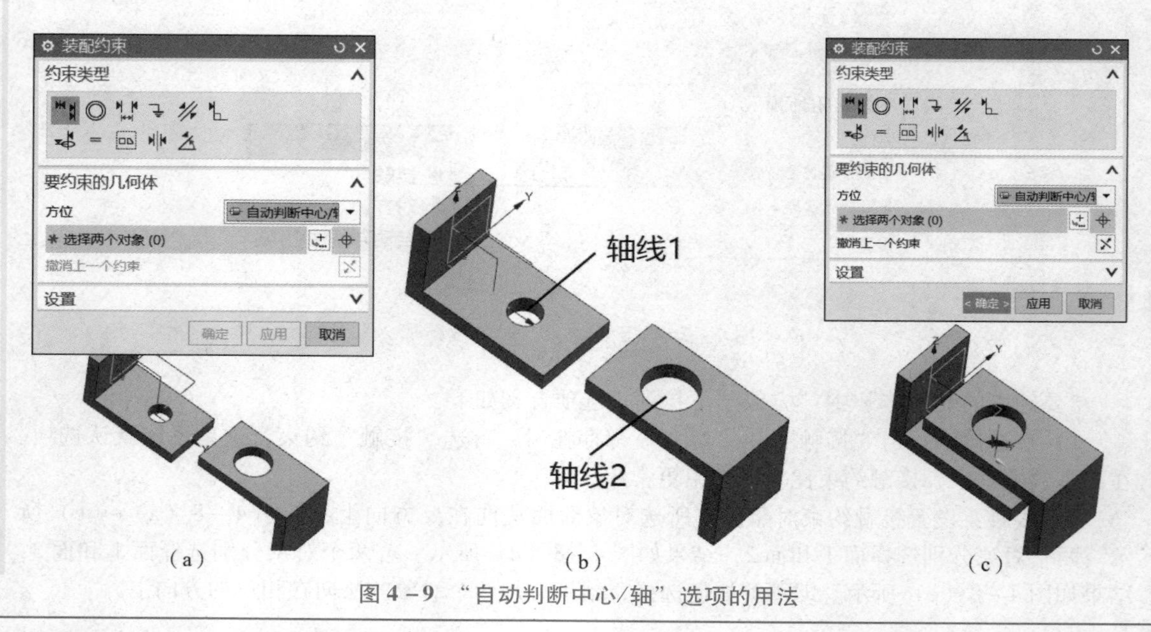

图 4-9 “自动判断中心/轴”选项的用法

学习笔记

小贴士：当通过约束使两个圆柱孔或圆锥孔轴线重合时，“自动判断中心/轴”选项和“首选接触”选项下都可以通过选择两孔的轴线或两孔的孔面来实现。但是“首选接触”选项下选择孔面作为两个选择对象时，两个零件上孔的尺寸需要相等，若不相等，此时约束会失败。

（2）同心◎

约束两条圆边或椭圆边以使中心重合并使边的平面共面。单击“同心”图标，如图4－10（a）所示。“要约束的几何体”分别选择两个零件对应圆弧边线1和2，如图4－10（b）所示，装配结果如图4－10（c）所示。

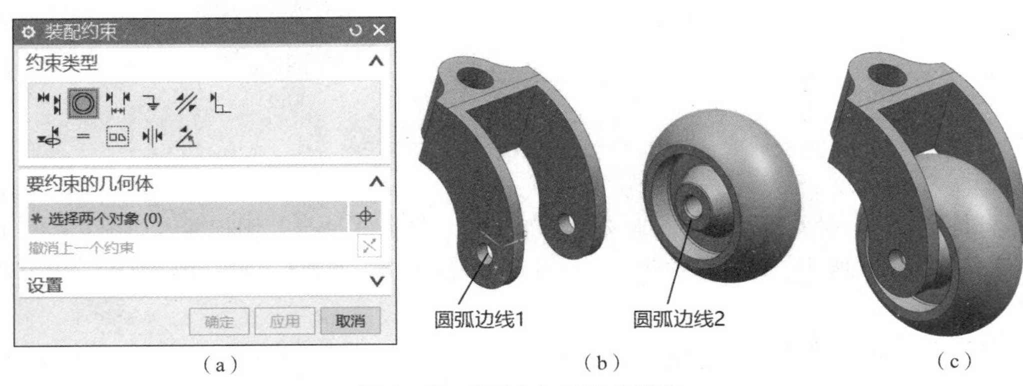

（a）（b）（c）

图4－10 “同心”选项的用法

（3）距离

指定两个对象之间的3D距离，可以为线与线、面与面、点与线、点与面，偏置距离可为正或负，正负是相对于静止组件而言的。单击“距离”图标，如图4－11（a）所示。

“要约束的几何体”分别选择两个零件对应平面1和2，如图4－11（b）所示，距离设置为25，装配结果如图4－11（c）所示。

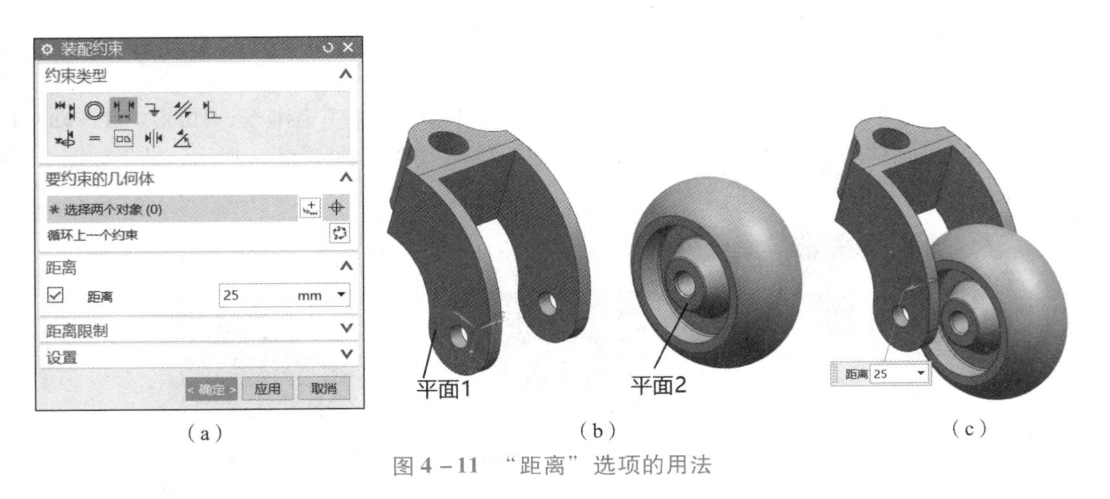

（a）（b）（c）

图4－11 “距离”选项的用法

（4）固定

固定约束将组件固定在其当前位置不动，当要确保组件停留在适当位置且根据它约束其他组件时，此约束很有用。单击“固定”图标，如图4－12（a）所示。

学习笔记

"要约束的几何体"选择要固定的零件，如图 4－12（b）所示。

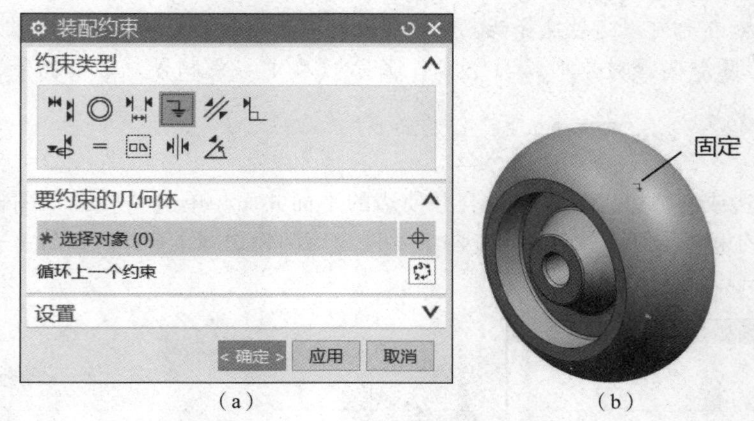

（a）　（b）

图 4－12　"固定"选项的用法

（5）平行

平行是指将两个对象的方向矢量定义为相互平行。单击"平行"图标，如图 4－13（a）所示。"要约束的几何体"分别选择两个零件对应平面 1 和 2，如图 4－13（b）所示，结果如图 4－13（c）所示。

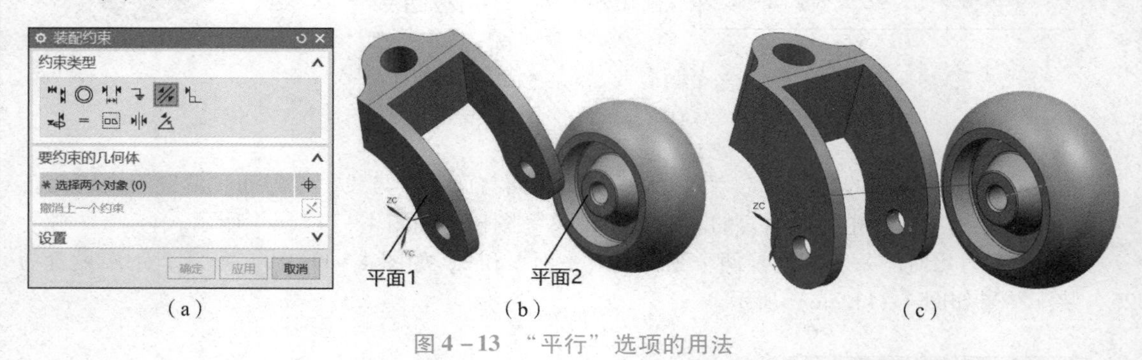

（a）　（b）　（c）

图 4－13　"平行"选项的用法

（6）垂直

垂直是指将两个对象的方向矢量定义为相互垂直。单击"垂直"图标，如图 4－14（a）所示。"要约束的几何体"分别选择两个零件对应平面 1 和 2，如图 4－14（b）所示，结果如图 4－14（c）所示。

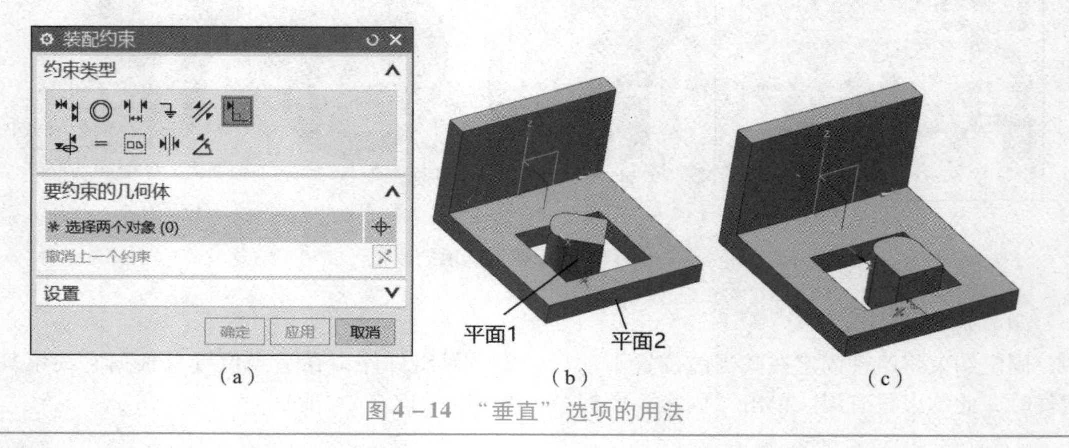

（a）　（b）　（c）

图 4－14　"垂直"选项的用法

(7) 胶合

胶合约束将两个对象焊接在一起，以使其可以像刚体那样移动。单击“胶合”图标，如图4－15（a）所示。“要约束的几何体”分别选择两个零件，如图4－15（b）所示，单击“创建约束”图标，两个零件胶合为一个整体，结果如图4－15（c）所示，两者相当于焊接在了一起。此约束在制作产品的零件目录时非常重要。

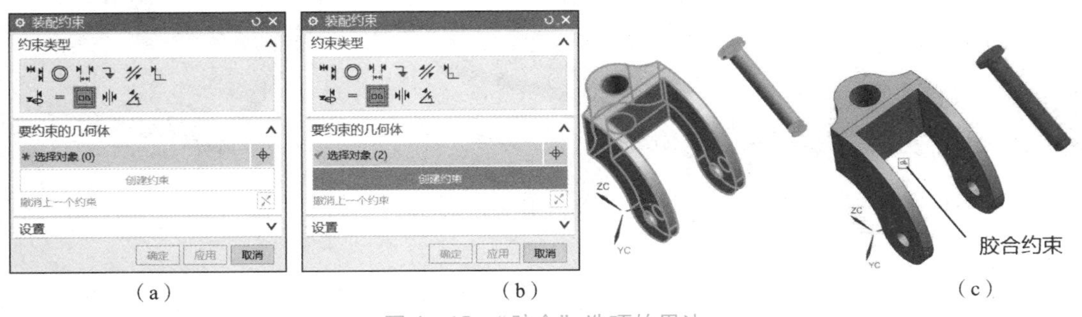

(a)　　(b)　　(c)

图4－15　“胶合”选项的用法

(8) 中心

使一个或两个对象处于一对对象的中间，或者使一对对象沿着另一对对象处于中间。单击“中心”图标，如图4－16所示。“子类型”下拉列表包括3个选项：

1）1对2：将装配组件上的一个几何对象的中心与基准组件上的两个几何对象的中心对齐，先选择轴线1，再选择轴线2和3，如图4－17（a）～（c）所示，结果如图4－17（c）所示，此时螺栓的轴线1约束到了长条孔轴线2和3的中间。

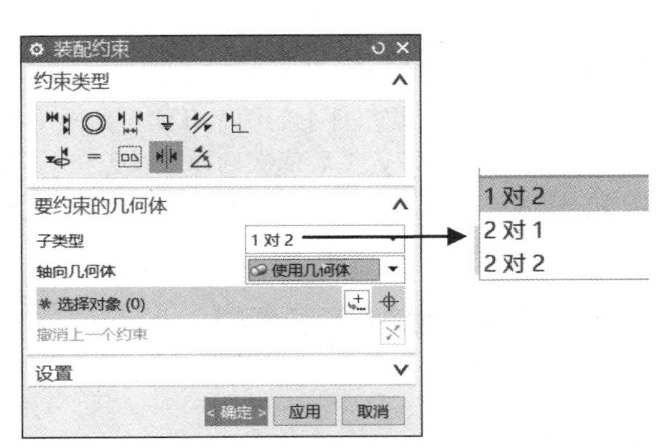

图4－16　“中心”选项对话框

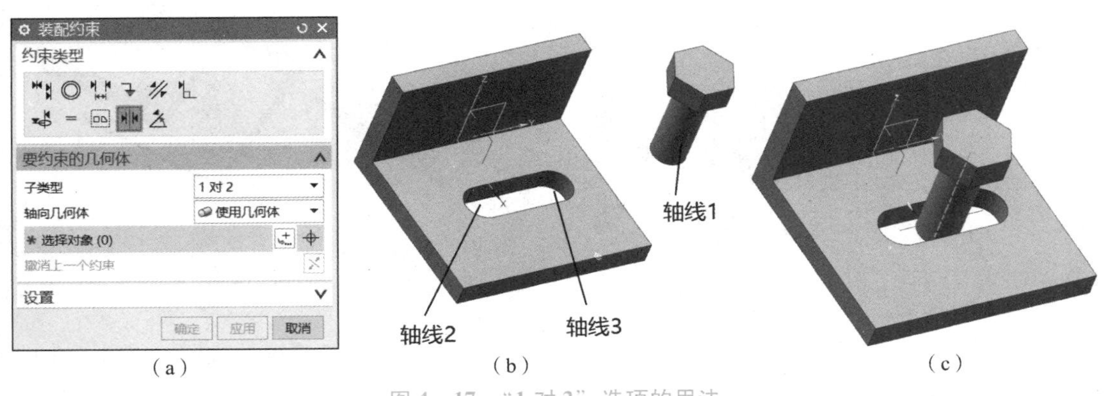

(a)　　(b)　　(c)

图4－17　“1对2”选项的用法

2）2对1：将装配组件上的两个几何对象的中心与基准组件上的一个几何对象的中心对齐，仍用上面的实例，先依次选择轴线2和3，其次选择轴线1，如图4－18（a）和图4－18（b）所示，结果如图4－18（c）所示，此时长条孔轴线2和3的中间被约束到与螺栓的轴线1重合位置。

学习笔记

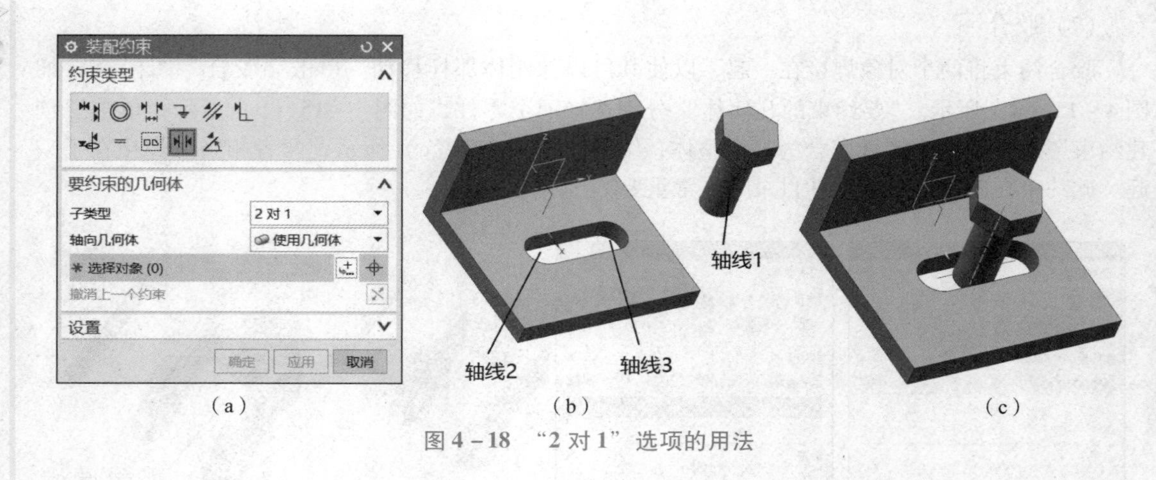

（a）　　　　（b）　　　　（c）

图 4－18　“2 对 1”选项的用法

小贴士：“1 对 2”和“2 对 1”选项虽然结果显示一样，但是中间过程不同。“1 对 2”选项时，要先选择组件 1 的单个面或轴线，最后依次选择组件 2 的两个面或两条轴线，此时是组件 1 向组件 2 的中间位置移动，而“2 对 1”正好相反。实际操作时要注意，想让哪个组件移动，则先选择哪个组件。

3）2 对 2：将装配组件上的两个几何对象的中心与基准组件上的两个几何对象的中心对齐，先依次选择轴线 1 和 2，然后依次选择轴线 3 和 4，如图 4－19（a）和图 4－19（b）所示，结果如图 4－19（c）所示。此时组件 1 长条孔轴线 1 和 2 的中间被约束到了组件 2 轴线 3 和 4 的中间。

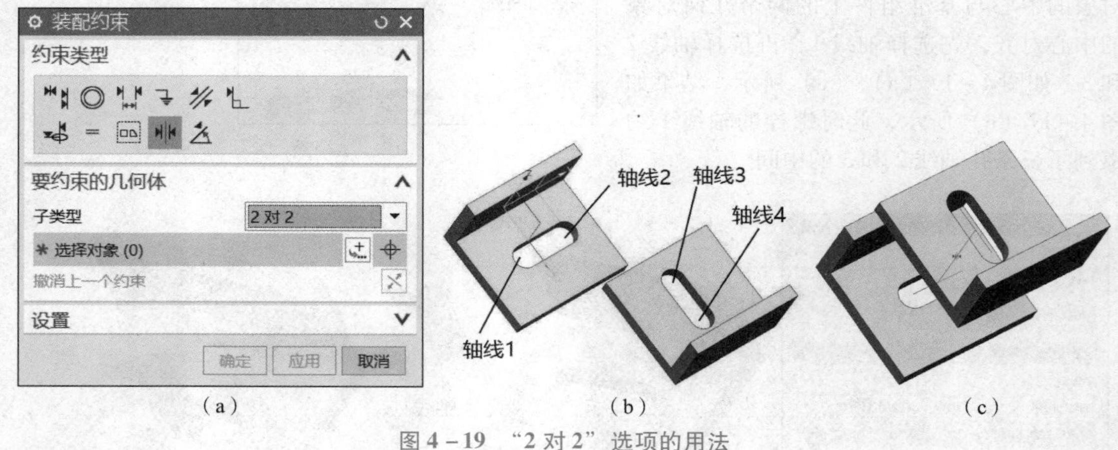

（a）　　　　（b）　　　　（c）

图 4－19　“2 对 2”选项的用法

（9）角度

角度是指将两个对象按照一定角度对齐，从而使配对组件旋转到正确的位置。单击“角度”图标，如图 4－20（a）所示。分别选择平面 1 和平面 2，如图 4－20（b）所示。角度输入 30°，单击“应用”按钮，结果如图 4－20（c）所示。

小贴士：建立装配约束时，以够用为度，由装配约束最多限制组件的 6 个自由度，尽量不要出现过约束的情况。

学习笔记

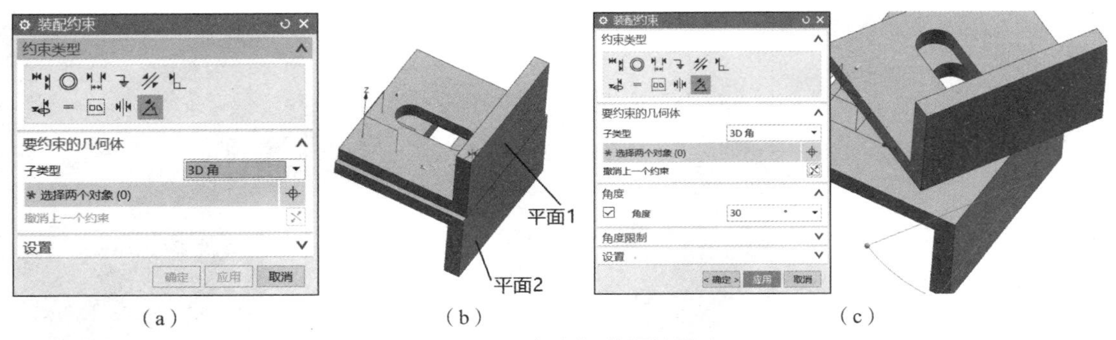

（a）　　（b）　　（c）

图 4－20　“角度”选项的用法

组件添加到装配以后，可对其进行删除、隐藏、抑制、替换、阵列、镜像等编辑操作。

1. 组件删除

选择下拉菜单“菜单”→“编辑”→“删除”命令，打开“类选择”对话框，直接在图形区选择要删除的组件，单击“确定”按钮即可完成组件删除，如图 4－21（a）～（e）所示。

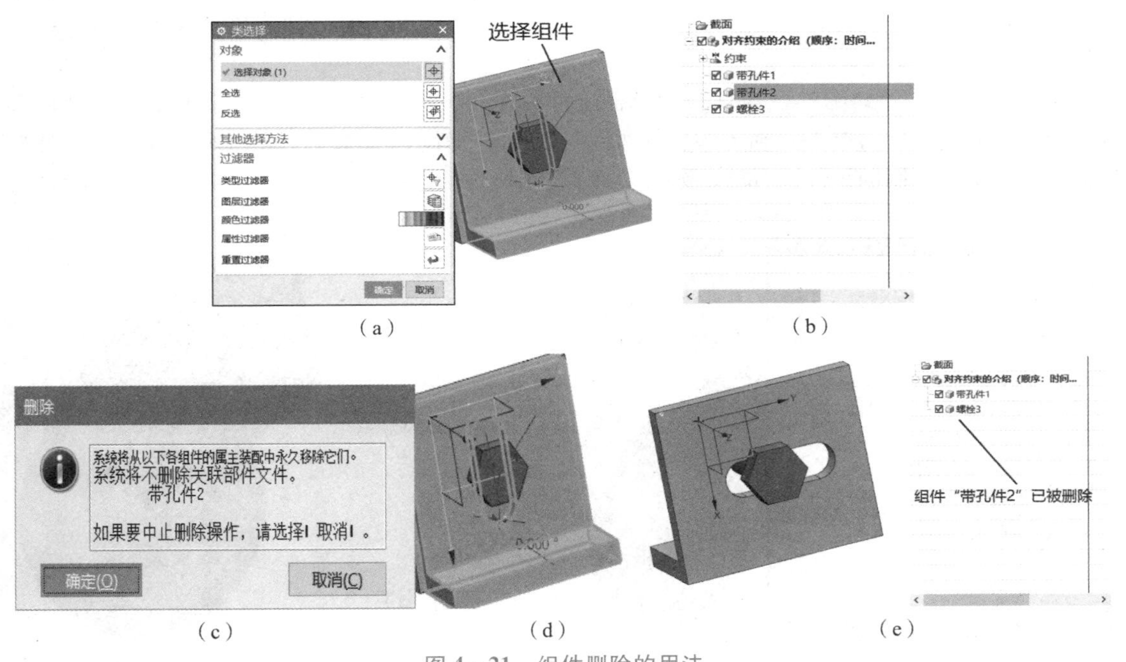

（a）　　（b）

（c）　　（d）　　（e）

图 4－21　组件删除的用法

2. 组件隐藏与显示

选择“菜单”→“编辑”→“显示和隐藏”→“隐藏”命令，打开“类选择”对话框，直接在图形区选择要隐藏的组件，单击“确定”按钮即可完成组件隐藏，如图 4－22 所示。同样，选择下拉菜单“编辑”→“显示和隐藏”→“显示”命令，可显示隐藏的组件。

小贴士：隐藏组件和删除组件不同，隐藏是暂时在图形区不可见，仍然在装配体中存在，但删除是彻底除去组件，在装配体中不存在。隐藏组件的快捷键为 Ctrl + B。

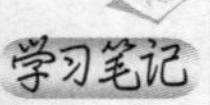

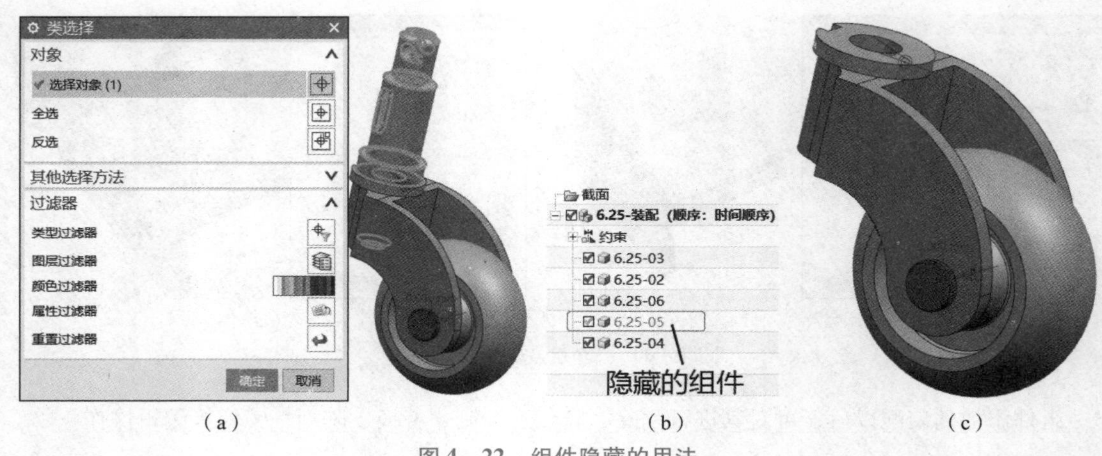

(a) (b) (c)

图 4－22　组件隐藏的用法

3. 组件抑制与释放

抑制组件是指在当前显示中移去组件，使其不执行装配操作。抑制组件并不是删除组件，组件的数据仍然在装配中存在，只是不执行一些装配功能，可以用取消抑制组件操作来解除组件的抑制状态。

选择“菜单”→“装配”→“组件”→“抑制组件”命令，打开“类选择”对话框，直接在图形区选择要抑制的组件，单击“确定”按钮即可完成组件抑制，如图 4－23 所示。或者在装配导航器中，单击要抑制的组件，右击，选择“抑制”即可。

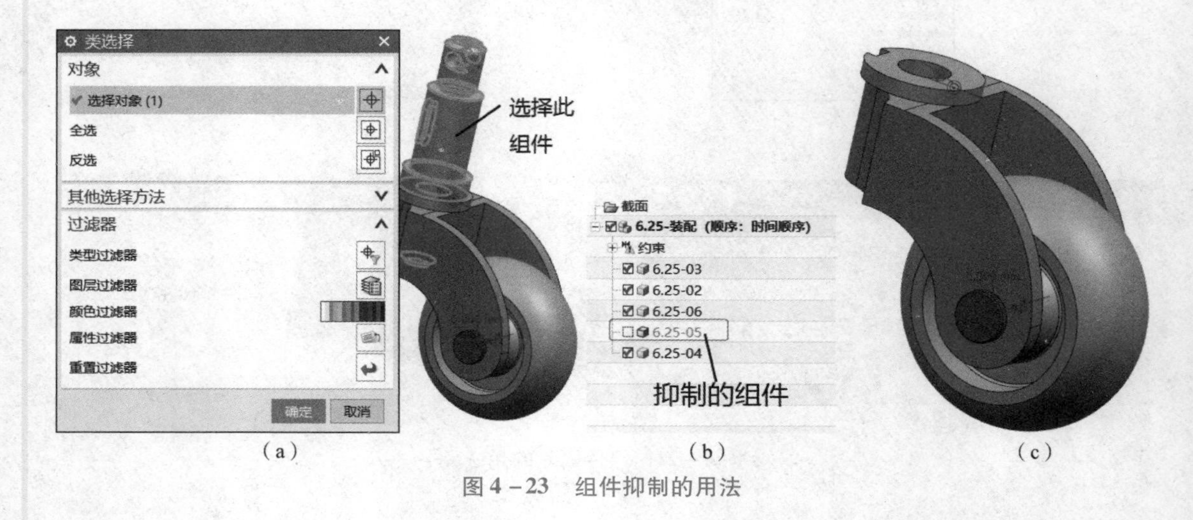

(a) (b) (c)

图 4－23　组件抑制的用法

小贴士：组件抑制后，不会在图形区显示，也不会在装配工程图和爆炸视图中显示。抑制的组件不能进行干涉检查和间隙分析，不能进行质量和重量计算，也不能在装配报告中查看有关信息。

取消抑制组件可以将抑制的组件恢复成原来的状态，单击“菜单”→“装配”→“组件”→“取消抑制组件”，系统将会打开“选择抑制的组件”对话框，在其中列出了所有已抑制的组件，单击选择要取消抑制的组件名称，单击“确定”按钮即可解除组件抑制。解除抑制后，组件会重新在绘图工作中显示。

4. 组件替换

组件替换是指从装配模型中删除一个已存在的组件，再添加另一个不同的组件，而新添加的组件的方位和位置与被删除的组件完全一致。

单击“菜单”→“装配”→“组件”→“替换组件”命令，弹出“替换组件”对话框，如图4－24（a）所示，选择需要替换的组件，再选择替换件，单击“确定”按钮完成。

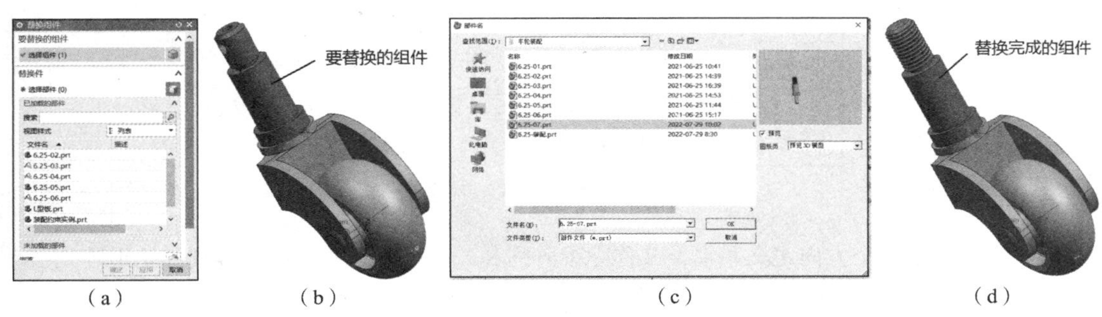

（a）（b）（c）（d）

图4－24　替换组件的用法

“替换组件”对话框各选项含义如下：

1）要替换组件：可从当前装配中选择一个或多个要替换的组件。如图4－24（b）所示，选择组件“6.24－05”。

2）替换件。

● 选择部件：用于从图形区、装配导航器、已加载的部件列表、未加载的部件列表中选择替换部件。

● 已加载的部件：用于显示会话中所有加载的组件。

● 未加载的部件列表：当选择浏览功能时，该列表显示浏览后的替换部件。

● 浏览：单击“浏览”按钮，弹出“部件名”对话框，选择所需的替换部件。如图4－24（c）所示，找到替换部件的路径，选择组件“6.24－07”，单击“OK”按钮，替换完成，如图4－24（d）所示。

3）设置。

● 保持关系：选中该复选框，在替换组件后，可以保持被替换组件的装配约束关系，并映射到新的替换组件之中。

● 替换装配中的所有事例：选中该复选框，在替换组件时，替换装配体中所有相同名字组件。

● 组件属性：用于为替换部件指定名称、引用集和图层属性等。

5. 组件阵列

组件阵列是一种在装配中用对应装配约束快速生成多个组件的方法。例如一个圆形组件中含有12个均布孔，需要依次装配12个螺钉，为了提高装配效率，UG NX提供了针对部件阵列的装配功能，只要装配一个螺钉，这12个螺钉全部装配到位。

单击“菜单”→“装配”→“组件”→“阵列组件”命令，选择要阵列组件对象后，弹出“阵列组件”对话框，如图4－25所示。

按照阵列的布局方式，分为如下3种：

（1）线性阵列

学习笔记

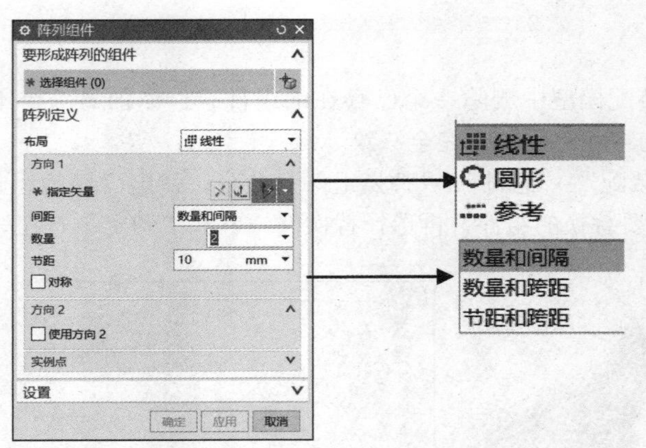

图 4 – 25 “阵列组件”对话框

用一个方向或两个方向定义布局，又称一维阵列和二维阵列，对应线性阵列和矩形阵列。单击“菜单”→“装配”→“组件”→“阵列组件”，弹出“阵列组件”对话框。

• 选择组件：选中螺栓，如图 4 – 26（a）所示。

• 阵列布局：线性，方向 1 和方向 2 数值设置如图 4 – 26（b）所示。单击“确定”按钮完成阵列，如图 4 – 26（c）所示。

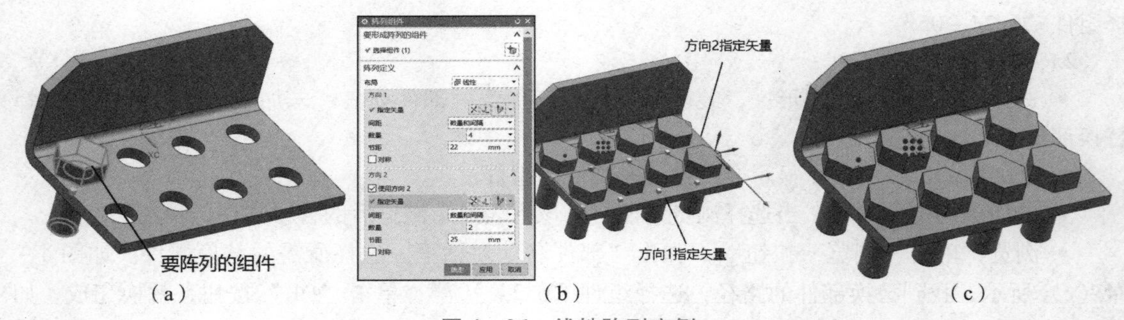

图 4 – 26 线性阵列实例

（2）圆形阵列

圆形阵列是指根据所选择的圆柱面、边缘、基准轴以圆形方式进行阵列。

单击“菜单”→“装配”→“组件”→“阵列组件”，弹出“阵列组件”对话框。

• 选择组件：选中螺栓，如图 4 – 27（a）所示。

• 阵列布局：圆形，斜角方向设置如图 4 – 27（b）所示。确定完成阵列，如图 4 – 27（c）所示。

（3）参考阵列

使用现有的阵型定义来定义布局。

单击“菜单”→“装配”→“组件”→“阵列组件”，弹出“阵列组件”对话框。

• 选择组件：选中螺栓，如图 4 – 28（a）所示。

• 阵列布局：参考，选择阵列，系统会自动选择组件上原有的阵列特征，如图 4 – 28（b）所示。确定如图 4 – 28（c）所示。

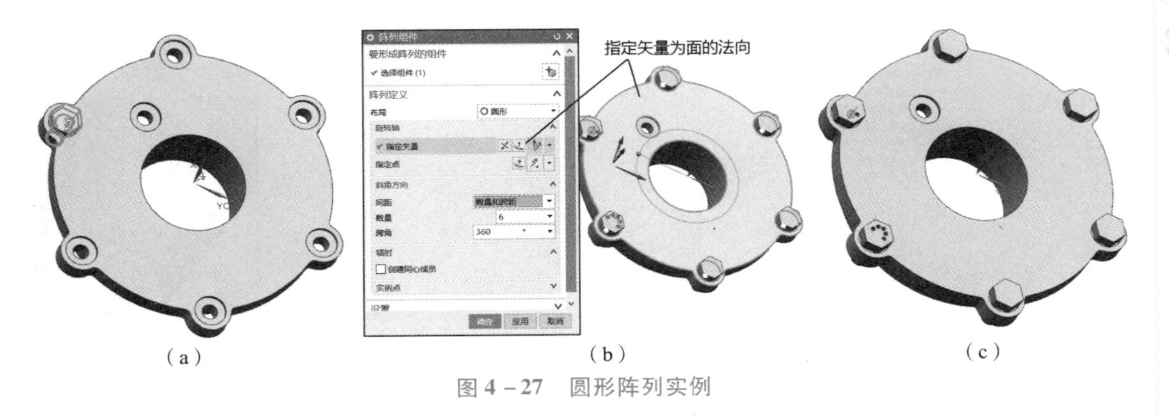

(a) (b) (c)

图 4-27 圆形阵列实例

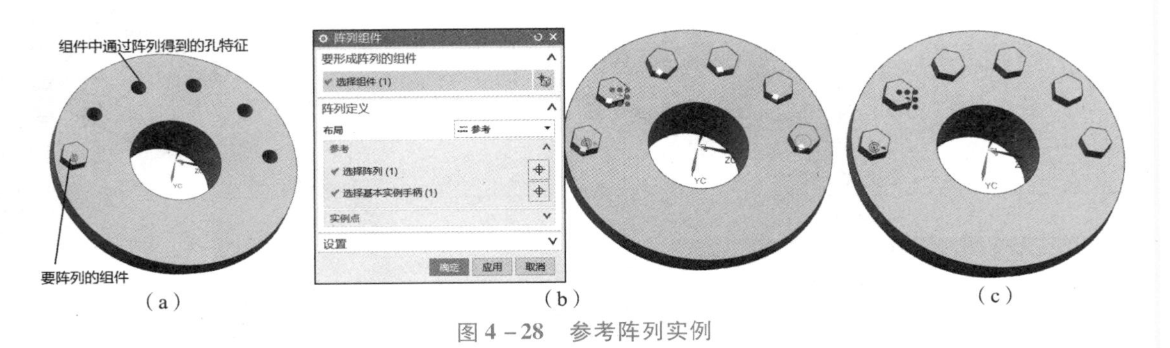

(a) (b) (c)

图 4-28 参考阵列实例

小贴士：使用参考阵列前，必须装配一个组件到基础组件中作为模板，然后根据该模板进行阵列。阵列出来的特征与基础组件的特征具有相关联性，即阵列的数量、形状和约束由基础组件中原有的特征决定，而且当基础组件的阵列特征参数变化时，该阵列部件也相应改变。

6. 镜像装配

对于对称结构的产品造型设计，用户只需建立产品一侧的装配，然后利用“镜像装配”功能建立另一侧装配即可，可有效减小装配的工作量。

镜像装配操作步骤如下：

- 单击“装配”工具栏上的“镜像装配”按钮，或单击“菜单”→“装配”→“组件”→“镜像装配”，弹出“镜像装配向导”对话框，如图 4-29（a）所示。
- 单击“下一步”按钮，切换为“选择组件”页，选择要镜像的组件，如图 4-29（b）所示。
- 单击“下一步”按钮，切换为“选择平面”页，选择镜像平面，如图 4-29（c）所示。
- 单击“下一步”按钮，切换为“命名策略”页，根据需求进行命名，如图 4-29（d）所示。
- 单击“下一步”按钮，切换为“镜像设置”页，如图 4-29（e）所示。
- 单击“下一步”按钮，完成镜像，如图 4-29（f）所示。

学习笔记

图 4-29 镜像组件实例

小贴士：镜像装配使用模型引用集对选定的组件进行镜像，模型引用集仅包含实际模型几何体，如实体、片体或不相关的小平面体。镜像装配不能用来对构造对象进行镜像，例如基准、草图生成器或点。

4.1.2 任务实施过程

1. 平口钳装配步骤

①装配固定钳身；②装配活动钳口；③装配钳口板（2 个）；④装配钳口板安装螺钉 M6×16（4 个）；⑤装配丝杠螺母；⑥装配丝杠；⑦在丝杠两端分别装配垫圈 26 和垫圈 12；⑧在丝杠前端装配螺母 M12；⑨装配固定螺钉，将活动钳口和丝杠螺母安装为一体。

2. 详细装配过程

（1）新建文件

学习笔记

单击“新建”图标，模板选择“装配”，创建一个名为“PKQ－ZP 平口钳装配 . prt”的文件。单击“确定”按钮，弹出的对话框如图 4－30 所示。

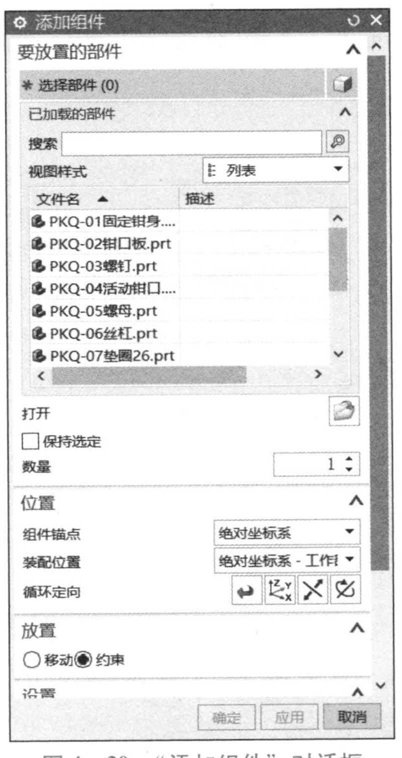

图 4－30 “添加组件”对话框

（2）装配固定钳身

单击打开，找到组件所在路径，选择“PKQ－01 固定钳身”，右侧预览图可帮助用户查看要选择的组件，如图 4－31（a）所示。单击“确定”按钮打开“固定钳身”组件模型。装配位置：绝对坐标系－工作部件；放置：采用约束，选择“固定”约束，单击“确定”按钮，固定钳身装配完成，如图 4－31（b）和图 4－31（c）所示。

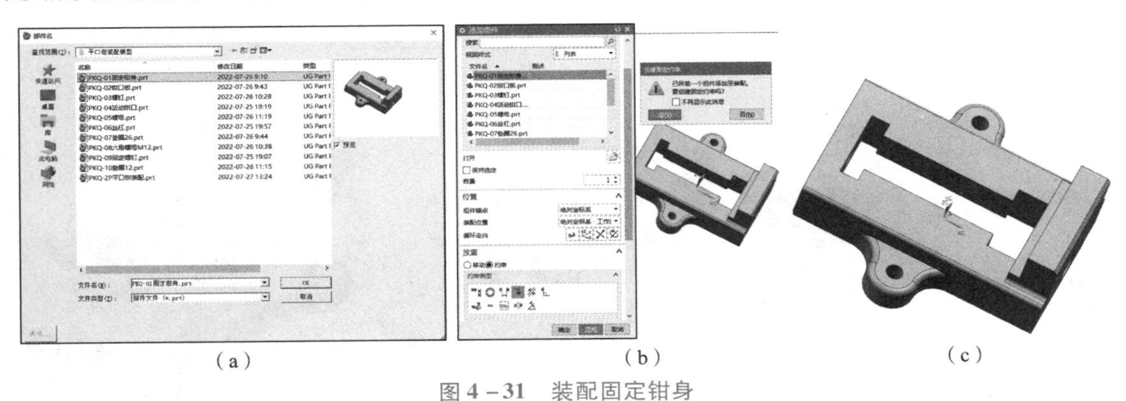

（a）　　（b）　　（c）

图 4－31 装配固定钳身

（3）装配活动钳口

单击“添加组件”，步骤同（2），选择“PKQ－04 活动钳口”。

学习笔记

“放置”选项，先选择“移动”，将活动钳口移动至理想位置，如图 4－32（a）所示。

切换至“约束”，选择“接触对齐”，分别选择平面 1 和平面 2，如图 4－32（b）所示；选择“中心（2 对 2）”，依次选择平面 3、4 和平面 5、6，如图 4－32（c）所示；选择“距离”，选择平面 7 和 8，输入距离 60，如图 4－32（d）所示，单击“确定”按钮，活动钳口装配完成。

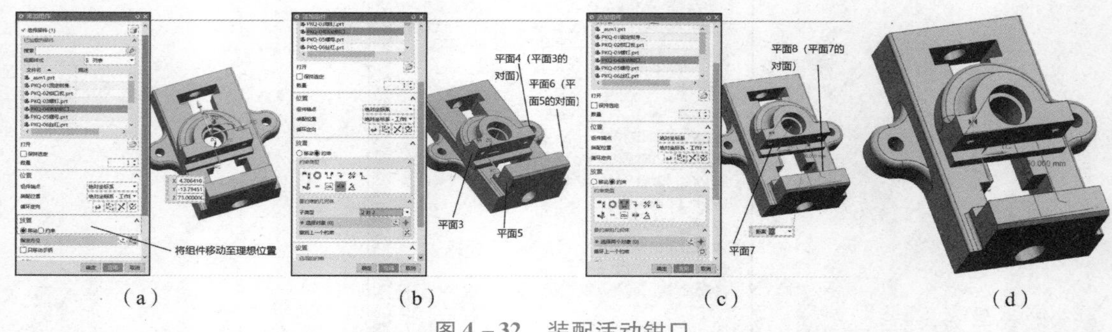

图 4－32　装配活动钳口

（4）装配钳口板（2 个）

单击“添加组件”，步骤同（2），选择“PKQ－02 钳口板”。

“放置”选项，先选择“移动”，将钳口板移动至理想位置，如图 4－33（a）所示。

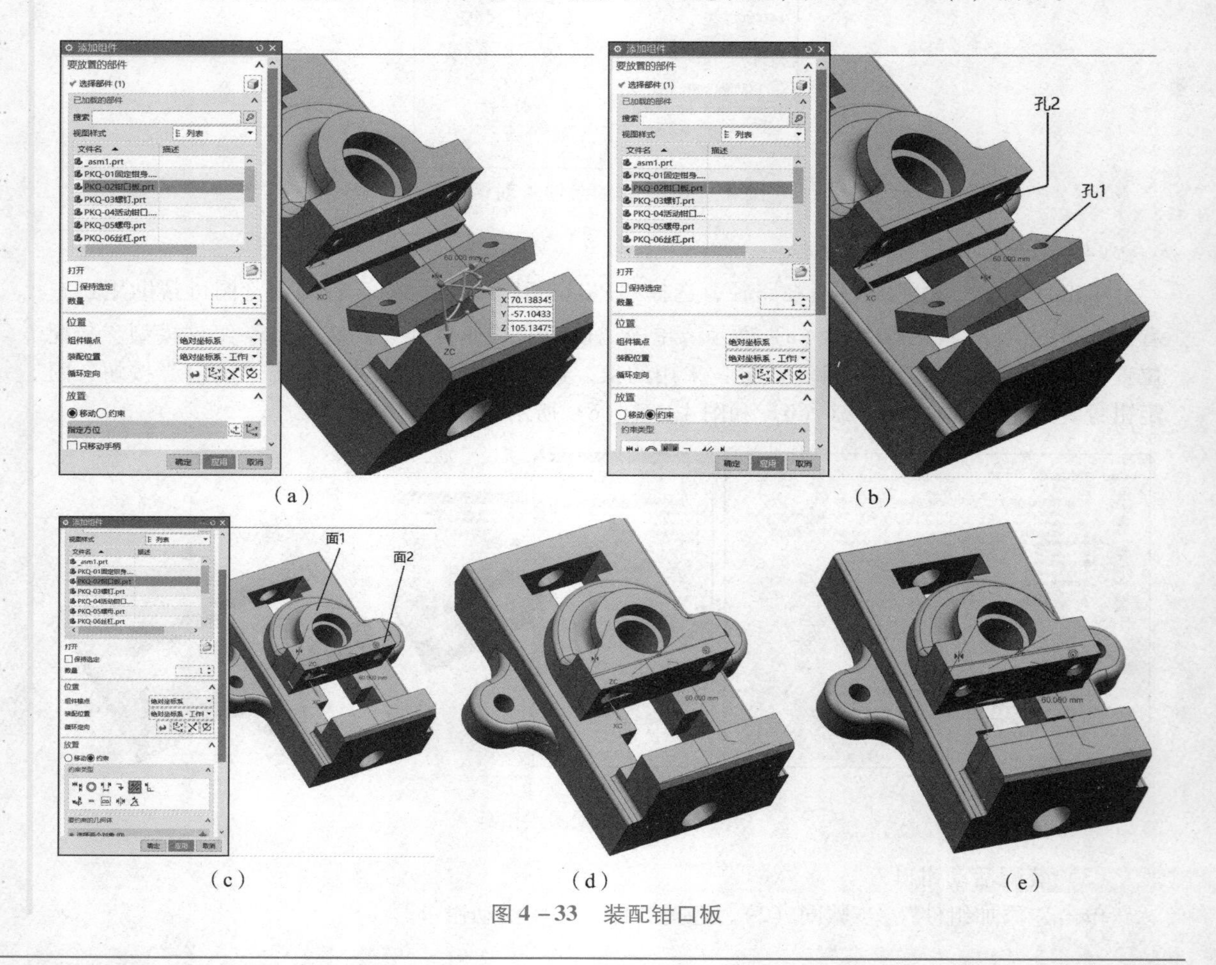

图 4－33　装配钳口板

切换至“约束”，选择“同心”，分别选择孔 1 和孔 2 的边，如图 4－33（b）所示；选择“平行”，依次选择面 1 和面 2，如图 4－33（c）所示，单击“确定”按钮，钳口板装配完成，如图 4－33（d）所示。同理，将另一侧钳口板装配完成，如图 4－33（e）所示。

（5）装配钳口板安装螺钉 M6×16（4 个）

单击“添加组件”，步骤同（2），选择“PKQ－03 螺钉”。

“放置”选项，先选择“移动”，将安装螺钉移动至理想位置，如图 4－34（a）所示。

切换至“约束”，选择“同心”，分别选择螺钉端部边缘和孔边缘，如图 4－34（b）所示；选择“平行”，依次选择活动钳口平面 1 和螺钉一字平面，如图 4－34（c）所示；单击“确定”按钮，螺钉装配完成，如图 4－34（d）所示；同理，将其余 3 个螺钉装配完成，如图 4－34（e）所示。

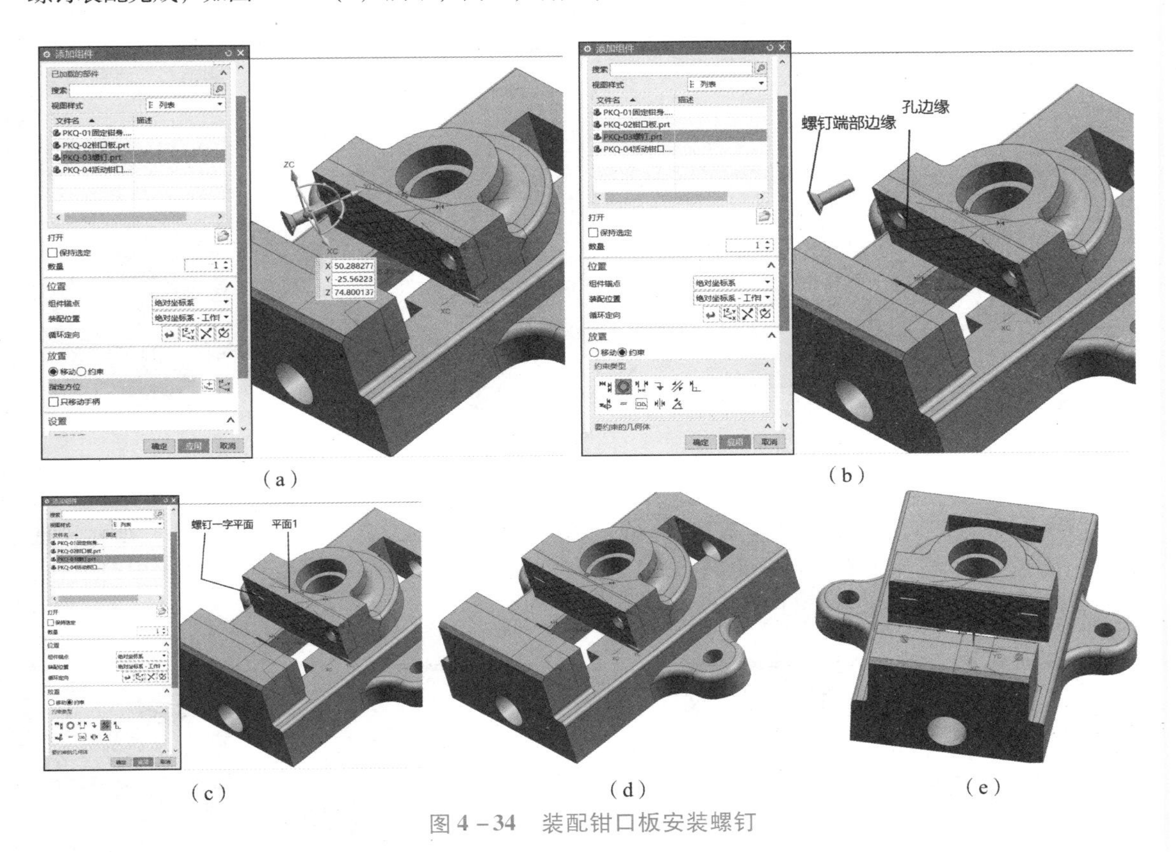

图 4－34　装配钳口板安装螺钉

（6）装配丝杠螺母

单击“添加组件”，步骤同序号（2），选择“PKQ－05 丝杠螺母”。

“放置”选项，先选择“移动”，将丝杠螺母移动至理想位置，如图 4－35（a）所示。

切换至“约束”，选择“接触/对齐”，分别选择平面 1 和平面 2，如图 4－35（b）所示；选择“接触/对齐”，分别选择丝杠螺母中心线 1 和活动钳口中心线 2，如图 4－35（c）所示，选择“平行”，依次选择平面 3 和平面 4，如图 4－35（d）所示，单击“确定”按钮，丝杠螺母装配完成，如图 4－35（e）所示。

（7）装配丝杠

单击“添加组件”，步骤同（2），选择“PKQ－06 丝杠”。

“放置”选项，先选择“移动”，将丝杠螺母移动至理想位置，如图 4－36（a）所示。

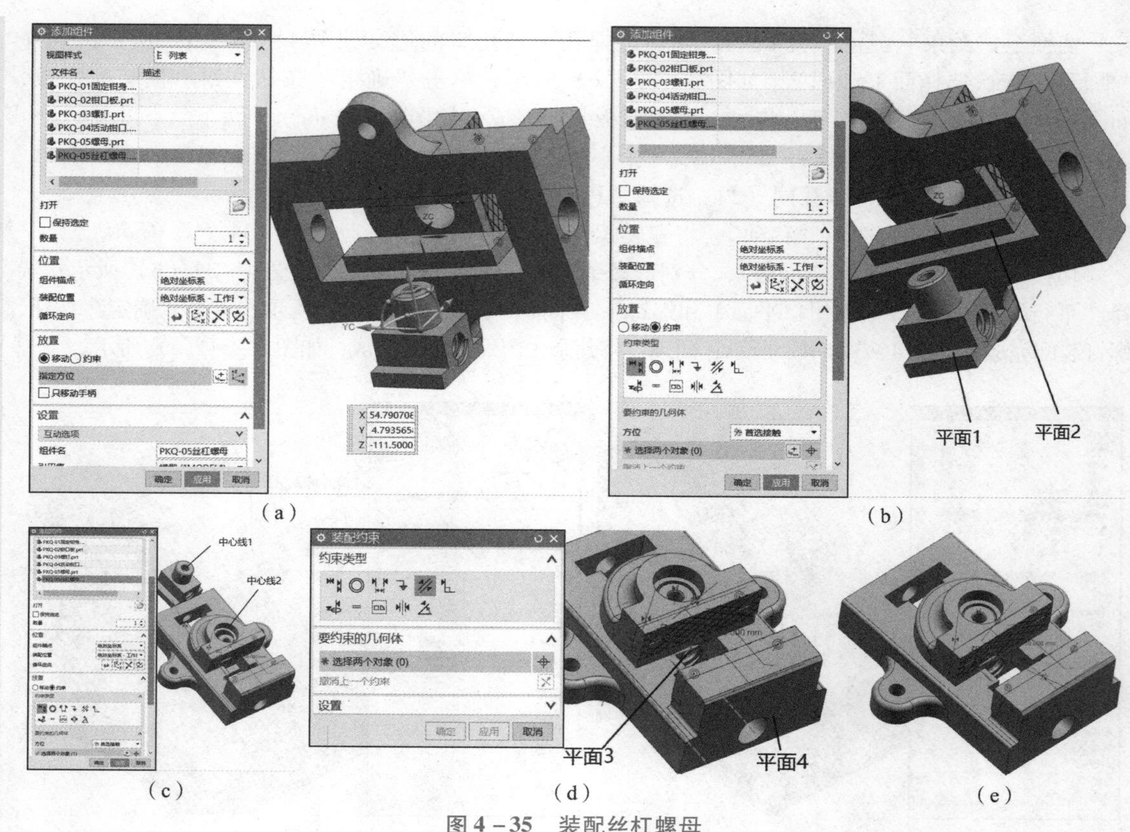

图 4-35　装配丝杠螺母

切换至“约束”，选择“接触/对齐”，分别选择轴线 1 和轴线 2，如图 4-36（b）所示；选择“距离”，分别选择平面 1 和平面 2，输入距离 5，如图 4-36（c）所示；单击“确定”按钮，丝杠装配完成，如图 4-36（d）所示。

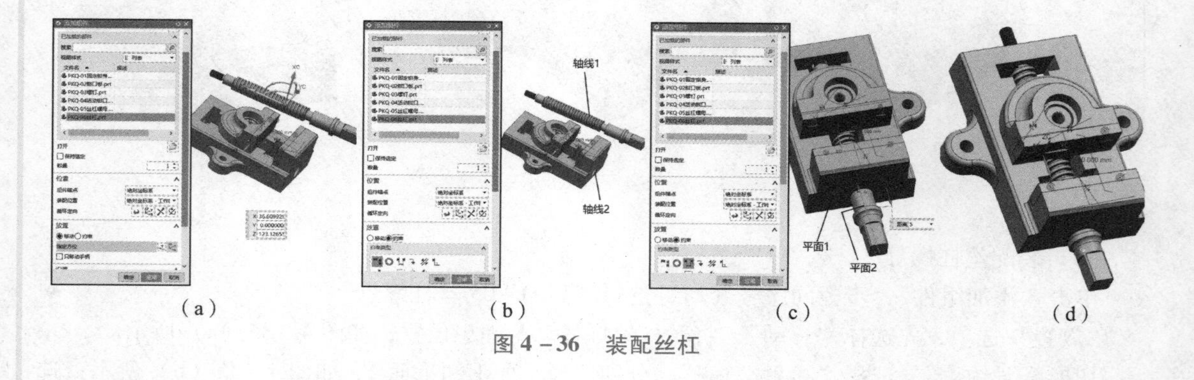

图 4-36　装配丝杠

（8）装配垫圈 26 和垫圈 12

单击“添加组件”，步骤同（2），选择“PKQ-07 垫圈 26”。

“放置”选项，先选择“移动”，将垫圈 26 移动至理想位置，如图 4-37（a）所示。切换至“约束”，选择“同心”，分别选择孔边缘 1 和孔边缘 2，如图 4-37（b）所示；单击“确定”按钮，垫圈 26 装配完成，如图 4-37（c）所示。同理，将垫圈 12 装配至丝杠另一端，如图 4-37（d）所示。

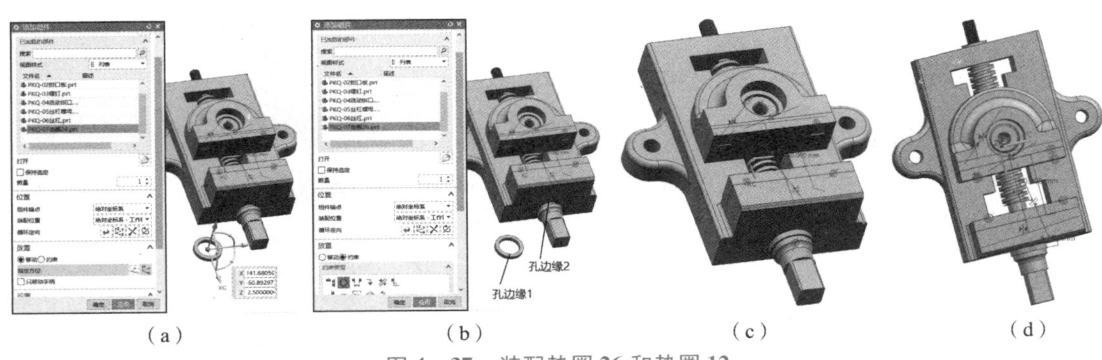

（a）　（b）　（c）　（d）

图 4－37　装配垫圈 26 和垫圈 12

（9）装配螺母 M12

单击“添加组件”，步骤同（2），选择“PKQ－08 六角螺母 M12”。

“放置”选项，先选择“移动”，将螺母 M12 移动至理想位置，如图 4－38（a）所示。切换至“约束”，选择“同心”，分别选择孔边缘和垫圈边缘，如图 4－38（b）所示；选择“平行”，依次选择平面 1 和平面 2，如图 4－38（c）所示；单击“确定”按钮，螺母 M12 装配完成，如图 4－38（d）所示。

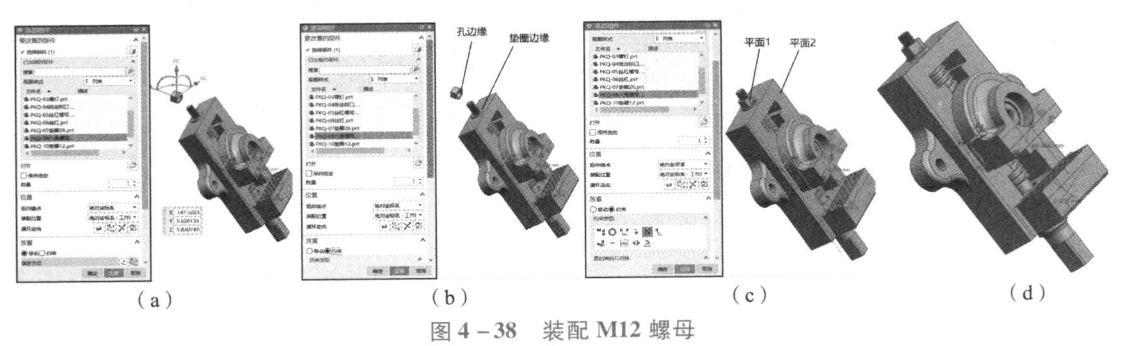

（a）　（b）　（c）　（d）

图 4－38　装配 M12 螺母

（10）装配固定螺钉

单击“添加组件”，步骤同（2），选择“PKQ－09 固定螺钉”。

“放置”选项，先选择“移动”，将固定螺钉移动至理想位置，如图 4－39（a）所示。切换至“约束”，选择“接触/对齐”，分别选择轴线 1 和轴线 2，如图 4－39（b）所示；分别选择孔边缘和垫圈边缘，如图 4－39（c）所示。固定螺钉装配完成，如图 4－39（d）所示。

装配完成的平口钳如图 4－39（d）所示。

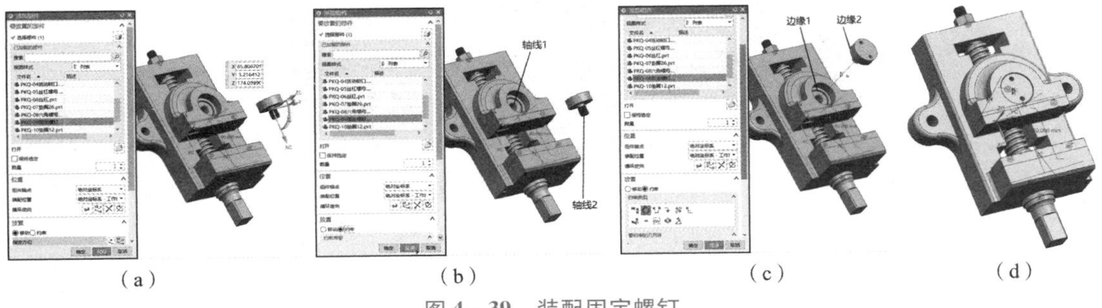

（a）　（b）　（c）　（d）

图 4－39　装配固定螺钉

学习笔记

4.1.3 任务拓展实例（手动夹钳的装配）

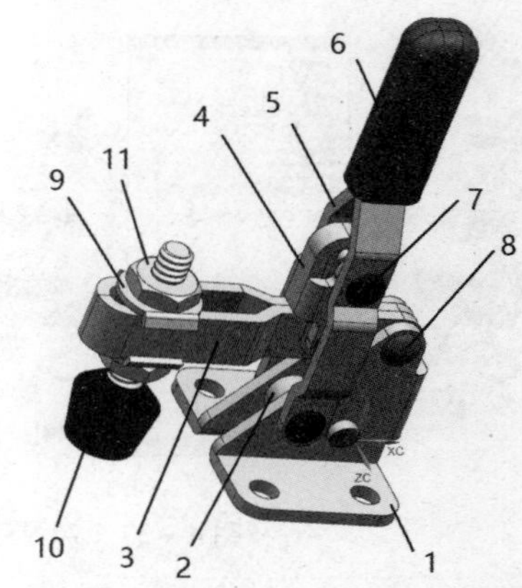

1—底座；2—隔套；3—连杆1；4—连杆2；5—手柄；6—胶套；7—铆钉 $\phi3\times12$；8—铆钉 $\phi3\times8$；9—压板；10—压紧头；11—螺母。

图 4－40 手动夹钳装配图

图 4－40 所示为设计完成的新品手动夹钳，按照装配工艺，将手动夹钳装配完成，并验证其工作行程。该案例应用的命令有添加组件、移动组件、装配约束等。

1. 手动夹钳装配思路

①装配底座；②装配隔套；③装配连杆 1；④装配连杆 2；⑤装配铆钉 $\phi3\times8$（2 处）；⑥装配手柄；⑦装配铆钉 $\phi3\times12$（2 处）；⑧装配压紧头；⑨装配压板（2 处）；⑩装配螺母（2 处）；⑪装配胶套。

2. 装配步骤

绘制步骤简表

绘制过程

4.1.4 任务加强练习

建立如图 4－41 所示一级减速器装配模型（提供零件模型）。

图 4－41 一级减速器装配模型

思考与练习

学习笔记

小贴士：进行装配前，要充分熟悉产品各零部件间的位置关系，严格按照装配工艺进行装配，避免出现后装配的组件与先装配的组件相干涉的现象。装配时，要根据零部件的实际作用添加相应约束，不必追求完全约束甚至过约束，例如：在安装螺栓时，在安装孔中就是绕着轴线旋转，故螺栓绕轴线的转动自由度可不限制。

1. 阵列组件的类型有哪几种？

2. 以参考阵列方式阵列，有哪些注意事项？

3. 当将组件添加到装配环境中时，未显示组件模型，该如何处理？

4. 装配组件时，是否必须完全约束？（头脑风暴题）

任务2 齿轮油泵的装配

某企业设计了一套液压站，其中包括齿轮泵，设计完成后，需验看齿轮泵位置是否合理，管路安装是否方便，需将齿轮泵的各个零部件装配起来。齿轮泵装配图如图 4－42 所示。

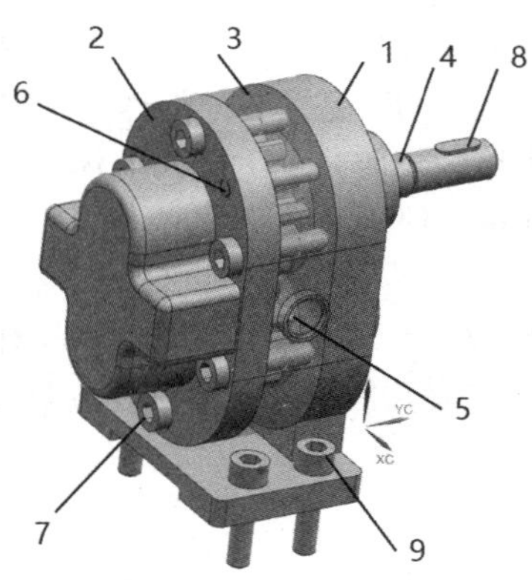

1—泵座；2—泵盖；3—泵体；4—主动齿轮轴；5—从动齿轮轴；6—圆柱销；
7—内六角螺钉 M6×35；8—平键；9—内六角螺钉 M6×25。

图 4－42 齿轮泵装配图

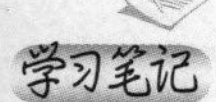

4.2.1 知识链接

一、两种装配方式——自底向上与自顶向下

1. 自底向上装配

自底向上装配建模是先进行零件的详细设计，在将零件装进装配体之前设计和建模完成，然后利用“添加组件”命令将零件按照装配要求添加到装配体中，该方法适用于外购零件、现有的零件或已有产品进行改型时。如图 4－43 所示。

自底向上装配步骤如下：

- 根据零部件设计参数，采用实体造型、曲面造型或钣金等方法创建装配产品中各个零部件的具体几何模型。
- 新建一个装配文件或者打开一个已存在的装配文件。
- 利用组件操作中的“添加组件”命令，选取需要加入装配中的相关零部件。
- 利用“装配约束”命令，设置添加组件之间的位置关系，完成装配结构。

2. 自顶向下装配

自顶向下装配的思想是由顶向下产生子装配和组件，在装配层次上建立和编辑组件。主要用在上下文设计中，即在装配中参照其他零部件对当前工作部件进行设计的方法。如图 4－44 所示。

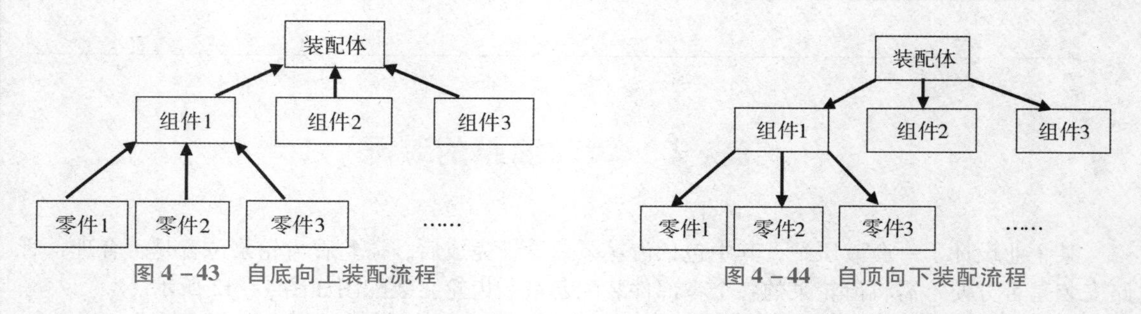

图 4－43　自底向上装配流程　　图 4－44　自顶向下装配流程

自顶向下装配方法主要用在上下文设计中，即在装配中参照其他零部件对当前工作部件进行设计或创建新的零部件。在自顶向下设计中，显示部件为装配部件，而工作部件是装配中的组件，所做的工作均发生在工作部件上，而不是在装配部件上。可利用键接关系引用其他部件中的几何对象到当前工作部件中，再用这些几何对象生成几何体。这样，一方面，提高了设计效率；另一方面，保证了部件之间的关联性，便于参数化设计。

自顶向下装配有两种方法：

- 先组件再模型：先在装配中建立一个新组件，再在其中建立几何模型。
- 先模型再组件：先在装配中建立几何模型，然后建立新组件，并把几何模型加入新建组件中。

二、WAVE 几何链接器

WAVE 几何链接器提供了在装配环境中链接复制其他部件的几何对象到当前工作部件的工具。被链接的几何对象与其父几何体保持关联，当父几何体发生改变时，被链接到工作部件的几何对象也会随之发生自动更新。

建立链接几何对象是父几何对象的复制，可用于链接的几何类型包括复合曲线、点、线、基准、草图、面、面区域、体，这些被链接的几何对象以特征形式存在，并可用于建立和定位新的特征。

单击“菜单”→“插入”→“关联复制”→“WAVE 几何链接器”命令，弹出如图 4－45 所示对话框。

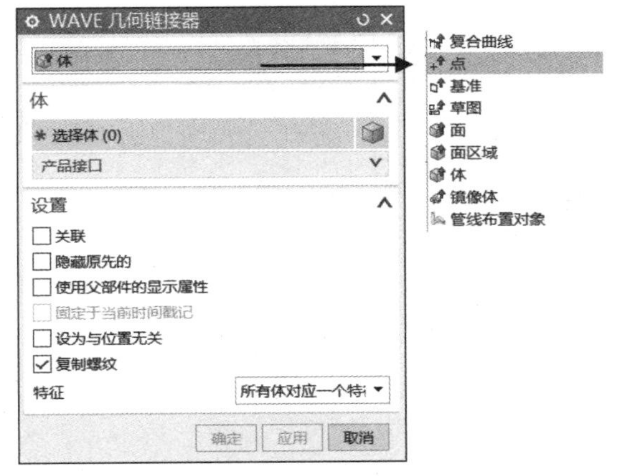

图 4－45 “WAVE 几何链接器”对话框

“WAVE 几何链接器”对话框上部的下拉列表用于指定链接几何对象的类型，常用的对象如图 4－45 所示。首先按照自顶向下的装配方式，建立文件名为 2020811－229 安装座的组件，双击装配导航器中此组件名称，将其设为工作部件，如图 4－46（a）所示。

1. 复合曲线

用于建立链接曲线。选择该选项后，再从其他组件上选择曲线或边缘，则所选曲线或边缘链接到工作部件中，没有参数需要指定，如图 4－46（b）所示，选择要链接的曲线，如图 4－46（c）所示，单击“确定”按钮，如图 4－46（d）所示。此时链接过来的曲线即为组件 2020811－229 安装座中的特征，可基于此曲线进行相应的特征构建。

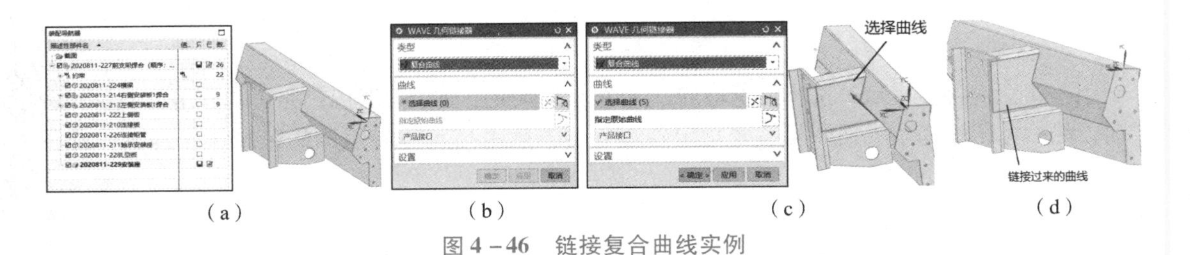

（a）（b）（c）（d）

图 4－46 链接复合曲线实例

2. 点

用于建立链接点。选择该选项时，对话框中部将显示点的选择类型，按照一定的点的选取方式从其他组件上选择一点，则所选点或由所选点连成的线链接到工作部件中。

3. 基准

用于建立链接基准平面或基准轴。选择该选项后，按照一定的基准选取方式从其他组件上选择基准平面或基准轴，则所选择基准平面或基准轴链接到工作部件中。

4. 草图

用于建立链接草图。选择该选项后，再从其他组件上选择草图，则所选草图链接到工作部件中，如图 4－47 所示。

学习笔记

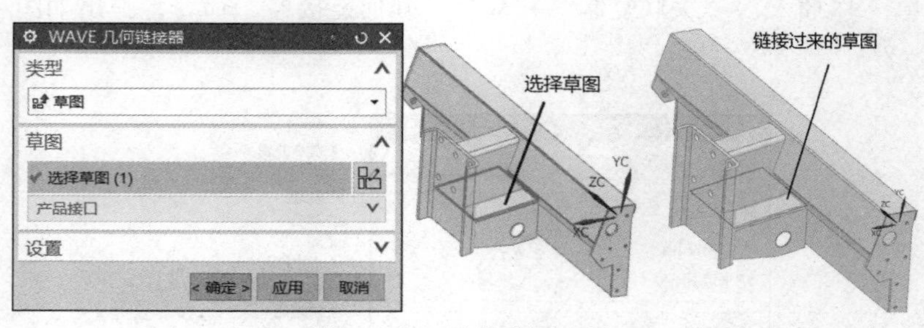

图 4-47　链接草图实例

小贴士：用 WAVE 几何链接器选择链接草图时，要注意，只有当原装配中其他组件中包含草图时，才能进行相应链接操作。

5. 面

用于建立链接面。选择该选项后，按照一定的面选取方式从其他组件上选择一个或多个实体表面，则所选表面链接到工作部件中，如图 4-48 所示。

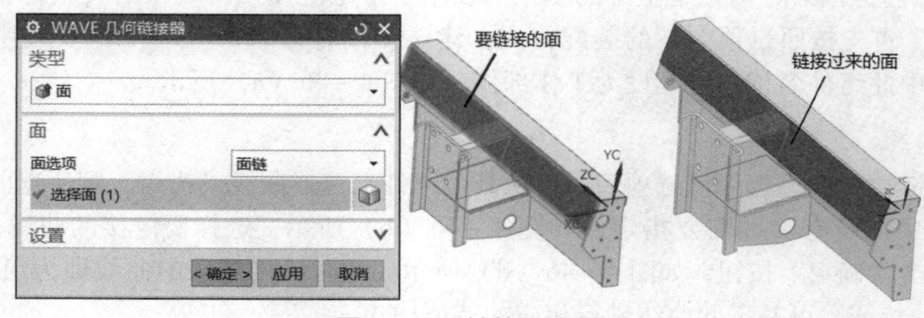

图 4-48　链接面实例

6. 面区域

用于建立链接面区域。选择该选项后，先单击选择种子面步骤图标，并从其他组件上选择种子面，然后单击选择边界面图标，并指定各边界面，则由指定边界包围的区域链接到工作部件中，如图 4-49 所示。

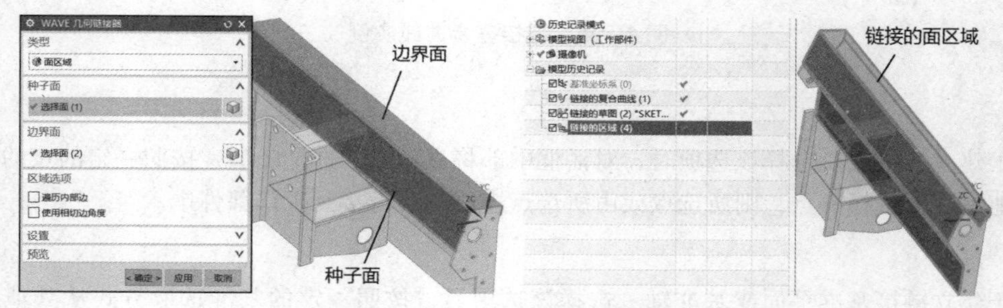

图 4-49　链接面区域实例

7. 体

用于建立链接实体。选择该图标，再从其他组件上选择实体，则所选实体链接到工作部件中，如图 4-50 所示。

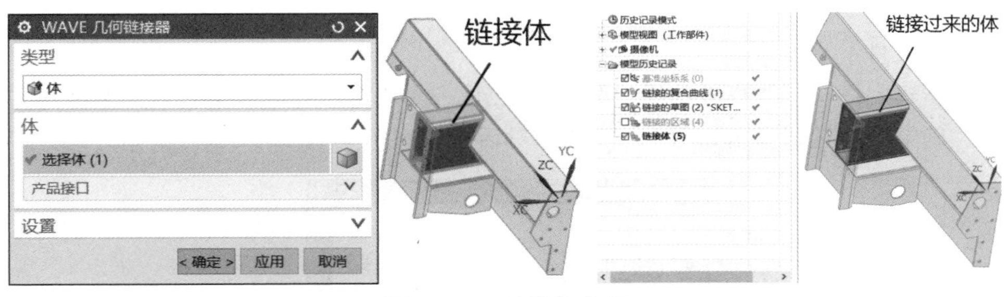

图 4－50　链接体实例

8. 镜像体

用于建立链接镜像实体。选择该选项后，先单击选择实体图标，并从其他组件上选择实体；然后单击“选择镜像平面”图标，并指定镜像平面，则所选实体沿所选平面镜像到工作部件，如图 4－51 所示。

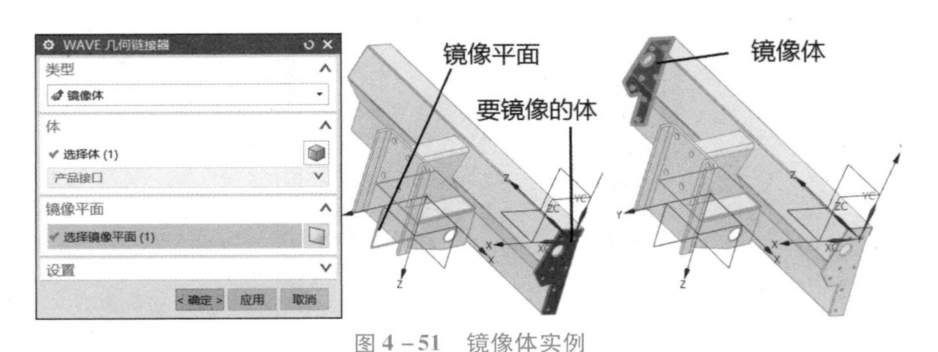

图 4－51　镜像体实例

9. 其他参数

- 关联：选中该复选框，则产生的链接特征与原对象关联。
- 允许自相交：选中该复选框，则允许链接特征具有自相交现象。
- 固定于当前时间戳记：选中该复选框，则在所选链接组件上后续产生的特征将不会体现到用链接特征建立的对象上；否则，在所选链接组件上后续产生的特征，会反映到用链接特征建立的对象上。

小贴士：WAVE 几何链接器仅适用于装配环境，既可用于自底向上装配模式，也可用于自顶向下模式，基于其他组件进行的特征构建，建立的模型在装配形状匹配、间隙控制等方面可做到完美无缺，尤其是在曲面及复杂特征构建时。

4.2.2　任务实施过程

1. 齿轮油泵装配步骤

①装配泵座；②装配泵体；③装配主动齿轮轴；④装配从动齿轮轴；⑤装配泵盖；⑥装配圆柱销（2 处）；⑦装配内六角螺钉 M6×35（6 处）；⑧装配平键；⑨装配内六角螺钉 M6×25（4 处）。

学习笔记

学习笔记

2. 详细装配过程

(1) 新建文件

单击“新建”图标，模板选择“装配”，创建一个名为“CLB－ZP齿轮泵装配.prt”的文件。单击“确定”按钮，弹出如图4－52所示对话框。

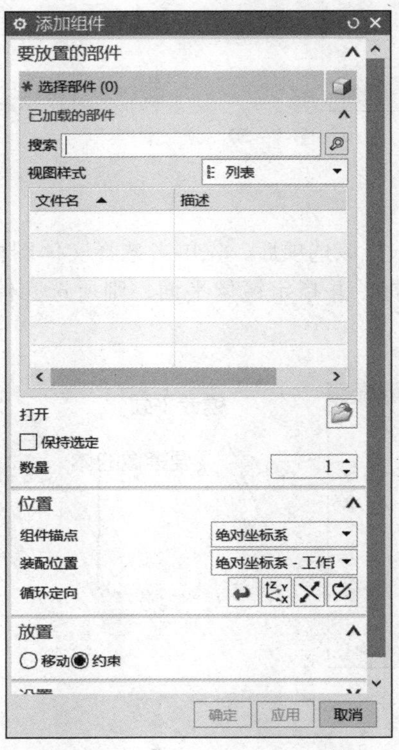

图4－52 “添加组件”对话框

(2) 装配泵座

单击打开，找到组件所在路径，选择“CLB－01泵座”，右侧预览图可帮助用户查看要选择的组件，如图4－53 (a) 所示。单击“确定”按钮，打开“泵座”组件模型。装配位置：绝对坐标系－工作部件；放置：采用约束，选择“固定”约束，单击“确定”按钮，泵座装配完成，如图4－53 (b) 和图4－53 (c) 所示。

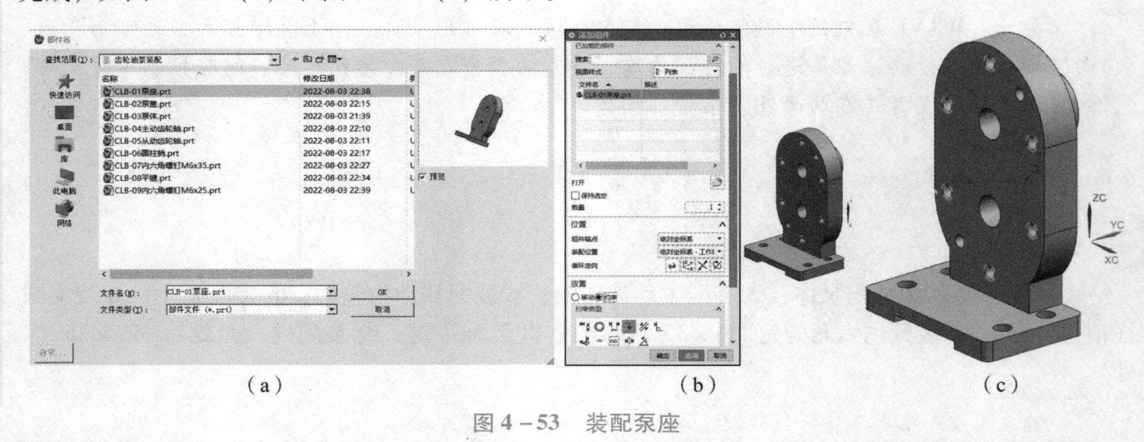

(a) (b) (c)

图4－53 装配泵座

学习笔记

（3）装配泵体

单击“添加组件”，步骤同（2），选择“CLB－03 泵体”。

“放置”选项，先选择“移动”，将泵体移动至理想位置，如图 4－54（a）所示。切换至“约束”，选择“同心”，分别选择边缘 1 和边缘 2，如图 4－54（b）所示；选择“平行”，依次选择平面 1 和平面 2，如图 4－54（c）所示。单击“确定”按钮，活动钳口装配完成。

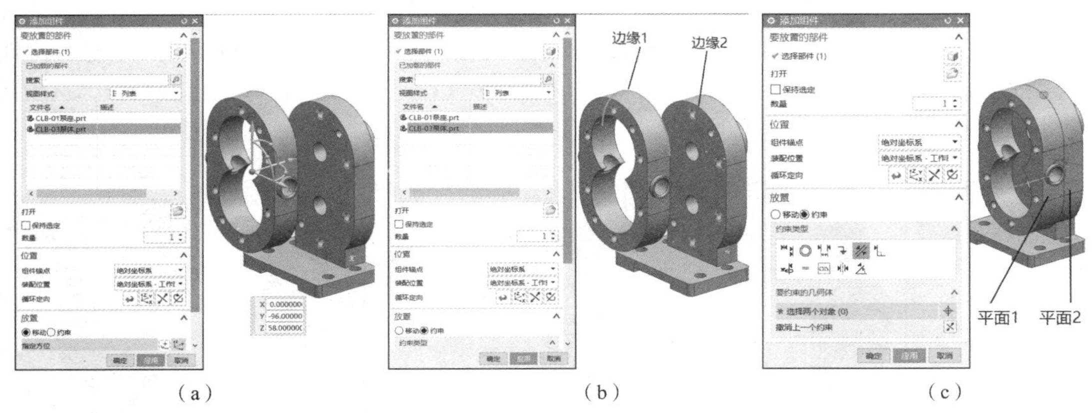

图 4－54　装配泵体

（4）装配主动齿轮轴

单击“添加组件”，步骤同（2），选择“CLB－04 主动齿轮轴”。

“放置”选项，先选择“移动”，将主动齿轮轴移动至理想位置，如图 4－55（a）所示。切换

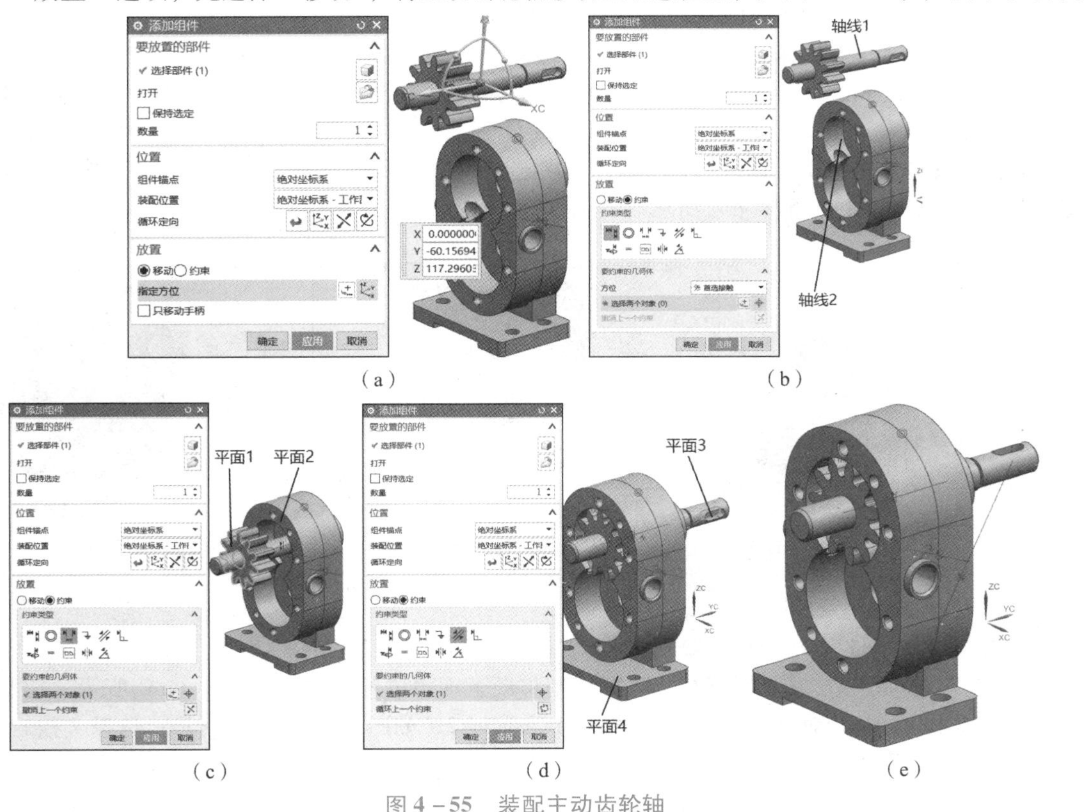

图 4－55　装配主动齿轮轴

至“约束”，选择“接触/对齐”，分别选择轴线 1 和轴线 2，如图 4－55（b）所示；选择“距离”，依次选择平面 1 和平面 2，距离为“－1”，如图 4－55（c）所示；选择“平行”，依次选择平面 3 和平面 4，如图 4－55（d）所示。单击“确定”按钮，主动齿轮轴装配完成，如图 4－55（e）所示。

（5）装配从动齿轮轴

单击“添加组件”，步骤同（2），选择“CLB－05 从动齿轮轴”。

“放置”选项，先选择“移动”，将从动齿轮轴移动至理想位置，如图 4－56（a）所示。切换至“约束”，选择“接触/对齐”，分别选择轴线 1 和轴线 2，如图 4－56（b）所示；选择“距离”，依次选择平面 1 和 2，距离为“－1”，如图 4－56（c）所示。单击“确定”按钮，从动齿轮轴装配完成，如图 4－56（d）所示。

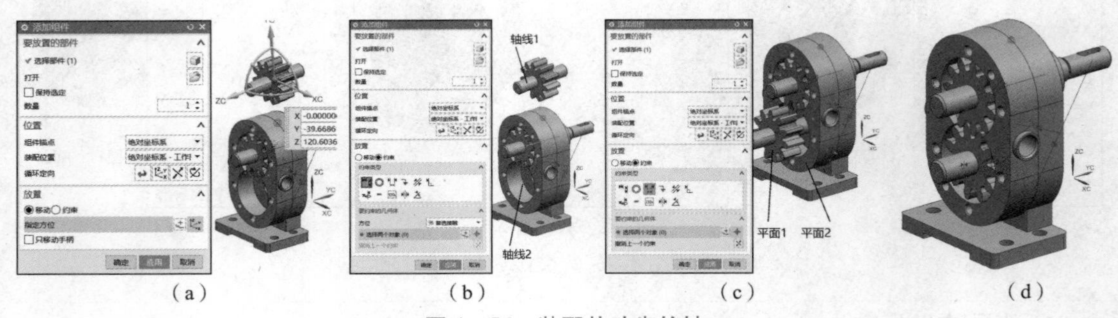

（a）（b）（c）（d）

图 4－56　装配从动齿轮轴

（6）装配泵盖

单击“添加组件”，步骤同（2），选择“CLB－02 泵盖”。

“放置”选项，先选择“移动”，将泵盖移动至理想位置，如图 4－57（a）所示。切换至“约束”，选择“同心”，分别选择边缘 1 和边缘 2，如图 4－57（b）所示；选择“接触/对齐”，分别选择平面 1 和平面 2，如图 4－57（c）所示；选择“接触/对齐”，分别选择丝杠螺母中心线 1 和活动钳口中心线 2；选择“平行”，依次选择平面 3 和平面 4。单击“确定”按钮，丝杠螺母装配完成，如图 4－57（d）所示。

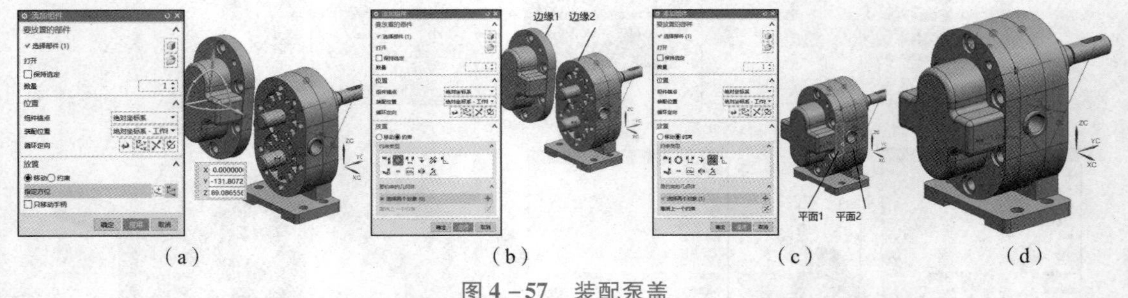

（a）（b）（c）（d）

图 4－57　装配泵盖

（7）装配圆柱销（2 处）

单击“添加组件”，步骤同（2），选择“CLB－06 圆柱销”。

“放置”选项，先选择“移动”，将圆柱销移动至理想位置，如图 4－58（a）所示。切换至“约束”，选择“接触/对齐”，分别选择轴线 1 和轴线 2，如图 4－58（b）所示；选择“接触/对齐”，分别选择平面 1 和平面 2，如图 4－58（c）所示。单击“确定”按钮，装配完成。同理，装配第 2 个圆柱销，如图 4－58（d）所示。

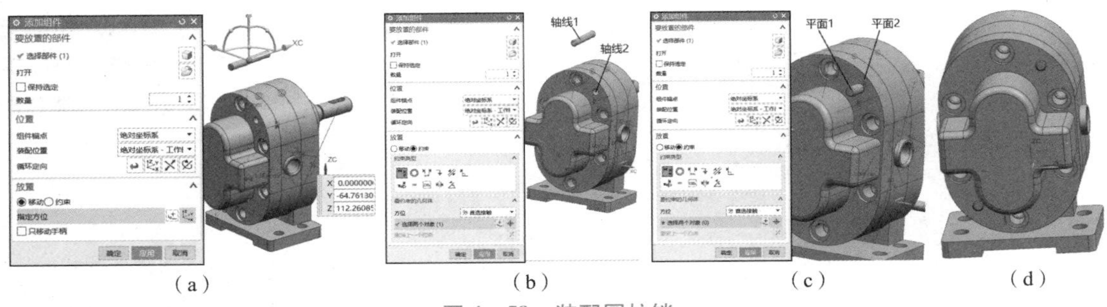

（a）　（b）　（c）　（d）

图 4 – 58　装配圆柱销

（8）装配内六角螺钉 M6 × 35（6 处）

单击“添加组件”，步骤同（2），选择“CLB – 07 内六角螺钉 M6 × 35”。

“放置”选项，先选择“移动”，将内六角螺钉 M6 × 35 移动至理想位置，如图 4 – 59（a）所示。切换至“约束”，选择“接触/对齐”，分别选择轴线 1 和轴线 2，如图 4 – 59（b）所示；选择“距离”，分别选择平面 1 和 2，距离为“0”，如图 4 – 59（c）所示。单击“确定”按钮，螺钉装配完成，如图 4 – 59（d）所示。同理，将 6 处螺钉装配完成，如图 4 – 59（e）所示。

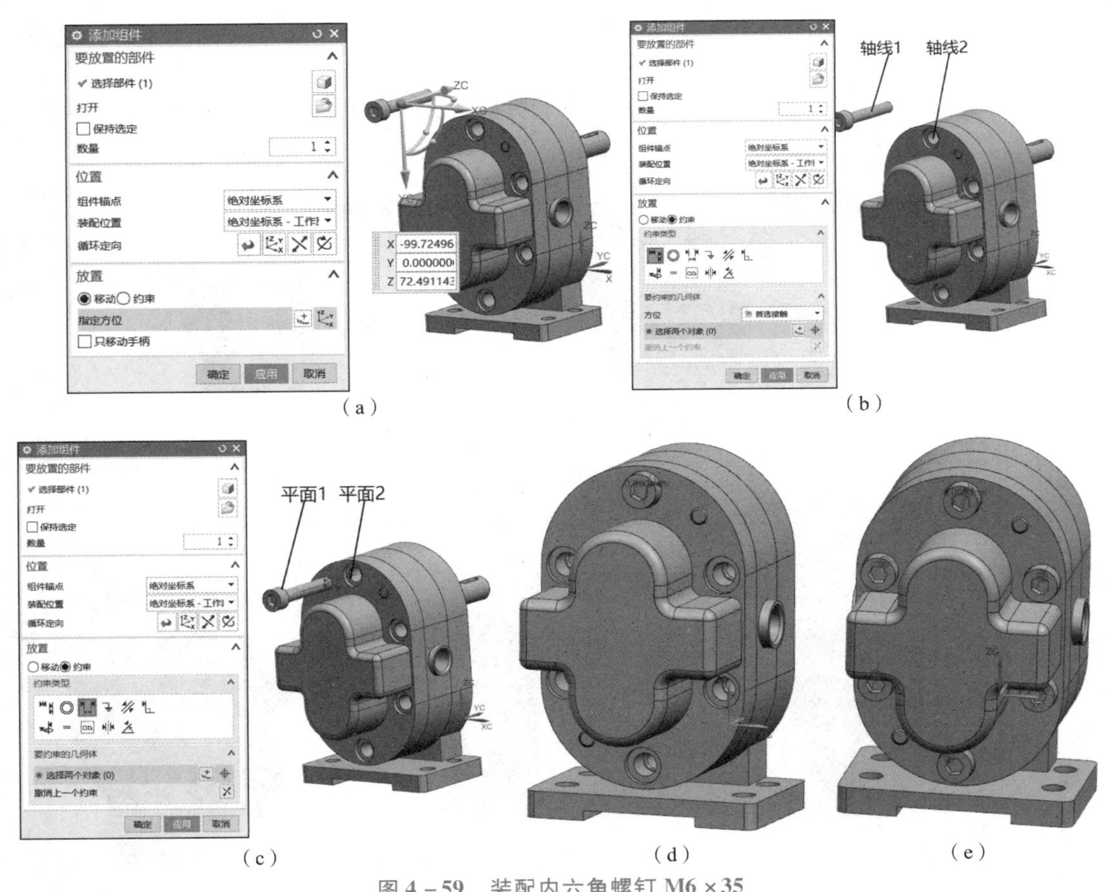

（a）　（b）

（c）　（d）　（e）

图 4 – 59　装配内六角螺钉 M6 × 35

（9）装配平键

单击“添加组件”，步骤同（2），选择“CLB – 08 平键”。

学习笔记

学习笔记

“放置”选项，先选择“移动”，将平键移动至理想位置，如图 4－60（a）所示。切换至“约束”，选择“接触/对齐”，分别选择轴线 1 和轴线 2，如图 4－60（b）所示；选择“距离”，依次选择平面 1 和平面 2，如图 4－60（c）所示，设置为“0”。单击“确定”按钮，平键装配完成，如图 4－60（d）所示。

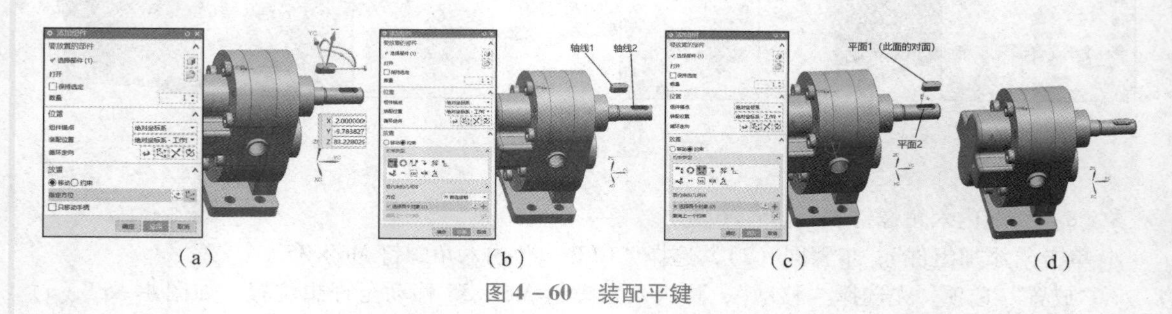

（a）（b）（c）（d）

图 4－60　装配平键

（10）装配内六角螺钉 M6×25（4 处）

单击“添加组件”，步骤同（2），选择“CLB－09 内六角螺钉 M6×25”。

“放置”选项，先选择“移动”，将内六角螺钉移动至理想位置，如图 4－61（a）所示。切换至“约束”，选择“同心”，分别选择孔边缘 1 和边缘 2，如图 4－61（b）所示。内六角螺钉如图 4－61（c）所示。

单击“阵列组件”，阵列组件，方向 1 矢量和方向 2 矢量分别进行如图 4－61（d）所示设置，单击“确定”按钮，完成阵列组件，如图 4－61（e）所示。

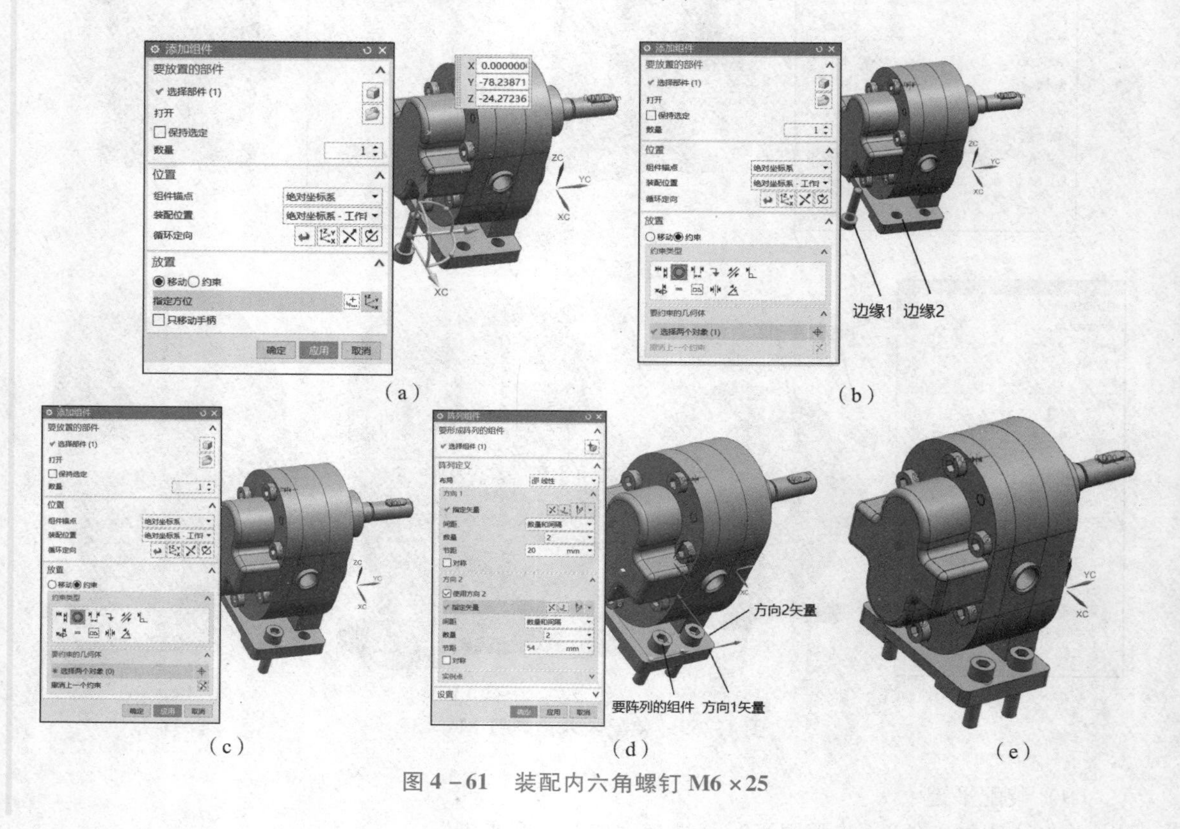

（a）（b）

（c）（d）（e）

图 4－61　装配内六角螺钉 M6×25

装配完成的齿轮油泵如图 4-61（e）所示。

学习笔记

4.2.3 任务拓展实例（气动压板夹具的装配）

图 4-62 所示为气动压板夹具，按照装配工艺，将气动压板夹具装配完成，并验证部件间的间隙、工作行程、夹紧力等，从而确定其适用的工况。该案例应用的命令有添加组件、移动组件、装配约束、阵列组件等。

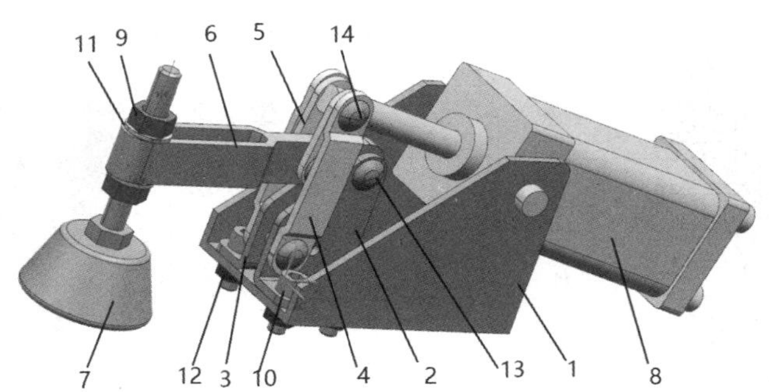

1—夹具体；2—左立板；3—右立板；4—连接板 1；5—连接板 2；
6—压板；7—压紧端；8—气缸；9—螺母 M8；10—内六角螺钉 M6 × 15；11—垫圈 $\phi8$；
12—螺母 M6；13—铆钉 $\phi6 \times 18$；14—铆钉 $\phi6 \times 12$。

图 4-62　气动压板夹具装配图

1. 气动压板夹具装配思路

①装配夹具体；②装配左立板；③装配右立板；④装配压板；⑤装配气缸；⑥装配连接板 2（2 处）；⑦装配铆钉 $\phi6 \times 12$（2 处）；⑧装配连接板 1（2 处）；⑨装配铆钉 $\phi6 \times 18$（2 处）；⑩装配压紧端；⑪装配垫圈 $\phi8$ 和 M8 螺母（分别 2 处）；⑫装配内六角螺钉 M6 × 15（4 处）；⑬装配螺母 M6（4 处）。

2. 装配步骤

绘制步骤简表

绘制过程

4.2.4 任务加强练习

建立如图 4-63 所示安全阀装配模型。

学习笔记

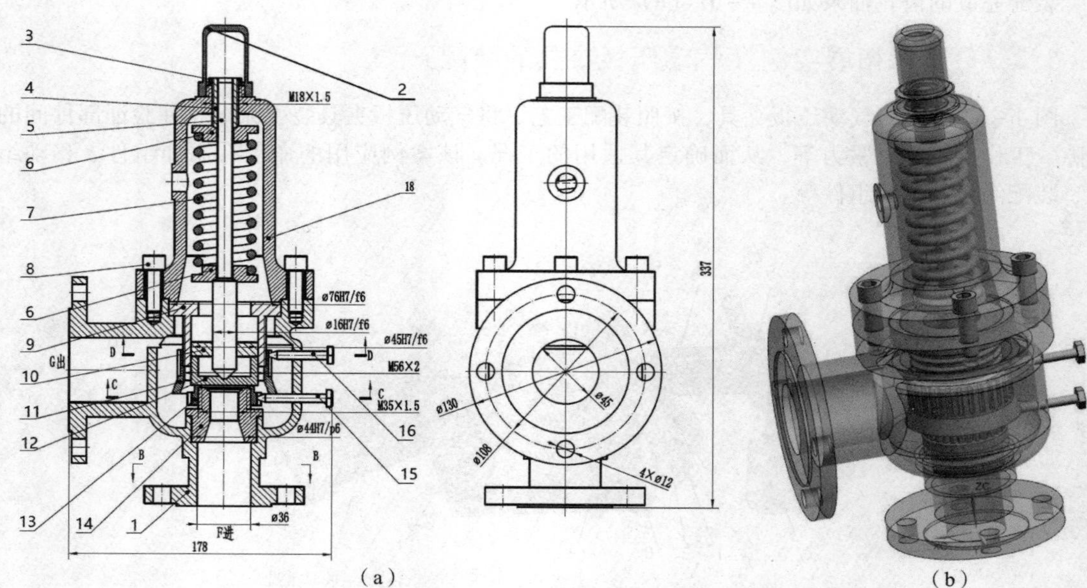

1—阀壳；2—顶盖；3—固定螺母；4—调整螺钉；5—轴杆；6—上弹簧座；
7—弹簧；8—螺钉 M10×30；9—阀门 2；10—定位片；11—上调整轮；12—阀门 1；
13—下调整轮；14—阀座；15—下调整螺栓；16—上调整螺栓；17—上盖。

图 4-63 安全阀装配图纸和模型

思考与练习

小贴士：自底向上和自顶向下两种装配方式的选择不是一成不变的，在装配时，要根据产品的具体情况具体分析。应用 WAVE 几何链接器时，要想后设计的产品跟随原产品的变动相应变化时，需勾选“关联”选项。若不想让后设计的产品受原产品的影响，可将链接体移除参数。

1. 自底向上和自顶向下两种装配方式的区别是什么？

2. 工作部件和显示部件有什么区别？

3. 装配时使用的约束类型是否确定且唯一？（头脑风暴题）

任务 3 平口钳的爆炸图

某企业在设计完平口钳后，客户收到平口钳后不知道如何装配，因此需制作使用说明书，说明该平口钳的装配、维修、维护等，现需制作如图 4 - 64 所示平口钳的爆炸图用于制作零件目录，以便表示各零部件间的位置关系和装配关系。

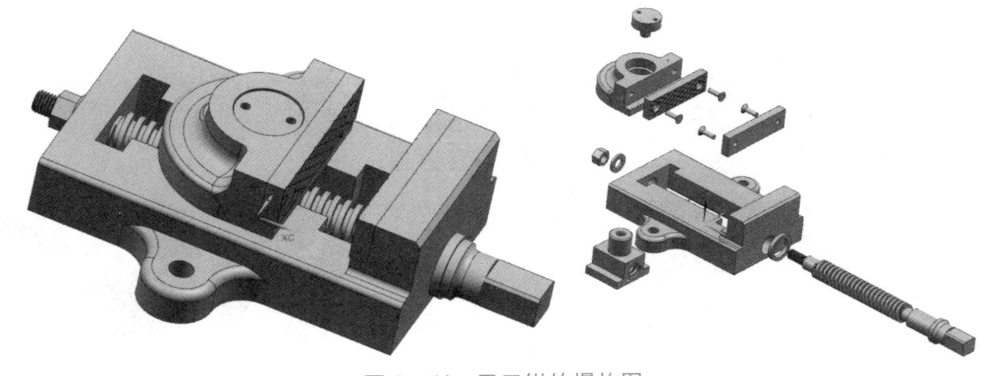

图 4 - 64　平口钳的爆炸图

4.3.1　知识链接

爆炸视图

装配爆炸视图是指在装配环境下将建立好装配约束关系的装配体中的各组件，沿着指定的方向拆分开来，即离开组件实际的装配位置，以清楚地显示整个装配或子装配中各组件的装配关系以及所包含的组件数，方便观察产品内部结构以及组件的装配顺序。

爆炸视图广泛应用于设计、制造、销售和服务等产品生命周期的各个阶段，特别是用在产品说明书中或产品零件目录中，常用于说明某一部分或某一子装配的装配结构、功能和位置关系等。

1. 爆炸视图的建立

创建爆炸图是指在当前视图中创建一个新的爆炸视图，并不涉及爆炸图的具体参数，具体参数通过其后的编辑爆炸操作中产生。

单击“爆炸图”工具栏上的“创建爆炸图”按钮，或单击“菜单”→“装配”→“爆炸图”→“新建爆炸”命令，弹出“新建爆炸”对话框。在该对话框中输入爆炸图名称或接受默认名称，单击“确定”按钮，如图 4 - 65 所示。

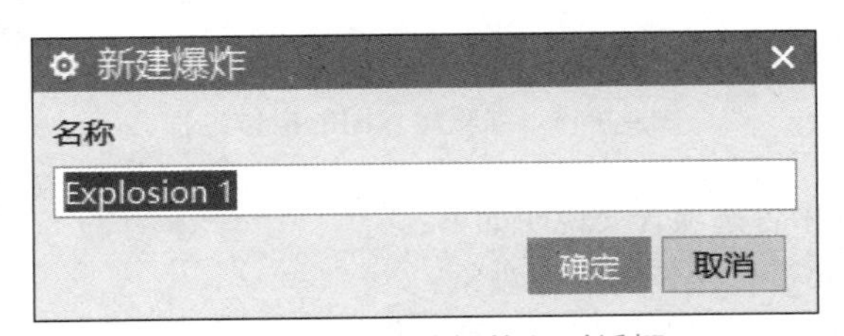

图 4 - 65　“新建爆炸”对话框

2. 爆炸视图的操作

在新创建了一个爆炸图后，视图并没有发生什么变化，接下继续操作，使组件炸开。

(1) 自动爆炸组件

自动爆炸组件是指基于组件关联条件，按照配对约束中的矢量方向和指定的距离自动爆炸组件。单击“爆炸图”工具栏上的“自动爆炸组件”按钮，或单击“菜单”→“装配”→“爆炸

学习笔记

图”→“自动爆炸组件”命令，弹出“类选择”对话框，单击“全选”按钮，选中所有组件，在弹出的“自动爆炸组件”对话框中设置爆炸距离，单击“确定”按钮，则这些组件被炸开，如图 4－66（a）~（c）所示。

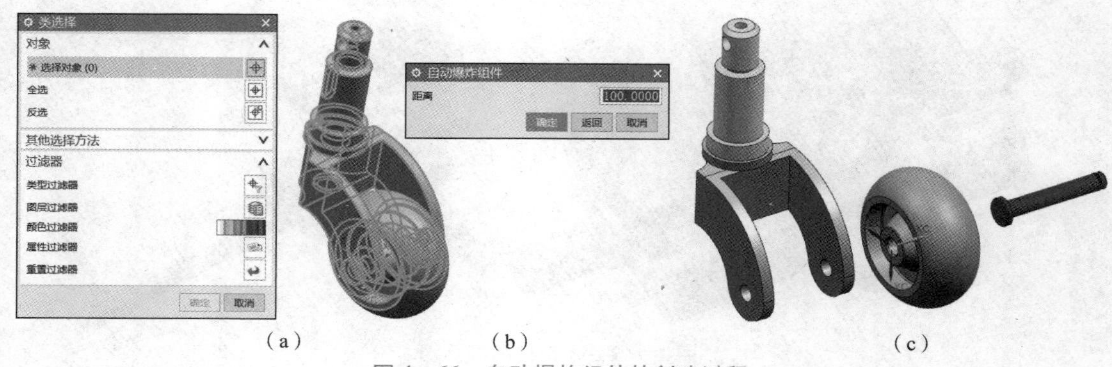

（a）　　（b）　　（c）

图 4－66　自动爆炸组件的创建过程

“自动爆炸组件”对话框用于指定自动爆炸参数：

- 距离：用于设置自动爆炸组件之间的距离，自动爆炸方向由输入数值的正负来控制。

（2）编辑爆炸图

采用自动爆炸得到的爆炸图效果不一定理想，通常还需要利用“编辑爆炸”功能对爆炸图进行调整。单击“爆炸图”工具栏上的“编辑爆炸图”按钮，或单击“菜单”→“装配”→“爆炸图”→“编辑爆炸”命令，弹出“编辑爆炸”对话框，选择要编辑的组件，按照需要进行操作，如图 4－67 所示。

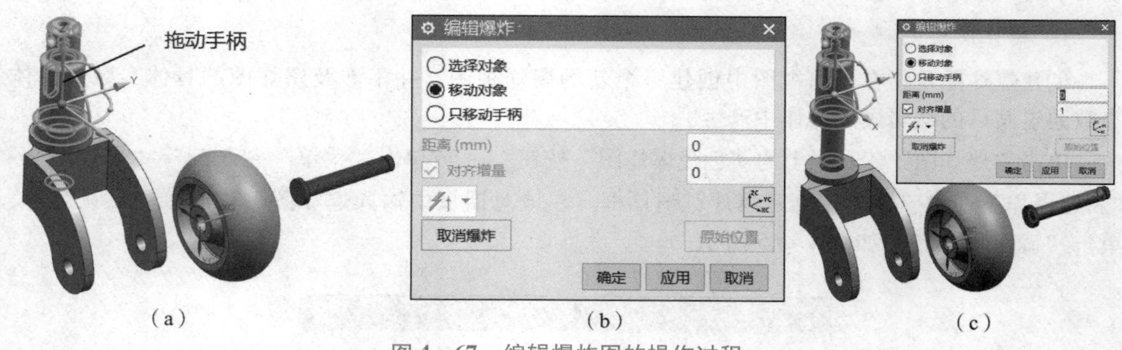

（a）　　（b）　　（c）

图 4－67　编辑爆炸图的操作过程

“编辑爆炸”对话框中各选项含义说明如下：

- 选择对象：选择要进行操作的组件对象。
- 移动对象：对选中的组件对象进行移动操作。
- 只移动手柄：当选中该选项时，拖动手柄时，只有手柄移动，被选组件不动。
- “对齐增量”复选框：勾选该选项后，可在其后设置参数值，用于组件移动时，按增量值递增至所选定的“距离”或“角度”位置。
- “取消爆炸”按钮：用于使所选的组件返回到未发生爆炸之前的位置。

（3）取消爆炸组件

单击“爆炸图”工具栏上的“取消爆炸组件”按钮，或单击“菜单”→“装配”→“爆炸图”→“取消爆炸组件”命令，弹出“类选择”对话框。选择要复位的组件后，单击“确定”按钮，即可使已爆炸的组件回到其原来的位置，如图 4－68 所示。

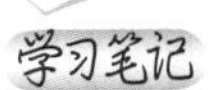

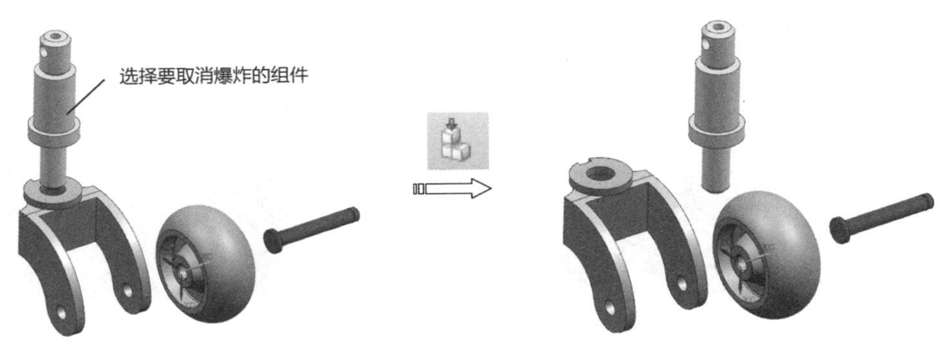

图 4－68　取消爆炸组件

（4）隐藏/显示爆炸图中的组件

隐藏当前爆炸视图中指定的组件，使其不显示在图形窗口中，隐藏的组件可重新显示。

单击“爆炸图”工具栏上的“隐藏视图中的组件”按钮，在弹出的“隐藏视图中的组件”对话框中选择要隐藏的组件，单击“确定”按钮，如图 4－69 所示。

图 4－69　隐藏视图中的组件

单击“爆炸图”工具栏上的“显示视图中的组件”按钮，在弹出的“显示视图中的组件”对话框中选择要显示的组件，单击“确定”按钮，如图 4－70 所示。

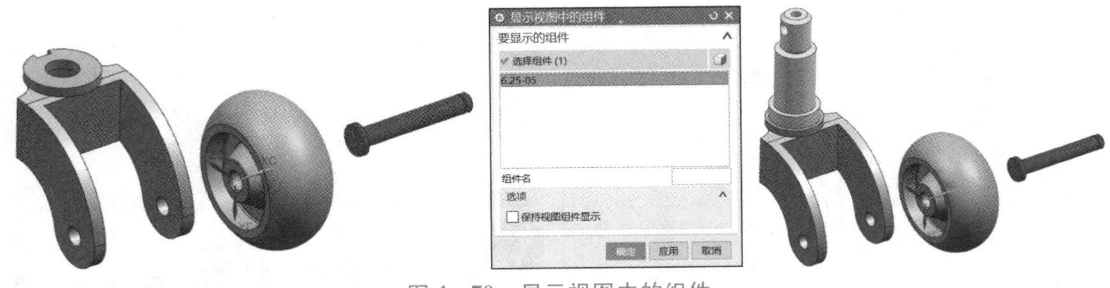

图 4－70　显示视图中的组件

（5）隐藏/显示爆炸图

隐藏当前爆炸视图，使其不显示在图形窗口中。对于隐藏的爆炸图，可重新显示在图形窗口

学习笔记

中。单击“菜单”→“装配”→“爆炸图”→“隐藏爆炸”命令，可将当前的爆炸图隐藏，如图 4-71 所示。若要将隐藏的组件显示，则单击“菜单”→“装配”→“爆炸图”→“显示爆炸”，又可重新显示已经隐藏的爆炸图。

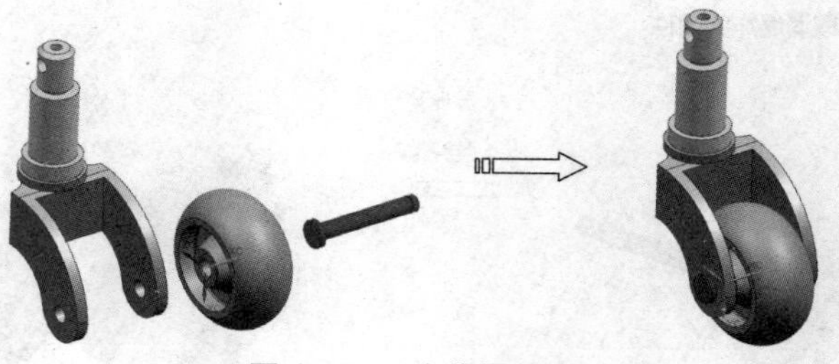

图 4-71　隐藏爆炸图

（6）删除爆炸图

单击“爆炸图”工具栏上的“删除爆炸”按钮，或单击“菜单”→“装配”→“爆炸图”→“删除爆炸”，弹出“爆炸图”对话框，其中列出了所有爆炸图的名称，可在列表框中选中要删除的爆炸图进行删除，如图 4-72 所示。

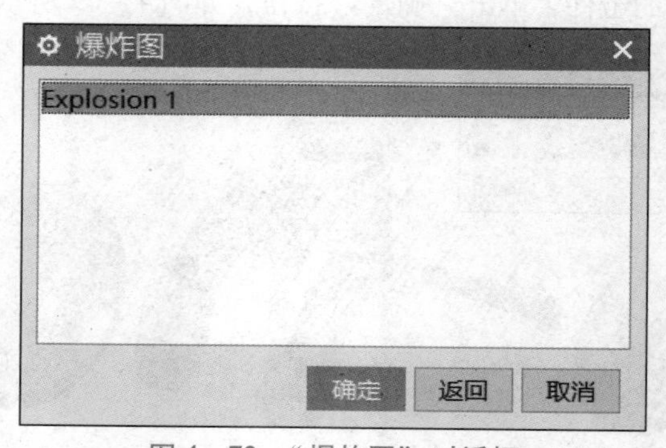

图 4-72　“爆炸图”对话框

（7）追踪线

在爆炸图中创建组件的追踪线，以指示组件的装配位置。

单击“爆炸图”工具栏上的“追踪线”按钮，或单击“菜单”→“装配”→“爆炸图”→“追踪线”命令，弹出“追踪线”对话框，如图 4-73（a）所示。

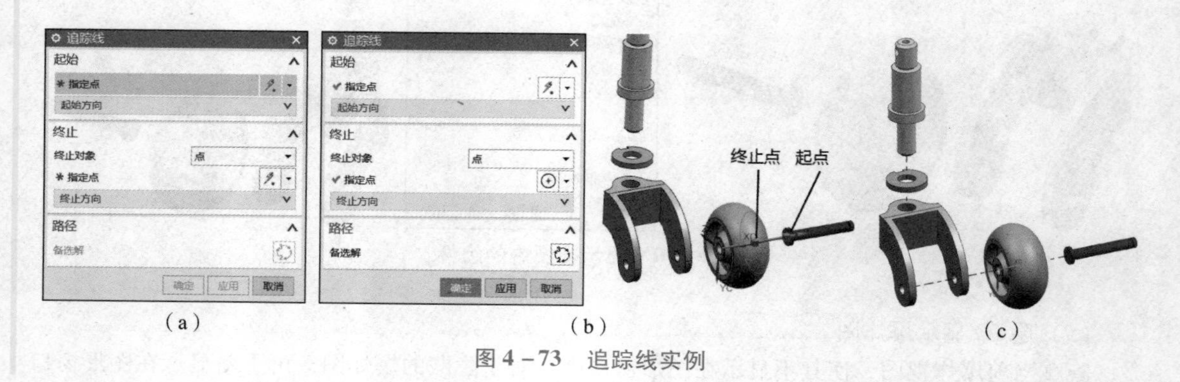

图 4-73　追踪线实例

"追踪线"对话框中各选项含义说明如下：

- 起始（指定点）：选择追踪线的起点，可以为直线端点、圆弧中心点、曲线中点等，如图 4－73（b）所示。
- 终止（指定点）：选择追踪线的起点，可以为直线端点、圆弧中心点、曲线中点等，如图 4－73（b）所示。将各组件间全部添加追踪线的结果如图 4－73（c）所示。

小贴士：爆炸视图常用于产品的说明书，表明各组件间的相对安装位置，在编辑爆炸时，可以选中同一组组件进行统一移动，可保持组件间相互位置不变。追踪线命令可将复杂的产品中各组件间空间位置清晰、明确地展示给用户。

学习笔记

4.3.2 任务实施过程

1. 创建平口钳爆炸图的步骤

①建立爆炸图；②自动爆炸组件；③编辑爆炸图；④添加追踪线。

2. 详细过程

（1）建立爆炸图

单击"爆炸图"按钮，系统弹出"爆炸图"工具菜单，单击菜单上的"新建爆炸"按钮，弹出图 4－74 所示的"新建爆炸"对话框，在"名称"栏填上爆炸图名称"PKQ－BZT"，单击"确定"按钮，新的爆炸图建立完成。

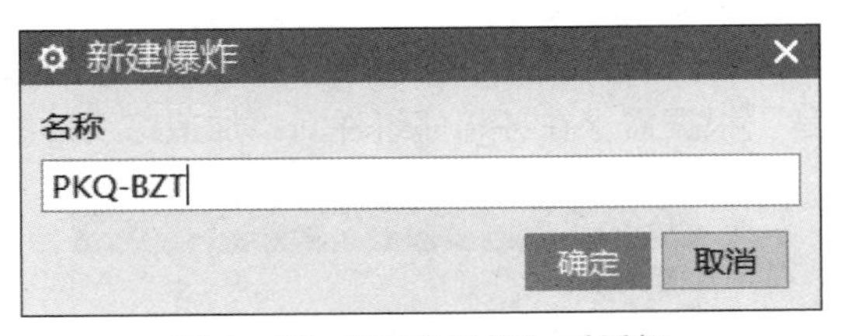

图 4－74 "新建爆炸"对话框

（2）自动爆炸组件

单击"自动爆炸组件"按钮，系统弹出"类选择"对话框，单击"全选"按钮，选中所有的组件，单击"确定"按钮，如图 4－75（a）所示。弹出"自动爆炸组件"对话框，在"距离"文本框中输入距离值"100"，单击"确定"按钮，如图 4－75（b）所示。单击"确定"按钮，爆炸结果如图 4－75（c）所示。

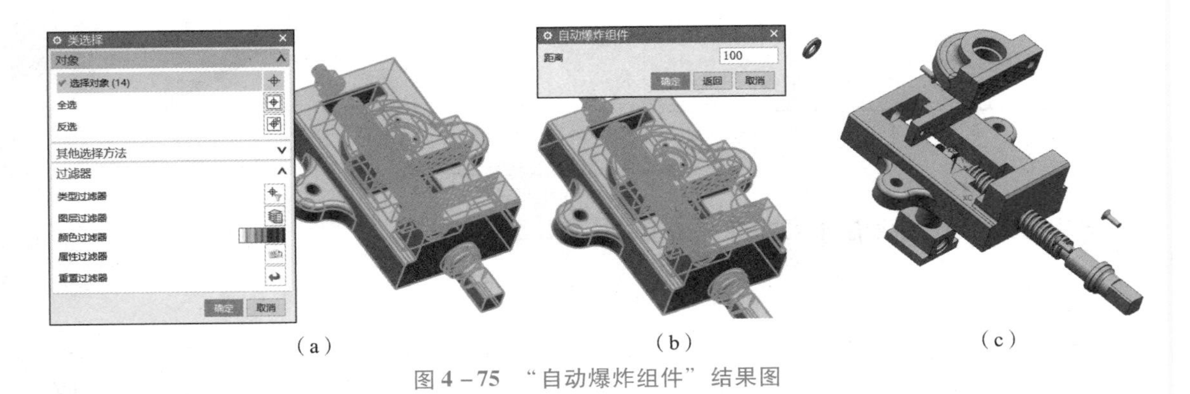

图 4－75 "自动爆炸组件"结果图

（3）编辑爆炸

单击"编辑爆炸"按钮，系统弹出"编辑爆炸"对话框，如图 4－76（a）所示，单击"选择对象"按钮，选中所要编辑移动的组件，单击"移动对象"按钮，在"固定螺母"上会

学习笔记

出现一个活动坐标系，可以手动移动该组件到所需位置，也可以单击坐标系上需要移动的坐标轴，使“编辑爆炸”对话框上的“距离”变亮后输入相应的数值。其他组件也按照该方法移动到适当的位置，完成爆炸图，如图 4-76（b）所示。

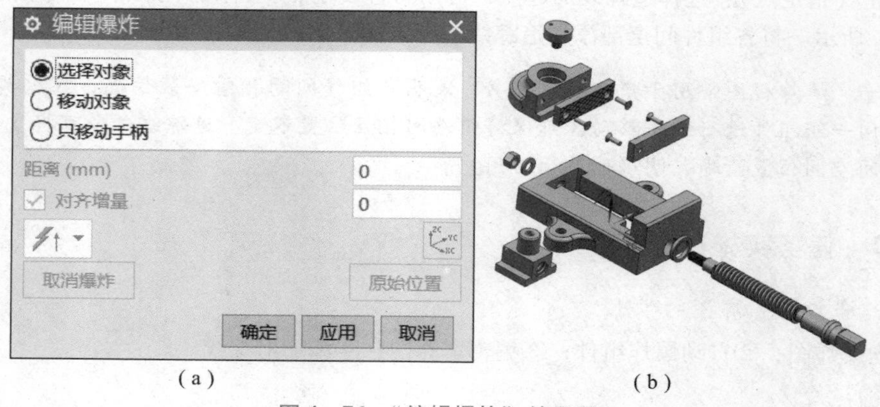

（a）　　　　（b）

图 4-76　“编辑爆炸”结果图

（4）添加追踪线

单击“爆炸图”工具栏上的“追踪线”按钮，弹出“追踪线”对话框，如图 4-77（a）所示。根据需求在各相邻组件间添加追踪线，添加完成的结果如图 4-77（b）所示。

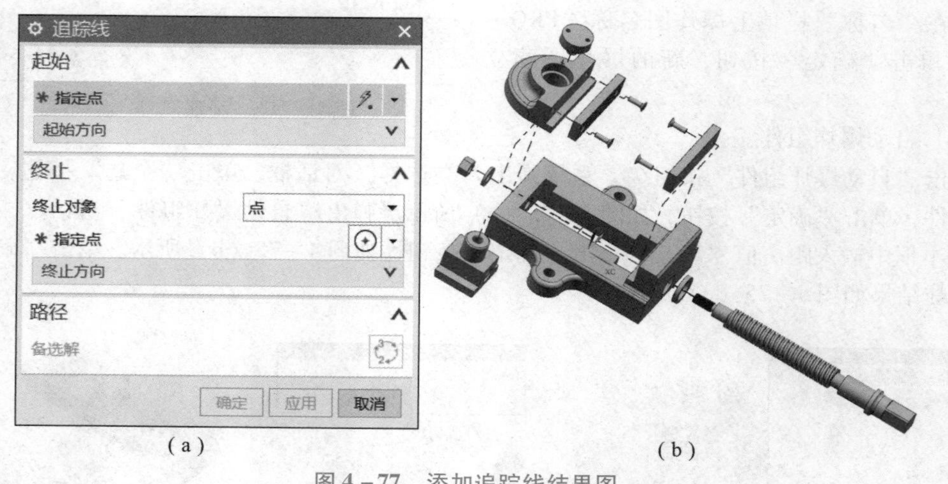

（a）　　　　（b）

图 4-77　添加追踪线结果图

爆炸完成的平口钳如图 4-77（b）所示。

4.3.3　任务拓展实例（齿轮油泵的爆炸图）

齿轮泵作为重要的液压元器件之一，现已建模完成的齿轮泵如图 4-78 所示，要求将每个零部件间的相对位置关系完整地展示给客户，于是，需要获得齿轮泵的爆炸图，并且用线条将具有装配关系的零部件联系起来。通过该案例，进一步熟练产品爆炸图的建立。

1. 齿轮油泵爆炸图建立思路

①建立爆炸图；②自动爆炸组件；③编辑爆炸图；④添加追踪线。

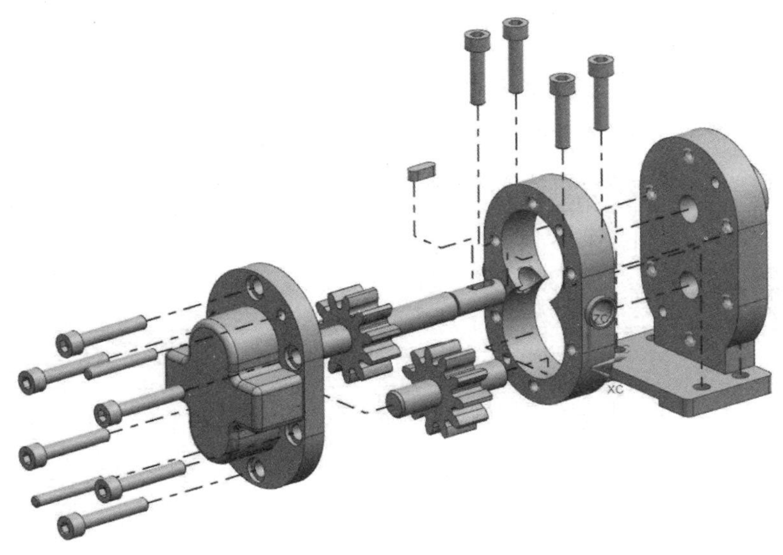

图 4 - 78　齿轮油泵爆炸图

2. 绘制步骤

绘制步骤简表

绘制过程

4.3.4　任务加强练习

手动夹钳装配的爆炸图如图 4 - 79 所示。

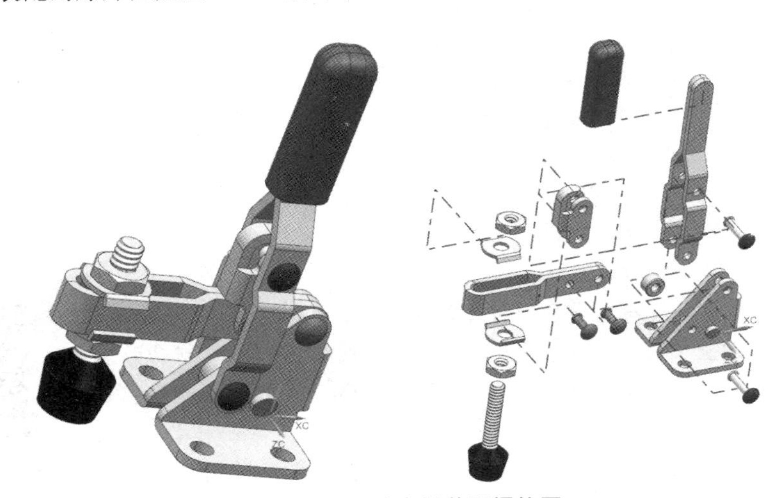

图 4 - 79　手动夹钳装配爆炸图

学习笔记

思考与练习

小贴士：爆炸图通常用于设计、制造、销售和服务等产品生命周期的各个阶段。爆炸图的灵活应用可有助于客户熟悉产品，更好地进行维护和保养。

1. 创建追踪线时，只能选择直线的端点吗？

2. 简述装配爆炸图的创建过程。

3. 同一个装配是否可创建多个不同的爆炸图？（头脑风暴题）

项目小结

本项目通过知识链接、任务实施过程、任务拓展实例和任务加强练习等环节，介绍了平口钳的装配、齿轮油泵的装配，以及平口钳的爆炸图、齿轮油泵的爆炸图等。通过本项目的学习，要掌握UG NX软件装配模块的使用、创建装配体、创建装配约束和产品爆炸图等。虚拟装配模型是数字化设计与制造必不可缺少的，掌握了装配体创建的技巧、爆炸图创建的技巧，可及时发现产品相邻组件间是否存在干涉、间隙过大、工作行程不够等问题，将这些问题在制造前发现并更改，可提高设计正确率，降低产品生产成本。

岗课赛证

UG NX软件在支撑就业岗位方面，以及职业院校技能大赛，省级、国家级等技能大赛等方面，起着重要的作用；在证书考取方面等有着广阔的应用场景和范围。

（1）UG NX软件对应的行业有装备制造业、汽车行业、模具行业等，匹配的就业岗位有工业设计、产品设计、工艺设计等；UG NX软件在诸多中外大型企业中有着广泛的应用，如波音、丰田、福特、宝马、奔驰、潍柴等著名企业。

图4－80所示为某型号铣刀头装配模型。

（2）UG NX软件在世界技能大赛、全国三维数字化创新设计大赛、全国大学生机械创新设计大赛、全国职业院校技能大赛、行业赛、省技术技能大赛中有着广泛的应用。如图4－81所示，手动换向阀装配为第八届“高教杯”全国大学生先进成图技术与产品信息建模创新大赛（机械类）样题。

（3）《机械数字化设计与制造职业技能等级标准》标准代码：460028。

本标准面向的职业岗位（群）是：主要面向机械加工、模具制造及工业设计等企业的机械设计、产品设计、工艺规划等部门，在产品开发、产品设计、产品建模、产品优化、工艺规划、CAM应用、样品制作等岗位，从事产品模型建立、产品结构优化、产品设计表达、制造工艺设计、增材制造、减材制造等工作，建立符合重用性要求的数字化模型，完成零件结构优化，输出工作原理动画，完成部分零部件的减材制造准备。

机械数字化设计与制造职业技能等级标准

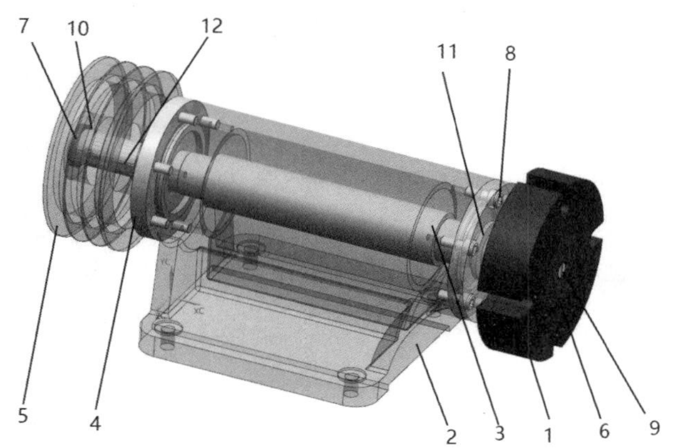

1—刀盘；2—座架；3—轴；4—端盖（2处）；5—V带轮；6—挡圈65；7—挡圈35；
8—螺栓M8×20（12处）；9—螺栓M6×18（2处）；10—圆柱销$\phi3\times12$；11—毡圈（2处）；12—平键。

图4-80 某型号铣刀头装配模型

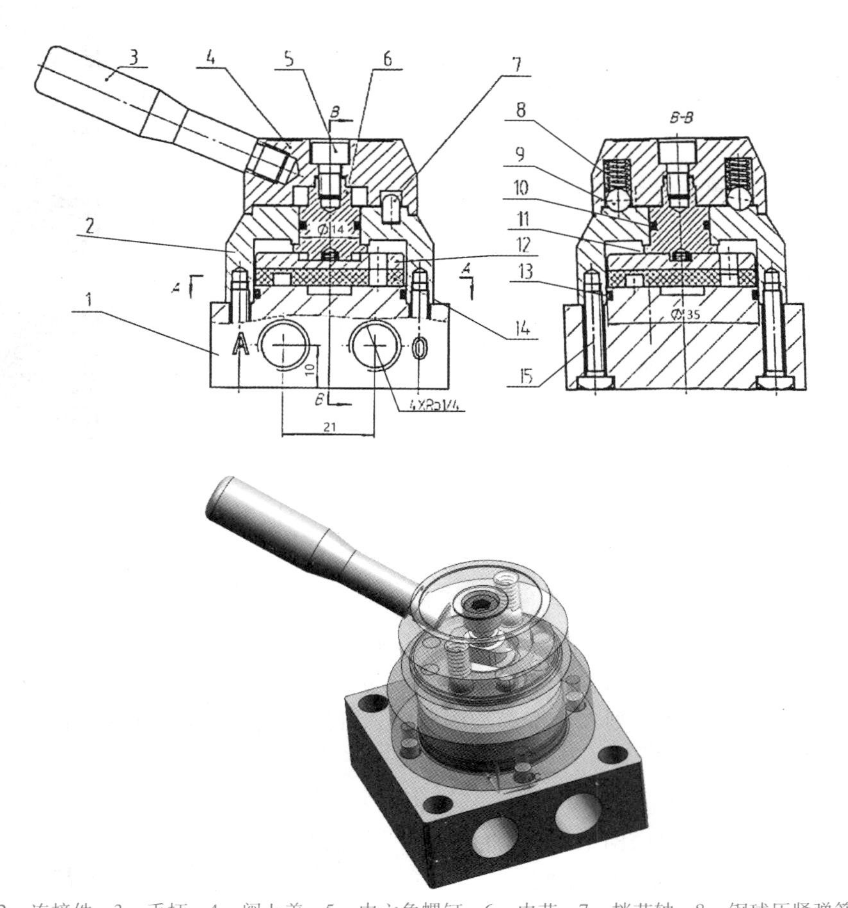

1—阀体；2—连接件；3—手柄；4—阀上盖；5—内六角螺钉；6—内芯；7—挡芯轴；8—钢球压紧弹簧（2处）；9—钢球（2处）；10—O形圈1；11—压紧弹簧；12—配气盘；13—O形圈2；14—配气盘垫；15—螺钉（4处）。

图4-81 手动换向阀装配

学习笔记

用以小博大的勇气，撬动中国汽车新格局——吉利汽车

2019 中国品牌强国盛典——十大年度榜样品牌：吉利汽车	
吉利集团简介 1	
《经济半小时》强国基石　吉利汽车	
为造车而生的民企弄潮儿——李书福	
全国劳动模范　吕义聪：争做大国工匠　不负时代韶华	

项目考核

一、选择题

1. (　　) 本身既是装配，而在上一级装配中又是部件。

A. 子装配　　B. 装配　　C. 主模型文件　　D. 部件对象

2. 如果部件几何对象不需要在装配模型中显示，可使用 (　　)，以提高显示速度。

A. 有代表性的单个部件　　B. 整个部件

C. 部分几何对象　　D. 空的引用集

3. 常用的装配方法有自底向上装配、自顶向下装配和 (　　) 等。

A. 立式装配　　B. 混合装配　　C. 分布式装配　　D. 以上都不对

4. 在装配中，对特征引用集进行编辑时，基于特征的组件阵列 (　　)。

A. 也相应地变化　　B. 没有变化　　C. 要刷新后才变化　　D. 刷新后也没变化

5. 若需要编辑一组件阵列的参数，应该使用 (　　) 方法。

A. 装配→编辑组件阵列　　B. 编辑→特征→参数

C. 编辑→变换→复制或移动　　　　　　D. 装配→组件→添加或移除

6. 下列方法无法实现在装配导航器中隐藏一个部件的是（　　）。

A. 取消掉部件名称前的红勾　　　　　　B. 在黄色小框上中键双击

C. 在部件名称上右击，选择“Blank”　　D. 在部件名称上双击

7. 下列约束类型不是 UG 软件中常用约束的是（　　）。

A. 同心　　　　B. 角度　　　　C. 对齐　　　　D. 偏心

二、判断题

1. 在装配中，组件对象名称默认就是组件部件名称，不可以更改。（　　）

2. 变形组件在定义时，如果未使用任何外部参照，则在装配中可以被定位和约束，否则不能被约束或移动。（　　）

3. 镜像装配既可以创建组件的对称版本，也可以创建组件的引用实例。（　　）

4. 在装配导航器上也可以查看组件之间的定位约束关系。（　　）

5. 在装配过程中，可以对其中任何零部件进行设计和编辑，也可以随时创建新的零部件。（　　）

6. 装配时，要么选择自顶向下，要么选择自底向上，两种模式不能混合使用。（　　）

7. 在装配中可以对组件进行镜像或阵列的创建。（　　）

8. WAVE 几何链接器不能链接装配组件中的点。（　　）

三、装配如图 4-82 所示组件模型，装配如图 4-83（来自第三期 CAD 技能二级（三维数字建模师）工业产品类——样题）所示组件模型，并制作爆炸图

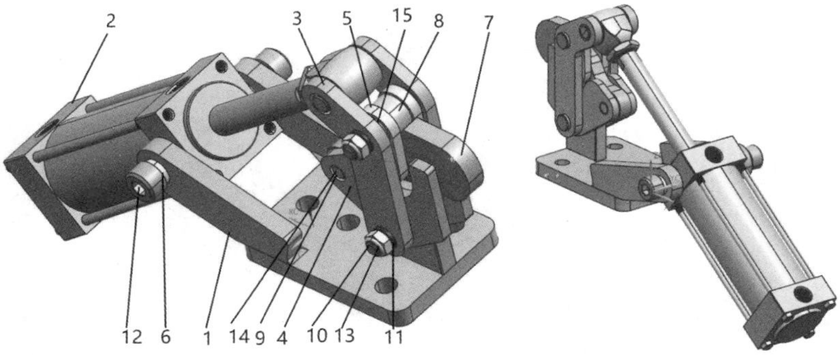

1—夹具底座；2—气缸组合；3—连杆 1；4—连杆 2；5—连杆 3；6—隔套（2 处）；7—连杆 4；8—间隔套 1；9—连接套 1（2 处）；10—连接套 2（2 处）；11—弹簧垫圈（2 处）；12—螺钉 M8×16（2 处）；13—自锁螺母（2 处）；14—间隔套 2（2 处）；15—垫圈（4 处）。

图 4-82　气动夹具装置装配

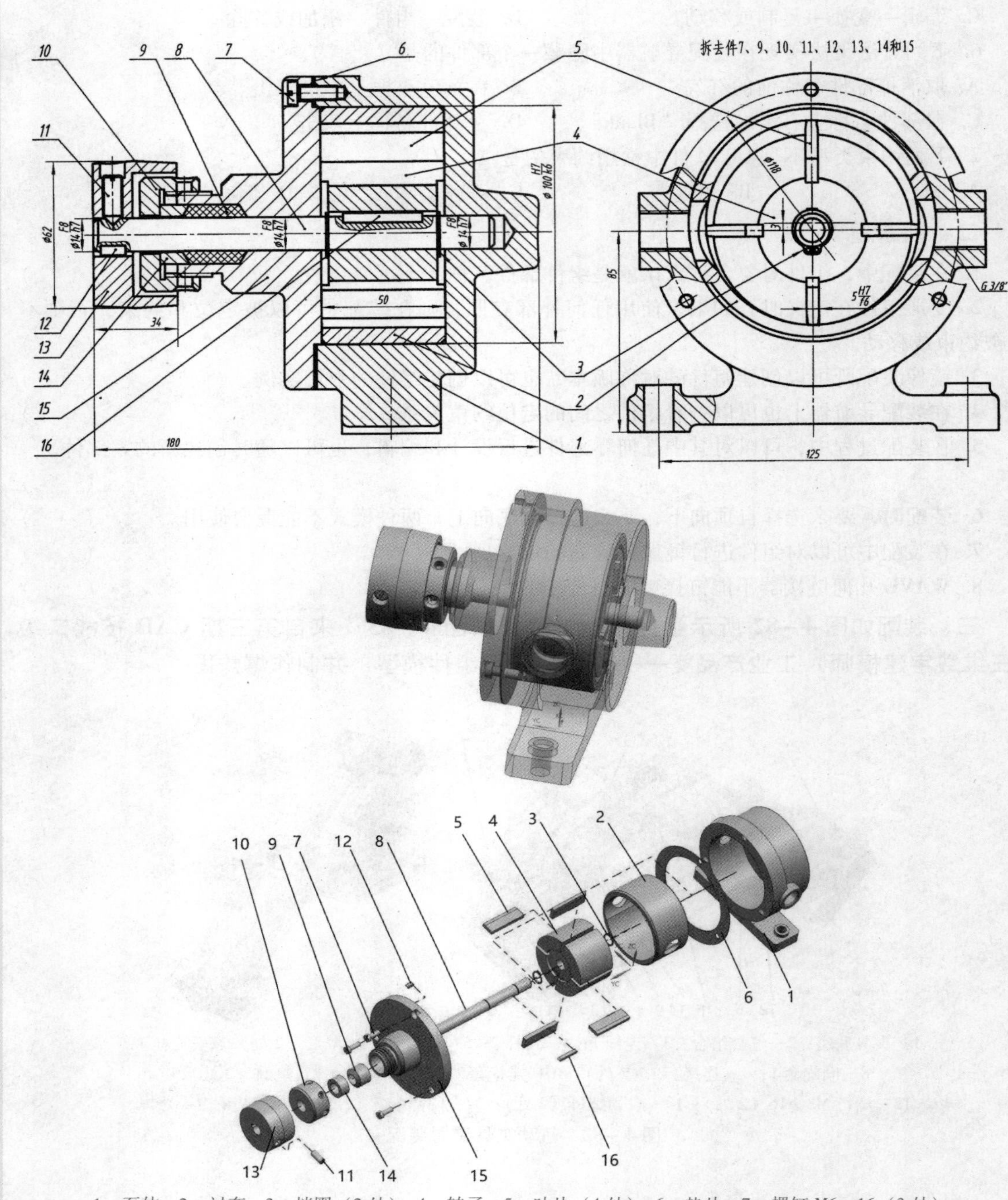

1—泵体；2—衬套；3—挡圈（2 处）；4—转子；5—叶片（4 处）；6—垫片；7—螺钉 M6×16（3 处）；
8—轴；9—填料；10—压紧螺母；11—紧定螺钉 M8×20；12—平键 4×10；
13—带轮；14—填料压盖；15—泵盖；16—平键 4×32。

图 4-83　叶片转子油泵装配图及爆炸图

学习笔记

学习笔记

项目5 工程图设计实例

课程思政案例5

项目描述

UG NX 中的工程图模块是建模模块的重要组成部分，此模块可根据已有的三维模型，按照制图的相关标准和规范创建出二维图样。虽然随着技术的更新，越来越多的装备制造业已经转向无纸化设计和数控加工，但二维图纸仍是传递产品信息的重要媒介。因此，大多制造业在产品三维模型创建完成后，还需要建立二维图纸用于生产、采购、检查、装配等下游环节。

在 UG NX 中，工程图的建立是在"制图"模块中进行的。而 UG NX 的工程图模块建立的二维图纸不同于传统的二维设计软件，如 AutoCAD、CAXA 等建立的图纸，UG NX 工程图建立的图纸与三维模型直接关联，当模型结构改变或尺寸变化时，二维图纸自动更新，方便高效。

本项目主要介绍 UG NX 制图模块的操作使用，具体内容包括工程图纸的创建与编辑、制图参数预设置、视图的创建与编辑、尺寸标注、数据的转换等内容。

学习目标

1. 能熟练使用 UG NX 制图模块，设置用户界面。
2. 能根据模型快速创建工程图纸。
3. 能熟练编辑和调整图幅。
4. 能熟练进行基本视图、旋转视图、剖视图的创建与编辑。
5. 能熟练使用工程图的标注方法进行尺寸标注和形位公差标注。
6. 能熟练使用图纸导出方法导出各种格式的图纸。
7. 养成查阅标准、依据标准、灵活使用标准和规范的好习惯。
8. 提升将理论与实践相结合，用理论知识解决现实综合问题的能力，以及创新革新和举一反三的能力。
9. 树立全面质量管理意识，认识到产品质量是企业的生命线，是企业发展壮大的源泉。

任务1 支座工程图实例

某型号挖掘机上需设计一个支座用于安装旋转摇臂，现支座已设计完成，如图 5－1 所示，需建立其二维图纸，打印下发至制造部门进行支座工艺路线的拟定和加工。现在你接收到了此任务，要求用 UG NX 软件进行二维图的建立，不允许改变支座的结构和尺寸。支座模型如图 5－1 所示。

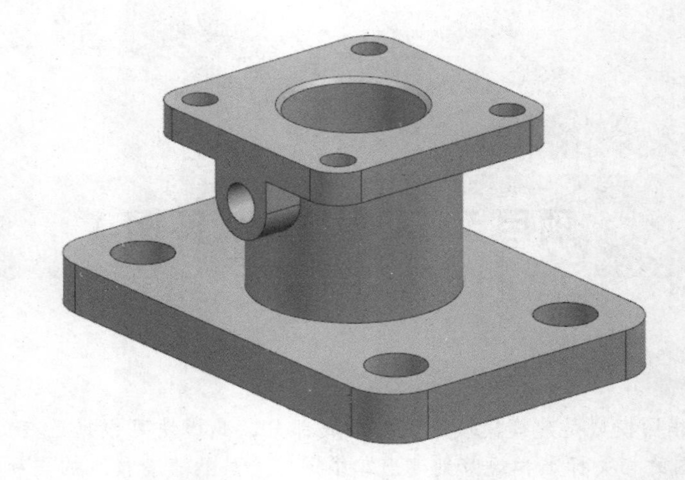

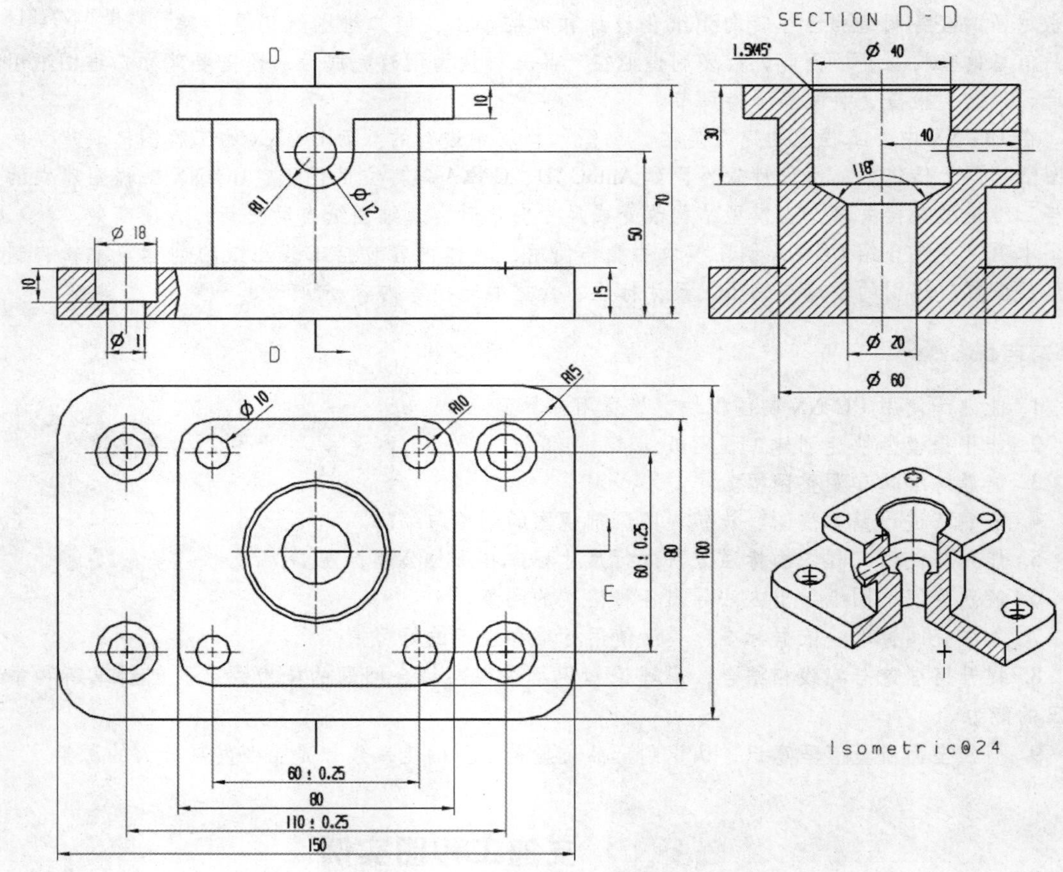

图 5－1　支座模型和工程图

5.1.1　知识链接

一、进入制图模块的方式和出工程图的步骤

1. 进入制图模块的方式（4 种）

1）单击“应用”工具条上的“制图”命令图标。

2）在“标准”工具条的“开始”下拉菜单中选择“制图”命令。

3）按快捷键 Ctrl + Shift + D。

4）单击“文件”→“新建”→“图纸”。使用此方法时，前提是要将零件的模型打开。

进入制图模块后，“主页”菜单栏切换为“制图”模块常用命令的按钮，如图 5－2 所示。应用这些命令和按钮可以快速创建和编辑二维工程图。

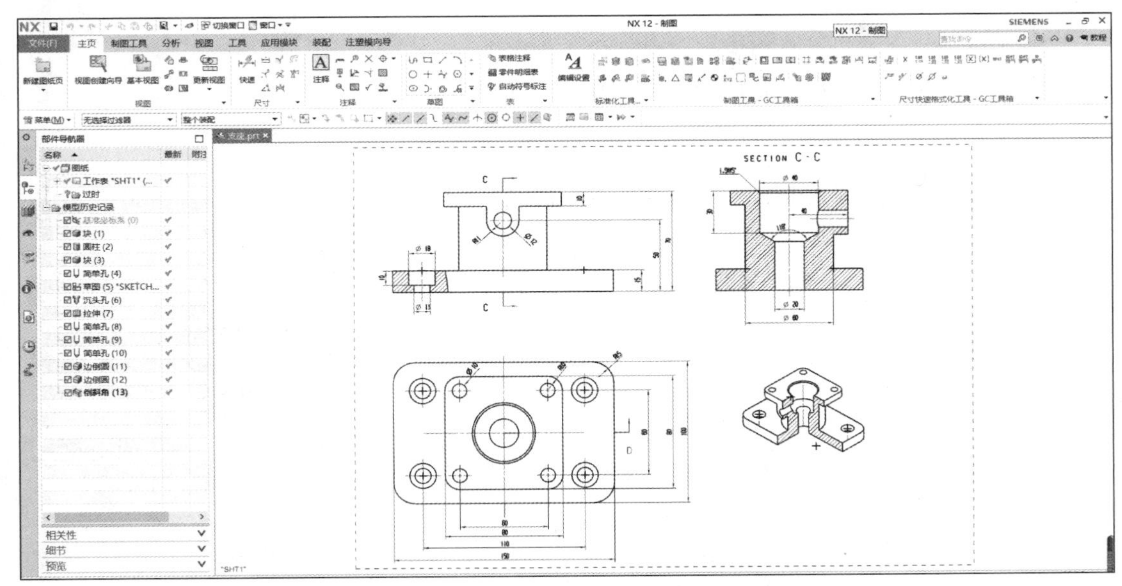

图 5－2　进入“绘图”模块后主页命令对话框

2. UG NX 出工程图的步骤

1）打开已经创建好的部件文件，并加载“建模”及“制图”模块。

2）设定图纸。包括设置图纸的尺寸、比例等参数。

3）设置首选项。UG 软件的通用性比较强，其默认的制图格式不一定满足用户的需要，因此，在绘制工程图之前，需要根据制图标准设置绘图环境。

4）导入图纸格式（可选）。导入事先绘制好的符合国标、企标或者适合特定标准的图纸格式。

5）添加基本视图。例如主视图、俯视图、左视图等。

6）添加其他视图。例如局部放大图、剖视图等。

7）视图布局。移动、复制、对齐、删除以及定义视图边界等。

8）视图编辑。添加曲线、修改剖视符号、自定义剖面线等。

9）插入视图符号。包括插入各种中心线、偏置点、交叉符号等。

10）标注图纸。包括标注尺寸、公差、表面粗糙度、文字注释及明细表和标题栏等。

11）保存或者导出为其他格式的文件。

12）关闭文件。

学习笔记

二、工程制图常用命令介绍

1. 工程图纸的创建与编辑

（1）创建工程图纸

通过“工作表”命令，可以在当前模型文件内新建一张或多张具有指定名称、尺寸、比例和投影角的图纸。

图纸的创建方法有：一是当模型建立完成，首次进入“制图”模块时，系统会自动弹出“工作表”对话框；二是在制图环境中，单击“菜单”→“插入”→“图纸页”，或者单击“主页”工具条上的“新建图纸页”命令图标，也会弹出“工作表”对话框，如图 5－3 所示。

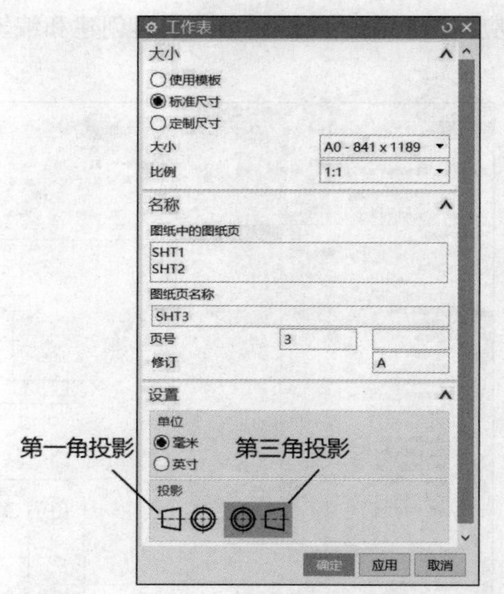

图 5－3 “工作表”对话框

设置图纸的大小、名称、单位及投影角后，单击“确定”按钮，即可创建图纸页。

各选项的意义如下：

● 大小：共有 3 种选项，即“使用模板”“标准尺寸”和“定制尺寸”。

1）使用模板：可以直接选择系统提供的模板，将其调用到当前制图模块中。

2）标准尺寸：图纸的大小都已标准化，即 A0、A1、A2、A3、A4，可以直接选用。至于比例、边框、标题栏等内容，需要自行设置。

3）定制尺寸：图纸的大小、比例、边框、标题栏等内容均需自行设置。

● 名称：包括“图纸中的图纸页”和“图纸页名称”两个选项。

1）图纸中的图纸页：列表显示图纸中所有的图纸页。对 UG 来说，一个部件文件中允许有若干张不同规格、不同设置的图纸。

2）图纸页名称：输入新建图纸的名称。输入的名称最多包含 30 个字符，但不能含有空格等特殊字符，所取的名称应符合产品的特点，方便管理和查阅。

● 单位：制图单位可以是英寸或毫米。我国的标准是公制单位。

● 投影：为工程图纸设置投影方法，其中“第一角投影”是我国国家标准，“第三角投影”则是国际标准。

> 小贴士：图纸页名称从 10.0 版本开始，支持中文名称。

（2）打开工程图纸

当一个文件中包含多张图纸的时候，可以打开任意图纸，使其成为当前图纸，以便进一步操作。但是一次仅能打开一张图纸。

打开图纸的方法如下：

1）在部件导航器中双击要打开的图纸名称，如工作表“SHT1”。

2）在部件导航器中右键单击要打开的图纸名称，在弹出的快捷菜单中选择“打开”，如图 5－4 所示。

（3）编辑工程图纸

方法如下：

图 5－4　打开不同图纸页的方式

1）在部件导航器中右键单击要编辑的图纸页名称，在弹出的快捷菜单中选择“编辑图纸页”，如图 5－4 所示。

2）单击“菜单”→“编辑”→“图纸页”。

小贴士：只有当图纸上没有投影视图时，才能修改投影角。例如从第一角投影更改为第三角投影。

（4）删除工程图纸

1）在部件导航器中右键单击要编辑的图纸页名称，在弹出的快捷菜单中选择“删除”，如图 5－4 所示。

2）将光标放置在图纸边界虚线部分，单击选中图纸页，单击右键，在弹出的快捷菜单中选择“删除”，或直接按键盘上的 Delete 键，或按快捷键 Ctrl + D。

一、视图的创建

这是工程图设计的关键环节。创建好工程图纸后，就可以向工程图纸添加需要的视图，如基本视图、投影视图、局部放大视图及剖视图等。

如图 5－5 所示，“视图”工具条上包含了创建视图的所有命令，UG NX 12.0 将常用的命令集成到了工具栏中，方便用户使用。单击向下的扩展箭头，可显示所有的命令，命令前面显示“√”会显示到工具栏中。另外，单击“菜单”→“插入”→“视图”，也可创建视图。

1. 基本视图

基本视图指实体模型的各种向视图和轴测图，包括俯视图、前视图、右视图、后视图、仰视图、左视图、正等测图和正三轴测图。基本视图是基于三维实体模型添加到工程图纸上的视图，又称为模型视图。

在一个工程图中，至少要包含一个基本视图。除基本视图外的视图，都是基于图纸页上的其他视图来建立的，被用来当作参考的视图称为父视图。每添加一个视图（除基本视图），都需要指定父视图。单击工具栏上的“主页”→“视图”→“基本视图”图标，弹出“基本视图”对话框，如图 5－6 所示。

• 部件：作用是选择部件来创建视图。如果是先加载了部件，再创建视图，则该部件被自

学习笔记

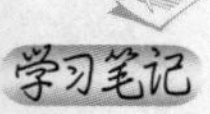

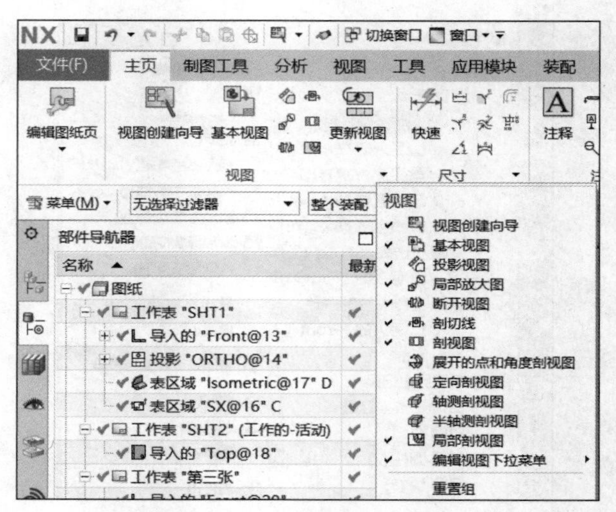

图 5-5 “视图”工具栏

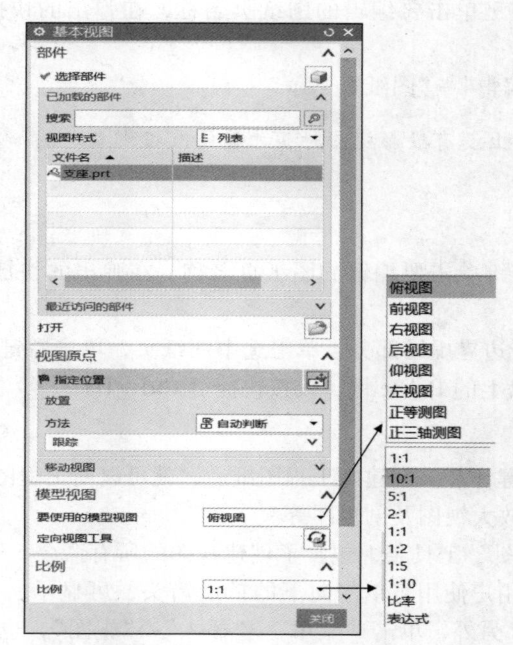

图 5-6 “基本视图”对话框

动列入“已加载的部件”列表中。如果没有加载部件，则通过单击“打开”按钮来打开要创建基本视图的部件。

- 视图原点：该选项区用于确定原点的位置，通常可由用户单击左键确定。
- 模型视图：该选项区的作用是选择基本视图来创建主视图。

1）要使用的模型视图：从下拉列表中选择任一基础视图。该下拉列表中共包含了 8 种基本视图，如图 5-6 所示。

2）定向视图工具：单击图标，弹出如图 5-7 所示的“定向视图”窗口，通过该窗口可以在放置视图之前预览方位。

图 5-7 “定向视图”窗口

● 比例：用于设置视图的缩放比例。在下拉列表中包含有多种给定的比例尺，如“1∶2”表示将视图缩小至原视图的1/2，而“5∶1”则表示放大为原视图的5倍。除了选择固定比例值外，还可通过“比率”和“表达式”两种形式来设置任意比例。注意：该比例只对正在添加的视图有效。

● 设置：用于基本视图设置。单击“公共”→“角度”，如图 5-8（a）所示，输入30°，单击“确定”按钮，可见前面所选的俯视图绕 X 轴逆时针旋转30°，单击“确定”按钮，放置的视图如图 5-8（b）所示。

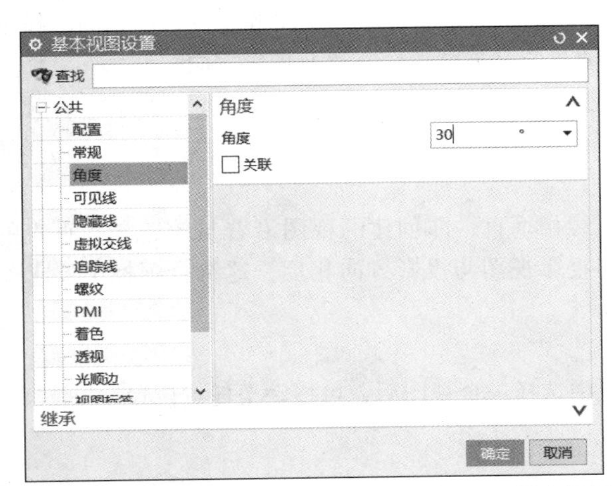

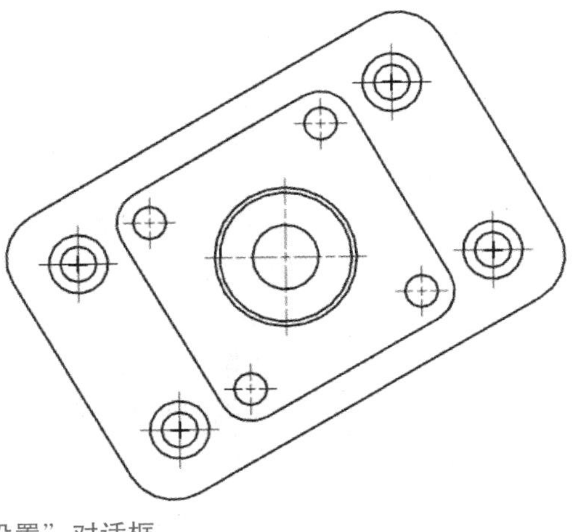

图 5-8 “基本视图设置”对话框

小贴士：设置中选项只对当前视图有效。逆时针旋转角度为正，顺时针旋转角度为负。

学习笔记

基本视图举例如下：打开“轴承盖”模型，如图5-9（a）所示，按快捷键 Ctrl + Shift + D 调用制图模块。

单击“新建图纸页”，弹出“工作表”窗口，图纸设置：在“大小”选项区中选择“标准尺寸”，并选择图纸大小为“A1-594×841”，“设置”单位为“毫米”，单击“第一角投影”按钮，单击“确定”按钮，如图5-9（b）所示。

单击“基本视图”图标，弹出如图5-9（c）所示对话框，“要使用的模型视图”选择“俯视图”，“比例”选择1:1。放置视图：在窗口任意位置单击MB1，创建一个基本视图，如图5-9（d）所示。

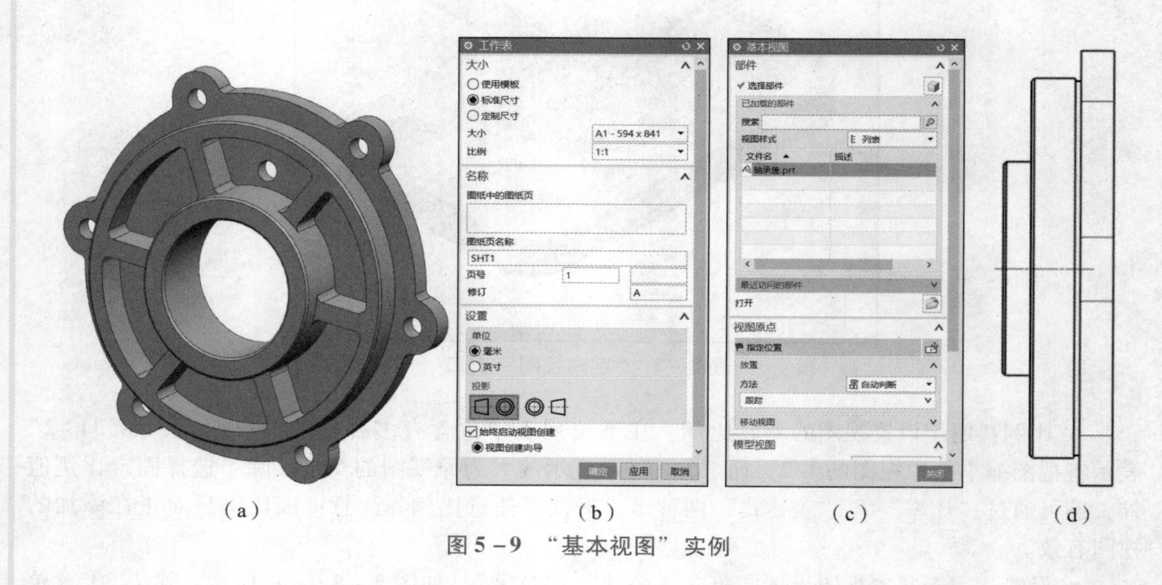

图5-9 “基本视图”实例

2. 投影视图

投影视图，即国标中的向视图，它是根据主视图来创建的正投影图或辅助视图。

在UG制图模块中，投影视图是从一个已经存在的父视图沿着一条铰链线投影得到的，投影视图与父视图存在着关联性。创建投影视图需要指定父视图、铰链线及投影方向。

单击工具栏上“主页”→“视图”→“投影视图”图标，弹出如图5-10（a）所示对话框。

- 父视图：选择创建投影视图的父视图（绘图区已经存在的视图，一般为主视图）。选择如图5-9（d）所示的视图。
- 铰链线：指矢量方向，投影方向与铰链线相垂直，即创建的视图沿着与铰链线相垂直的方向投影。选择“反转投影方向”复选框，则投影视图与投影方向相反。这符合国标中要求的正投影法投影。如图5-10（b）所示。
- 视图原点：确定投影视图的放置位置。
- 移动视图：移动图纸中的视图。在图纸中选择一个视图后，可拖动至任意位置。

3. 局部放大图

将零件的局部结构按一定比例进行放大得到的图形称为局部放大图。主要用于表达零件上的细小结构，如油槽，退刀槽、螺纹、圆角等。单击工具栏上的“主页”→“视图”→“局部放大图”图标，弹出如图5-11（a）所示的“局部放大图”对话框。

如图5-11（b）所示，用圆形的形式选择轴承盖上要放大的凹槽处，圆形选区的大小由鼠

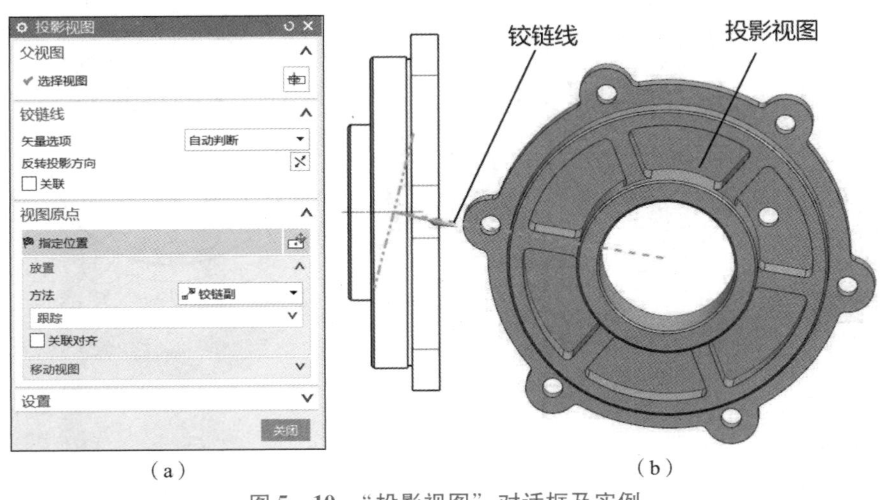

（a）　　　　　　　　　　　　（b）

图 5－10　“投影视图”对话框及实例

标来控制；选区确定后，在未放置前可设置比例，此处设置为 2∶1，将局部放大区域拖动至合适位置后，单击鼠标左键，如图 5－11（c）所示。

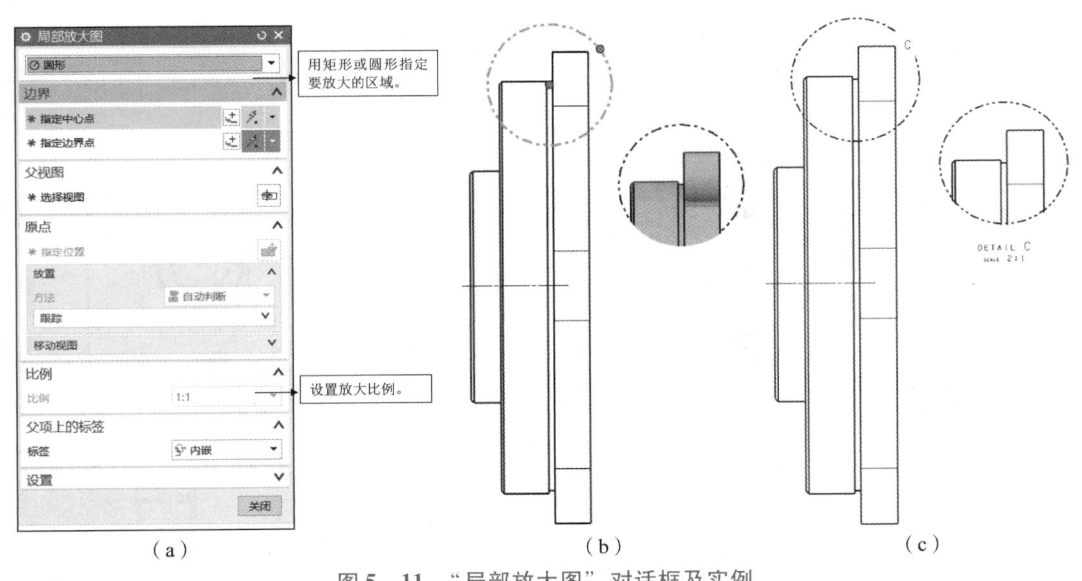

（a）　　　　　　　　　　（b）　　　　　　　　　　（c）

图 5－11　“局部放大图”对话框及实例

4. 剖视图

在创建工程图时，为了清楚地表达腔体、箱体等零件的内部特征，往往需要创建剖视图，包括全剖视图、半剖视图、旋转剖视图、局部剖视图等。

创建全剖视图实例：

单击工具栏上的“主页”→“视图”→“剖视图”图标，弹出如图 5－12（a）所示对话框。截面线选项选择：动态，简单剖/阶梯剖；铰链线：矢量选项→自动判断；截面线段：指定位置→选择轴承盖中心点，自动跳转到视图原点→指定位置选项。拖动鼠标到绘图区合适位置，如图 5－12（b）所示，单击，放置剖视图，如图 5－12（c）所示。

学习笔记

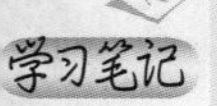

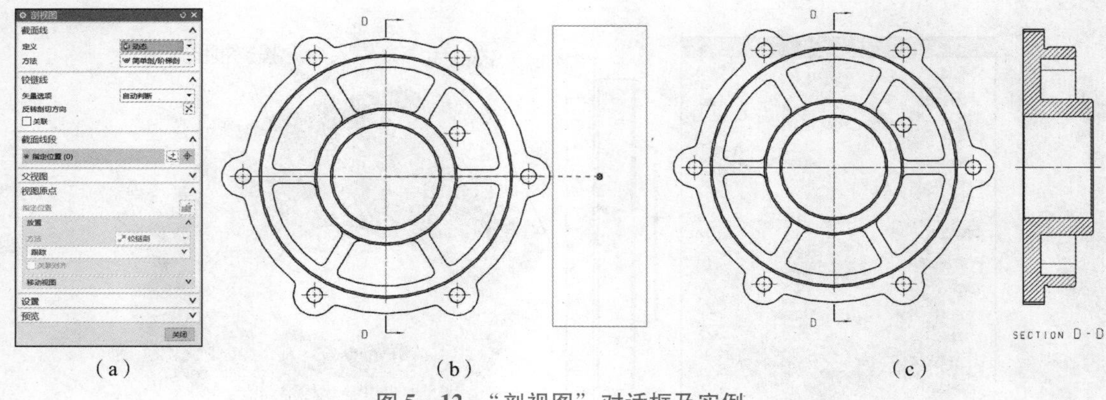

(a) (b) (c)

图 5-12 “剖视图”对话框及实例

创建阶梯剖视图实例：

仍然单击工具栏上的“主页”→“视图”→“剖视图”图标，弹出如图 5-13（a）所示对话框。截面线选项选择：动态，简单剖/阶梯剖；铰链线：矢量选项→已定义，指定矢量→选择如图 5-13（b）所示的矢量；截面线段：指定位置→依次选择点 1、点 2、点 3，如图 5-13（c）所示；指定位置：拖动鼠标到绘图区合适位置，如图 5-13（d）所示，单击，放置阶梯剖视图，如图 5-13（e）所示。

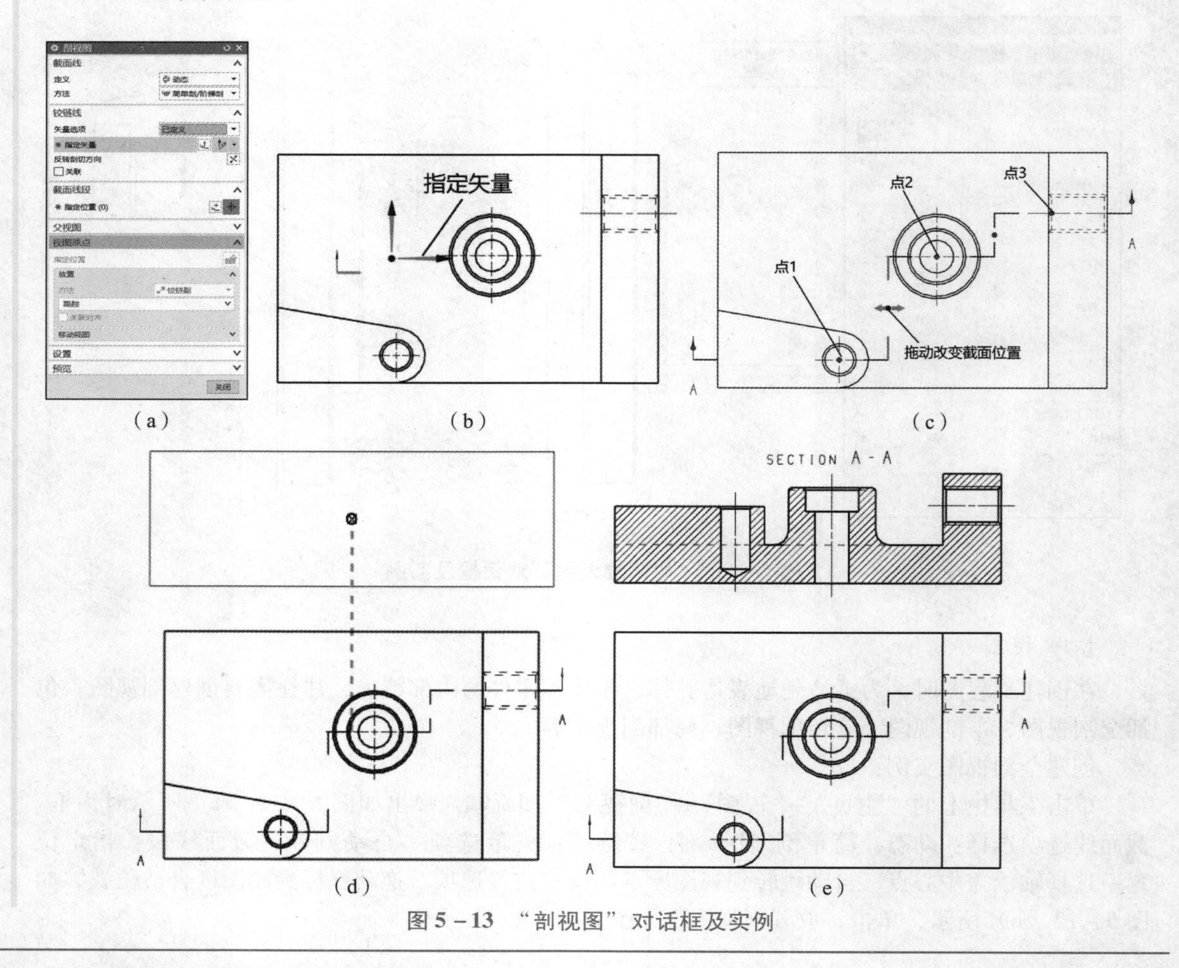

(a) (b) (c)

(d) (e)

图 5-13 “剖视图”对话框及实例

小贴士：建立阶梯剖视图时，当单击点1后，光标会自动跳转到视图原点→指定位置，此时需先单击截面线段→指定位置，才能继续单击点2。

5. 半剖视图

半剖视图是指以对称中心线为界，视图的一半被剖切，另一半未被剖切的视图。需要注意的是，半剖的剖切线只包含一个箭头、一个折弯和一个剖切段。

单击工具栏上的“主页”→“视图”→“剖视图”图标，弹出如图5-14（a）所示对话框。截面线选项选择：动态，半剖；铰链线：矢量选项→自动判断；截面线段：指定位置→选择支撑座中心点，如图5-14（b）所示，单击左键，继续选择中心点，如图5-14（c）所示，单击，确定截面线位置。拖动鼠标到绘图区合适位置，如图5-14（d）所示，单击，放置半剖视图，如图5-14（e）所示。

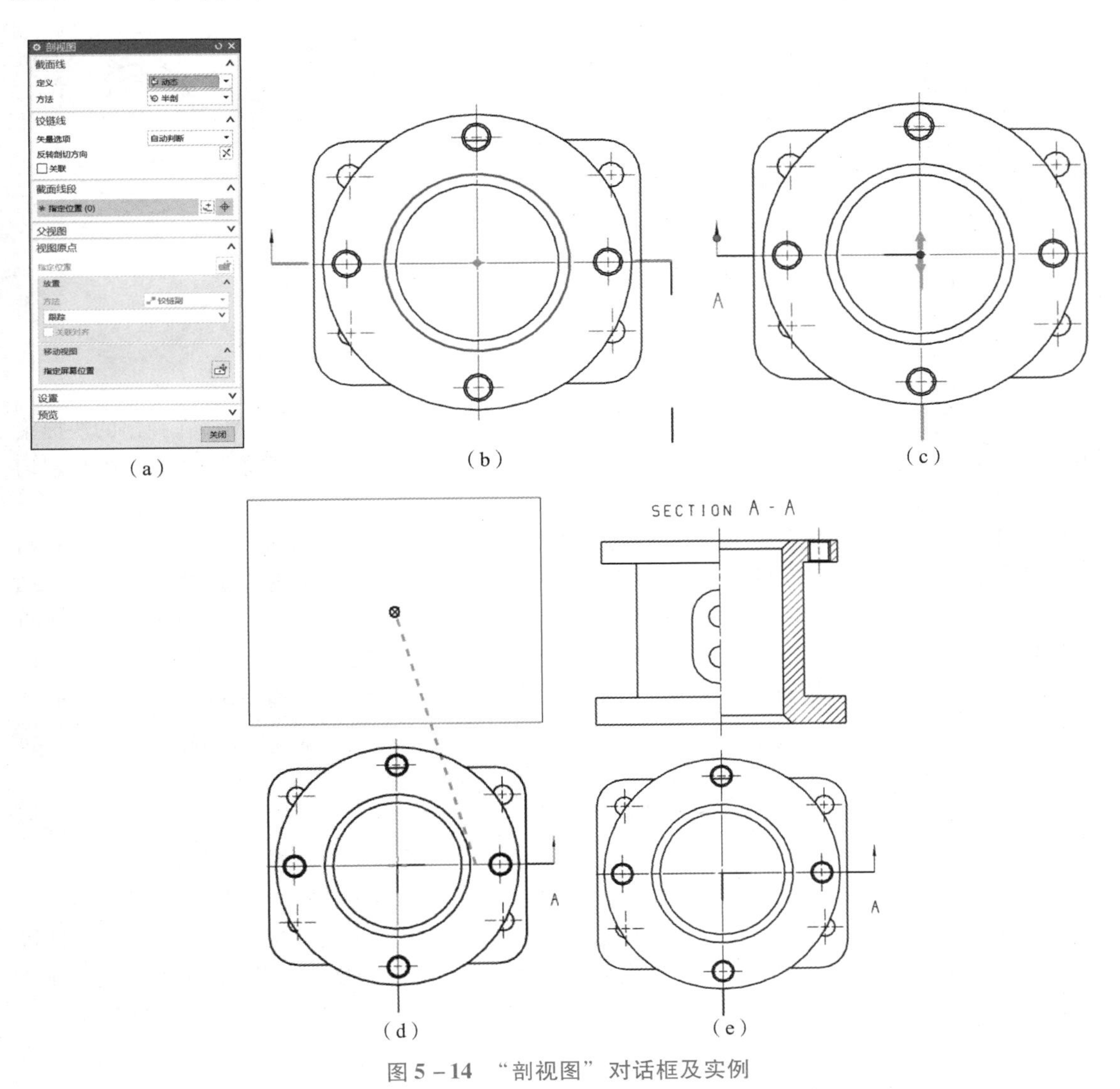

图5-14 “剖视图”对话框及实例

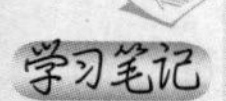

6. 旋转剖视图

旋转剖视图是指围绕轴旋转的剖视图。旋转剖视图可包含一个旋转剖面，它也可以包含阶梯，以形成多个剖切面。在任一情况下，所有剖面都旋转到一个公共面中。

单击工具栏上的“主页”→“视图”→“剖视图”图标，弹出如图5－15（a）所示对话框。截面线选项选择：动态，旋转；铰链线：矢量选项→自动判断；截面线段：指定旋转点→选择点1，指定支点1位置→选择点2，指定支点2位置→选择点3，如图5－15（b）所示。拖动鼠标到绘图区合适位置，如图5－15（c）所示，单击，放置视图，如图5－15（d）所示。

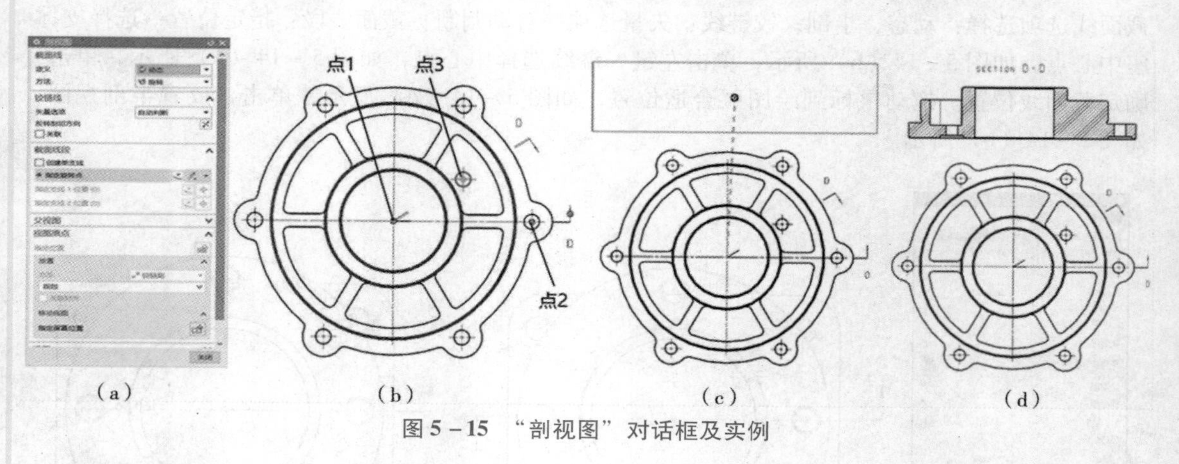

图5－15 “剖视图”对话框及实例

7. 局部剖视图

局部剖视图是指通过移除父视图中的部分区域来创建剖视图。

创建局部剖视图时，要事先在要剖切的位置绘制剖切截面线。单击主视图，在弹出的快捷菜单中选择“活动草图视图”，如图5－16（a）所示，此时，单击“艺术样条”命令，在要剖切的位置绘制封闭曲线，如图5－16（b）所示。

单击工具栏上的“主页”→“视图”→“局部剖视图”图标，弹出如图5－16（c）所示对话框；单击要创建局部剖视图的视图，此处选择“Top@16”，选择“创建”选项，如图5－16（d）所示；定义基点，从对应视图中选择要剖切点的位置，此处选择圆的中心，如图5－16（e）所示；定义拉伸矢量，单击中键；选择起点附近的断裂线，选择事先绘制的艺术样条，如图5－16（f）所示；单击“应用”按钮，局部剖视图绘制完成，如图5－16（g）和图5－16（h）所示。

小贴士：建立局部剖视图时，要事先绘制封闭的剖切截面线，并且要把欲剖切的位置包含在内。

二、尺寸标注

尺寸标注用于表达零件模型尺寸值的大小。在UG NX中，制图模块与建模模块是关联的，在工程图中，标注的尺寸就是所对应实体模型的真实尺寸，因此无法直接对工程图的尺寸进行改动。只有在“建模”模块中对三维实体模型的尺寸进行更改或调整，工程图中的相应尺寸才会自动更新，这样可保证工程图的尺寸与三维实体模型尺寸完全一致，保证了产品数据的准备性。

1. 尺寸标注的类型

单击“插入”→“尺寸”或者通过“工具栏”→“尺寸”选项卡，可显示尺寸标注的所有类型，如图5－17（a）和图5－17（b）所示。

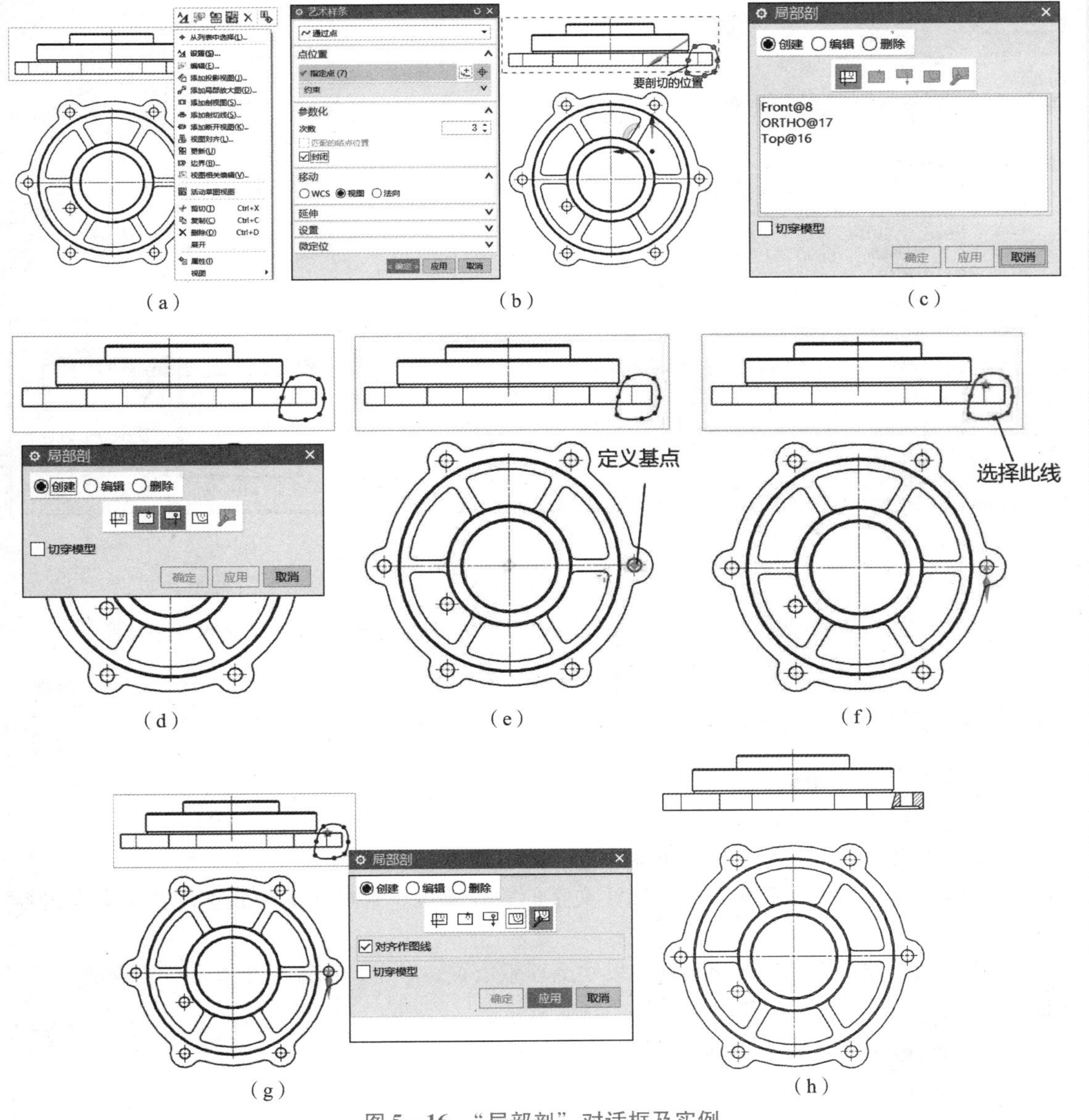

图 5－16 “局部剖”对话框及实例

学习笔记

对意义明显的尺寸类型，如线性等，在此不再赘述，只对部分尺寸类型进行说明。

- 快速：根据选定对象和光标的位置自动判断尺寸的类型，以创建尺寸。可创建线性尺寸、角度尺寸、直径尺寸等，相当于“线性”“径向”和“角度”的集成。
- 角度：在两条不平行线间创建角度尺寸。
- 倒斜角：在倒斜角曲线上创建倒斜角尺寸，可用于标注任意角度倒角的尺寸，但是对于非 45°的角度尺寸，需将角度和线性尺寸分开标注。
- 厚度：创建厚度尺寸来测量两条曲线之间的距离，通常指圆弧或样条曲线。
- 弧长：创建弧长尺寸来测量圆弧的周长。
- 周长：创建周长约束，以控制选定直线和圆弧的总体长度。

学习笔记

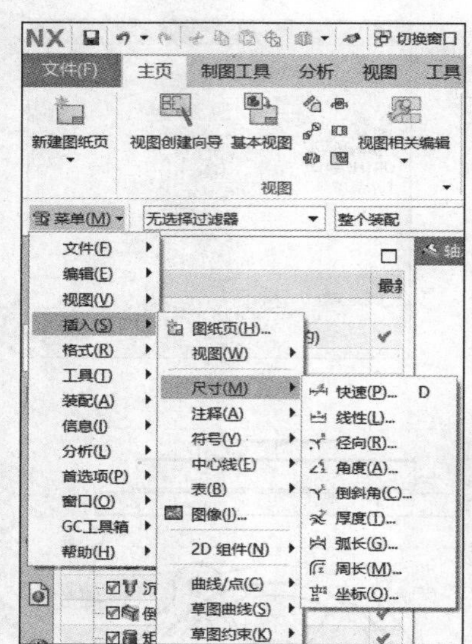

（a）

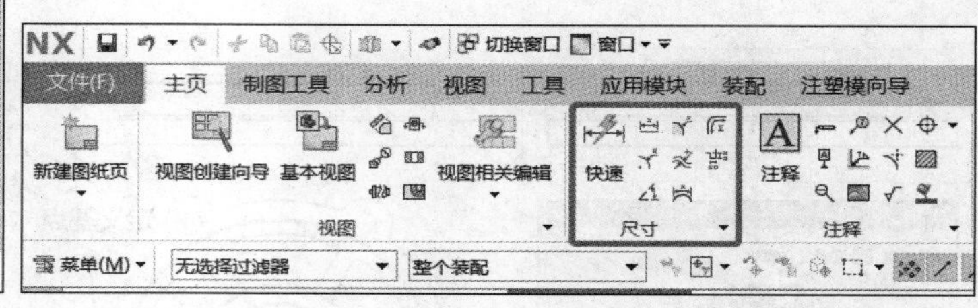

（b）

图 5－17　尺寸标注的类型

- 坐标：创建坐标尺寸，测量从公共点沿一条坐标基线到某一对象位置的距离。

小贴士：“快速”几乎包含了上述所有的标注形式，所以，大多数情况下，使用“快速”就能完成尺寸的标注，当无法完成时，再使用其他尺寸类型。

2. 标注尺寸的一般步骤

标注尺寸一般可按照以下步骤进行：

1）根据所要标注的尺寸，选择正确的标注尺寸类型。

2）设置相关参数，如箭头类型、标注文字的放置位置、附加文本的放置位置及文本内容、公差类型及上下偏差等。

3）选择要标注的对象，并拖动标注尺寸至理想位置，单击，系统即在指定位置创建一个尺寸标注。

3. 基准、形位公差、表面粗糙度等的标注

（1）基准的标注

单击“插入”→“注释”→“基准特征符号”，或单击工具栏图标，弹出“基准特征符号”对话框，如图 5－18（a）所示。单击“指引线”→“选择终止对象”，选择要标注基准特征符号的尺寸或轮廓线，如图 5－18（b）所示。

（2）形位公差的标注

单击“插入”→“注释”→“特征控制框”，或单击工具栏图标，弹出“特征控制框”对话框，如图 5－19（a）所示。

- 指引线：指定形位公差框的放置位置。
- 框：指定形位公差的类型。有形状公差，如直线度、平面度、圆度等；位置公差，如垂直度、平行度、对称度等。此处选择对称度。
- 公差：指输入公差的数值，前面可根据标准添加 ϕ。此处对称度设计为 0.15。
- 第一基准参考：指位置公差的参考基准符号，此处选择上面的基准“A”。

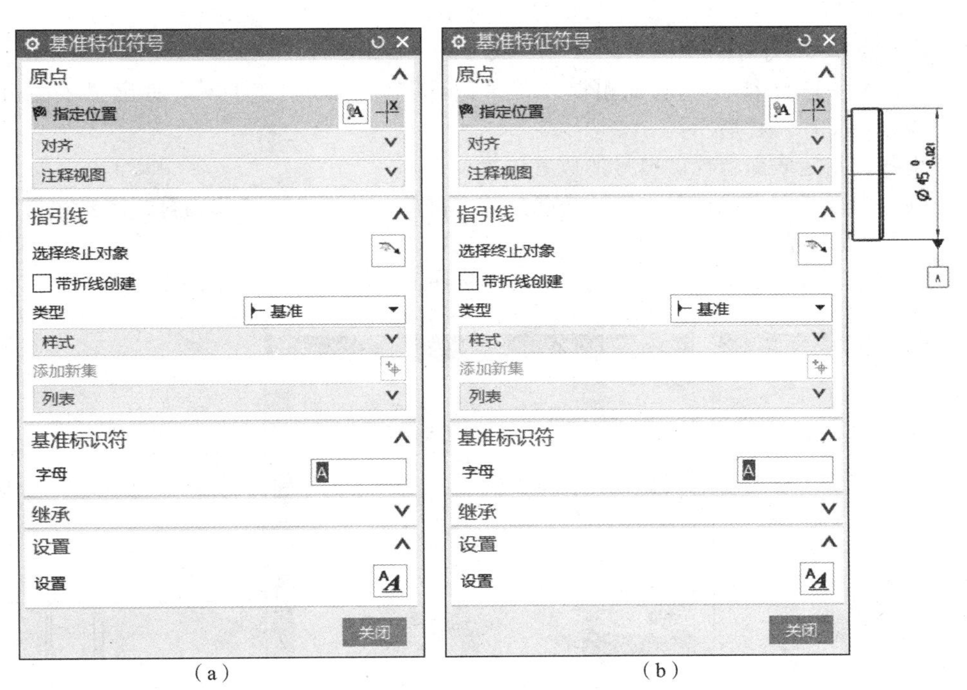

（a）　　（b）

图 5－18　基准标注实例

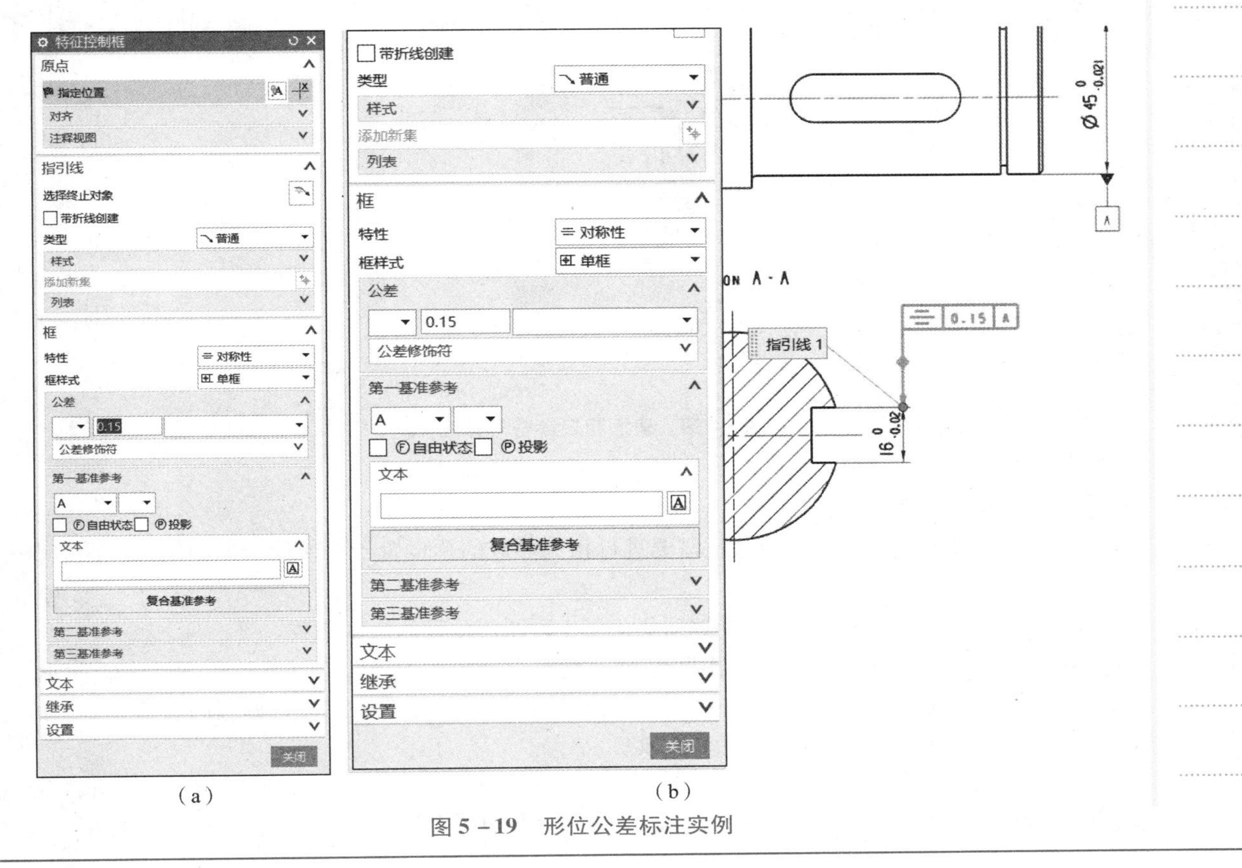

（a）　　（b）

图 5－19　形位公差标注实例

学习笔记

单击“指引线”→“选择终止对象”，选择尺寸16，单击左键，如图5-19（b）所示。

（3）表面粗糙度的标注

单击“插入”→“注释”→“表面粗糙度符号”，或单击工具栏图标√，弹出“表面粗糙度”对话框，如图5-20（a）所示。

- 指引线：指定表面粗糙度符号的放置位置。
- 属性：根据除料方式选择材料的去除方式。例如，此处选择“修饰符，需要除料”，下面的对应字母处填写数值，此处c处填写“Ra1.6”。
- 单击“指引线”→“选择终止对象”，选择阶梯轴外轮廓，单击，如图5-20（b）所示。

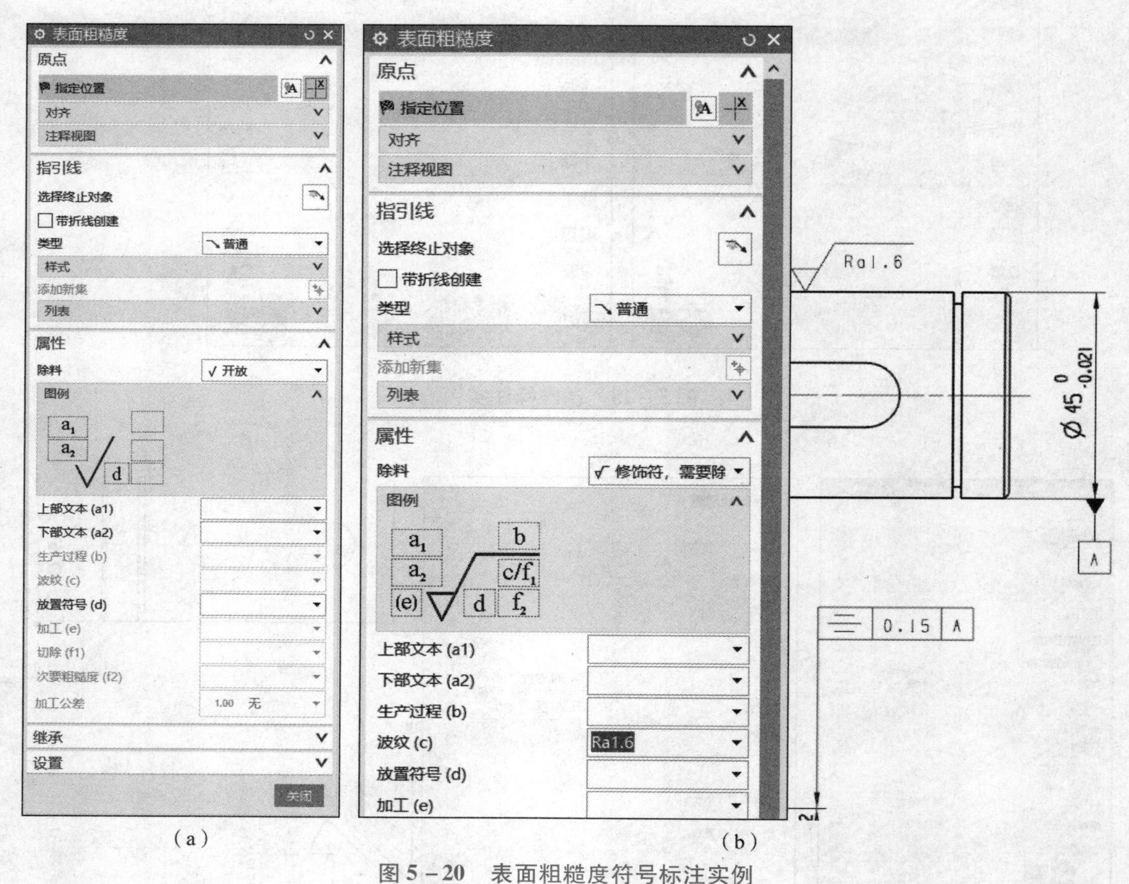

（a）　　（b）

图5-20　表面粗糙度符号标注实例

三、参数预设置

在UG NX中创建工程图，应根据需要进行相关参数的预设置，以便使所创建的工程图符合国家和企业标准。

常用的首选项为制图首选项。此选项集成了工程图需预设的众多参数。

单击“菜单”→“首选项”→“制图”命令，弹出“制图首选项”对话框，如图5-21所示，其中包含常规/设置、公共、图纸格式、尺寸等选项。可根据绘图标准进行相应的参数设置，此设置对于此工程图中的所有视图的尺寸有效。

“制图首选项”举例说明如下：单击“视图”，切换到视图选项设置，此时边界“显示”复选项未被选中，如图5-22（a）所示。此时视图情况如图5-22（b）所示。若勾选边界“显示”复选项，则结果如图 5 - 22（d）所示。

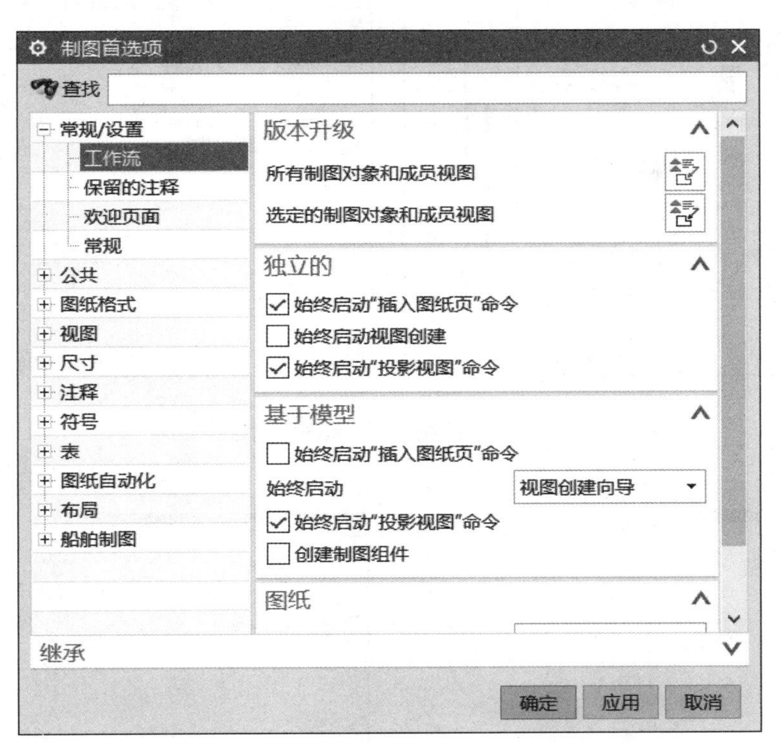

图 5 - 21 “制图首选项”对话框

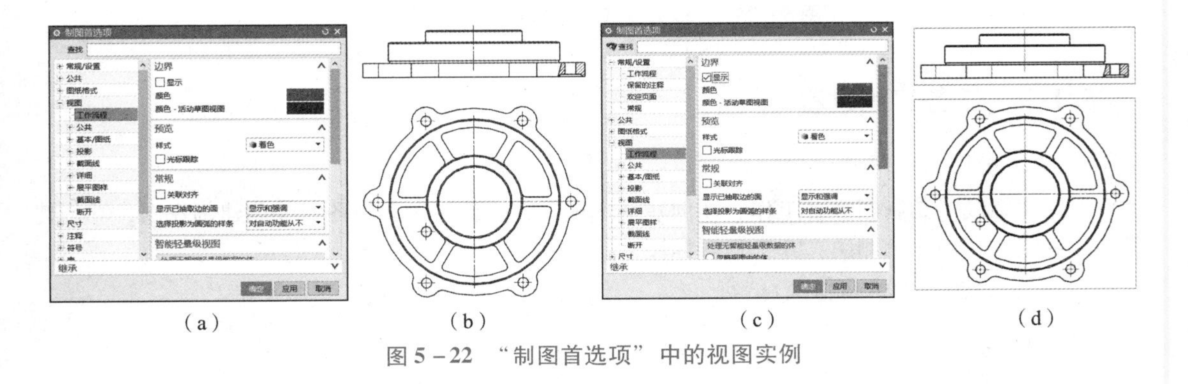

（a） （b） （c） （d）

图 5 - 22 “制图首选项”中的视图实例

“视图”中隐藏线若设置为“不可见”，则不显示隐藏线，如图 5 - 23（a）和图 5 - 23（b）所示。若将隐藏线设置为“虚线”，则会在视图中显示隐藏线，如图 5 - 23（c）和图 5 - 23（d）所示。

“视图”中光顺边若设置为“不可见”，则不显示光顺边，如图 5 - 24（a）和图 5 - 24（b）所示。若将光顺边前的复选框勾选，则会在视图中显示光顺边，如图 5 - 24（c）和图 5 - 24（d）所示。光顺边一般是指圆角边、相切边、相贯线等。

小贴士：“制图首选项”在视图建立之前设置有效，即设置的“制图首选项”只对之后建立的视图有效，故一般是先设置“制图首选项”，再进行工程图的建立。

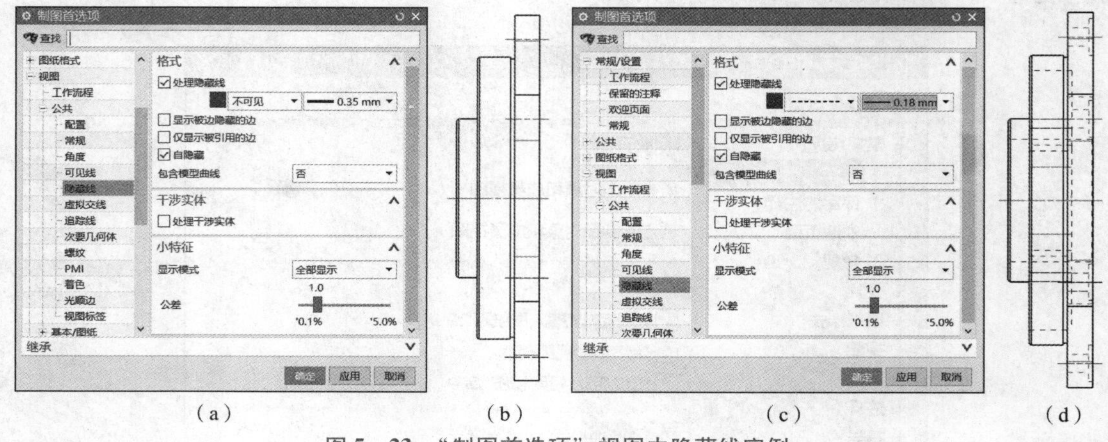

(a)　(b)　(c)　(d)

图 5－23　“制图首选项”视图中隐藏线实例

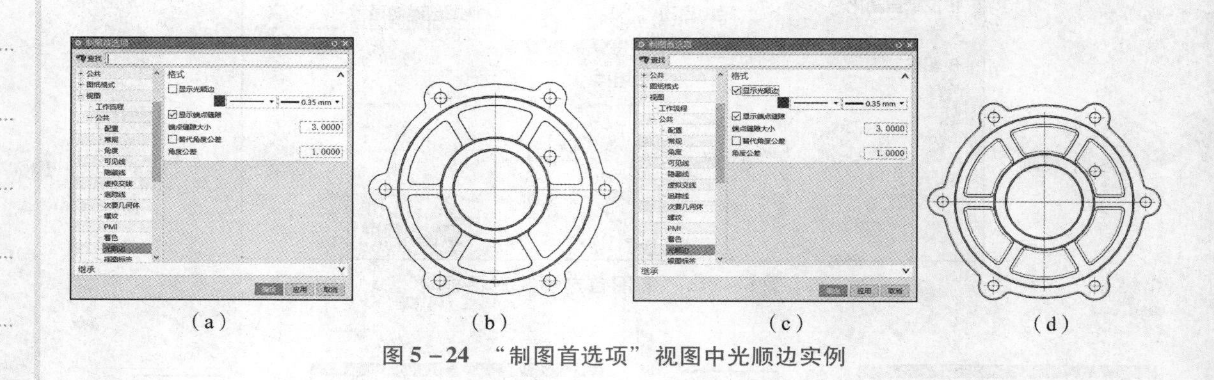
(a)　(b)　(c)　(d)

图 5－24　“制图首选项”视图中光顺边实例

5.1.2　任务实施过程

1. 建立支座工程图的步骤

①新建图纸；②制图准备工作；③创建基本视图；④创建投影视图；⑤创建剖视图；⑥创建局部剖视图；⑦创建轴测图；⑧工程图标注。

2. 建立支座工程图的详细过程

（1）新建图纸

1）打开支座模型，如图 5－25（a）所示。

2）按快捷键 Ctrl + Shift + D 调用制图模块。

3）单击“新建图纸页”图标，图纸参数设置：“大小”→“标准尺寸”，选择图纸大小为“A1－420×594”；“设置”：“单位”→“毫米”，并单击“第一角投影”按钮，单击“确定”按钮，完成新建 A2 图纸，如图 5－25（b）所示。

（2）制图准备工作

单击“菜单”→“首选项”→“制图”命令，弹出“制图首选项”对话框，如图 5－21 所示。

1）“视图”：边界“显示”复选项不勾选，即不显示边界，如图 5－22（a）所示。

2）“公共”：“文字”高度默认为 5，如图 5－26（a）所示。

3）“尺寸”：单击“文本”→“尺寸文本”，高度默认为 3.5，如图 5－26（b）所示。此处建议按照 GB/T 14665《机械工程 CAD 制图规则》，A0、A1 图幅数字和字母设置为 5，其他图幅为 3.5。

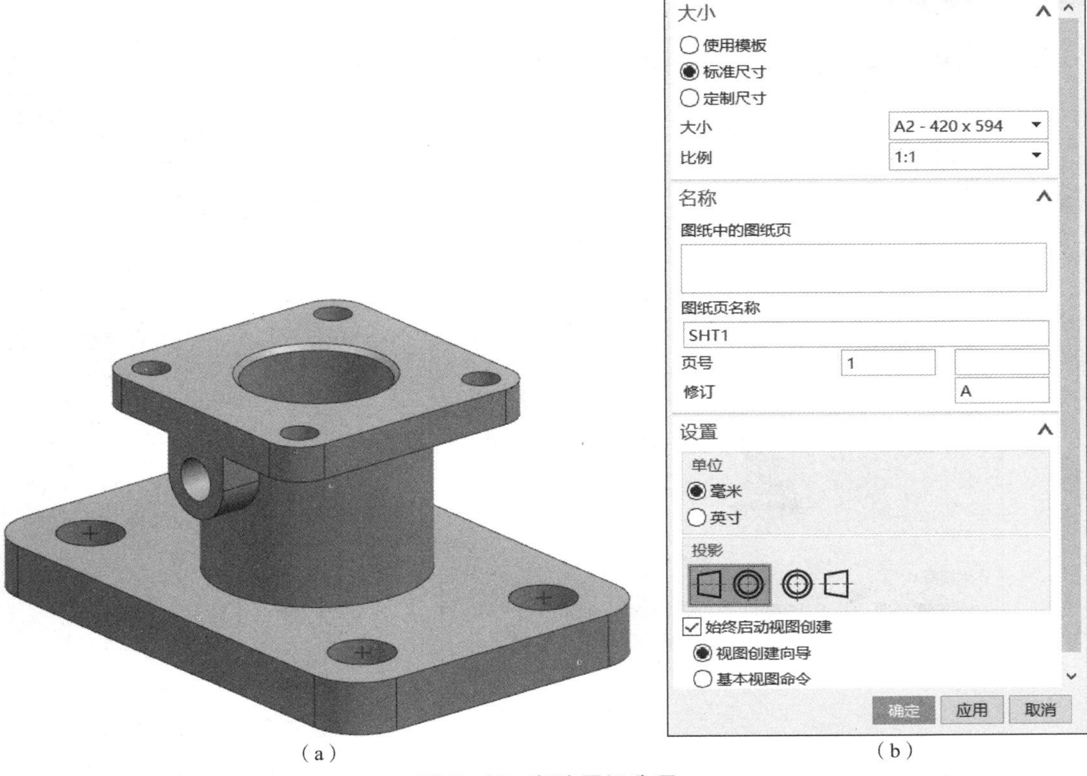

图 5-25　新建图纸选项

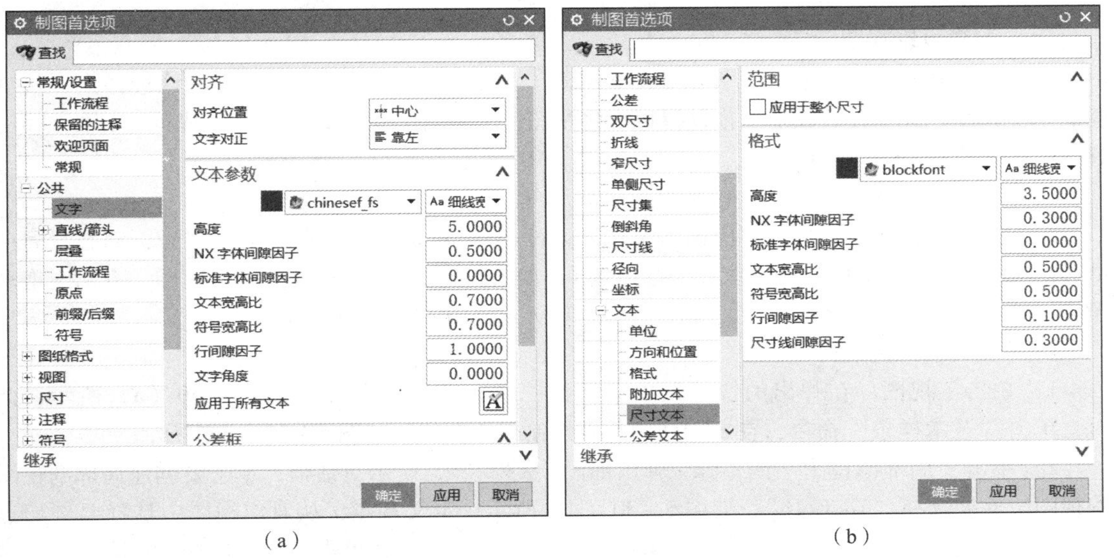

图 5-26　制图准备工作

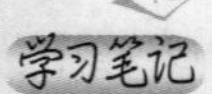
学习笔记

(3) 创建基本视图

单击工具栏上的“基本视图”图标，弹出“基本视图”对话框，要使用的模型视图：前视图，比例：1:1，如图5－27（a）所示。拖动鼠标，拖动视图至图纸合适位置，单击放置，如图5－27（b）所示。

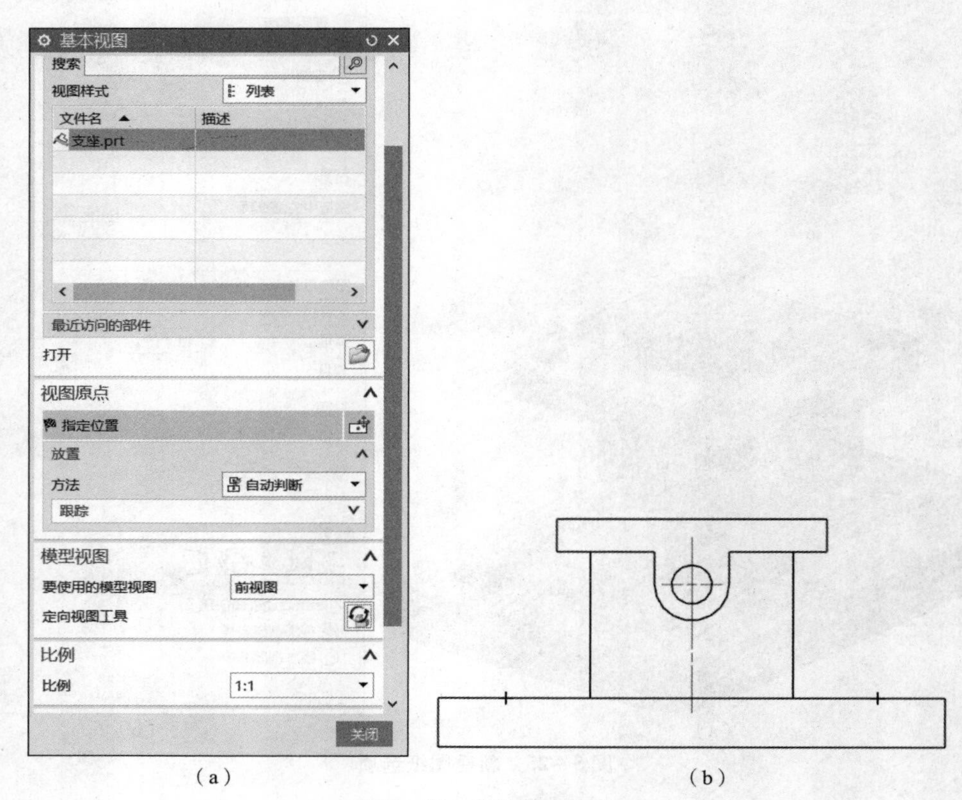

（a）　（b）

图5－27　创建基本视图

(4) 创建投影视图

单击“投影视图”图标，弹出如图5－28（a）所示的对话框。父视图默认选择上一步创建的基本视图，其他设置默认。拖动鼠标，将视图拖动至合适位置，单击，完成创建，如图5－28（b）和图5－28（c）所示。

(5) 创建剖视图

单击“剖视图”图标，弹出如图5－29（a）所示对话框。“截面线”选择：动态，简单剖/阶梯剖；“截面线段”：指定位置，选择点1，如图5－29（b）所示；拖动鼠标，将视图拖动至合适位置，单击，放置剖视图，如图5－29（c）和图5－29（d）所示。

(6) 创建局部剖视图

1）单击主视图，在弹出的快捷菜单中选择“活动草图视图”，如图5－30（a）所示，此时，单击“艺术样条”命令，在要剖切的位置绘制封闭曲线，如图5－30（b）所示。

2）单击“局部剖视图”图标，弹出如图5－30（c）所示对话框；单击要创建局部剖视图的视图，此处选择“Top@16”，如图5－30（d）所示；定义基点，从对应视图中选择要剖切点的位置，此处选择点1，如图5－30（e）所示；定义拉伸矢量，单击中键；选择起点附近的断裂线，选择事先绘制的艺术样条，如图5－30（f）所示；单击“应用”按钮，局部剖视图绘制完成，如图 5－30（g）和图 5－30（h）所示。

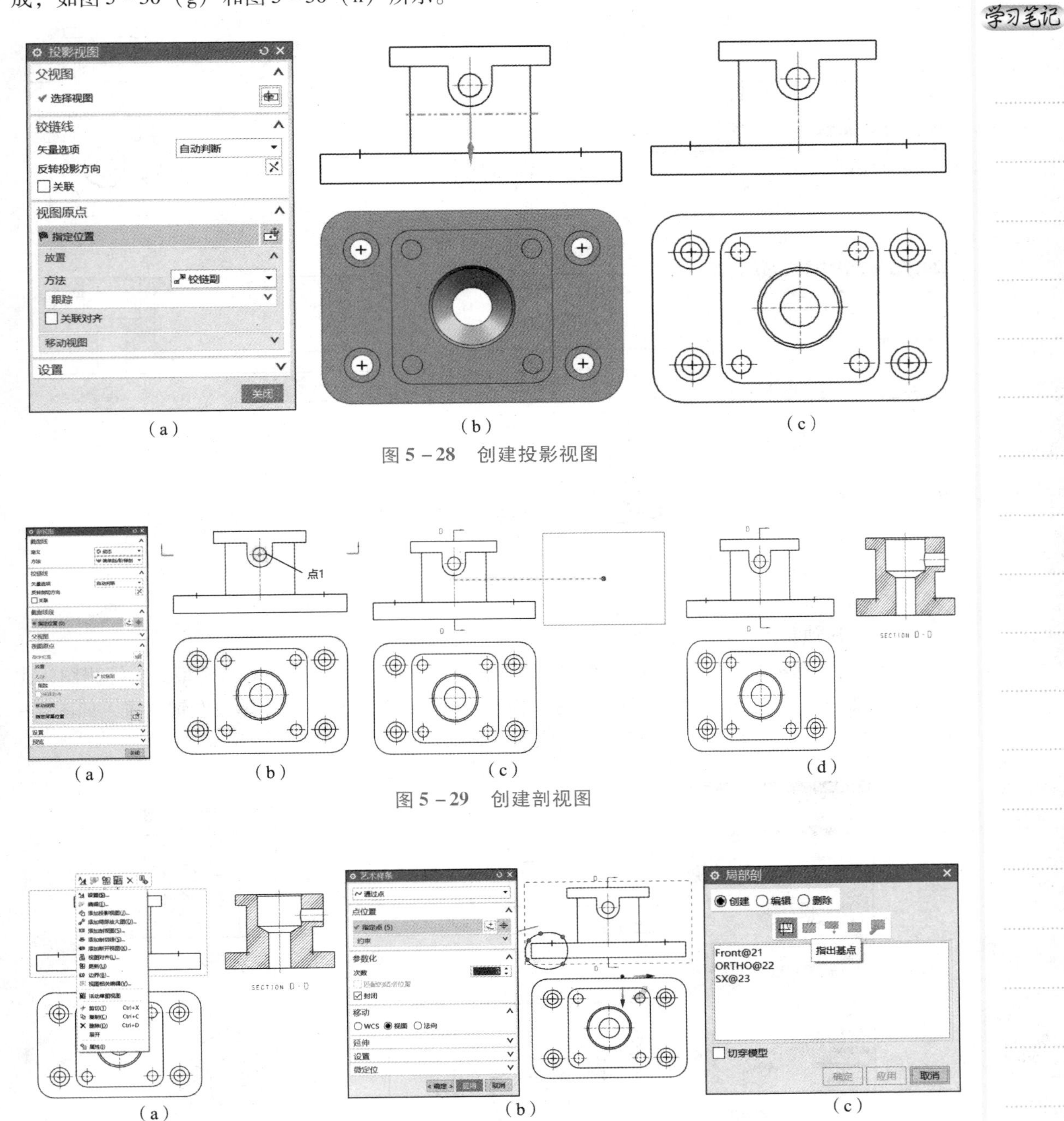

图 5－28　创建投影视图

图 5－29　创建剖视图

图 5－30　创建局部剖视图

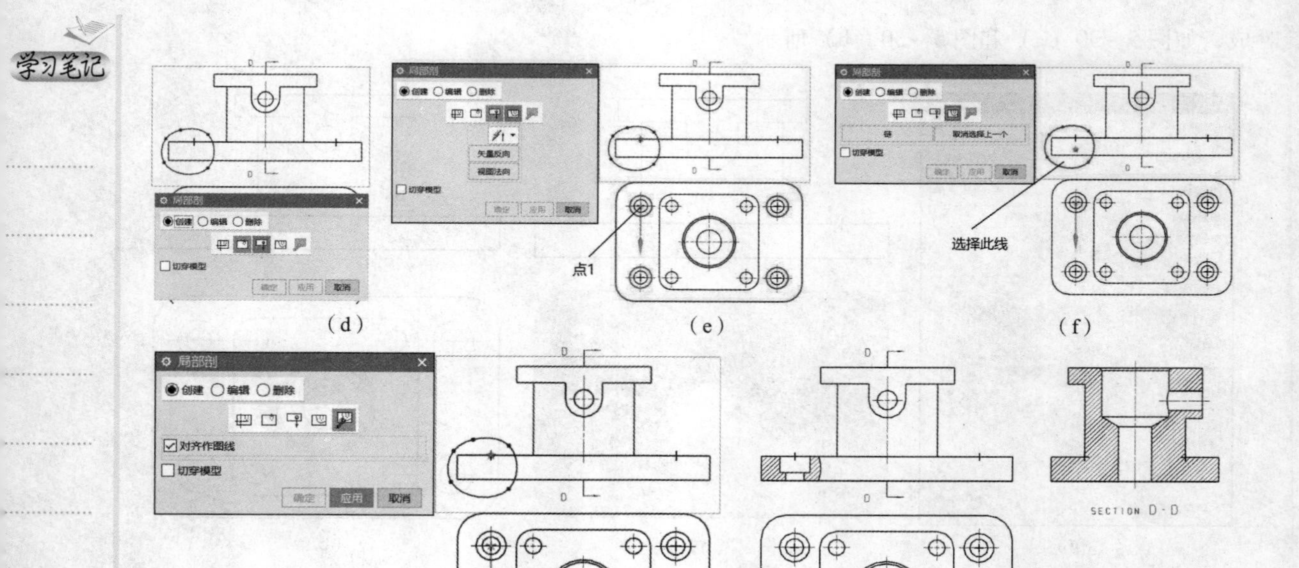

图 5-30　创建局部剖视图（续）

（7）创建轴测图

1）单击“基本视图”图标，弹出“基本视图”对话框，要使用的模型：正等测图；比例：1∶2；如图 5-31（a）所示。拖动鼠标，拖动视图至图纸合适位置，单击左键放置，如图 5-31（b）所示。

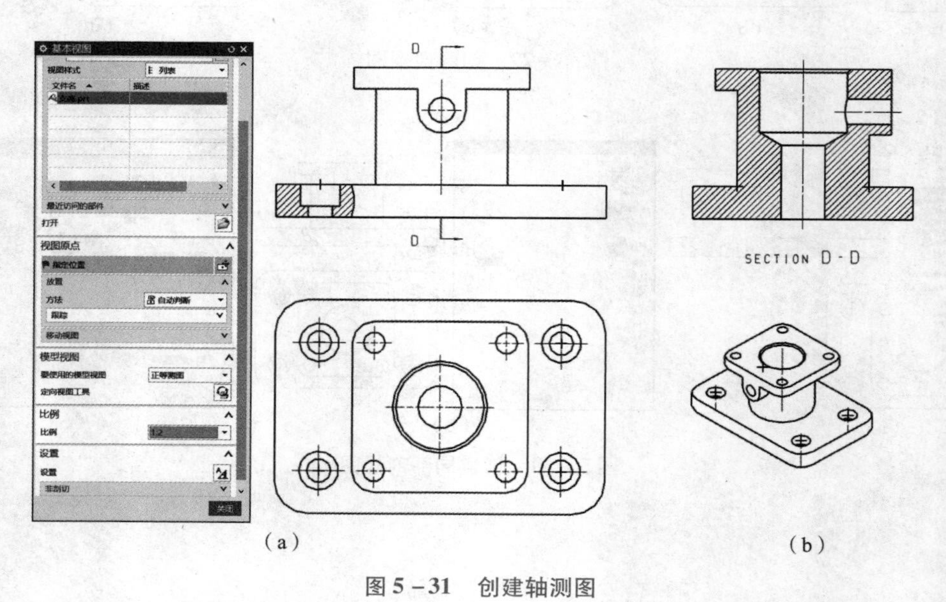

图 5-31　创建轴测图

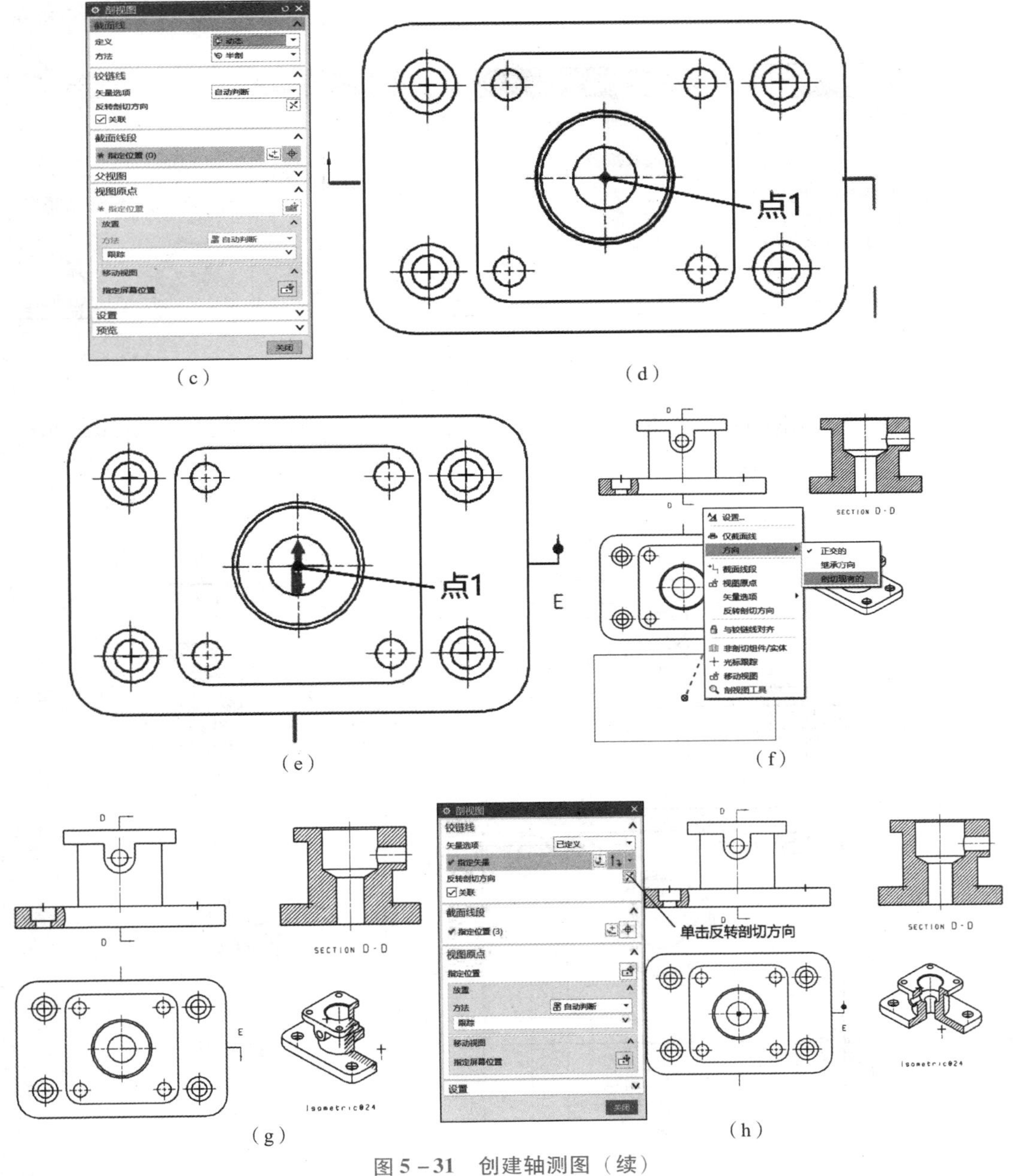

(c) (d) (e) (f) (g) (h)

图 5-31　创建轴测图（续）

2）单击“剖视图”图标，弹出如图 5-31（c）所示对话框。“截面线”选择：动态，半剖；“截面线段”：指定位置，选择点 1，剖切面，继续选择点 1，如图 5-31（d）和图 5-31（e）所示；此时拖动鼠标，不要放置，而是单击鼠标右键，选择“方向”→“剖切现有的”，单击选择轴测图，如图 5-31（f）和图 5-31（g）所示，结果并不是我们想要的，双击剖切箭头，单击反转剖切方向，结果如图 5-31（h）所示。

（8）工程图标注

1）单击工具栏中自动中心线，弹出对话框，如图 5-32（a）和图 5-32（b）所示。

2）选择需要创建中心线的视图，单击“确定”按钮，如图 5－32（c）所示，完成中心线添加。

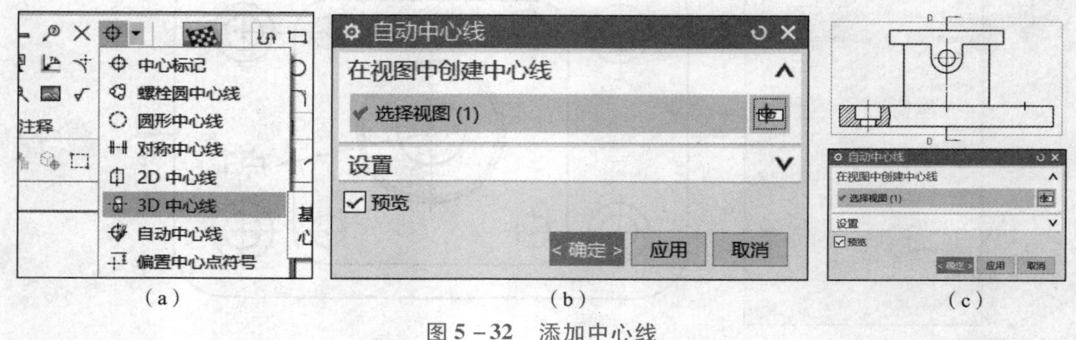

（a）（b）（c）

图 5－32　添加中心线

3）单击“快速”图标，选择要标注的尺寸，其中倒角尺寸要用“倒斜角”标注，如图 5－33 所示。

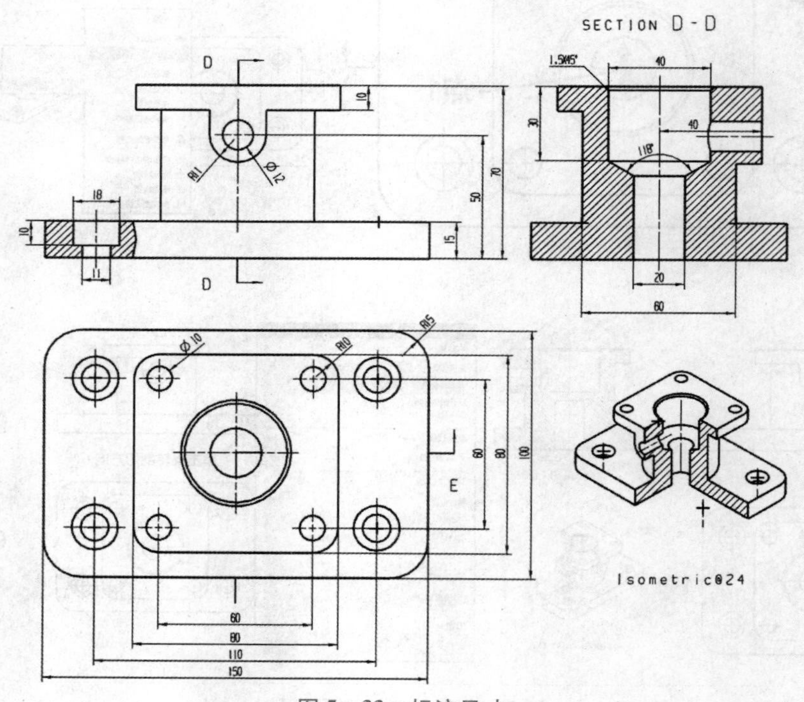

图 5－33　标注尺寸

4）添加直径符号和公差。

双击直径尺寸 18，弹出对话框，如图 5－34（a）所示，单击编辑附加文本图标A，弹出如图 5－34（b）所示窗口，单击“控制”→“文本位置”：之前。单击插入直径符号 ϕ，单击“关闭”，ϕ18 标注结果如图 5－34（c）和图 5－34（d）所示。

双击尺寸 60，弹出对话框，如图 5－35（a）所示，单击位置 1，选择对称公差，双击位置 2，输入数值 0.25，单击“关闭”按钮。尺寸 60 添加后缀，如图 5－35（b）和图 5－35（c）所示。同理，将其余尺寸添加后缀公差，如图 5－35（d）所示。

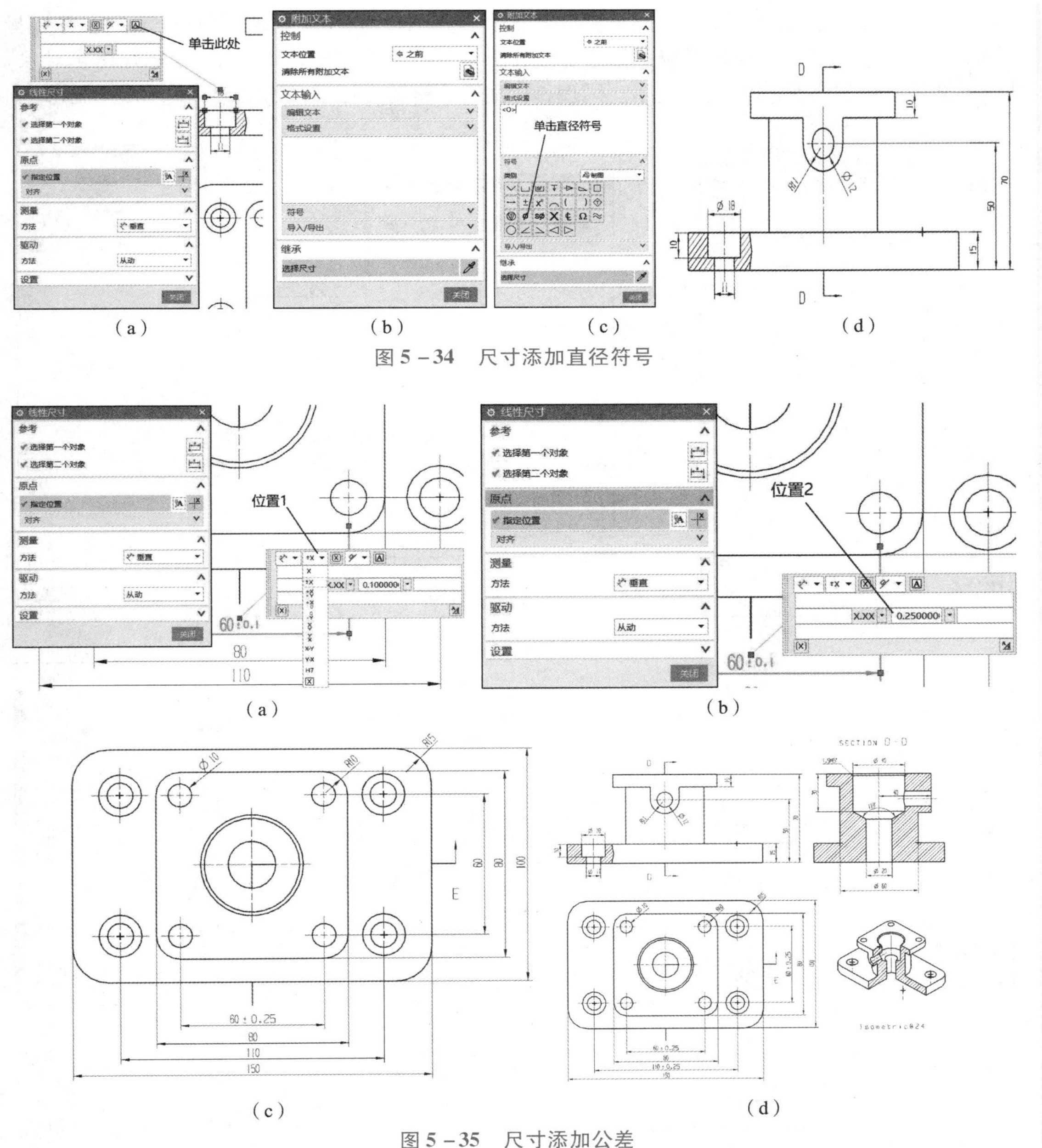

图 5－34　尺寸添加直径符号

图 5－35　尺寸添加公差

5）形位公差和表面粗糙度的标注。

单击工具栏图标，弹出“基准特征符号”对话框，如图 5－36（a）所示。指引线→选择终止对象，选择要标注的轮廓线，左键拖动基准符号到合适位置，单击左键放置符号，如图 5－36（b）所示。

单击工具栏图标，弹出“基准特征符号”对话框，如图 5－36（c）所示。框设置为“垂直度”和“单框”。公差设置为“0. 15”。第一基准参考为“A”，单击选择 ϕ40，左键拖动基准符号到合适位置，单击左键放置符号，如图 5－36（d）所示。同理，标注平行度，如图 5－36（e）所示。

学习笔记

单击工具栏图标√，弹出“表面粗糙度符号”对话框，如图5-36（f）所示。除料选择“修饰符，需要除料”，下面的对应字母处填写数值，此处c处填写“Ra1.6”。“选择终止对象”选择上部轮廓，如图5-36（g）所示。同理，标注其他粗糙度符号，如图5-36（h）所示。

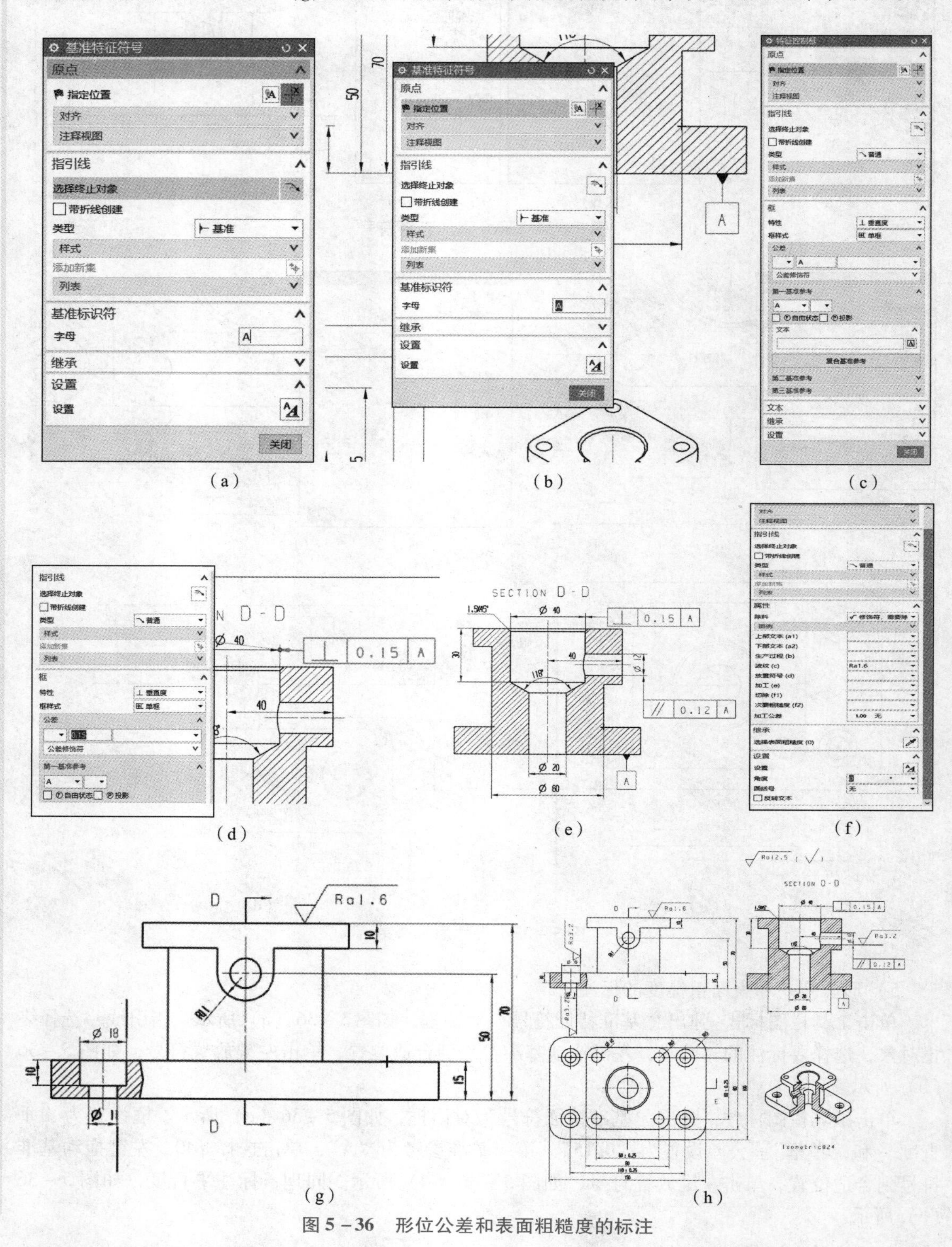

图5-36　形位公差和表面粗糙度的标注

6）更改字体宽度。

选中所有的尺寸，单击右键，选择“设置”，找到尺寸文本，设置为正常宽度，关闭，更改完成，如图 5－37（a）~（c）所示。

绘制完成的支座工程图如图 5－37（c）所示。

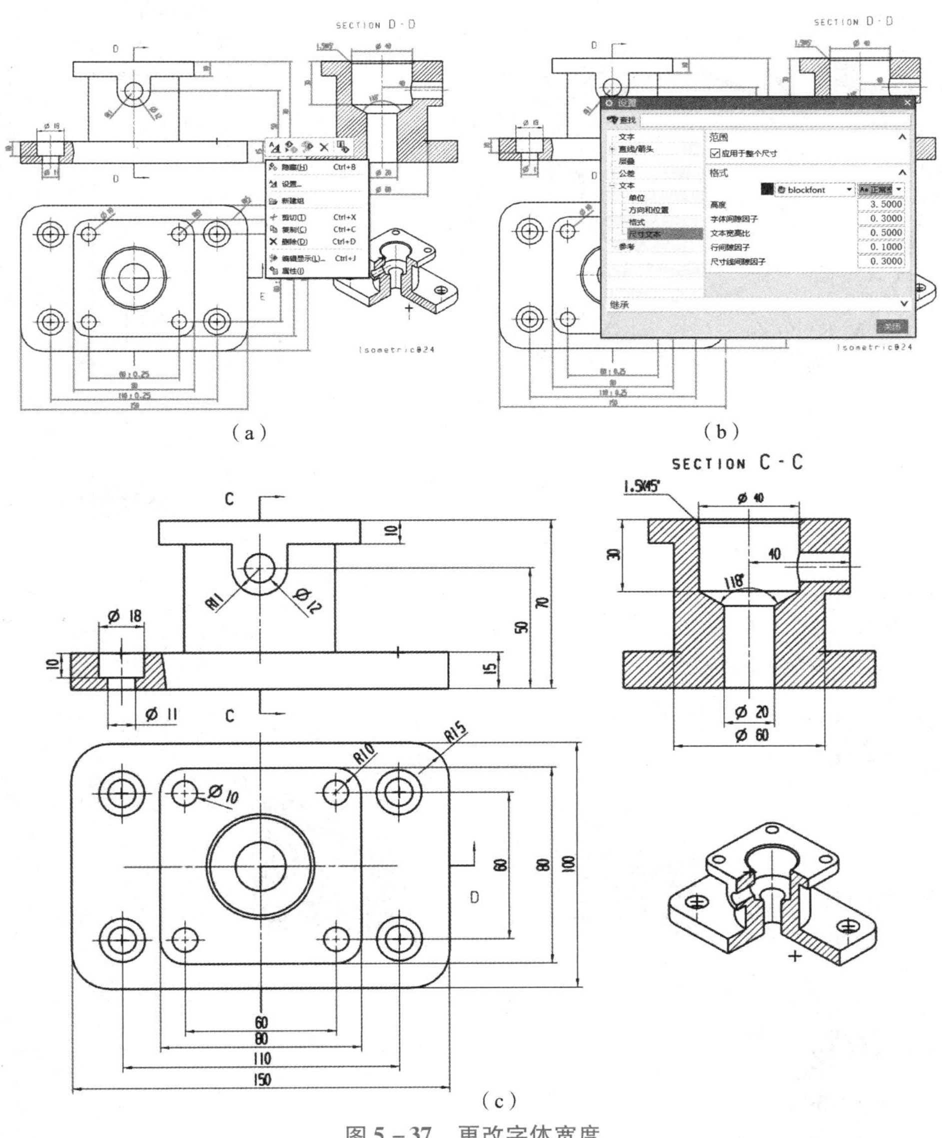

（a）　　（b）

（c）

图 5－37　更改字体宽度

5.1.3　任务拓展实例（轴承盖工程图的建立）

完成如图 5－38 所示的轴承盖工程图，便于采购、生产、检查等下游部门的组织实施。该案例应用的命令有基本视图的创建、投影视图的创建、剖视图的创建、尺寸标注等。通过该案例，进一步熟练掌握这些命令的使用。

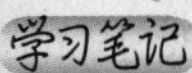

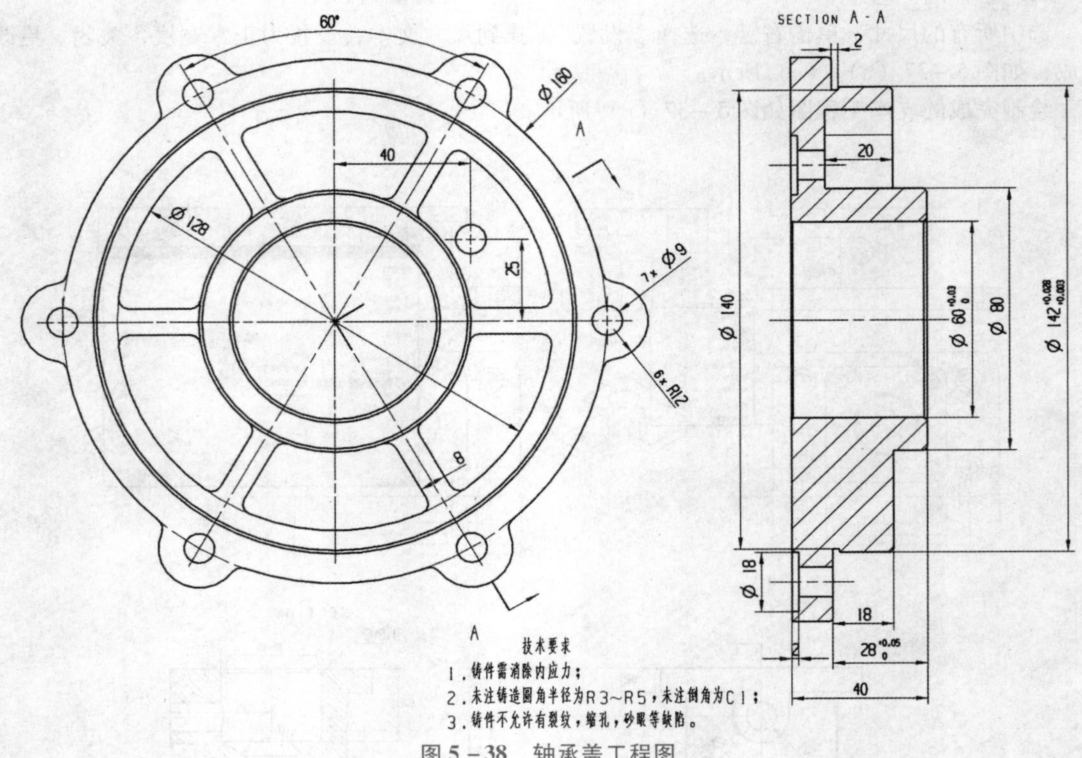

图 5－38　轴承盖工程图

1. 轴承盖工程建立思路

①新建图纸；②创建基本视图；③创建旋转剖视图；④标注工程图；⑤标注注释。

2. 绘制步骤

绘制步骤简表

绘制过程

5.1.4　任务加强练习

建立如图 5－39 所示支撑架的工程图。

学习笔记

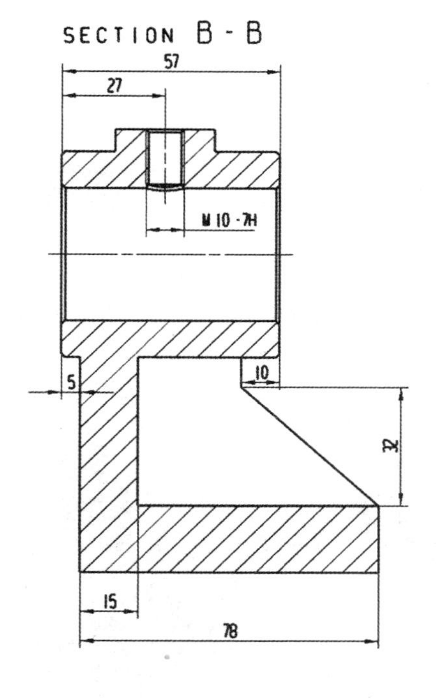

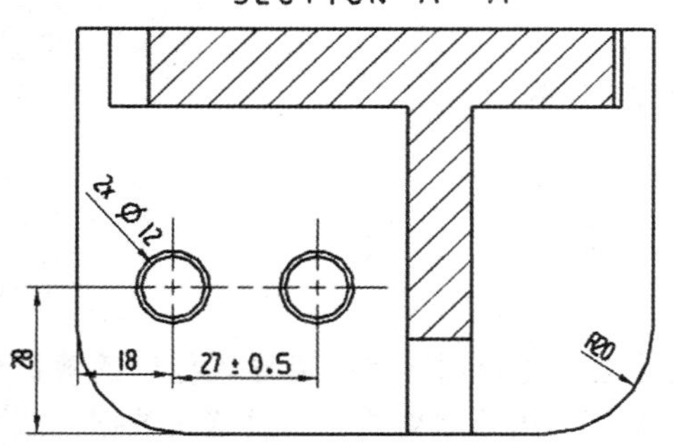

技术要求
未注圆角为R2，未注斜角为C1。

图 5-39　支撑架工程图

思考与练习

小贴士：绘制零件工程图时，首先要分析零件的结构，属于哪类零件，准备用哪几个视图表达，其次选择图纸模板，确定图幅，添加基本视图、剖视图等，然后进行尺寸标注、表面粗糙度标注、形位公差标注等，以及为尺寸添加前缀、后缀等，最后是添加注释。注意：用 UG NX 绘制工程图要遵循机械制图相关标准。

1. UG NX 12.0 尺寸标注的类型有哪几类？

2. 剖视图命令可以创建哪几类剖视图？

学习笔记

3. 简述创建局部放大图的步骤。

任务2 旋转开关装配工程图实例

某机加工车间需用 UG NX 中的 CAM 模块编制主轴承盖的加工程序，用来确定加工时所用的刀具和走刀路线，因此，需绘制主轴承盖的三维模型，再进入 CAM 模块进行程序编制。旋转开关装配工程图如图 5－40 所示。

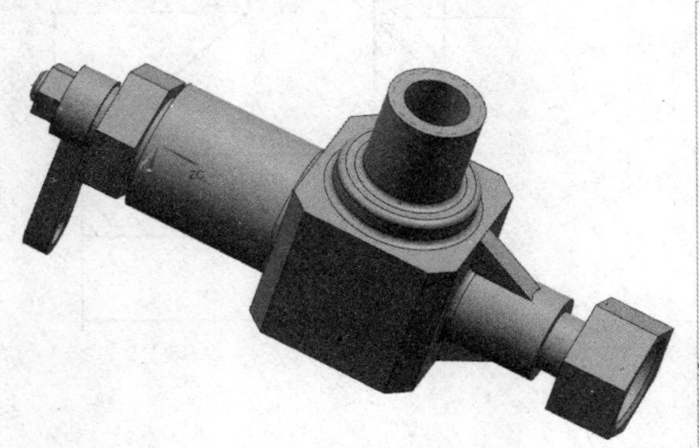
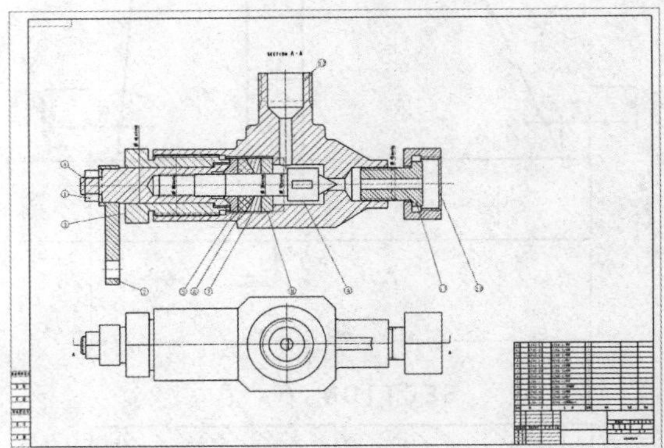

图 5－40 旋转开关装配工程图

5.2.1 知识链接

数据转换

UG NX 可以通过文件的导入导出来实现与其他软件之间的数据转换，可导入导出的数据格式有 PDF、CGM、JPEG、DWG/DXF、STL、IGES、STEP 等常用数据格式。通过这些数据格式可与 AutoCAD、Creo、Ansys、Solidworks 等软件进行数据交换。

1. 导出文件的操作步骤

1）单击“文件”→“导出”，调用导出 PDF/CGM/DXF/IGES/STEP 格式命令。

2）设置相关参数：导出对象、输出文件存放目录及文件名等。

3）按中键或单击“确定”按钮。

2. 导入文件的操作步骤

1）单击“文件”→“导入”，调用导入 CGM/DXF/IGES/STEP 格式命令。

2）选择将要导入的文件。

3）设置相关参数。

4）按中键或单击“确定”按钮。

5.2.2 任务实施过程

1. 建立旋转开关装配工程图的步骤

①新建图纸；②创建基本视图；③创建剖视图；④编辑剖视图（剖面线等）；⑤标注工

程图。

2. 建立旋转开关装配工程图的详细过程

(1) 新建图纸

1) 打开开关工程图装配模型，如图 5－41 (a) 所示。

2) 单击“文件”→“新建”，选择 A1 图纸，如图 5－41 (b) 所示，单击“确定”按钮。

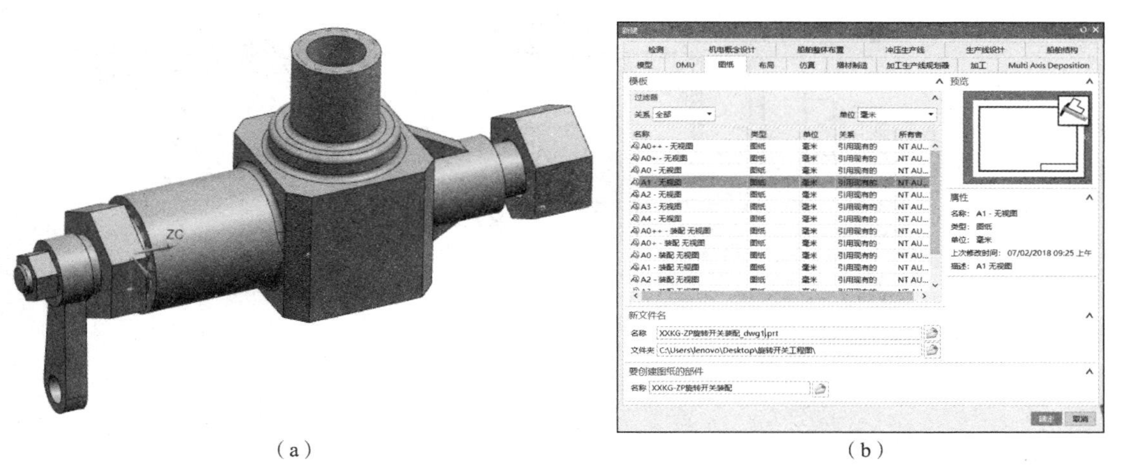

(a)　　　　(b)

图 5－41　新建图纸选项

(2) 创建基本视图

1) 单击工具栏上的“基本视图”图标，弹出“基本视图”对话框，要使用的模型：前视图，比例：1∶1，如图 5－42 (a) 所示。拖动鼠标，拖动视图至图纸合适位置，单击放置，如图 5－42 (b) 所示。

2) 双击视图，弹出“设置”对话框，选择“角度”，输入数值“－90°”，单击“应用”按钮，将视图顺时针旋转 90°，如图 5－42 (c) 所示。

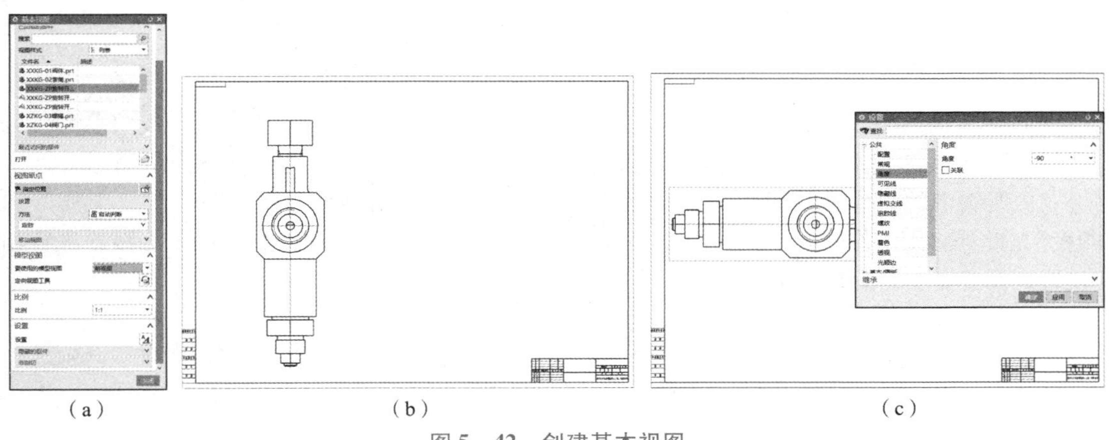

(a)　　　　(b)　　　　(c)

图 5－42　创建基本视图

(3) 创建剖视图

单击“投影视图”图标，弹出如图 5－43 (a) 所示的对话框。父视图默认选择上一步创建的基本视图，拖动下拉滑动条，找到“非剖切”选项，选择非剖切的组件“XZKG－04 阀门”

学习笔记

和“XZKG－10 螺帽 24”，单击指定位置，选择剖切位置为“点 1”，将视图拖动至合适位置，单击左键完成创建，如图 5－43（b）和图 5－43（c）所示。

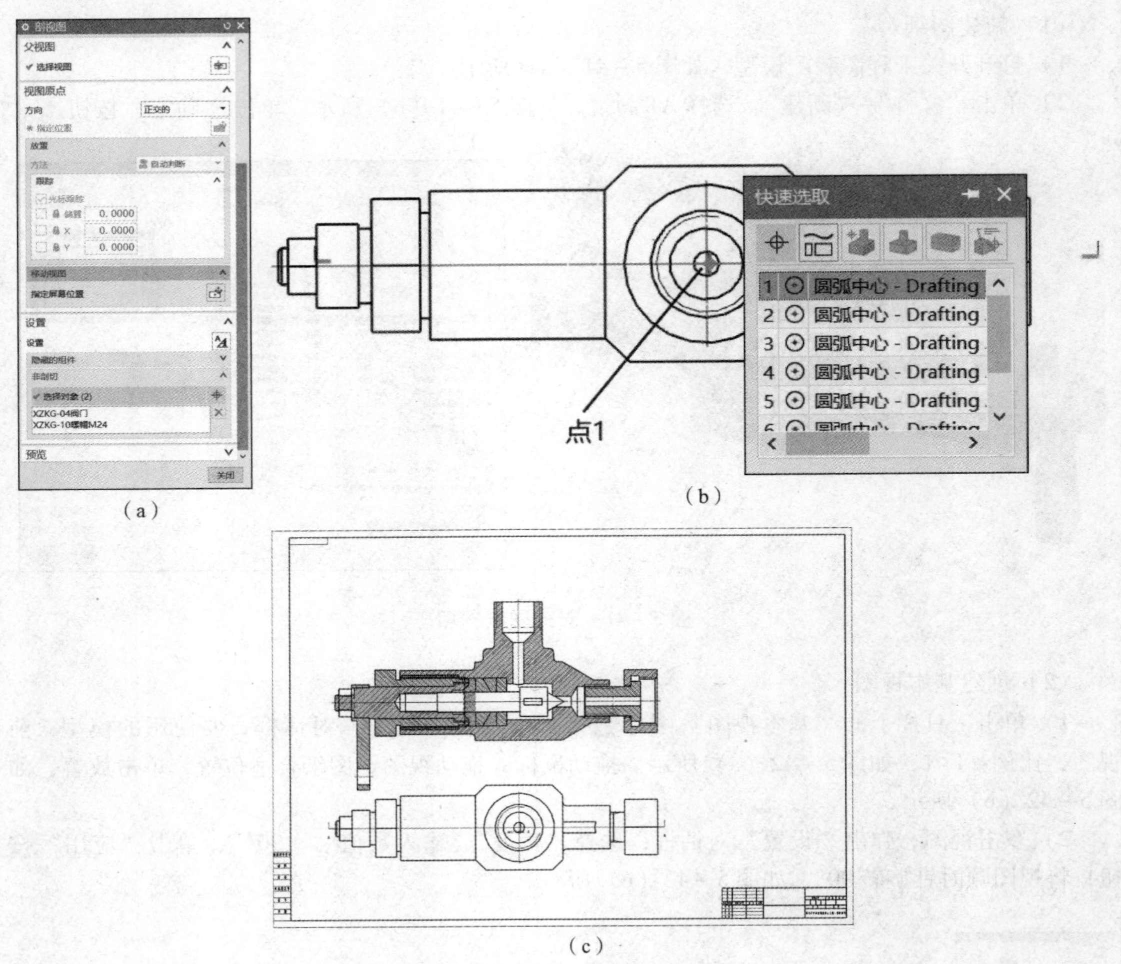

（a）　（b）

（c）

图 5－43　创建剖视图

（4）编辑剖面线

剖视图创建完毕后，自动生成的剖面线并不一定满足设计者初衷，需手动编辑剖面线。

双击要编辑的组件的剖面线，弹出如图 5－44（a）所示对话框。可手动修改“距离”和“角度”，此处将距离修改为“5”，单击“应用”按钮。依次单击要更改组件的剖面线，进行相应设置，设置完成的剖面线如图 5－44（b）所示。

（5）创建明细表

1）单击“主页”→“零件明细表”图标▦，软件会自动根据装配图中的组件数量、名称等生成自带的明细表，在绘图任意空白区域单击左键，放置明细表，如图 5－45（a）所示。

2）单击选择右上角的表格，单击右键，选择“列”，选中一整列后，如图 5－45（b）所示，再次单击右键，选择“在右边插入列”，如图 5－45（c）所示。同理，对表格的行和列进行增加和合并，将软件自带的明细表调整为国标明细表。如图 5－45（d）所示，按照国标尺寸更改列的宽度，选择序号列，调整大小为“8”，依次更改代号、名称、列的宽度等，如图 5－45（e）所示。

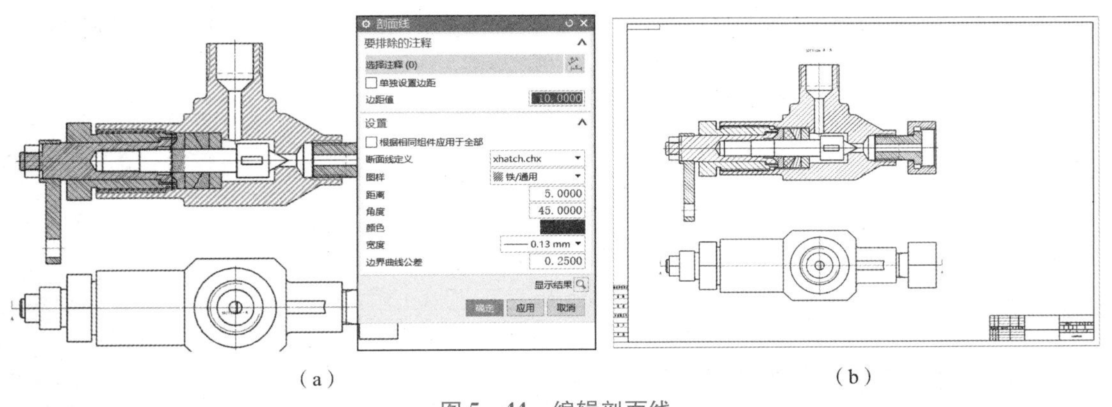

(a) (b)

图 5-44 编辑剖面线

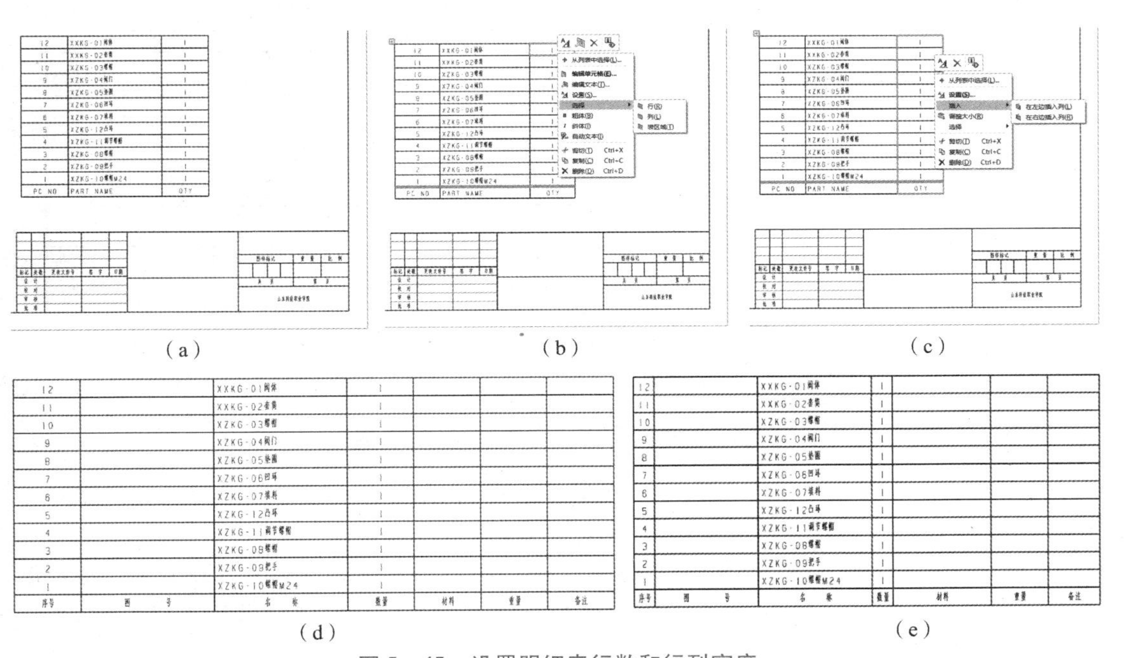

(a) (b) (c)

(d) (e)

图 5-45 设置明细表行数和行列宽度

3）选中整个明细表，单击右键，选择“设置”→“对齐位置”：右下，单击“关闭”按钮；单击右键，选择原点、点构造器，X、Y 分别输入 831 和 56，单击 2 次“确定”按钮，将明细表移动至标题栏上侧，如图 5-46（a）~（e）所示。

（6）标注组件序号

选中要标注序号的视图，单击右键，选择“自动符号标注”，如图 5-47（a）所示，系统会根据明细表自动生成标注符号，如图 5-47（b）所示；选中一个序号，双击，选择“样式”→“填充圆点”，可将序号指引线更改为原点；同理，将所有序号进行更改，并且拖动符号，将其对齐，如图 5-47（c）和图 5-47（d）所示。

（7）组件配合尺寸标注

利用“快速”命令将组件配合尺寸标注，如图 5-48 所示。

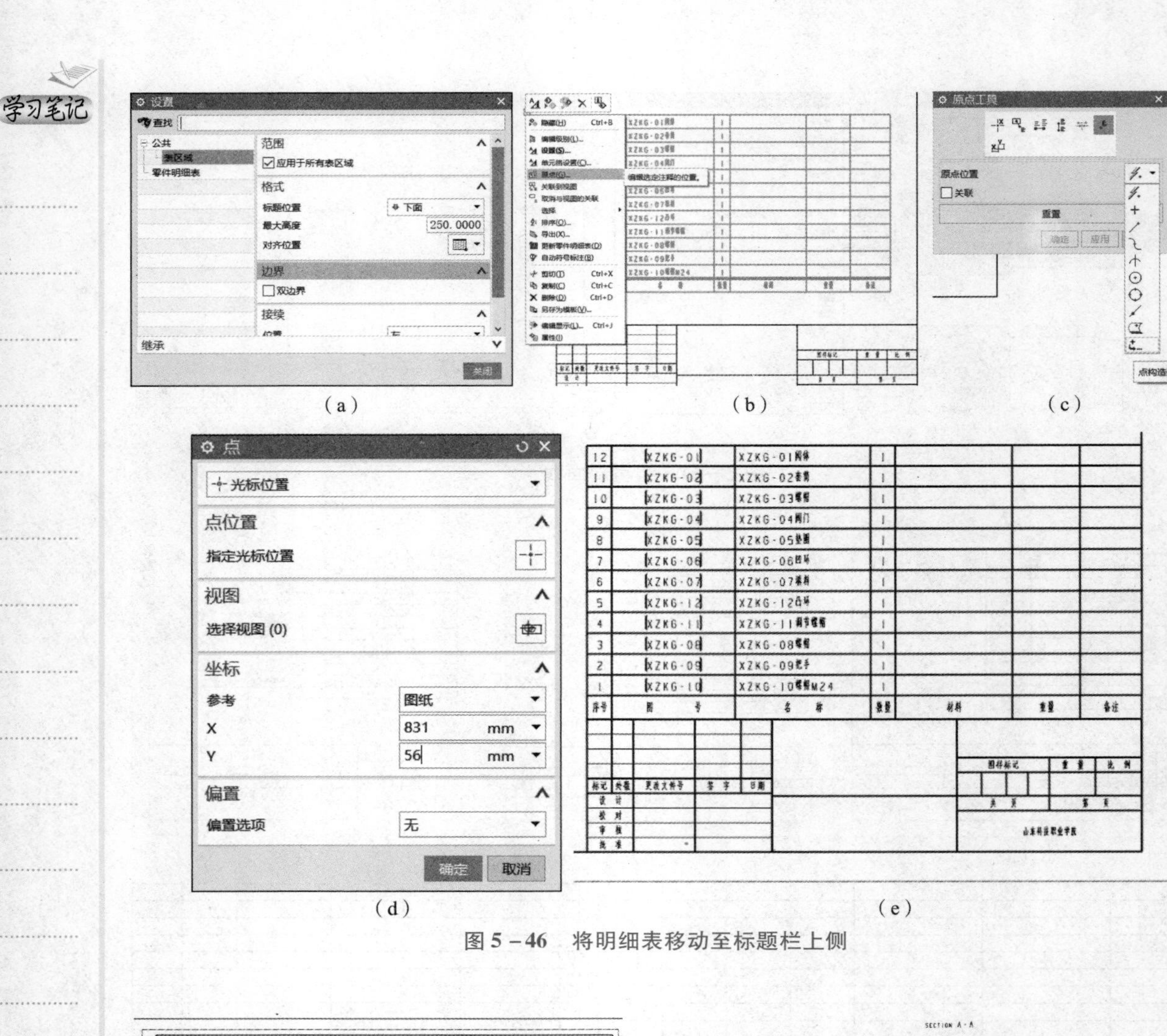

（a）（b）（c）

（d）（e）

图 5 - 46　将明细表移动至标题栏上侧

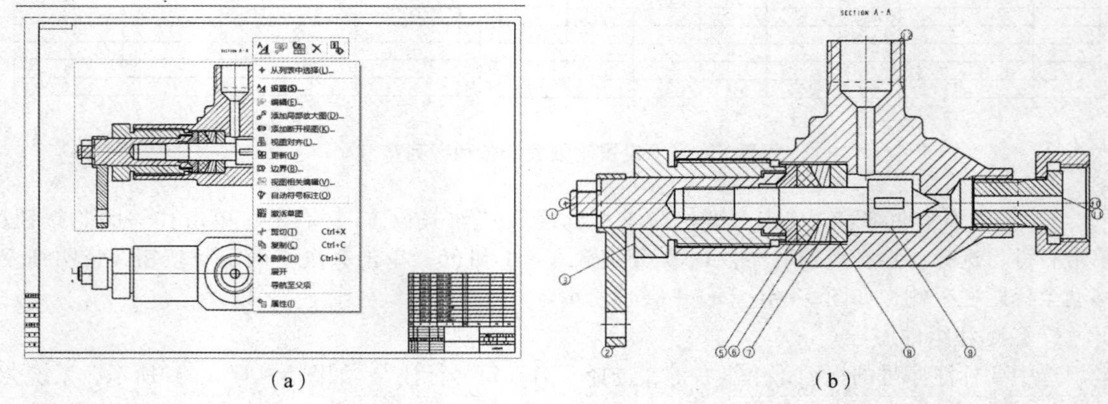

（a）（b）

图 5 - 47　标注组件序号

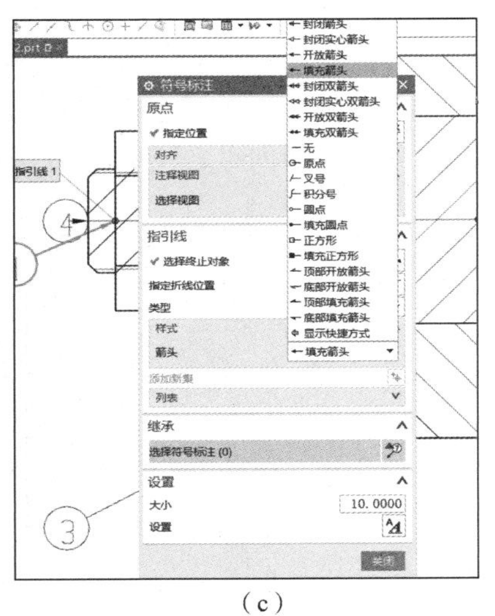

(c)

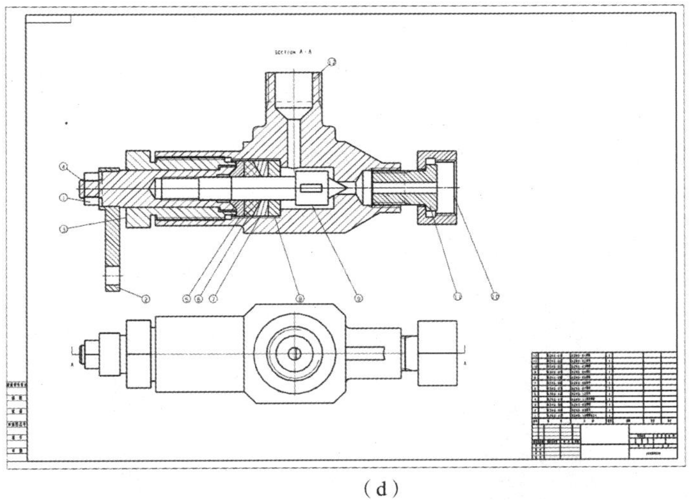

(d)

图 5－47　标注组件序号（续）

绘制完成的支座工程图如图 5－48 所示。

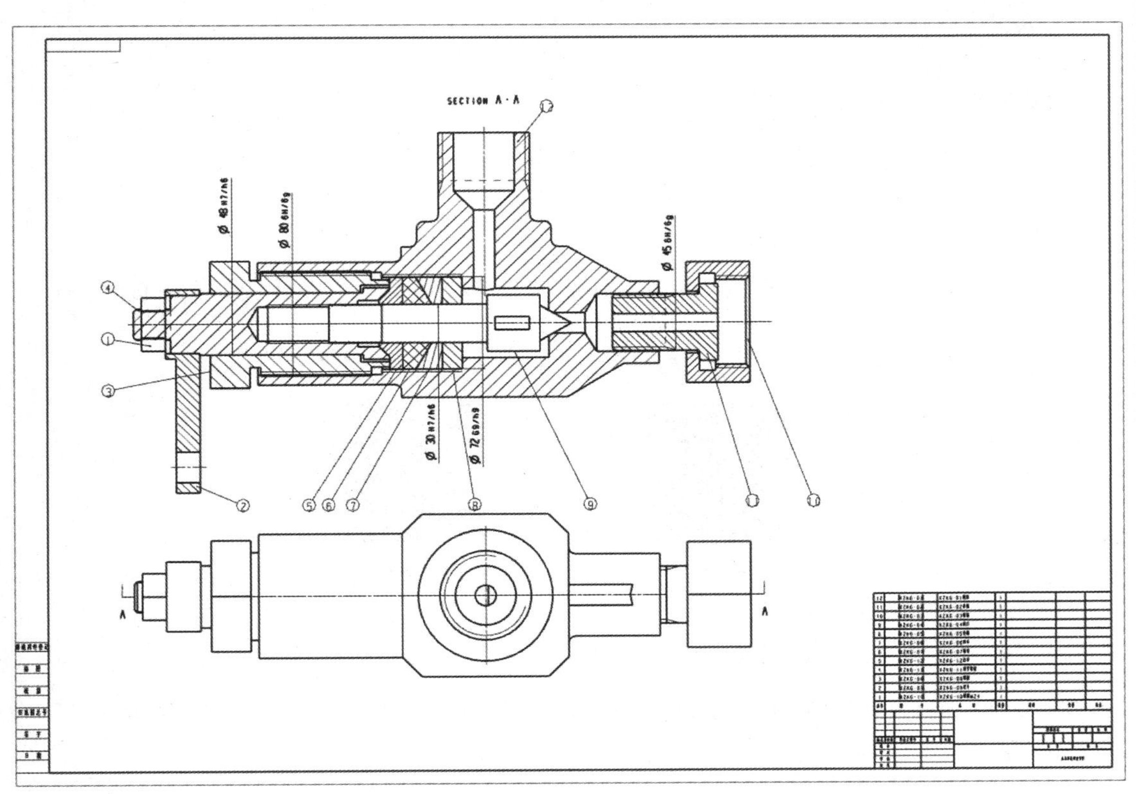

图 5－48　配合尺寸标注

学习笔记

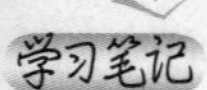

5.2.3 任务拓展实例（千斤顶装配工程图的绘制）

完成如图 5－49 所示千斤顶装配工程图的绘制，确定各组件间的位置关系及验证千斤顶的举升高度。该案例应用的命令有基本视图的创建、投影视图的创建、剖视图的创建、尺寸标注、明细表的标注、序号的标注等。通过该案例，进一步熟练掌握这些命令的使用。

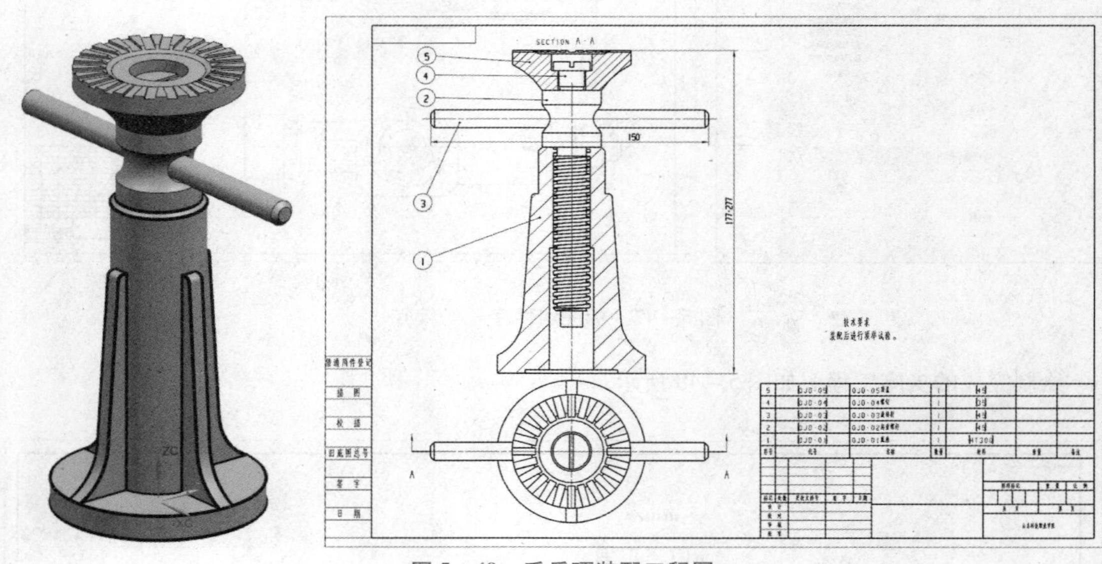

图 5－49　千斤顶装配工程图

1. 千斤顶装配工程图的创建思路

①新建图纸；②创建基本视图；③创建剖视图；④尺寸标注；⑤创建明细表；⑥标注序号；⑦标注注释。

2. 绘制步骤

绘制步骤简表

绘制过程

5.2.4 任务加强练习

图 5－50 所示为 2014 年山东省职业院校技能大赛高职组“复杂部件的数控编程与加工”赛项样题，建立其工程图。

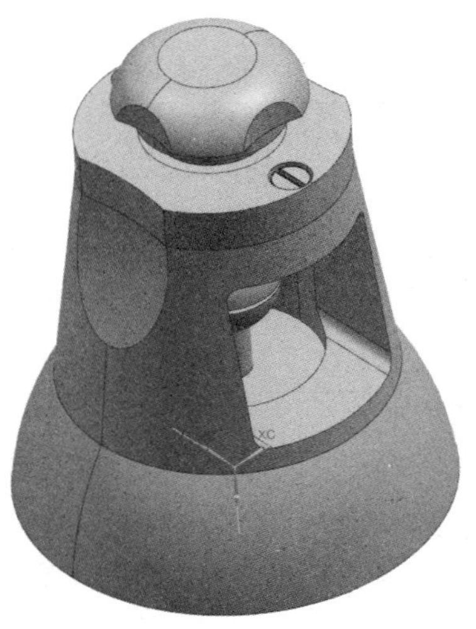

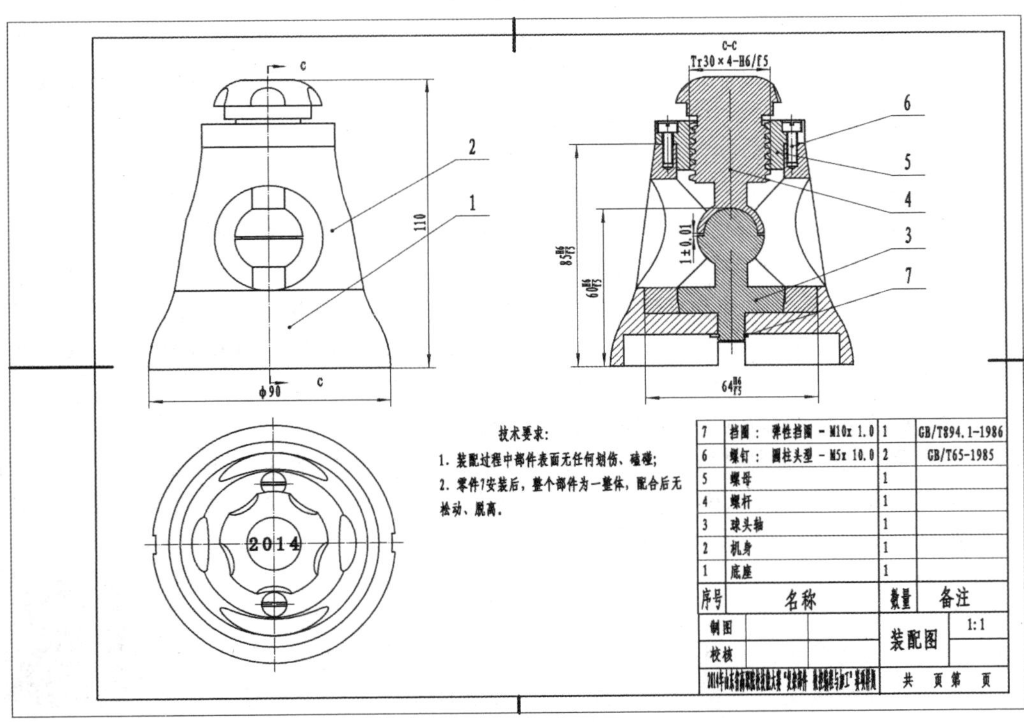

图 5-50 “复杂部件的数控编程与加工”赛项样题

思考与练习

小贴士：绘制装配工程图时，一般首先要分析零件的结构，属于哪类零件，准备用哪几个视图表达，是否需要使用剖视图；其次选择图纸模板，确定图幅，添加基本视图、剖视图等，然后进行装配尺寸标注，添加并编辑零件明细表，自动序号标注；最后是添加注释，即技术要求等。同样，UG NX 绘制装配工程图也要遵循机械制图相关国家标准，如尺寸数字字号的设置等。

学习笔记

1. UG NX 装配图中，如何设置不剖切组件？

2. UG NX 数据导出的格式有哪几种？

3. 建立明细表的步骤是什么？

项目小结

本项目通过知识链接、任务实施过程、任务拓展实例和任务加强练习等环节，分别介绍 UG NX 工程图的绘制步骤、图纸的选择、视图的创建、零件细节的表达方式，以及标注、明细表编辑、零件序号的标注等。

创建 UG NX 工程图时，要遵循制图的相关国家标准。绘图工程图的技巧很多，通过不断地练习和反思，不但能熟练应用 UG NX 工程图模块，而且能提升绘图速度，提升绘图正确率，从而提升自身软件应用能力。

岗课赛证

UG NX 软件在支撑就业岗位方面，以及职业院校技能大赛，省级、国家级等技能大赛等方面，起着重要的作用；在证书考取方面等有着广阔的应用场景和范围。

(1) UG NX 软件对应的行业有通用机械行业、汽车行业、模具行业、工程机械等，匹配的就业岗位有工业设计、产品设计、工艺设计、编程加工、模具设计等；UG 软件在诸多中外大型企业中有着广泛的应用，如波音、丰田、福特、宝马、奔驰、潍柴等著名企业。

图 5－51 所示为某型号发动机活塞模型和工程图。

(2) UG NX 软件在世界技能大赛、全国三维数字化创新设计大赛、全国大学生机械创新设计大赛、全国职业院校技能大赛、行业赛、省技术技能大赛中，有着广泛的应用。图 5－52 所示为第七届 CAD 技能二级（三维数控建模师）——工业产品类样题。

(3)《机械工程制图职业技能等级标准》标准代码：460029。

机械工程制图职业技能等级标准

本标准的职业面向和考核要求是：主要面向工业领域相关企事业单位，从事机械工程制图相关工作，掌握机械零件的工程图绘制和三维建模方法，能够独立完成零件的三维建模、工程图绘制和二维装配图绘制；能正确识读复杂零件和复杂装配图；能正确使用各类工、量具，测绘典型机械零、部件；能熟练使用二维计算机绘图工具，遵循 CAD 制图国家标准，绘制规范的机械工程图样；掌握计算机三维建模工具的使用方法，构建零部件三维模型和三维装配模型；掌握并运用快速成型方法进行实物验证。

学习笔记

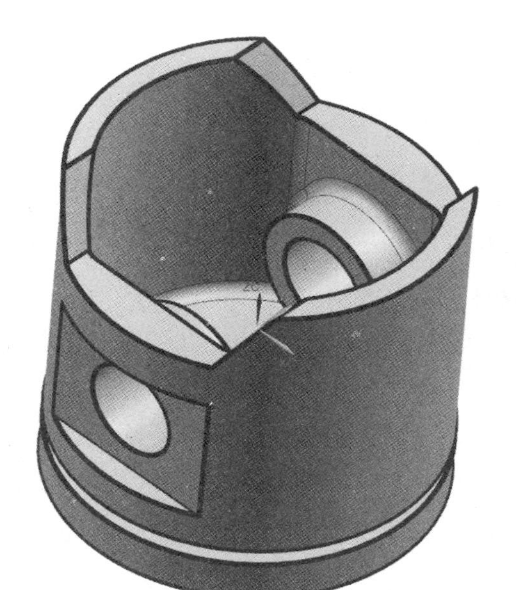

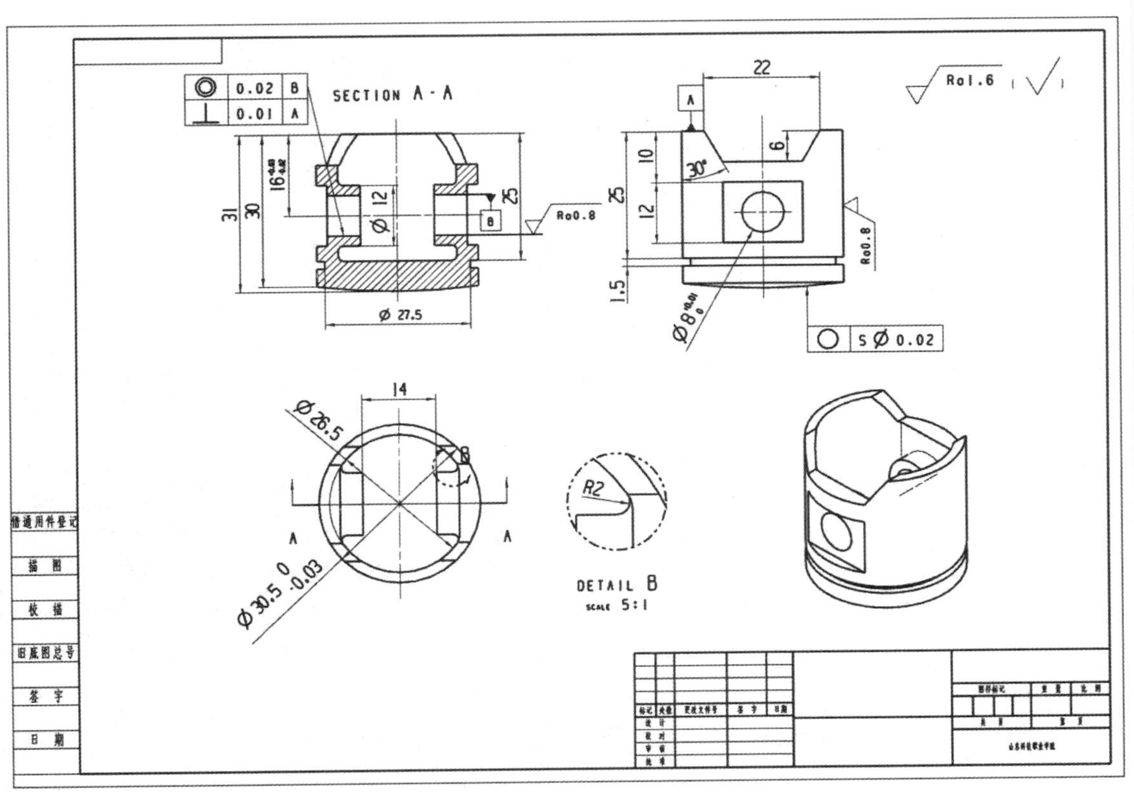

图 5－51　某型号发动机活塞工程图

学习笔记

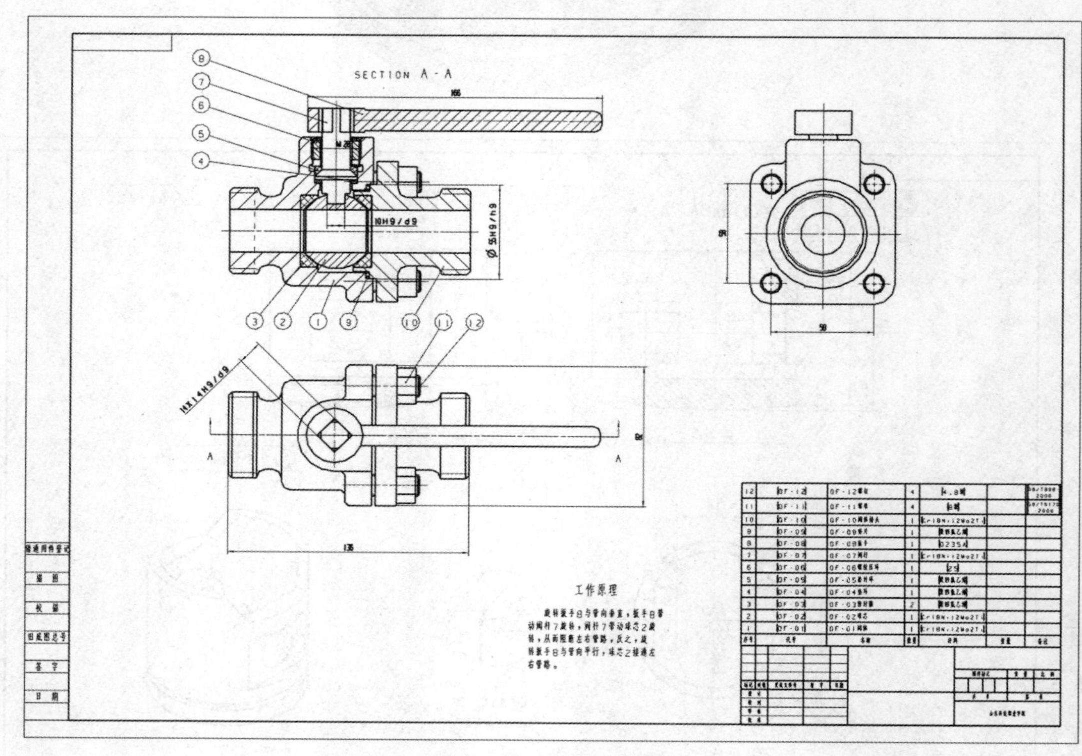

图 5-52　球阀工程图

红旗漫卷，共和国汽车工业长子的新征程——中国一汽

2022 中国品牌强国盛典——十大国之重器品牌：中国一汽	

［第一时间］厉害了我的国：金属上的雕刻师　大国工匠李凯军	
［朝闻天下］奋斗者·正青春　杨永修：在 0.015 毫米间创新逐梦（中国一汽）	
百年信物　薪火相传——第一辆红旗轿车	
这个一吨重的奖章，见证了中国汽车发展史上一大奇迹	

学习笔记

项目考核

一、选择题

1. UG NX 工程图模块中提供了各种视图的管理功能，包括（　　）、打开图纸、删除图纸和编辑当前图纸等。

A. 定制图样　　B. 新建图纸　　C. 定制模板　　D. 保存图纸

2. 当绘制箱体或多孔等内部结构比较复杂的模型工程图时，为了表达其内部结构，需要添加（　　）视图。

A. 剖视图　　B. 基本视图　　C. 投影视图　　D. 放大视图

3.（　　）是将视图按照所定义的矩形线框或封闭曲线为界限进行显示的操作。

A. 对齐视图　　B. 定义视图边界　　C. 编辑视图　　D. 添加视图

4. 在创建（　　）剖视图时，需要首先绘制出该剖视图的剖视范围曲线。

A. 旋转　　B. 局部　　C. 半　　D. 展开

5. 对齐视图包括 5 种对齐方式，其中（　　）可以将选图中的第一个图的基准点为基点，对所有视图进行重合对齐。

A. 水平　　B. 竖直　　C. 叠加　　D. 垂直于直线

6. 当有一个标尺寸的视图是不需要的时，应进行的操作是（　　）。

A. 删除尺寸，然后删除视图　　B. 直接删除该视图

C. 删除视图，然后删除尺寸　　D. 删除工程图，重新做

二、判断题

1. UG NX 工程制图中可直接用草图（sketcher）画二维图，而不用三维实体投影出二维图。（　　）

2. UG NX 工程图中，附加尺寸中符号不识别中文字符。（　　）

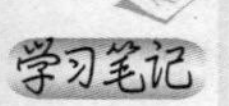

3. UG NX 剖面线的角度不可改变。 ( )
4. 创建的局部视图无法删除。 ( )
5. UG NX 生成的视图与三维模型无关联，当三维模型结构变化时，工程图无变化。 ( )
6. UG NX 明细序号无法人工排序。 ( )

三、绘制如图 **5-53** 和图 **5-54** 所示组件的工程图

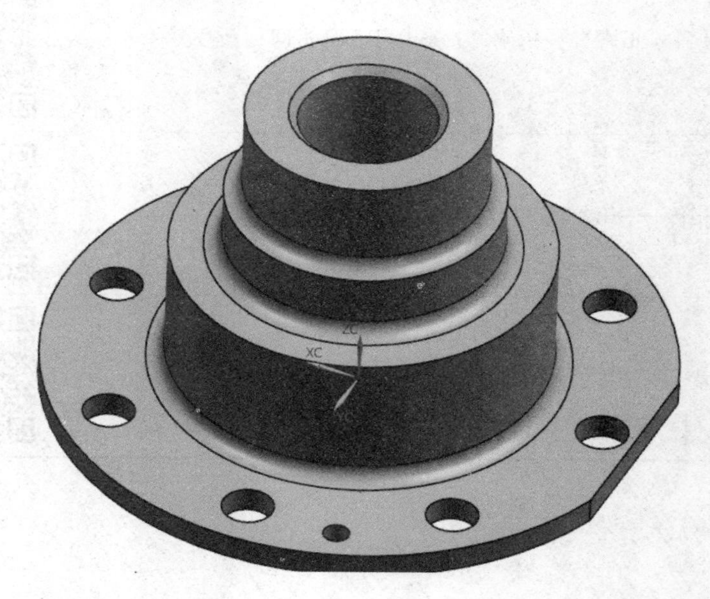

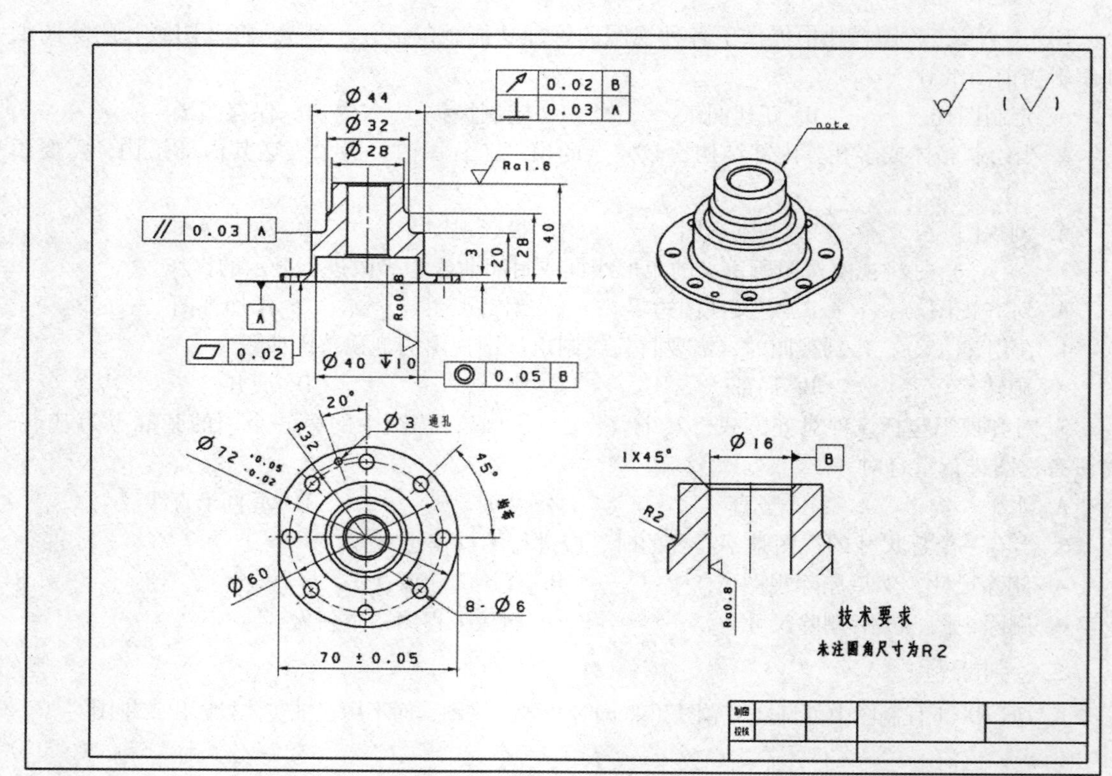

图 5-53 某型汽车半轴轮毂工程图